W0256456

Die Grundlehren der mathematischen Wissenschaften

in Einzeldarstellungen
mit besonderer Berücksichtigung
der Anwendungsgebiete

Band 65

L. Fejes Tóth

Lagerungen in der Ebene auf der Kugel und im Raum

Zweite verbesserte und erweiterte Auflage

Mit 138 Abbildungen

Springer-Verlag Berlin Heidelberg NewYork 1972

László Fejes Tóth

o. Professor der Mathematik an der Universität Veszprém
Direktor des Mathematischen Forschungsinstituts
der Ungarischen Akademie der Wissenschaften

Geschäftsführende Herausgeber:

B. Eckmann

Eidgenössische Technische Hochschule Zürich

B. L. van der Waerden

Mathematisches Institut der Universität Zürich

AMS Subject Classifications (1970):
Primary 50 B 30 · Secondary 20 H 15, 10 EXX

ISBN-13:978-3-642-65235-6   e-ISBN-13:978-3-642-65234-9

DOI: 10.1007/978-3-642-65234-9

Library of Congress Catalog Card Number 72-162870

MEINER FRAU

Vorwort zur zweiten Auflage.

Seit der ersten Auflage dieses Buches wurde die Theorie der Lagerungen und Überdeckungen durch zahlreiche Resultate bereichert. Mehrere dieser Resultate sind in den „Anmerkungen" besprochen. Wir haben uns dabei — dem Geist dieses Buches entsprechend, der schon im Titel zum Ausdruck kommt — hauptsächlich auf die anschaulichsten elementargeometrischen Räume beschränkt. Bezüglich der n-dimensionalen Theorie verweisen wir auf die grundlegende Monographie von ROGERS [6].

Im Buch werden mehrere Probleme aufgeworfen, die zur Zeit des Erscheinens der ersten Auflage noch ungelöst waren, die aber inzwischen — z.T. durch den Einfluß des Buches selbst — gelöst wurden. Diese Probleme sind auf dem Rand mit einem schwarzen Dreieck (▶) bezeichnet. Die Nummern weisen auf die entsprechenden Seitenzahlen in den Anmerkungen hin.

Aufrichtigen Dank schulde ich meinem Freund Professor A. FLORIAN (Salzburg), der mir bei der Vorbereitung der zweiten Auflage behilflich war.

Budapest, im März 1971.

L. Fejes Tóth.

Vorwort zur ersten Auflage.

Ein System von diskreten Punkten heißt *regulär*, wenn je zwei Punkte des Systems durch eine Bewegung so ineinander überführt werden können, daß dabei das ganze System mit sich in Deckung gerät, wenn also, kurz gesagt, kein Punkt des Systems gegenüber einem anderen ausgezeichnet ist. Ein derartiges Punktsystem ist mit weiteren regulär gestalteten Figuren, z. B. mit Vielecken, Vielflächen oder Raumzerlegungen, verbunden. Reguläre Anordnungen von Punkten oder Figuren haben fortwährend die menschliche Phantasie beschäftigt und fesselten insbesondere das Interesse der Mathematiker. Von den zahlreichen Namen, die hier aufgezählt werden könnten, seien nur PLATON, ARCHIMEDES, KEPLER, BRAVAIS und SCHLÄFLI erwähnt.

Im dreidimensionalen Raum gelang es mit Hilfe gruppentheoretischer Überlegungen, eine Übersicht über die regulären Punktsysteme zu gewinnen und dadurch eine natürliche Erklärung der in der Natur vorkommenden Kristallformen zu geben. Die diesbetreffenden Untersuchungen gipfeln in der berühmten Entdeckung der 230 kristallographischen Raumgruppen durch FEDOROV (1885), SCHOENFLIES (1891) und BARLOW (1894).

Später richtete sich die Aufmerksamkeit auf gewisse, reguläre Punktsysteme betreffende *Extremalprobleme*, da man dadurch verschiedene physikalische und chemische Eigenschaften der Kristalle zu erklären versuchte. Ein derartiges Problem ist dasjenige der dichtesten regulären Kugelpackung. Denken wir uns die Moleküle eines gewissen Stoffes als gleich große Kugeln, die sich gegenseitig berühren, aber nicht übereinandergreifen können. Gesucht wird diejenige reguläre Molekülanordnung, die pro Volumeinheit die größtmögliche Anzahl von Molekülen enthält.

Zur Untersuchung solcher Extremalaufgaben gab MINKOWSKI einen gewaltigen Anstoß. Er erkannte den Zusammenhang gewisser zahlentheoretischer Fragen mit Figurengitter betreffenden Lagerungsproblemen und begründete dadurch ein noch heute intensiv kultiviertes Gebiet der Mathematik, nämlich die *Geometrie der Zahlen.*

In der physikalischen Chemie und in der Geometrie der Zahlen handelt es sich hauptsächlich um Extremalprobleme, wobei die zum Vergleich zugelassenen Anordnungen von vornherein gewissen Regularitätsbedingungen unterworfen sind. Dagegen ist das vorliegende

Werk Lagerungsproblemen gewidmet, bei denen auch beliebige *irreguläre* Anordnungen in Betracht gezogen werden. *Die reguläre Gestalt der Extremalfigur ist hier oft eine Folgerung der Extremalforderung.*

Wir erwähnen zwei typische Probleme.

1. In welcher Anordnung haben die meisten Hellerstücke auf einem „großen" Tisch Platz? Die Antwort ist, daß jeder Heller sechs andere berühren muß. Die beste Anordnung wird daher von selbst gitterförmig.

2. Betrachten wir zwölf Punkte einer festen Kugel. In welcher Lagerung wird das Volumen der konvexen Hülle der Punkte maximal? Diese Aufgabe führt uns zum regulären Ikosaeder.

Das erste Problem, d. h. das Problem der dichtesten ebenen Kreislagerung, wurde von dem großen norwegischen Zahlentheoretiker A. THUE in einer Jugendarbeit (1892) gelöst. Dann kam eine größere Pause in der Entwicklung in dieser Richtung, so daß die meisten Ergebnisse, die wir hier behandeln wollen, Früchte etwa der letzten 10 bis 12 Jahre sind. In einem Lehrbuch wurde dieser Problemkreis noch nicht bearbeitet.

Zum Verständnis der hier aufgeworfenen Probleme sind keine Vorkenntnisse nötig. Es handelt sich um einfache, natürliche und anschauliche Fragen, die aber durch die in ihnen steckenden typischen Schwierigkeiten oft zu ernsten Problemen werden. In den meisten Fällen erfordern aber auch die Lösungen nichts „Höheres", so daß fast das ganze Buch gemeinverständlich gehalten werden konnte. Doch enthält dieser verhältnismäßig elementare Fragenkreis eine Fülle von ungelösten Problemen. Eines der Hauptzwecke unseres Buches ist es, die Aufmerksamkeit auf diese Dinge zu lenken, um dadurch weitere Mitarbeiter für dieses anziehende Gebiet der Geometrie zu gewinnen.

Besonderen Dank schulde ich den Herren Professoren H. HADWIGER, G. HAJÓS und B. L. VAN DER WAERDEN, die das Manuskript durchgelesen und mich durch eine Reihe wertvoller Bemerkungen unterstützt haben. Für die meisten numerischen Rechnungen und mehrere Bemerkungen bin ich meinem Mitarbeiter J. MOLNÁR verpflichtet. Für Hilfe bei den Korrekturen habe ich Herrn M. KNESER zu danken.

Veszprém, im März 1953.

L. Fejes Tóth.

Inhaltsverzeichnis.

I. Einige elementargeometrische Sätze.

In diesem Abschnitt stellen wir die nötigen Hilfsmittel aus der Elementargeometrie zusammen. Es handelt sich hauptsächlich um geläufige Begriffe und Sätze, die bloß vollständigkeitshalber erwähnt werden. Jedoch enthält der Abschnitt I auch einige speziellere Sätze, wie z. B. die Dreiecksungleichungen von Paragraph 5, deren räumliche Verallgemeinerung einen wichtigen Teil des Gesamten bilden wird.

§ 1. Konvexe Gebiete.

Eine ebene Punktmenge P heißt *konvex*, wenn jede Strecke, die zwei Punkte von P verbindet zu P gehört. Eine beschränkte abgeschlossene und konvexe ebene Punktmenge mit inneren Punkten nennen wir einen *konvexen Bereich*. Die Randpunkte eines konvexen Bereiches G bilden eine geschlossene konvexe Kurve, kurz eine *Eilinie*. Eine Gerade, die wenigstens einen Randpunkt, aber keinen inneren Punkt von G enthält, ist eine *Stützgerade* von G. Die zu einer Stützgeraden gehörigen Randpunkte heißen *Stützpunkte*. Geht durch einen Randpunkt von G nur eine Stützgerade, bzw. enthält eine Stützgerade nur einen einzigen Stützpunkt, so sprechen wir von einer *Tangente* bzw. von einem *Berührungspunkt*.

Ist M eine vorgegebene Punktmenge, so erklären wir die (kleinste) *konvexe Hülle* von M als diejenige M enthaltende konvexe Punktmenge, die keine echte M enthaltende konvexe Teilmenge aufweist. Ein *konvexes Polygon* läßt sich als die konvexe Hülle von (wenigstens drei) koplanaren, aber nicht kollinearen Punkten definieren. Sind alle Seiten und Winkel eines konvexen Polygons kongruent, so heißt es *regulär*.

Ein konvexes Polygon P ist dem konvexen Bereich G ein- bzw. *umbeschrieben*, wenn die Ecken von P Randpunkte bzw. die Seiten von P Stützgeraden von G sind. Ein größter Kreis der in G Platz hat, und der kleinste Kreis, der G enthält, heißt *In-* bzw. *Umkreis* von G. Während ein konvexer Bereich stets einen einzigen Umkreis besitzt, kann er auch mehrere Inkreise haben.

Ganz analog läßt sich im Raum der Begriff eines konvexen *Körpers*, einer *Eifläche*, eines konvexen *Polyeders*, ferner der Begriff der *Stützebene* sowie der *In-* und *Umkugel* erklären.

Im folgenden werden wir hauptsächlich mit konvexen Bereichen oder Körpern zu tun haben. Diese besitzen im üblichen Sinn einen

Flächen- bzw. Rauminhalt, den wir durchweg mit demselben Symbol bezeichnen werden wie den Bereich oder Körper selbst. Ferner besitzt jeder konvexe Bereich (Körper) einen Umfang (Oberfläche), den wir ebenfalls mit demselben Symbol bezeichnen werden wie die begrenzende Eilinie (Eifläche). Den Durchschnitt von zwei Bereichen T und U bezeichnen wir mit TU. Wenn nicht das Entgegengesetzte betont wird, bedeutet TU als Größe den Inhalt des Durchschnittes und nicht das Produkt der Inhalte T und U.

Wir erklären jetzt den Begriff des *Parallelbereiches* $T(\varrho)$ im Abstand ϱ eines konvexen Bereiches T als die Vereinigungsmenge derjenigen Kreise vom Radius ϱ, deren Mittelpunkte zu T gehören. Es gilt die wichtige Formel

$$T(\varrho) = T + L\varrho + \pi\varrho^2, \tag{1}$$

wobei L den Umfang von T bedeutet.

Ist T ein konvexes Vieleck, so ist die Formel (1) leicht einzusehen. In diesem Fall setzt sich nämlich $T(\varrho)$ aus folgenden Teilen zusammen: 1. T selbst, 2. Rechtecke der Höhe ϱ, die sich an die Seiten von T anschließen und 3. Kreisausschnitte, die sich zu einem Vollkreis vom Radius ϱ zusammenlegen lassen. Der allgemeine Fall folgt hieraus durch Annäherung durch Polygone.

Die entsprechende Formel für den Parallelkörper $V(\varrho)$ eines konvexen Körpers V lautet folgendermaßen:

$$V(\varrho) = V + F\varrho + M\varrho^2 + \frac{4\pi}{3}\varrho^3. \tag{2}$$

Hier bedeutet F die *Oberfläche* und M das sogenannte *Integral der mittleren Krümmung*.

Ist die begrenzende Fläche von V eine stetig gekrümmte Eifläche F, so ist

$$M = \frac{1}{2}\int_F \left(\frac{1}{R_1} + \frac{1}{R_2}\right) df,$$

wo R_1 und R_2 die Hauptkrümmungsradien in einem Punkt und df das Oberflächenelement in diesem Punkt bedeuten. Besitzt dagegen F noch „Kanten", so muß die natürliche Vereinbarung gemacht werden, daß zu dem obigen Integral das Zusatzglied

$$\frac{1}{2}\int \alpha\, dl$$

hinzugenommen werden soll, wobei α den *Kantenwinkel* im Kantenelement dl, d. h. den Winkel der äußeren Normalen der am Kantenelement zusammenstoßenden Flächenelemente bedeutet.

Handelt es sich um ein konvexes Polyeder V, so läßt sich die Formel (2) leicht direkt verifizieren und man findet für die Größe M den Ausdruck

$$M = \frac{1}{2}\sum \alpha l,$$

wobei l die Länge einer Kante und α den Kantenwinkel der betreffenden Kante bedeutet und die Summation über alle Kanten zu erstrecken ist. Wir nennen diese Größe M im Falle eines Polyeders nach J. STEINER die *Kantenkrümmung*.

Will man nun von der Gültigkeit der Formel (2) für Polyeder auf ihre Gültigkeit im allgemeinen Fall schließen, so muß man noch zeigen, daß bei der Annäherung eines beliebigen konvexen Körpers durch Polyeder die Kantenkrümmung gegen das Integral der mittleren Krümmung strebt. Von dieser Tatsache werden wir jedoch keinen Gebrauch machen und verzichten deshalb auf ihren Beweis. Doch läßt die Erwähnung der Formel (2) in trefflicher Weise die Bedeutung der drei *fundamentalen Maßzahlen* eines konvexen Körpers, nämlich des Volumens V, der Oberfläche F und des Integrals der mittleren Krümmung M, erkennen.

§ 2. Affinität und Polarität.

Es sei O ein fester Punkt der Ebene und λ eine vorgegebene positive Zahl. Wir ordnen jedem Punkt P der Ebene denjenigen Punkt P' der Halbgeraden OP zu, dessen Abstand von O $OP' = \lambda OP$ ist. Wir nennen diese Abbildung der Ebene auf sich eine *Ähnlichkeitstransformation in bezug auf den Punkt O*. Zwei Figuren, die durch eine derartige Abbildung oder eine Parallelverschiebung ineinander übergeführt werden können, nennen wir *homothetisch*. Die allgemeinste *Ähnlichkeit* läßt sich aus einer Ähnlichkeit in bezug auf einen Punkt und einer Bewegung zusammensetzen.

Betrachten wir nun eine Gerade g anstatt des Punktes O. Wir ordnen jedem Punkt P der Ebene wiederum einen Punkt P' zu: bedeutet F die senkrechte Projektion von P auf g, so sei P' derjenige Punkt der Halbgeraden FP, dessen Abstand von g $FP' = \lambda FP$ ausfällt. Wir nennen diese Abbildung eine Affinität in bezug auf die Gerade g. Die allgemeinste *Affinität* setzt sich aus einer Affinität in bezug auf eine Gerade und einer Ähnlichkeit zusammen.

In analoger Weise läßt sich die Ähnlichkeit in bezug auf einen Punkt im Raum, die allgemeine Ähnlichkeit, die Affinität bezüglich einer Ebene definieren und schließlich die allgemeine räumliche Affinität, als diejenige Abbildung des Raumes auf sich, die sich aus zwei Affinitäten in bezug auf je eine Ebene und einer Ähnlichkeit zusammensetzen läßt.

Ein Kreis geht durch eine Affinität in eine Ellipse, eine Kugel in ein Ellipsoid über. Die Geraden werden durch eine Affinität wieder in Geraden und die Ebenen wieder in Ebenen übergeführt. Ferner bleibt bei Affinitäten der Parallelismus, das Verhältnis von zwei parallelen Strecken sowie das Inhaltsverhältnis von zwei Figuren erhalten. Daraus folgt, daß auch der Schwerpunkt einer Figur in den Schwerpunkt der affinen Bildfigur übergeht und daß eine Affinität, die eine Figur in eine inhaltsgleiche Figur überführt im ganzen inhaltstreu ist. Sind Δ und Δ' zwei beliebig vorgegebene Dreiecke oder Tetraeder, so gibt es stets eine Affinität, die Δ in Δ' überführt.

Ein Polygon, das aus einem regulären Polygon durch eine Affinität entsteht, nennen wir *affin regulär*. Ein affin reguläres n-Eck läßt sich auch als die Projektion eines regulären n-Ecks durch parallele Strahlen auf eine andere Ebene deuten.

Eine andere wichtige Abbildung, die wir im folgenden benötigen werden, ist die *Polarität* bezüglich eines Kreises bzw. einer Kugel. Es sei K ein Kreis (eine Kugel) mit dem Mittelpunkt O und Halbmesser r. Die Polarität in bezug auf K ordnet jedem von O verschiedenen Punkt P der Ebene (des Raumes) diejenige Gerade (Ebene) p zu, welche die Halbgerade OP senkrecht in einem Punkt P' schneidet, für den $OP \cdot OP' = r^2$ ist. Umgekehrt ordnen wir jeder den Punkt O nicht enthaltenden Geraden (Ebene) p denjenigen Punkt P zu, dessen Bild p ist.

Die wichtigste Eigenschaft der Polarität ist, daß sie koinzidierende Punkte und Geraden (Ebenen) in koinzidierende Geraden (Ebenen) und Punkte überführt. Daraus folgt z. B., daß bei der Polarität in der Ebene dem Schnittpunkt von zwei Geraden die Verbindungslinie der Bildpunkte der Geraden entspricht. Mithin entspricht bei der Polarität einem Polygon (Polyeder) ein wohlbestimmtes neues Polygon (Polyeder) so, daß die Ecken eines Polygons (Polyeders) den Seiten (Seitenflächen) des anderen zugeordnet sind. Ferner entspricht bei der Polarität einem Kegelschnitt — nach einer grundlegenden Tatsache der projektiven Geometrie — wieder ein Kegelschnitt in dem Sinn, daß die Polarität die Punkte des einen Kegelschnittes in die Tangenten des anderen überführt. Analog entspricht bei einer Polarität im Raum einer nicht ausgearteten algebraischen Fläche zweiter Ordnung eine ebensolche Fläche.

Wir beweisen jetzt folgenden, später zu verwendenden Hilfssatz:

Entsprechen bei der Polarität in bezug auf die Einheitskugel die Ellipsoide E und E' einander, so ist das Produkt der Volumina der Ellipsoide

$$E E' \geqq \left(\frac{4\pi}{3}\right)^2 \tag{1}$$

und Gleichheit gilt nur wenn E und E' mit der Einheitskugel konzentrisch sind.

Zum Beweis betrachten wir ein rechtwinkliges Koordinatensystem, dessen Ursprungspunkt O in den Mittelpunkt der Einheitskugel fällt und dessen x-, y- und z-Achse parallel zu den Achsen $2a$, $2b$ und $2c$ von E sind. Da dem Ellipsoid E wieder ein Ellipsoid, also eine im Endlichen liegende Fläche entspricht, muß E den Ursprungspunkt O enthalten, da sonst einer Tangentialebene von E durch O ein „unendlich ferner" Punkt von E' entsprechen würde. Bezeichnen wir daher die Mittelpunktskoordinaten von E mit ξ, η und ζ, so haben wir offenbar $|\xi| < a, |\eta| < b, |\zeta| < c$.

Betrachten wir die Tangentialebenen von E in den Endpunkten der Achse $2a$. Diesen Ebenen entsprechen zwei Punkte von E'. Sie liegen auf der x-Achse und haben voneinander einen Abstand

$$\frac{1}{a+\xi} + \frac{1}{a-\xi} = \frac{2a}{a^2 - \xi^2} \geqq \frac{2}{a} \, .$$

Wiederholen wir dieselbe Überlegung bezüglich der Achsen $2b$ und $2c$, so erhalten wir drei paarweise senkrechte Sehnen von E', deren Länge wenigstens $2/a$, $2/b$ bzw. $2/c$ beträgt. Für die zu diesen Sehnen, d. h. zu den Koordinatenachsen parallelen Durchmesser $AA' = 2a'$, $BB' = 2b'$ und $CC' = 2c'$ von E' gilt daher a fortiori $aa' \geqq 1$, $bb' \geqq 1$, $cc' \geqq 1$.

Betrachten wir jetzt unter den Ellipsoiden mit den festen Durchmessern AA', BB' und CC' das Ellipsoid $\bar E$ vom kleinstmöglichen Rauminhalt. Wir behaupten, daß die Hauptachsen von $\bar E$ mit AA', BB' und CC' übereinstimmen. Im entgegengesetzten Fall wäre nämlich die Tangentialebene von $\bar E$ etwa im Punkt A nicht parallel der Ebene $BB'CC'$. Dann könnte aber der Durchmesser AA' durch einen neuen Durchmesser DD' von $\bar E$ ersetzt werden, so daß der Inhalt der konvexen Hülle H^* von DD', BB' und CC' größer wäre als der Inhalt der konvexen Hülle H von AA', BB' und CC'. Betrachten wir nun die Affinität, die das Oktaeder H^* in H überführt. Mit Rücksicht auf die Tatsache, daß die Affinität die Inhaltsverhältnisse fest läßt, überführt diese Affinität wegen $H^* > H$ das Ellipsoid $\bar E$ in ein kleineres. Das steht aber im Widerspruch mit der Voraussetzung, daß $\bar E$ minimal ist.

Folglich haben wir

$$E' \geqq \bar E = \frac{4\pi}{3} a' b' c' \geqq \frac{4\pi}{3} \frac{1}{abc} = \left(\frac{4\pi}{3}\right)^2 \frac{1}{E} \, ,$$

womit die Ungleichung (1) bewiesen ist. Gleichheit kann dabei nur im Fall $\xi = \eta = \zeta = 0$ bestehen. Dann ist aber auch E' mit der Einheitskugel konzentrisch. Daß in diesem Fall die Gleichheit tatsächlich erreicht wird, leuchtet ein.

§ 3. Extremaleigenschaften der regulären Polygone.

Betrachten wir unter den in einem konvexen Gebiet enthaltenen konvexen n-Ecken dasjenige vom größten Inhalt P. Die Existenz eines solchen n-Ecks läßt sich leicht auf den wohlbekannten WEIERSTRASS-schen Satz zurückführen. Es leuchtet ein, daß P dem Gebiet G einbeschrieben sein muß. Ferner ist leicht einzusehen, daß P die Eigenschaft besitzt, daß es in jedem Eckpunkt von P eine Stützgerade von G gibt, die parallel zu der durch die benachbarten Eckpunkte hindurchgehenden Geraden ist. Wäre nämlich in einer Ecke von P diese Parallele keine Stützgerade, so könnte man den betreffenden Eckpunkt längs dieser Geraden ins Innere von G schieben, wodurch ein in G liegendes aber nicht einbeschriebenes n-Eck von demselben maximalen Inhalt entstünde. Das steht aber im Widerspruch zur Tatsache, daß jedes maximale n-Eck einbeschrieben sein muß.

In ebenso einfacher Weise läßt es sich zeigen, daß das G enthaltende konvexe n-Eck vom minimalen Inhalt dem Gebiet G derart um-

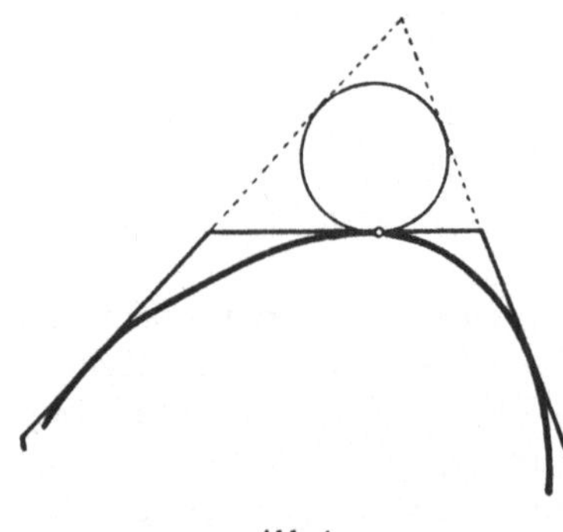

Abb. 1.

beschrieben ist, daß jeder Seiten-mittelpunkt Stützpunkt der betref-fenden Seite ist. Auch bei den analo-gen Aufgaben bezüglich des Umfan-ges sind die extremalen n-Ecke ein- bzw. umbeschrieben. Das in G ent-haltene konvexe n-Eck vom größt-möglichen Umfang besitzt die Eigen-schaft, daß bei jedem Eckpunkt die äußere Winkelhalbierende eine Stützgerade ist, während bei dem G enthaltenden n-Eck vom kleinst-möglichen Umfang derjenige Kreis, der die betreffende Seite und die Verlängerungen der beiden anstoßen-den Seiten berührt, auch G berührt.

Ist G ein Kreis, so wird das n-Eck durch die obigen Eigenschaften eindeutig bestimmt. In diesen Fällen erweist sich das extremale n-Eck als regulär. Folglich besitzt das einem Kreis K einbeschriebene reguläre n-Eck unter allen in K enthaltenen konvexen n-Ecken den größtmög-lichen Flächeninhalt und Umfang. Ebenso besitzt das einem Kreis K umbeschriebene regelmäßige n-Eck unter allen K enthaltenden kon-vexen n-Ecken den kleinstmöglichen Inhalt und Umfang.

Mit Rücksicht auf die Tatsache, daß Inhalt und Umfang einem Kreis umbeschriebener Vielecke einander proportional sind, sind die Inhalt und Umfang betreffenden Aussagen im letzten Satz äquivalent.

Die erwähnten Extremaleigenschaften der regulären Polygone können auch so formuliert werden: *Zwischen dem Flächeninhalt F, Umfang L, Inkreishalbmesser r und Umkreishalbmesser R eines kon-vexen n-Ecks bestehen folgende Ungleichungen:*

$$n\, r^2\, \mathrm{tg}\, \frac{\pi}{n} \leqq F \leqq \frac{1}{2}\, n\, R^2 \sin\frac{2\pi}{n}, \tag{1}$$

$$2\,n\,r\, \mathrm{tg}\,\frac{\pi}{n} \leqq L \leqq 2\,n\, R \sin\frac{\pi}{n} \tag{2}$$

und Gleichheit wird in allen vier Ungleichungen nur im Falle eines regu-lären n-Ecks erreicht.

Die oben skizzierten Beweise sind *indirekt*. Hier folgend tragen wir einen *direkten* Beweis für die Extremaleigenschaft des umbeschriebenen regulären n-Ecks vor. Wir tun dies einerseits um einige charakteristische Eigenschaften eines direkten und indirekten Beweises einer Extremaleigenschaft gegenüberstellen zu können, andererseits mit Rücksicht auf die Tatsache, daß dieser Beweis uns eine später zu benützende Verschärfung liefern wird.

Offenbar können wir uns von vornherein auf ein einem Kreis k umbeschriebenes n-Eck P beschränken. $\bar{P}$ bedeute das k umbeschriebene reguläre n-Eck. Wir zeigen in einem einzigen Schritt, daß $P \geqq \bar{P}$ ist und Gleichheit nur dann besteht, wenn P selbst regulär ist.

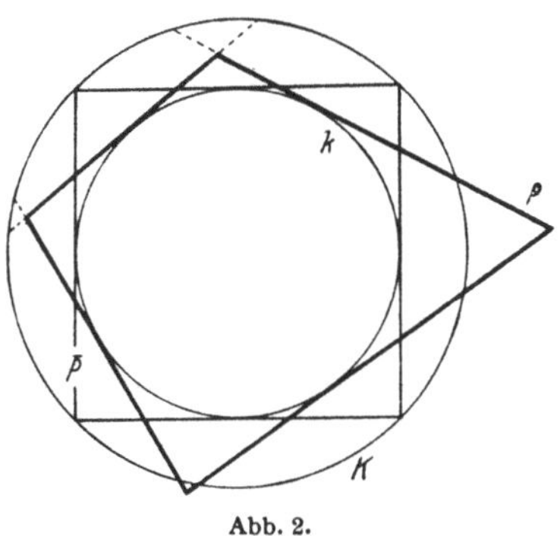

Abb. 2.

Betrachten wir dazu den Umkreis K von $\bar{P}$ und bezeichnen die von den Seiten von P bestimmten (kongruenten) Kreissegmente von K in zyklischer Reihenfolge mit $s_1, \ldots, s_n$. Dann läßt sich der Inhalt des innerhalb von K liegenden Teiles von P folgendermaßen darstellen:

$$PK = K - (s_1 + \cdots + s_n) + (s_1 s_2 + s_2 s_3 + \cdots + s_n s_1).$$

Dazu haben wir nur zu bemerken, daß $s_1 + \cdots + s_n - (s_1 s_2 + \cdots + s_n s_1)$ den Flächeninhalt des außerhalb P und innerhalb K liegenden Gebietes darstellt. Liegt nämlich ein Punkt dieses Gebietes etwa in den ν Kreissegmenten $s_1, s_2, \ldots, s_\nu$, so liegt er zugleich in den $\nu - 1$ Gebieten $s_1 s_2, \ldots, s_{\nu-1} s_\nu$. Folglich haben wir

$$P K \geqq K - (s_1 + \cdots + s_n) = \bar{P}, \tag{3}$$

und Gleichheit gilt nur, wenn kein Eckpunkt von P ins Innere von K fällt. Da das aber nur im Fall $P = \bar{P}$ vorkommt, ist der Beweis beendet. Die angekündigte Verschärfung besteht darin, daß in der Ungleichung $P \geqq \bar{P}$ der Inhalt P durch den Inhalt des Durchschnittes PK ersetzt werden kann.

Vergleichen wir jetzt diesen direkten Beweis mit der oben geschilderten indirekten Beweismethode. Im allgemeinen kann ein Beweis irgendeiner Extremaleigenschaft als direkt angesehen werden, wenn er ohne Heranziehung eines unendlichen Prozesses direkt zeigt, daß die betreffende Konfiguration besser ist als alle anderen zum Vergleich zugelassenen. In diesem Sinn müssen wir den ersten Beweis tatsächlich als einen indirekten ansehen, da dort erst die Existenz eines besten

Vielecks gesichert wird und dann gezeigt ist, daß, wenn das Vieleck nicht regulär ist, es sich verbessern läßt.

Läßt man ästhetische und didaktische Fragen außer acht, so scheint die indirekte Methode natürlicher und im allgemeinen vielleicht auch zweckmäßiger zu sein. Hält man das einzige Ziel vor Augen, eine noch unbekannte Extremalfigur zu finden, so verschiebt man in der Regel die Existenzfrage und nimmt folgende Frage in Angriff: wann und wie läßt sich die Figur verbessern? Dagegen ist die skizzierte indirekte Lösungsmethode nicht ganz elementar und auch nicht rein geometrisch, da sie durch den WEIERSTRASSschen Satz von den Elementen der Analysis Gebrauch macht.

Betrachten wir nun den obigen direkten Beweis, der allein wegen seiner Direktheit befriedigender und überzeugender wirkt. Hier wird die Existenzfrage gar nicht aufgeworfen, sondern bleibt zunächst offen und löst sich dann von selbst. Ferner kommt man im obigen Beweis mit den einfachsten elementargeometrischen Hilfsmitteln aus, während dies bei einem indirekten Beweis prinzipiell unmöglich ist. Da aber ein direkter Beweis oft eine größere Geschicklichkeit erfordert, so taucht ein solcher Beweis in der Regel später auf, wenn „weniger schöne" Lösungen der Aufgabe schon bekannt sind.

Zum Schluß erwähnen wir noch die Ungleichung

$$\frac{R}{r} \geqq \sec \frac{\pi}{n}, \tag{4}$$

die zwischen dem In- und Umkreishalbmesser r und R eines beliebigen konvexen n-Ecks besteht. Diese Ungleichung ist eine unmittelbare Folgerung der Ungleichungen (1). Da ferner wegen den Eigenschaften der Affinität r^2 und R^2 in (1) durch $\dfrac{e}{\pi}$ und $\dfrac{E}{\pi}$ ersetzt werden können, wobei e und E eine im n-Eck enthaltene bzw. das n-Eck enthaltende Ellipse bedeutet, so haben wir etwas allgemeiner

$$\frac{E}{e} \geqq \sec^2 \frac{\pi}{n}. \tag{5}$$

§ 4. Das isoperimetrische Problem.

Welches Gebiet besitzt unter den isoperimetrischen, d. h. umfangsgleichen ebenen Gebieten den größtmöglichen Flächeninhalt? Die Lösung dieses klassischen, sogenannten isoperimetrischen Problems ist der Kreis. Anders ausgedrückt: bedeutet L die Randlänge eines ebenen Gebietes vom Flächeninhalt F, so besteht die Ungleichung

$$L^2 - 4\pi F \geqq 0, \tag{1}$$

und Gleichheit gilt nur für einen Kreis.

Von diesem grundlegenden Problem ausgehend ergibt sich eine Fülle von Problemen, wenn wir die zur Konkurrenz zugelassenen Gebiete verschiedenen Bedingungen unterwerfen. Im folgenden betrachten wir das isoperimetrische Problem für n-Ecke. Wir fassen also die Gesamtheit der umfangsgleichen Polygone mit höchstens n Ecken ins Auge und fragen, welches unter diesen Polygonen den größtmöglichen Inhalt besitzt.

Wir skizzieren zunächst den Gedankengang eines indirekten Beweises der Tatsache, daß das beste n-Eck regulär ist. Dieser Beweis hat den Vorteil, daß er sich leicht auf das entsprechende Problem der sphärischen Geometrie übertragen läßt.

Offenbar können wir uns auf konvexe Polygone beschränken, da bei dem Übergang zur konvexen Hülle der Umfang eines nicht konvexen Polygons verkleinert, der Flächeninhalt dagegen vergrößert und die Eckenzahl verkleinert wird. Nachdem nun die Existenz eines besten konvexen n-Ecks P auf Grund des WEIERSTRASSschen Satzes feststeht, läßt sich leicht zeigen, daß in jedem Eckpunkt von P die Gerade, welche den Außenwinkel halbiert, parallel zu der die beiden benachbarten Eckpunkte verbindende Gerade ist, da sonst P sich durch eine geeignete Verschiebung der betreffenden Ecke verbessern ließe. Daraus folgt, daß die Seiten des besten n-Ecks gleich lang sein müssen. Es ist ferner ebenfalls leicht einzusehen, daß der Kreis, der eine Seite von P und die Verlängerungen der beiden anstoßenden berührt, die betreffende Seite in ihrem Mittelpunkt berühren muß. Daraus folgt, daß auch die Winkel von P gleich sein müssen, womit unsere Behauptung dargetan ist.

Wir fixieren das erhaltene Resultat durch die Ungleichung

$$L^2 \geqq 4n \operatorname{tg} \frac{\pi}{n} F, \tag{2}$$

wo L den Umfang und F den Flächeninhalt eines beliebigen n-Ecks bedeutet und Gleichheit nur für ein reguläres n-Eck gilt.

Der hier folgende direkte Beweis wird uns wichtige Verschärfungen liefern. Es sei F ein beliebig vorgegebenes konvexes n-Eck vom Umfang L und Inkreishalbmesser r. Betrachten wir dasjenige, einem Einheitskreis umbeschriebene n-Eck f, für das die äußeren Normalenrichtungen der Seiten mit den entsprechenden Richtungen des n-Ecks F übereinstimmen. Wir zeigen, daß

$$L r - F - f r^2 \geqq 0 \tag{3}$$

ausfällt. Diese Ungleichung läßt sich folgendermaßen umformen:

$$L^2 - 4fF \geqq (L - 2fr)^2.$$

Hieraus folgt die von S. LHUILIER herrührende merkwürdige Ungleichung

$$L^2 - 4fF \geqq 0,$$

in der Gleichheit nur für ein einem Kreis umbeschriebenes Polygon gilt und die besagt, daß *unter den konvexen Polygonen mit vorgegebenen äußeren Seitennormalenrichtungen, die einem Kreis umbeschriebenen Polygone den kleinsten Wert des Quotienten L^2/F aufweisen.*

Bezeichnen wir die Winkel der äußeren Normalen von zwei anstoßenden Seiten mit $\varphi_1, \ldots, \varphi_n$, so ist

$$f = \sum_{i=1}^{n} \operatorname{tg} \frac{\varphi_i}{2}.$$

Folglich läßt sich die Ungleichung von LHUILIER auch so schreiben:

$$\frac{L^2}{F} \geqq 4 \sum_{i=1}^{n} \operatorname{tg} \frac{\varphi_i}{2}. \tag{4}$$

Ferner folgt aus (3) mit Rücksicht auf $f > \pi$

$$L r - F - \pi r^2 > 0$$

oder die damit äquivalente Ungleichung

$$L^2 - 4\pi F > (L - 2\pi r)^2.$$

Diese verschärfte isoperimetrische Ungleichung, die ihre Gültigkeit mit Zulassung des Gleichheitszeichens auch für beliebige konvexe Gebiete behält, zeigt unmittelbar, daß in der ursprünglichen isoperimetrischen Ungleichung (1) Gleichheit nur für einen Kreis zutrifft.

Zum Beweis von (3) verschieben wir jede Seite des Polygons F parallel zu sich nach innen mit einer Distanz $d \leqq r$ und bezeichnen das durch die neuen Seiten begrenzte Polygon mit F_d. Untersuchen wir, wie dieses sogenannte *innere Parallelgebiet* sich verändert, wenn d von 0 bis r stetig zunimmt.

Für kleine Werte von d bewegen sich die Ecken von F_d an den inneren Winkelhalbierenden von F. Inzwischen nehmen die Seiten von F_d ab, bis bei einem wohlbestimmten Wert von d eine Seite von F_d zu einem Punkt zusammenschrumpft. Von diesem Wert von d an erhalten wir Vielecke mit kleinerer Seitenzahl, und das geht so fort, bis sich schließlich F_d für $d = r$ in den „Kern" von F zusammenzieht. Dieser Kern ist nichts anderes als die Mittelpunktsmenge der Inkreise von F, also im allgemeinen ein Punkt, oder in Sonderfällen (etwa im Falle eines Rechtecks) eine Strecke.

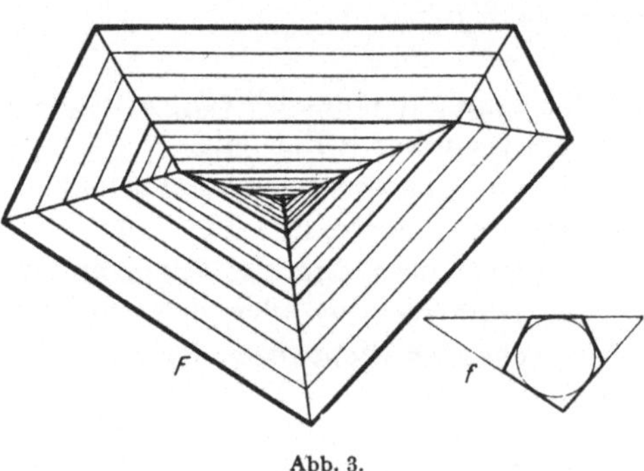

Abb. 3.

Die zu den kritischen Werten von d gehörigen Polygone F_d zerlegen die Gesamtheit der ineinandergeschachtelten Parallelbereiche F_d in Schichten. Die zu einer Schicht gehörigen Vielecke besitzen dieselbe Eckenzahl. Es seien F_{d_1} und F_{d_2} zwei Polygone derselben Schicht, so daß $d_1 - d_2 = \delta > 0$ ausfällt. Bezeichnen wir die entsprechenden Maßzahlen kurz mit entsprechendem Index, so haben wir

$$F_2 = F_1 + L_1 \delta + f_1 \delta^2,$$
$$L_2 = L_1 + 2 f_1 \delta,$$
$$r_2 = r_1 + \delta,$$
$$f_2 = f_1.$$

Hieraus ergibt sich

$$L_2 r_2 - F_2 - f_2 r_2^2 = L_1 r_1 - F_1 - f_1 r_1^2,$$

also besitzt die Größe $Lr - F - fr^2$ innerhalb einer Schicht einen konstanten Wert.

Bedenken wir nun, daß $f = f(F_d)$ eine stufenweise zunehmende Funktion von d ist. Innerhalb einer Schicht bleibt nämlich f konstant; wenn wir dagegen von einer Schicht zur inneren Schicht übergehen, so geht eine Seite des Vielecks f verloren, wodurch der Inhalt von f offenbar zunimmt. Da ferner F, L und r stetige Funktionen von d sind, so ist $Lr - F - fr^2$ eine abnehmende Stufenfunktion von d. Da aber der Wert dieser Funktion für $d = r$, d. h. für den Kern, Null ist, so kann sie für das ursprüngliche Vieleck F — unserer Behauptung entsprechend — nicht negativ sein.

§ 5. Einige Dreiecksungleichungen.

Heben wir den Fall $n = 3$ von (3,4) hervor: bedeutet r und R den In- und Umkreisradius eines Dreiecks, so gilt

$$R \geqq 2r, \tag{1}$$

und Gleichheit besteht nur für ein reguläres Dreieck. Wir beweisen hier einige analoge Sätze. Wir beginnen mit folgendem Satz:

Bedeuten R_1, R_2 und R_3 die Abstände eines beliebigen Punktes O der Ebene von den Ecken eines Dreiecks vom Inkreisradius r, so gilt

$$R_1 + R_2 + R_3 \geqq 6r, \tag{2}$$

und Gleichheit gilt nur für ein reguläres Dreieck mit dem Mittelpunkt O.

Dieser Satz ist ein Korollarium des folgenden schärferen Satzes:

Sind R_1, R_2 und R_3 die Abstände eines beliebigen Punktes O von den Ecken eines Dreiecks Δ, so ist

$$R_1 + R_2 + R_3 \geqq 2 \sqrt{\sqrt{3} \Delta}, \tag{3}$$

und Gleichheit besteht nur, wenn Δ ein reguläres Dreieck mit dem Mittelpunkt O ist.

Hieraus ergibt sich (2) durch.den Spezialfall $\Delta \geqq \sqrt{27}\, r^2$ der ersten Ungleichung (3,1).

Zum Beweis der Ungleichung (3) können wir offenbar voraussetzen, daß der Punkt O nicht außerhalb des Dreiecks $\Delta = ABC$ liegt. Spiegeln

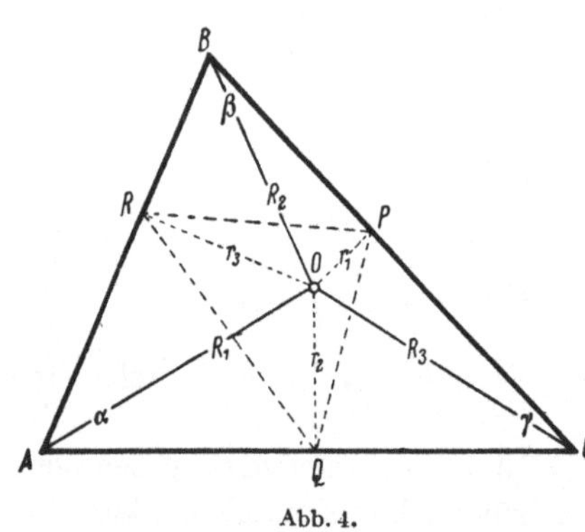

Abb. 4.

wir O an den Geraden AB, BC und CA und bezeichnen die Spiegelpunkte mit C', A' bzw. B'. Betrachten wir das Sechseck $AC'BA'CB'$. Es besitzt den Flächeninhalt 2Δ und den Umfang $2\,(R_1 + R_2 + R_3)$. Die Ungleichung (3) ist nichts anderes als die isoperimetrische Ungleichung (4,2) bezüglich dieses Sechsecks.

Wir beweisen jetzt folgenden Satz von P. Erdös:

Bezeichnen wir mit R_1, R_2, R_3 und r_1, r_2, r_3 die Abstände der Ecken bzw. Seitengeraden eines Dreiecks von einem beliebigen inneren Punkt O des Dreiecks, so haben wir

$$R_1 + R_2 + R_3 \geqq 2(r_1 + r_2 + r_3), \qquad (4)$$

und Gleichheit gilt nur für ein reguläres Dreieck mit dem Mittelpunkt O.

Bezeichnen wir das arithmetische Mittel der Zahlen $x_1, \ldots, x_n$ mit $A(x_1, \ldots, x_n)$, so können wir die Ungleichung (4) auch so schreiben:

$$A(R_1, R_2, R_3) \geqq 2A(r_1, r_2, r_3). \qquad (5)$$

Wir zeigen, daß diese Ungleichung äquivalent mit der Ungleichung

$$H(R_1, R_2, R_3) \geqq 2H(r_1, r_2, r_3) \qquad (6)$$

ist, wobei H das harmonische Mittel bezeichnet. Algebraisch folgen natürlich die Ungleichungen (5) und (6) nicht auseinander. Vielmehr ist in einzelnen Fällen bald diese, bald jene Ungleichung schärfer. Wir behaupten dagegen, daß die Gültigkeit der einen Ungleichung für ein beliebiges Dreieck die Gültigkeit der anderen involviert.

Betrachten wir nämlich die Polarität in bezug auf den um den inneren Punkt O des Dreiecks ABC geschlagenen Einheitskreis. Bezeichnen wir mit R_1, R_2, R_3 und r_1, r_2, r_3 die Entfernungen des Punktes O von A, B, C bzw. von den Geraden BC, CA, AB, so geht das Dreieck in ein neues Dreieck über, dessen Ecken und Seiten von O die Abstände $\dfrac{1}{r_1}$, $\dfrac{1}{r_2}$, $\dfrac{1}{r_3}$ bzw. $\dfrac{1}{R_1}$, $\dfrac{1}{R_2}$, $\dfrac{1}{R_3}$ besitzen. Wenden wir die Ungleichung (5) auf dieses Dreieck an, so ergibt sich für das ursprüngliche Dreieck ABC eben die Ungleichung (6). Ebenso folgt umgekehrt aus (6) die Ungleichung (5).

Später werden wir auch die Ungleichung

$$G(R_1, R_2, R_3) \geqq 2\,G(r_1, r_2, r_3) \tag{7}$$

beweisen, wo G das geometrische Mittel bezeichnet. Hier liefert aber die Polarität keine weitere Ungleichung, da (7) durch die soeben betrachtete Polarität in sich übergeht.

Nun zum Beweis der Ungleichung (4)! Bezeichnen wir die Winkel des Dreiecks ABC mit α, β, γ und die senkrechten Projektionen von O auf die Geraden BC, CA und AB mit P, Q und R (Abb. 4). Da die Strecke $OA = R_1$ eine gemeinsame Hypotenuse der rechtwinkligen Dreiecke AQO und ARO ist, liegen die Punkte A, O, Q, R auf einem Kreis vom Durchmesser R_1. In diesem Kreis ist der zur Sehne QR gehörige Peripheriewinkel bei A α oder $180° - \alpha$ je nachdem einer der Punkte Q und R außerhalb der Seite AC bzw. AB liegt oder nicht. Jedenfalls haben wir

$$R_1 = \frac{QR}{\sin\alpha}$$

und ganz analog

$$R_2 = \frac{RP}{\sin\beta}, \qquad R_3 = \frac{PQ}{\sin\gamma}$$

Da ferner im Dreieck QOR der Winkel bei O $180° - \alpha$ ist, haben wir

$$\overline{QR}^2 = \overline{OQ}^2 + \overline{OR}^2 - 2\,\overline{OQ} \cdot \overline{OR} \cdot \cos(180° - \alpha)$$
$$= r_2^2 + r_3^2 + 2r_2 r_3 \cos\alpha.$$

Folglich gilt mit Rücksicht auf $\cos\alpha = -\cos(\beta + \gamma) = \sin\beta \sin\gamma - \cos\beta \cos\gamma$

$$\overline{QR}^2 = r_2^2 + r_3^2 + 2r_2 r_3 \sin\beta \sin\gamma - 2r_2 r_3 \cos\beta \cos\gamma$$
$$= r_2^2(\sin^2\gamma + \cos^2\gamma) + r_3^2(\sin^2\beta + \cos^2\beta) + 2r_2 r_3 \sin\beta \sin\gamma -$$
$$- 2r_2 r_3 \cos\beta \cos\gamma = (r_2 \sin\gamma + r_3 \sin\beta)^2 + (r_2 \cos\gamma - r_3 \cos\beta)^2$$
$$\geqq (r_2 \sin\gamma + r_3 \sin\beta)^2,$$

d. h.

$$QR \geqq r_2 \sin\gamma + r_3 \sin\beta.$$

In analoger Weise finden wir

$$RP \geqq r_3 \sin\alpha + r_1 \sin\gamma, \qquad PQ \geqq r_1 \sin\beta + r_2 \sin\alpha.$$

Hieraus ergibt sich mit Rücksicht auf die obigen Werte von R_1, R_2 und R_3

$$R_1 + R_2 + R_3 \geqq \frac{1}{\sin\alpha}(r_2 \sin\gamma + r_3 \sin\beta) + \frac{1}{\sin\beta}(r_3 \sin\alpha + r_1 \sin\gamma) +$$
$$+ \frac{1}{\sin\gamma}(r_1 \sin\beta + r_2 \sin\alpha)$$
$$= r_1\left(\frac{\sin\beta}{\sin\gamma} + \frac{\sin\gamma}{\sin\beta}\right) + r_2\left(\frac{\sin\gamma}{\sin\alpha} + \frac{\sin\alpha}{\sin\gamma}\right) + r_3\left(\frac{\sin\alpha}{\sin\beta} + \frac{\sin\beta}{\sin\alpha}\right).$$

Da aber für ein beliebiges positives x immer $x + \dfrac{1}{x} \geqq 2$ ausfällt, sind die hier auftretenden Koeffizienten von r_1, r_2 und r_3 nicht kleiner als 2, womit die Ungleichung (4) bewiesen ist.

Da in der Ungleichung $x + \dfrac{1}{x} \geqq 2$ Gleichheit nur für $x = 1$ besteht, können alle drei Koeffizienten nur im Fall $\sin\alpha = \sin\beta = \sin\gamma$, d. h. im Fall eines gleichseitigen Dreiecks gleich 2 sein. Damit in (4) Gleichheit besteht, ist außer dieser Bedingung noch nötig, daß diejenigen Glieder, die wir bei der Abschätzung von QR, RP und PQ weggelassen haben, alle verschwinden:

$$r_2 \cos\gamma - r_3 \cos\beta = r_3 \cos\alpha - r_1 \cos\gamma = r_1 \cos\beta - r_2 \cos\alpha = 0.$$

Diese Bedingung ist aber mit Rücksicht auf $\alpha = \beta = \gamma$ nur für $r_1 = r_2 = r_3$ erfüllt, womit auch der Fall der Gleichheit erledigt ist.

§ 6. Der Eulersche Polyedersatz.

Betrachten wir auf der Einheitskugelfläche eine endliche Anzahl von Halbkugeln. Besitzt ihr Durchschnitt D innere Punkte, so heißt D ein *konvexes sphärisches Vieleck*, und das ist zugleich die allgemeine Definition eines konvexen sphärischen Polygons. Wir wenden uns zunächst der Aufgabe zu, den Inhalt eines konvexen sphärischen n-Ecks zu bestimmen.

Der Inhalt eines sphärischen Zweiecks ist offenbar $\dfrac{\alpha}{2\pi} 4\pi = 2\alpha$, wobei α einen Winkel des Zweiecks bezeichnet. Betrachten wir nun ein

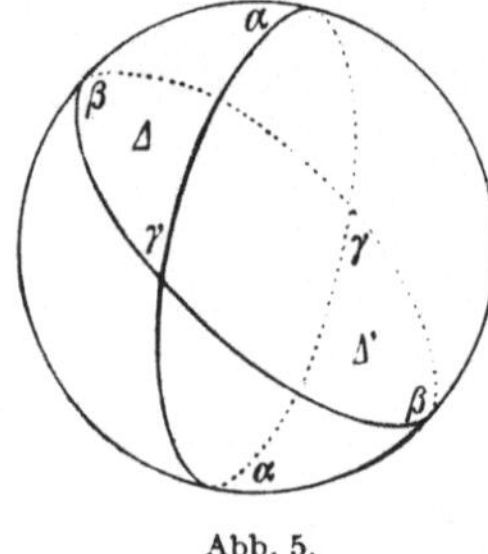
Abb. 5.

sphärisches Dreieck Δ mit den Winkeln α, β, γ, sowie die drei zugehörigen sphärischen Zweiecke, deren Durchschnitt Δ ergibt. Fassen wir ferner das diametral gegenüberliegende Dreieck Δ' mit den zugehörigen Zweiecken ins Auge. Die betrachteten sechs Zweiecke überdecken Δ und Δ' dreifach und den übrigen Teil der Kugelfläche genau einfach. Mithin ist $2(2\alpha + 2\beta + 2\gamma) = 4\pi + 2 \cdot 2\Delta$, d. h.

$$\Delta = \alpha + \beta + \gamma - \pi. \tag{1}$$

Diese berühmte Formel besagt, daß der Inhalt eines sphärischen Dreiecks gleich dem Überschuß der Winkelsumme über π ist.

Daraus folgt sofort, daß der Inhalt F eines konvexen sphärischen n-Ecks mit den Winkeln $\alpha_1, \ldots, \alpha_n$ gleich

$$F = \alpha_1 + \cdots + \alpha_n - (n - 2)\pi \tag{2}$$

ausfällt.

Mit Hilfe der Formel (2) läßt sich in sehr einfacher Weise der Eulersche Satz für konvexe Polyeder ableiten. Es bedeute P ein konvexes Polyeder mit f Flächen, k Kanten und e Ecken. Schlagen wir um einen inneren Punkt O von P eine Einheitskugel E und projizieren die Flächen des Polyeders P von O auf E. Die erhaltenen f sphärischen Vielecke überdecken schlicht die Kugelfläche E. Wir erhalten daher, indem wir die Inhaltsformel (2) auf jedes Vieleck anwenden und die erhaltenen Gleichheiten summieren:

$$4\pi = 2\pi e - 2\pi k + 2\pi f,$$

d. h.
$$f + e = k + 2. \tag{3}$$

Wir wollen nun einige Anwendungen des Eulerschen Polyedersatzes (3) zeigen. Bezeichnen wir die Seitenzahlen der verschiedenen Flächen mit $p_1, \ldots, p_f$ und die Kantenzahlen der verschiedenen Ecken mit $q_1, \ldots, q_e$, so gilt offenbar

$$3f \leqq p_1 + \cdots + p_f = 2k,$$
$$3e \leqq q_1 + \cdots + q_e = 2k.$$

Kombiniert man diese Ungleichungen mit (3), so ergeben sich die Ungleichungen

$$k + 6 \leqq 3f \leqq 2k, \tag{4}$$
$$k + 6 \leqq 3e \leqq 2k. \tag{5}$$

Daraus erhält man für die mittlere Seitenzahl der Flächen $p = \dfrac{2k}{f}$ und die mittlere Kantenzahl der Ecken $q = \dfrac{2k}{e}$ die wichtigen Ungleichungen

$$p \leqq 6 - \frac{12}{f} < 6, \tag{6}$$
$$q \leqq 6 - \frac{12}{e} < 6. \tag{7}$$

Bezeichnen wir die Anzahl der 3-, 4-, ... seitigen Flächen mit $f_3, f_4, \ldots$ und die Anzahl der 3-, 4-, ... kantigen Ecken mit $e_3, e_4, \ldots$, so gilt offenbar

$$f_3 + f_4 + \cdots = f, \qquad 3f_3 + 4f_4 + \cdots = 2k$$
$$e_3 + e_4 + \cdots = e, \qquad 3e_3 + 4e_4 + \cdots = 2k$$

und folglich
$$f_3 - f_5 - 2f_6 - \cdots = 4f - 2k$$
$$e_3 - e_5 - 2e_6 - \cdots = 4e - 2k.$$

Addieren wir die beiden letzteren Gleichheiten, so ergibt sich mit Rücksicht auf (3) die interessante Beziehung

$$f_3 + e_3 = 8 + (f_5 + e_5) + 2(f_6 + e_6) + \cdots \geqq 8. \tag{8}$$

Daraus folgt, daß es kein konvexes Polyeder gibt, auf dem sich weder eine Dreiecksfläche noch eine dreikantige Ecke befindet.

Als eine weitere Folgerung des Polyedersatzes zeigen wir, daß die mittlere Seitenzahl von solchen konvexen Polygonen, die zu einem

konvexen Polygon S mit höchstens sechs Seiten zusammengelegt werden
können, höchstens 6 ist.

Bezeichnen wir, um dies einzusehen, die Polygone mit $P_1, \ldots, P_n$
und ihre Seitenzahlen mit $s_1, \ldots s_n$. Die Polygone $P_1, \ldots, P_n$ und S
können als Seitenflächen eines entarteten $(n + 1)$-Flachs P aufgefaßt werden, wobei aber die Ecken von S im allgemeinen nicht zu
den Ecken von P zu rechnen sind. Die zur Fläche S gehörigen Ecken
von P sind nämlich diejenigen Randpunkte von S, in die eine von
den Seiten von S verschiedene Kante mündet. Bezeichnen wir die
Anzahl dieser Ecken mit p_0, die Eckenzahl der übrigen Flächen
$P_1, \ldots, P_n$ von P mit $p_1, \ldots, p_n$, so gilt nach (6)

$$\frac{p_0 + p_1 \cdots + p_n}{n + 1} \leqq 6 - \frac{12}{n + 1}.$$

Andererseits ist wegen unserer Voraussetzung bezüglich der Eckenzahl von S

$$s_1 + \cdots + s_n \leqq p_1 + \cdots + p_n + 6.$$

Mithin gilt

$$s_1 + \cdots + s_n \leqq 6\,n - p_0,$$

womit unsere Behauptung, d. h. die Ungleichung

$$\frac{s_1 + \cdots + s_n}{n} \leqq 6 \tag{9}$$

bewiesen ist. Gleichheit gilt dabei nur, wenn S ein Sechseck und
$n = 1$ ist.

§ 7. Die regulären und halbregulären Körper.

Ein konvexes Polyeder wird *regulär* genannt, wenn seine Flächen
und Ecken regulär sind. Dabei heißt eine Ecke E regulär, wenn das
zugehörige sphärische Polygon — d. h. das Polygon, welches die in E
anstoßenden Flächen aus einer um E geschlagenen Kugel ausschneiden
— regulär ist. Die Kongruenz der Flächen und Ecken eines regulären
Polyeders sind einfache Folgerungen der obigen Definition.

Bezeichnen wir das reguläre Polyeder mit p-seitigen Flächen und
q-kantigen Ecken nach L. SCHLÄFLI mit $\{p, q\}$. Da nach (6,8) entweder
p oder q gleich 3 sein muß und nach (6,6) und (6,7) weder p noch q
die Zahl 5 übertreffen kann, so kommen nur folgende Kombinationen
in Betracht: $\{3, 3\}, \{3, 4\}, \{4, 3\}, \{3, 5\}$ und $\{5,3\}$. Es läßt sich leicht zeigen,
daß diese Möglichkeiten alle realisierbar sind. Es gibt daher fünf
reguläre Polyeder, die der Flächenzahl entsprechend Tetraeder,
Hexaeder, Oktaeder, Dodekaeder und Ikosaeder genannt werden.

Die regulären Polyeder $\{p, q\}$ und $\{q, p\}$ gehen durch eine Polarität
in bezug auf ihre In- oder Umkugel ineinander über. Aus diesem

Grund sagen wir, daß das Tetraeder zu sich, das Hexaeder zum Oktaeder und das Dodekaeder zum Ikosaeder dual ist.

Es wird sich als zweckmäßig erweisen, das System der regulären Polyeder durch die entarteten regulären Polyeder zu ergänzen.

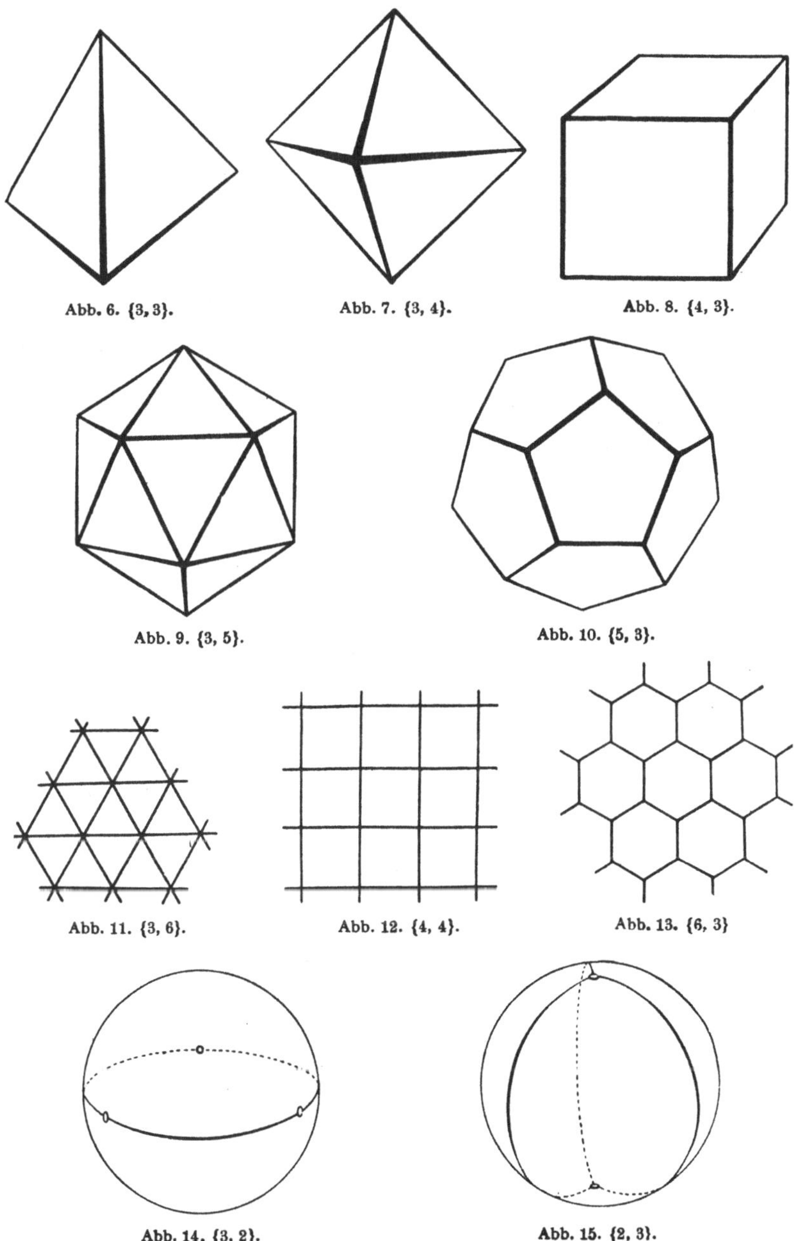

Abb. 6. {3, 3}.   Abb. 7. {3, 4}.   Abb. 8. {4, 3}.

Abb. 9. {3, 5}.   Abb. 10. {5, 3}.

Abb. 11. {3, 6}.   Abb. 12. {4, 4}.   Abb. 13. {6, 3}

Abb. 14. {3, 2}.   Abb. 15. {2, 3}.

Betrachten wir zunächst die „Polyeder" vom Symbol $\{3, 6\}$, $\{4, 4\}$ und $\{6, 3\}$. Es handelt sich um die reguläre Einteilung der Ebene in 3-, 4- bzw. 6-Ecke. Ferner betrachten wir die sogenannten Dieder $\{n, 2\}$, sowie ihre Dualen vom Symbol $\{2, n\}$ ($n = 2, 3, \ldots$). Diese können am besten durch ihre sphärischen Netze interpretiert werden.

Wir fahren jetzt fort und machen mit weiteren interessanten Körpern Bekanntschaft. Unter einem *Archimedischen Polyeder* versteht man ein konvexes Polyeder mit regulären Flächen und kongruenten, aber nicht regulären Ecken. Zu jedem Archimedischen Polyeder läßt sich durch Polarität ein duales Polyeder mit regulären Ecken und kongruenten aber irregulären Flächen angeben. Die Archimedischen Polyeder und ihre dualen werden zusammen als *halbreguläre Polyeder* bezeichnet. Die Familie der halbregulären Polyeder zerfällt daher in zwei Klassen, und zwar in die Klasse der *gleicheckigen* (Archimedischen) und der *gleichflächigen* Polyeder. Wir brauchen uns nur mit den gleicheckigen Polyedern zu befassen.

Die definierenden Eigenschaften eines Archimedischen Körpers können nur erfüllt sein, wenn die Flächen nicht alle kongruent sind. Es können zwei- oder dreierlei Flächen vorkommen. Mehr als dreierlei Flächen können nicht auftreten, da im günstigsten Fall, d. h. wenn in einer Ecke ein 3-, 4-, 5- und 6-Eck zusammenträfen, die Winkelsumme in einer Ecke $60° + 90° + 108° + 120° = 378° > 360°$ wäre, was nicht geht. In analoger Weise folgt aus $5 \cdot 60° + 90° = 390° > 360°$, daß in jeder Ecke höchstens fünf Flächen — und folglich auch höchstens fünf Kanten — zusammenkommen können.

Eine ausführliche Diskussion der halbregulären Körper findet sich z. B. bei BRÜCKNER [*1*]. Wir geben hier bloß eine Aufzählung der Archimedischen Polyeder, die wir mit (i, j, k), $\ldots$, (i, j, k, l, m) bezeichnen werden. Zum Beispiel bedeutet (i, j, k) dasjenige Archimedische Polyeder, in dessen Ecken in der angegebenen zyklischen Reihenfolge ein i-Eck, ein j-Eck und ein k-Eck zusammenstoßen. Unsere Tabelle enthält außer den 15 eigentlichen Archimedischen Körpern auch die 8 degenerierten. Diese letzteren sind solche Pflasterungen der Ebene durch zwei- oder dreierlei reguläre Polygone, bei der die Ecken kongruent sind. Für sie ist die Ecken-, Kanten- und Flächenzahl e, k bzw. f unendlich.

Die nicht entarteten Archimedischen Körper lassen sich mit Ausnahme der Archimedischen Prismen $(4, 4, n)$ und Antiprismen $(3, 3, 3, n)$ — deren Konstruktionen keiner näheren Erörterung bedürfen — von den regulären Polyeder durch „Enteckung" oder „Enteckung und Entkantung" herleiten. Diese Konstruktionen sind leicht aus den Abb. 16—38 (S. 20/21) zu entnehmen. Nur die Konstruktion der Polyeder $(3, 3, 3, 3, 4)$ und $(3, 3, 3, 3, 5)$ sind etwas verwickelter. Diese entstehen aus dem Oktaeder bzw. Ikosaeder (oder aus dem

Bezeichnung	e	k	f
(3, 6, 6)	12	18	8
(3, 8, 8)	24	36	14
(3, 10, 10)	60	90	32
(3, 12, 12)	—	—	—
(4, 4, n)	$2n$	$3n$	$n+2$
(4, 6, 6)	24	36	14
(4, 6, 8)	48	72	26
(4, 6, 10)	120	180	62
(4, 6, 12)	—	—	—
(4, 8, 8)	—	—	—
(5, 6, 6)	60	90	32
(3, 3, 3, n)	$2n$	$4n$	$2n+2$
(3, 4, 3, 4)	12	24	14
(3, 4, 4, 4)	24	48	26
(3, 4, 5, 4)	60	120	62
(3, 4, 6, 4)	—	—	—
(3, 5, 3, 5)	30	60	32
(3, 6, 3, 6)	—	—	—
(3, 3, 3, 3, 4)	24	60	38
(3, 3, 3, 3, 5)	60	150	92
(3, 3, 3, 3, 6)	—	—	—
(3, 3, 4, 3, 4)	—	—	—
(3, 3, 3, 4, 4)	—	—	—

Hexaeder bzw. Dodekaeder) durch geeignete Enteckung und Entkantung. Die Entkantung geschieht jedoch bei jeder Kante nicht durch eine, sondern durch je zwei Ebenen, die nicht parallel zu der betreffenden Kante sind.

Noch anschaulicher lassen sich diese beiden Polyeder folgendermaßen konstruieren. Man zeichne in jede Fläche eines regulären Polyeders je ein konzentrisches und homothetisches kleineres Vieleck, verdrehe alle diese Vielecke um ihren Mittelpunkt mit demselben Winkel und betrachte die konvexe Hülle H der verdrehten Vielecke. Bei passendem Verkleinerungsmaß und Drehwinkel werden die Dreiecksflächen von H regulär. Aus dem Tetraeder entsteht dadurch das Ikosaeder. Dagegen liefert diese Konstruktion im Falle des {3, 4} oder {4, 3} das (3, 3, 3, 3, 4), im Falle des {3, 5} oder {5, 3} das (3, 3, 3, 5) und im Falle des {3, 6} oder {6, 3} das (3, 3, 3, 3, 6).

Die ersten fünf entarteten Archimedischen Polyeder unserer Tabelle entstehen aus den entarteten regulären Polyedern {3, 6}, {4, 4} und {6, 3} durch Enteckung oder Enteckung und gewöhnliche Entkantung. Das Mosaik (3, 3, 4, 3, 4) entsteht aus {4, 4} auf ähnliche Weise wie etwa der Körper (3, 3, 3, 3, 4) aus {4, 3}. Das letzte Polyeder, nämlich das (3, 3, 3, 4, 4) läßt sich aber nicht aus irgendeinem regulären Polyeder herleiten. Es ist zu beachten, daß in den Ecken dieser beiden Polyeder gleiche Flächen zusammenstoßen, aber in verschiedener Anordnung.

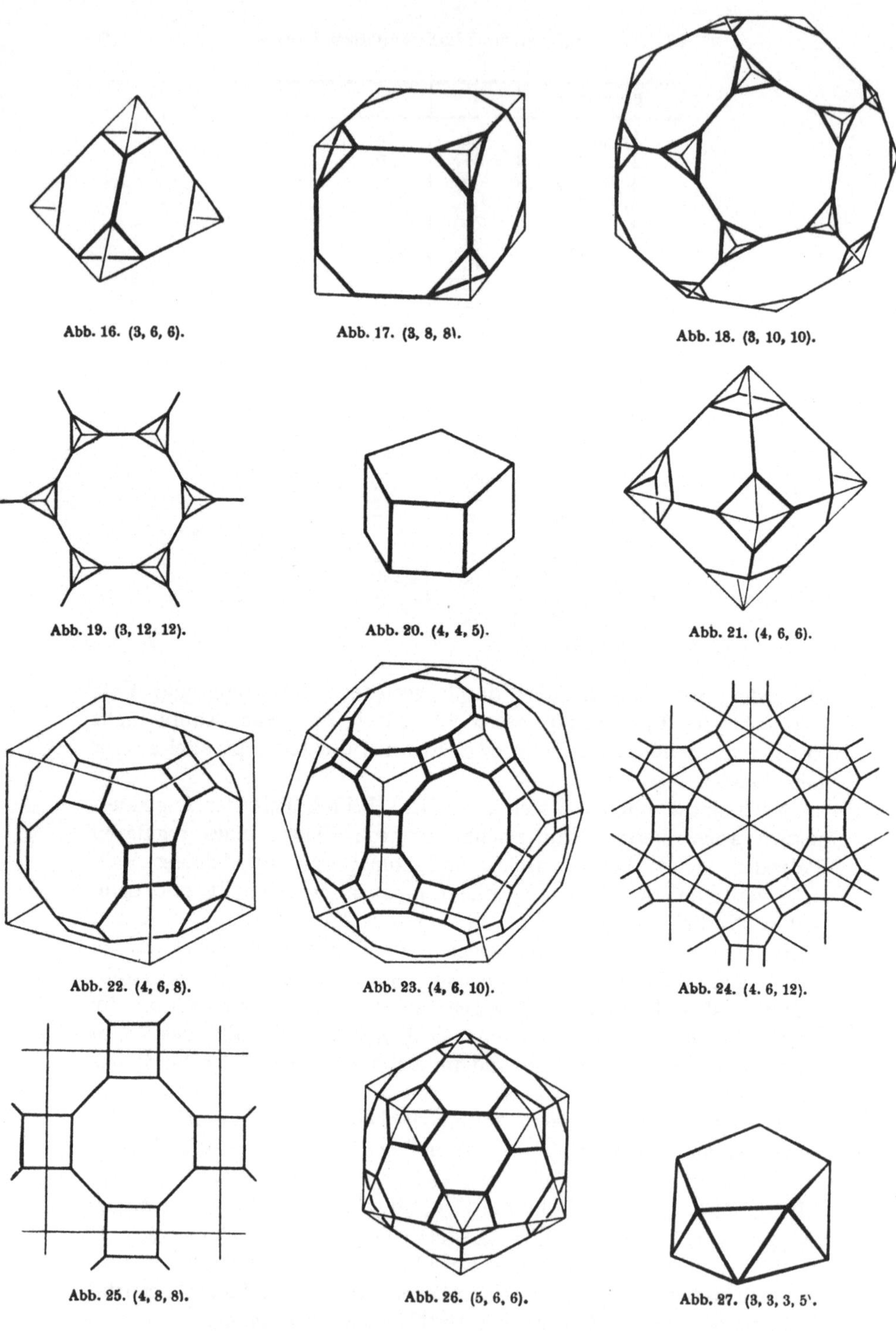

Abb. 16. (3, 6, 6).

Abb. 17. (3, 8, 8).

Abb. 18. (3, 10, 10).

Abb. 19. (3, 12, 12).

Abb. 20. (4, 4, 5).

Abb. 21. (4, 6, 6).

Abb. 22. (4, 6, 8).

Abb. 23. (4, 6, 10).

Abb. 24. (4. 6, 12).

Abb. 25. (4, 8, 8).

Abb. 26. (5, 6, 6).

Abb. 27. (3, 3, 3, 5).

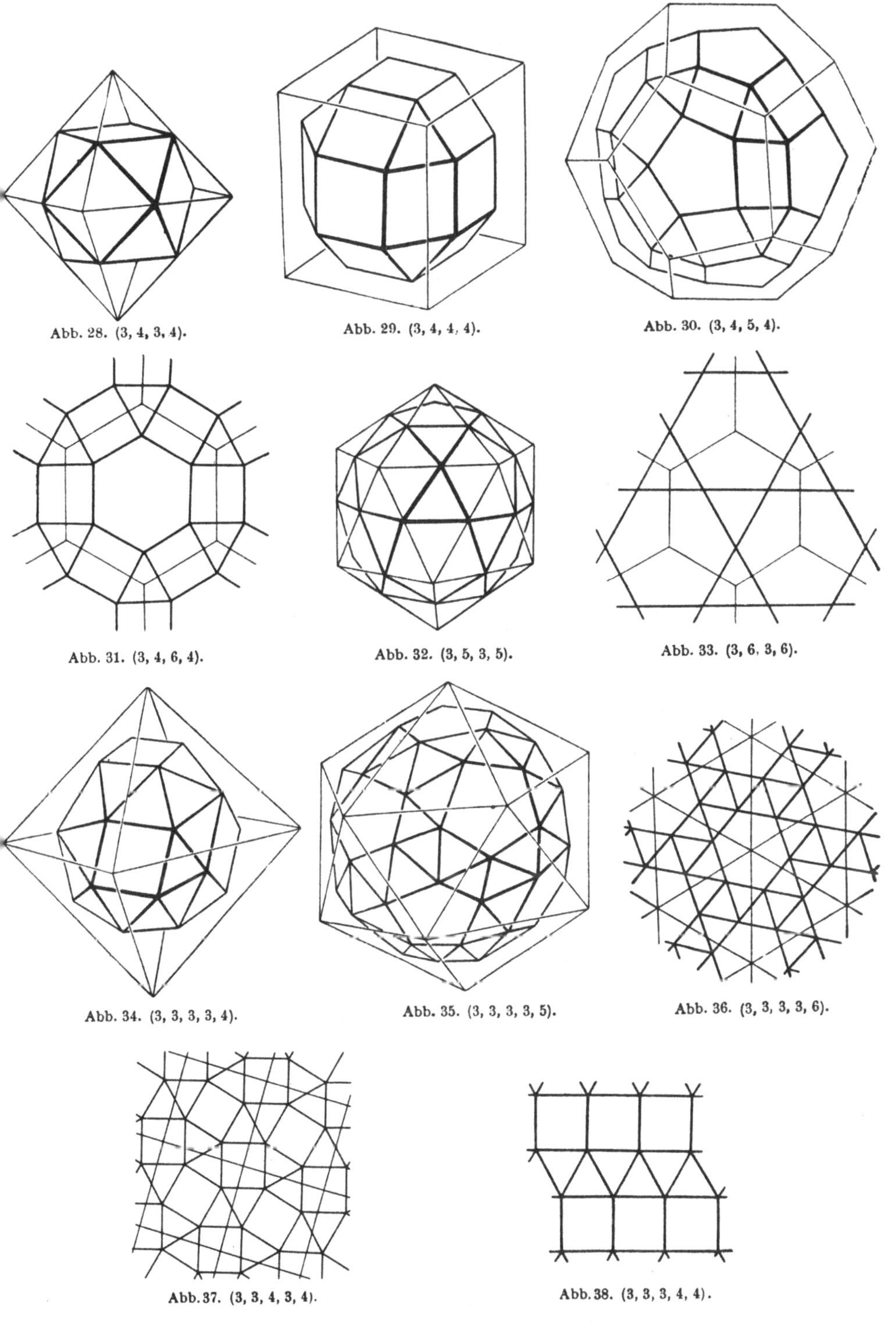

Abb. 28. (3, 4, 3, 4).

Abb. 29. (3, 4, 4, 4).

Abb. 30. (3, 4, 5, 4).

Abb. 31. (3, 4, 6, 4).

Abb. 32. (3, 5, 3, 5).

Abb. 33. (3, 6, 3, 6).

Abb. 34. (3, 3, 3, 3, 4).

Abb. 35. (3, 3, 3, 3, 5).

Abb. 36. (3, 3, 3, 3, 6).

Abb. 37. (3, 3, 4, 3, 4).

Abb. 38. (3, 3, 3, 4, 4).

Die soeben betrachteten gleicheckigen halbregulären Polyeder sind alle einer Kugel einbeschrieben. Die Polarität bezüglich der Umkugel führt jedes gleicheckige halbreguläre Polyeder in je ein gleichflächiges über, die alle einer Kugel umbeschrieben sind. Diese Polyeder lassen sich natürlich auch direkt konstruieren. Von den gleichflächigen Halbregulären werden wir allein mit dem Rhombendodekaeder, d. h. mit dem Dualen des Kuboktaeders (3, 4, 3, 4) zu tun haben. Das Kuboktaeder ist nichts anderes als die konvexe Hülle der Kantenmittelpunkte eines Würfels (oder eines Oktaeders). Folglich läßt sich das duale Gebilde folgendermaßen konstruieren. Man lege durch jede Kante eines Würfels eine Ebene, die den äußeren Flächenwinkel halbiert. Das Rhombendodekaeder wird von diesen Ebenen begrenzt.

Noch anschaulicher kann man so verfahren. Man setze auf die Flächen eines Würfels kongruente vierseitige Pyramiden. Ist die Pyramidenhöhe einer halben Kantenlänge des Würfels gleich, so fallen die an den Würfelkanten zusammentreffenden Dreiecksseiten der benachbarten Pyramiden in eine Ebene und es entsteht das Rhombendodekaeder.

§ 8. Polare Dreiecke, der Lexellsche Kreis.

Wir ordnen einem beliebigen sphärischen Dreieck $\varDelta \equiv ABC$ ein neues Dreieck $\varDelta' \equiv A'B'C'$ zu. A' wird als derjenige Pol des Großkreises BC definiert, dessen sphärischer Abstand von $A < 90°$ ist. In ähnlicher Weise werden die Punkte B' und C' definiert. Das Dreieck $\varDelta'$ heißt das zu $\varDelta$ *polare Dreieck*.

Wir zeigen, daß das zu $\varDelta'$ polare Dreieck mit dem ursprünglichen Dreieck $\varDelta$ übereinstimmt. Es genügt zu zeigen, daß derjenige Pol des Großkreises $B'C'$, dessen sphärischer Abstand von $A' < 90°$ ausfällt, der Punkt A ist. Nun gilt nach der Definition der Punkte B' und C'

$$\overset{\frown}{B'A} = \overset{\frown}{C'A} = 90°.$$ Mithin ist A ein Pol von $B'C'$, und zwar nach Definition von A' eben derjenige, für den $\overset{\frown}{A'A} < 90°$ ausfällt.

Bezeichnen wir die Seiten und Winkel der Dreiecke $\varDelta$ und $\varDelta'$ in üblicher Weise mit a, b, c und α, β, γ bzw. a', b', c' und α', β', γ', so gilt

$$a' + \alpha = \pi, \qquad b' + \beta = \pi, \qquad c' + \gamma = \pi$$
$$\alpha' + a = \pi, \qquad \beta' + b = \pi, \qquad \gamma' + c = \pi.$$

Ein Blick auf die Abb. 39 setzt die Beziehung $a' = \pi - \alpha$ in Evidenz. Hieraus folgt die Gleichheit $a = \pi - \alpha'$ durch die oben bewiesene Reflektivität der Polardreiecke.

Wir wenden nun den Begriff des Polardreiecks zum Beweis eines merkwürdigen Satzes von Lexell an. Betrachten wir ein sphärisches Dreieck $\varDelta \equiv ABC$ mit fester Basis AB und bewegen die Ecke C so, daß der Inhalt des Dreiecks unverändert bleibt. Was beschreibt dann der Punkt C? Die Antwort ist im folgenden LEXELLschen Satz enthalten:

Der Ort derjenigen Punkte, die mit den festen Punkten A und B ein sphärisches Dreieck mit vorgegebenem Inhalt bestimmen, ist ein Kreisbogen A^*B^*, dessen Endpunkte A^* und B^* den Punkten A und B diametral gegenüberliegen.

Zur Beweis betrachten wir das Polardreieck $\varDelta' \equiv A'B'C'$ (Abb. 40). Bewegt sich C nach der obigen Bedingung, so bleiben die die Seiten a' und b' enthaltenden Großkreise fest, während sich die Seite c' so bewegt, daß der *Umfang* des Dreiecks $\varDelta'$ unverändert bleibt. Bezeichnen wir den zur Seite c' gehörigen Ankreis von $\varDelta'$ mit K und die Berührungspunkte der die Seiten a', b' und c' enthaltenden Großkreise mit dem Kreis K mit $\overline{A}$, $\overline{B}$ und $\overline{C}$, so ist der Umfang von $\varDelta'$

$$A'\overline{C} + \overline{C}B' + B'C' + C'A'$$
$$= \overline{A}C' + C'\overline{B}, \text{ also un-}$$

abhängig vom Berührungspunkt $\overline{C}$. Folglich bewegt sich die Seite c' so, daß $\overline{C}$ den Kreisbogen $\overline{A}\,\overline{B}$ durchläuft. Daraus folgt, daß der

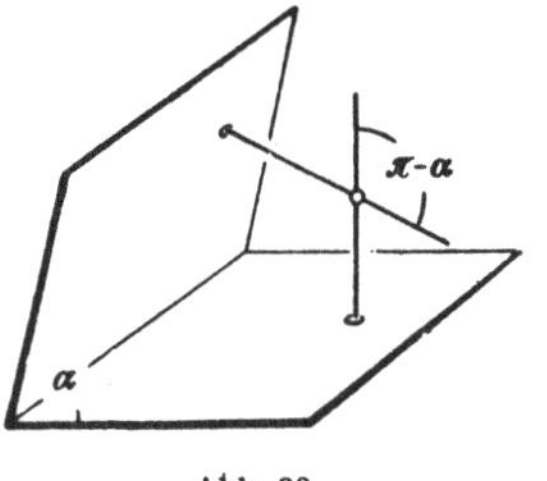
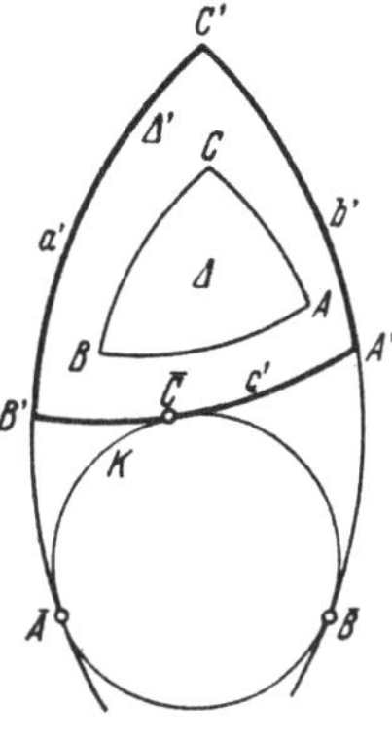

Abb. 39.   Abb. 40.

Punkt C, als Pol des Großkreises $A'B'$ ebenfalls einen Kreisbogen beschreibt. Die Endpunkte dieses Kreisbogens fallen mit je einem Pol der Großkreise $C'B'$ und $C'A'$, d. h. mit A oder A^* und B oder B^* zusammen. Da aber die Punkte A und B nicht zu dem betrachteten geometrischen Ort der Punkte C gehören, so kommen nur die Punkte A^* und B^* in Betracht, womit der LEXELLsche Satz dargetan ist.

Es sei noch bemerkt, daß z. B. in der Grenzlage $C \equiv A^*$ das Dreieck $\varDelta$ in ein sphärisches Zweieck ausartet.

§ 9. Einige vektoralgebraische Identitäten.

Unter einem *Vektor* wird eine gerichtete Strecke verstanden. Zur Bezeichnung eines Vektors benützen wir Frakturbuchstaben: $\mathfrak{a}$, $\mathfrak{b}$, $\mathfrak{c}$ usw. Die Länge eines Vektors $\mathfrak{a}$ wird *absoluter Betrag* genannt und mit $|\mathfrak{a}|$ bezeichnet.

Für die Vektoren lassen sich gewisse Operationen erklären, für die dann verschiedene Operationsregeln abgeleitet werden können. Mit anderen Worten: es läßt sich eine Vektoralgebra aufbauen, die auf die verschiedensten Gebiete der Mathematik mit Erfolg angewandt werden kann. Wir stellen hier kurz die Grundlagen der Vektoralgebra zusammen.

Zwei Vektoren, deren Richtungen und Beträge übereinstimmen, betrachten wir als *identisch*, auch wenn ihre Anfangspunkte verschieden sind. Ist λ eine reelle Zahl, so bedeutet $\lambda\mathfrak{a}$ denjenigen Vektor, dessen Betrag $|\lambda|\,|\mathfrak{a}|$ ist, während seine Richtung mit der Richtung von $\mathfrak{a}$, oder mit der entgegengesetzten Richtung übereinstimmt, je nachdem λ positiv oder negativ ist. Zur Definition der *Summe* $\mathfrak{c} = \mathfrak{a} + \mathfrak{b}$ trage man $\mathfrak{b}$ vom Endpunkt von $\mathfrak{a}$ auf. Dann wird $\mathfrak{c}$ als derjenige Vektor erklärt, der vom Anfangspunkt von $\mathfrak{a}$ nach dem Endpunkt von $\mathfrak{b}$ hinweist. Es gilt $\mathfrak{a} + \mathfrak{b} = \mathfrak{b} + \mathfrak{a}$. Die *Differenz* $\mathfrak{c} = \mathfrak{a} - \mathfrak{b}$ läßt sich durch $\mathfrak{c} = \mathfrak{a} + (-1)\mathfrak{b}$ erklären. Für diesen Vektor gilt offenbar $\mathfrak{a} = \mathfrak{c} + \mathfrak{b}$. Unter dem *skalaren (inneren) Produkt* $\mathfrak{a}\mathfrak{b}$ der Vektoren $\mathfrak{a}$ und $\mathfrak{b}$ versteht man die Zahl $\mathfrak{a}\mathfrak{b} = |\mathfrak{a}|\,|\mathfrak{b}|\cos\gamma$, wobei γ den Winkel zwischen $\mathfrak{a}$ und $\mathfrak{b}$ bedeutet. Unter dem *Vektorprodukt (äußeres Produkt)* $\mathfrak{a} \times \mathfrak{b}$ versteht man einen Vektor mit dem Betrag $|\mathfrak{a} \times \mathfrak{b}| = |\mathfrak{a}|\,|\mathfrak{b}|\sin\gamma$ und mit einer Richtung, die sowohl zu $\mathfrak{a}$ wie zu $\mathfrak{b}$ senkrecht ist, und zwar in dem Sinn, daß $\mathfrak{a}$, $\mathfrak{b}$ und $\mathfrak{a} \times \mathfrak{b}$ so nacheinander folgen, wie der Daumen, Zeige- und Mittelfinger unserer rechten Hand. Es gilt $\mathfrak{a} \times \mathfrak{b} = -\mathfrak{b} \times \mathfrak{a}$.

Die soeben definierten dreierlei Produkte besitzen die *distributive* Eigenschaft, was in folgenden, leicht zu verifizierenden Identitäten zum Ausdruck kommt: $(\lambda + \mu)\,\mathfrak{a} = \lambda\mathfrak{a} + \mu\mathfrak{a}$, $\lambda(\mathfrak{a} + \mathfrak{b}) = \lambda\mathfrak{a} + \lambda\mathfrak{b}$, $\mathfrak{a}(\mathfrak{b} + \mathfrak{c}) = \mathfrak{a}\mathfrak{b} + \mathfrak{a}\mathfrak{c}$, $\mathfrak{a} \times (\mathfrak{b} + \mathfrak{c}) = \mathfrak{a} \times \mathfrak{b} + \mathfrak{a} \times \mathfrak{c}$.

Ein weiterer wichtiger Begriff ist das *Inhaltprodukt (gemischte Produkt)* von drei Vektoren: $(\mathfrak{a}\mathfrak{b}\mathfrak{c}) = (\mathfrak{a} \times \mathfrak{b})\,\mathfrak{c}$. Dieses läßt sich geometrisch als der (mit entsprechendem Vorzeichen versehene) Inhalt des von $\mathfrak{a}$, $\mathfrak{b}$ und $\mathfrak{c}$ aufgespannten Parallelepipedons interpretieren. Aus dieser Bedeutung folgt, daß die drei Vektoren zyklisch vertauscht werden können: $(\mathfrak{a}\mathfrak{b}\mathfrak{c}) = (\mathfrak{c}\mathfrak{a}\mathfrak{b}) = (\mathfrak{b}\mathfrak{c}\mathfrak{a})$. Mithin läßt sich das Inhaltsprodukt auch durch $(\mathfrak{a}\mathfrak{b}\mathfrak{c}) = \mathfrak{a}(\mathfrak{b} \times \mathfrak{c})$ definieren.

Wir beweisen jetzt folgende wichtige vektoralgebraische Identität:

$$\mathfrak{a} \times (\mathfrak{b} \times \mathfrak{c}) = (\mathfrak{a}\mathfrak{c})\mathfrak{b} - (\mathfrak{a}\mathfrak{b})\mathfrak{c}. \tag{1}$$

Ist $\mathfrak{a}\mathfrak{b} = 0$, so verifiziert sich die Identität (1) leicht direkt. Nun läßt sich aber — abgesehen vom trivialen Fall $\mathfrak{b} \times \mathfrak{c} = 0$ — jeder Vektor $\mathfrak{a}$ in der Form $\mathfrak{a} = \mathfrak{a}_b + \mathfrak{a}_c$ schreiben, wo $\mathfrak{a}_b\mathfrak{b} = \mathfrak{a}_c\mathfrak{c} = 0$ ausfällt. Folglich haben wir nach dem betrachteten Sonderfall $\mathfrak{a}_b \times (\mathfrak{b} \times \mathfrak{c}) = (\mathfrak{a}_b\mathfrak{c})\mathfrak{b} = (\mathfrak{a}\mathfrak{c})\mathfrak{b}$ und $\mathfrak{a}_c \times (\mathfrak{b} \times \mathfrak{c}) = -(\mathfrak{a}_c\mathfrak{b})\mathfrak{c} = -(\mathfrak{a}\mathfrak{b})\mathfrak{c}$, woraus sich durch Summation die Identität (1) ergibt.

Multiplizieren wir beide Seiten von (1) skalar mit dem Vektor $\mathfrak{b}$, so ergibt sich

$$(\mathfrak{b}\,\mathfrak{a}\,\mathfrak{b}\times\mathfrak{c}) = (\mathfrak{b}\times\mathfrak{a})\,(\mathfrak{b}\times\mathfrak{c}) = (\mathfrak{a}\mathfrak{c})\,(\mathfrak{b}\mathfrak{b}) - (\mathfrak{a}\mathfrak{b})\,(\mathfrak{c}\mathfrak{b}),$$

oder

$$(\mathfrak{a}\times\mathfrak{b})\,(\mathfrak{c}\times\mathfrak{b}) = (\mathfrak{a}\mathfrak{c})\,(\mathfrak{b}\mathfrak{b}) - (\mathfrak{a}\mathfrak{b})\,(\mathfrak{b}\mathfrak{c}). \tag{2}$$

Eine weitere Identität ergibt sich aus (1), wenn wir $\mathfrak{a}$ durch $\mathfrak{a} \times \mathfrak{b}$ und $\mathfrak{b} \times \mathfrak{c}$ durch $\mathfrak{c} \times \mathfrak{b}$ ersetzen:

$$(\mathfrak{a} \times \mathfrak{b}) \times (\mathfrak{c} \times \mathfrak{b}) = (\mathfrak{a}\mathfrak{b}\mathfrak{b})\,\mathfrak{c} - (\mathfrak{a}\mathfrak{b}\mathfrak{c})\,\mathfrak{b}. \tag{3}$$

§ 10. Einige Formeln der sphärischen Trigonometrie.

Wenden wir die Identität (9, 2) auf den Sonderfall an, daß $\mathfrak{a}$, $\mathfrak{b}$ und $\mathfrak{c}$ Einheitsvektoren sind und $\mathfrak{b} = \mathfrak{a}$ ausfällt, so ergibt sich nach einer Umformung
$$\mathfrak{b}\mathfrak{c} = (\mathfrak{a}\mathfrak{c})\,(\mathfrak{a}\mathfrak{b}) + (\mathfrak{a} \times \mathfrak{b})\,(\mathfrak{a} \times \mathfrak{c}).$$

Tragen wir die Vektoren $\mathfrak{a}$, $\mathfrak{b}$ und $\mathfrak{c}$ von einem Punkt auf, so bestimmen ihre Endpunkte ein sphärisches Dreieck ABC. Für dieses Dreieck ist $\mathfrak{b}\mathfrak{c} = \cos a$, $\mathfrak{c}\mathfrak{a} = \cos b$, $\mathfrak{a}\mathfrak{b} = \cos c$, $|\mathfrak{a} \times \mathfrak{b}| = \sin c$, $|\mathfrak{a} \times \mathfrak{c}| = \sin b$, und der von den Vektoren $\mathfrak{a} \times \mathfrak{b}$ und $\mathfrak{a} \times \mathfrak{c}$ eingeschlossene Winkel ist genau α. Daher ist unsere obige Identität nichts anderes als eine vektorielle Schreibweise des sphärischen Cosinussatzes

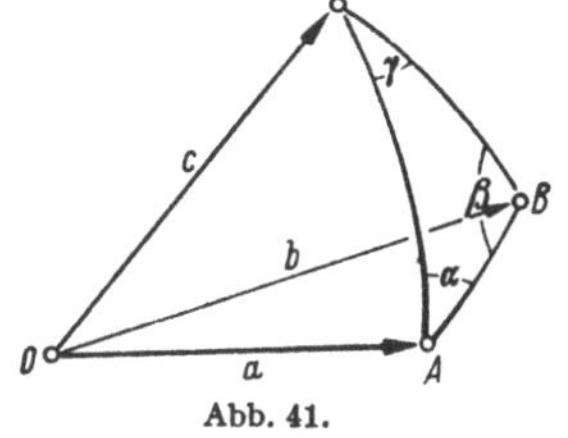

Abb. 41.

$$\cos a = \cos b \cos c + \sin b \sin c \cos \alpha. \tag{1}$$

Wenden wir diesen Satz auf das polare Dreieck an, so ergibt sich der zweite Cosinussatz:

$$\cos\alpha = -\cos\beta \cos\gamma + \sin\beta \sin\gamma \cos a. \tag{2}$$

Gehen wir nun von der Identität (9, 3) aus, die in demselben Spezialfall wie oben in die Identität

$$(\mathfrak{a} \times \mathfrak{b}) \times (\mathfrak{a} \times \mathfrak{c}) = (\mathfrak{a}\mathfrak{b}\mathfrak{c})\,\mathfrak{a}$$

übergeht, so ergibt sich

$$|(\mathfrak{a}\mathfrak{b}\mathfrak{c})| = \sin\alpha \sin b \sin c.$$

Da aber die linke Seite bei zyklischer Vertauschung der drei Vektoren unverändert bleibt, gilt dasselbe auch für die rechte Seite:

$$\sin\alpha \sin b \sin c = \sin\beta \sin c \sin a = \sin\gamma \sin a \sin b,$$

d. h.
$$\sin\alpha : \sin\beta : \sin\gamma = \sin a : \sin b : \sin c. \tag{3}$$

Das ist der sphärische Sinussatz.

Die beiden Cosinussätze (1) und (2) und der Sinussatz (3) gestatten es von drei beliebigen, das Dreieck eindeutig bestimmenden Bestandteilen die übrigen zu bestimmen. Wir stellen hier die Formeln für ein rechtwinkliges Dreieck zusammen, wobei c in üblicher Weise die Hypotenuse bedeutet:

$$\cos c = \cos a \cos b = \operatorname{cotg}\alpha \operatorname{cotg}\beta$$

$$\cos\alpha = \sin\beta \cos a = \operatorname{cotg}c \operatorname{tg}b$$

$$\cos\beta = \sin\alpha \cos b = \operatorname{cotg}c \operatorname{tg}a$$

$$\sin a = \sin c \sin\alpha = \operatorname{cotg}\beta \operatorname{tg}b$$

$$\sin b = \sin c \sin\beta = \operatorname{cotg}\alpha \operatorname{tg}a.$$

Diese Formeln können leicht nach NAPIER's Regel im Gedächtnis

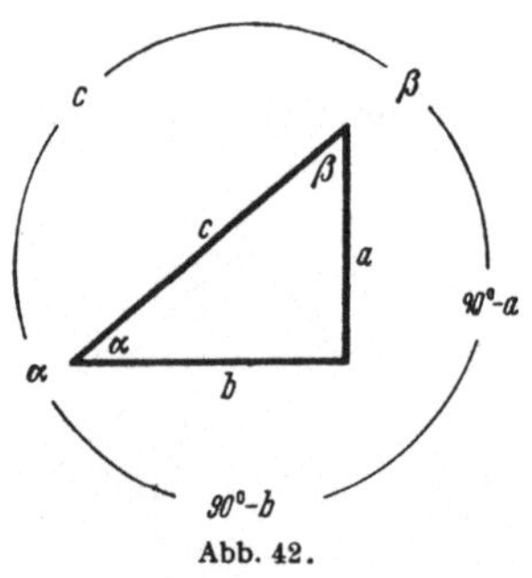

Abb. 42.

behalten werden. Betrachten wir die Hypotenuse c, die anstoßenden Winkel α und β sowie die Komplementen $90° - a$ und $90° - b$ der Katheten (Abb. 42). Ordnen wir diese fünf Winkel nach ihrer natürlichen zyklischen Reihenfolge an, so ist der Cosinus eines beliebigen Winkels das Produkt der Sinus der zwei gegenüberliegenden oder der Cotangenten der beiden anstoßenden Winkel. Wir schreiben noch zwei Inhaltsformeln für unser rechtwinkliges Dreieck $\varDelta$ auf. Es gilt $\varDelta = \alpha + \beta - \dfrac{\pi}{2}$. Nun haben wir einerseits

$$\sin\left(\frac{\pi}{2} - \beta\right) = \cos b \sin\alpha,$$

andererseits

$$\operatorname{tg}\left(\frac{\pi}{2} - \beta\right) = \cos c \operatorname{tg}\alpha.$$

Mithin ist

$$\varDelta = \alpha - \operatorname{arc\,sin}(\cos b \sin\alpha) = \alpha - \operatorname{arc\,tg}(\cos c \operatorname{tg}\alpha).$$

§ 11. Geschichtliche Bemerkungen.

Die Theorie der konvexen Körper ist ein umfassendes Gebiet der Geometrie, dessen Begründung mit den Namen von J. STEINER, H. BRUNN, H. MINKOWSKI und anderen verknüpft ist. Es scheint, daß mit den Worten von MINKOWSKI „Mich interessiert alles, was konvex ist!" viele Mathematiker einverstanden sind, da diese reizvolle Theorie sich noch heute in der stärksten Entwicklung befindet. Die Theorie verfügt über das ausgezeichnete Lehrbuch BONNESEN-FENCHEL [1], sowie über die mehr spezielle Monographie ALEXANDROV [1]. Bezüglich der hier und später vorkommenden Begriffe der Differentialgeometrie verweisen wir etwa auf das Werk [2] von BLASCHKE.

Die Affinität, sowie die Polarität bezüglich einer Kurve oder Fläche zweiter Ordnung sind älteste Begriffe der projektiven Geometrie. Näheres darüber findet man in allen Lehrbüchern der analytischen oder projektiven Geometrie, wie z.B. in SCHOENFLIESS-

DEHN [1]. Die Ungleichung (2, 1) ist in den Arbeiten [18, 20] des Verf. enthalten.

Die in § 3 angegebenen notwendigen Bedingungen für die einem konvexen Gebiet ein- und umbeschriebenen extremalen n-Ecke waren schon STEINER bekannt. Auf die Existenzfrage bei einem Extremalproblem hat schon DIRICHLET, am ausdrücklichsten aber WEIERSTRASS die Aufmerksamkeit gelenkt. Der erste direkte, völlig elementare Beweis der Ungleichungen (3, 1) und (3, 2) rührt von KÜRSCHÁK [1] her. Auf die Ungleichung (3, 3) wurde der Verf. [22] durch das später zu behandelnde Kreislagerungsproblem geführt. Ein ebenso einfacher Beweis der zweiten Ungleichung (3, 1) ist mir nicht bekannt. Die einfachen Folgerungen (3, 4) und (3, 5) der Ungleichungen (3, 1) hat der Verf. [18] gefunden.

Ausführliche historische Angaben über das isoperimetrische Problem finden wir außer in dem erwähnten Werk von BONNESEN-FENCHEL [1] in dem durchweg fesselnden kleinen Werk von BLASCHKE [1], sowie in dem Enzyklopädieartikel von STEINITZ [1]. Den Begriff des inneren Parallelbereiches hat F. RIESZ [1] im Jahr 1930 eingeführt. Die Tatsache, daß mit Hilfe dieses Begriffes in einfacher Weise die von BONNESEN stammende Ungleichung (4, 5) hergeleitet werden kann, hat B. v. Sz. NAGY [1] (s. die Fußnote 5) bemerkt.

Will man die isoperimetrische Ungleichung (4, 1) durch rein elementargeometrische Mittel beweisen, so stößt man auf die Schwierigkeit, daß schon der Inhalt und Umfang eines Bereiches keine elementargeometrischen Begriffe sind. Dieser Schwierigkeit kann man dadurch entgehen, daß man die isoperimetrische Ungleichung für Polygone zu beweisen versucht. Hieraus folgt die Ungleichung im allgemeinen durch einen Grenzübergang, also bloß aus der Definition des Inhaltes und Umfanges, wodurch die nicht elementaren Hilfsmittel auf das nötigste beschränkt werden. Nach BOL [1], der den Beweis durch innere Parallelbereiche unabhängig von B. v. Sz. NAGY gefunden hat, ist dies der erste „wirklich einfache" Beweis der isoperimetrischen Ungleichung für Polygone, der mit elementaren Hilfsmitteln auskommt. Bemerken wir hierzu, daß der erste SANTALÓsche integralgeometrische Beweis der isoperimetrischen Ungleichung (BLASCHKE [4]) im Falle eines Polygons sich sehr leicht in die Sprache der Elementargeometrie übertragen läßt und daß dieser vielleicht noch einfacher ist als der Beweis durch innere Parallelbereiche. Auf diese Weise läßt sich sogar die Ungleichung

$$L^2 - 4\pi F \geqq (L - 2\pi\varrho)^2, \quad r \leqq \varrho \leqq R$$

auch für beliebige nicht konvexe Polygone herleiten, wo ϱ eine beliebige Größe zwischen In- und Umkreishalbmesser bedeutet (s. FEJES TÓTH [35]). Ein weiterer einfacher Beweis wurde von HADWIGER [4] angegeben.

Die Ungleichung (5, 1) hat L. Fejér als Teilnehmer an dem mathematischen Wettbewerb Loránd Eötvös 1897 ausgesprochen (vgl. T. Rado [1]). Es ist aber anzunehmen, daß diese Ungleichung viel älter ist. Wir geben hier einen — von dem jung verstorbenen ungarischen Mathematiker I. Ádám herrührenden — schönen Beweis dieser Ungleichung, der sich auch in den Raum übertragen läßt. Betrachten wir denjenigen Kreis K, der durch die Seitenmittelpunkte des Dreiecks Δ hindurchgeht. Der Radius desselben ist $R/2$. K ist aber der Inkreis eines zu dem ursprünglichen Dreieck Δ homothetischen und dieses Dreieck enthaltenden Dreiecks. Folglich ist K größer als der Inkreis von Δ, es sei denn, daß K selbst der Inkreis von Δ ist. Wir haben also tatsächlich $\dfrac{R}{2} \geq r$, und Gleichheit gilt nur im angedeuteten Sonderfall, d. h. wenn Δ gleichseitig ist.

Die Ungleichung (5, 2) rührt von Schreiber [1], ihr Beweis als Korollarium der schärferen Ungleichung (5,3), vom Verf. [23] her. Der vorgetragene Beweis der Ungleichung (5, 4) stammt von Mordell [1, 2]. 190 ► Ein einfacher, rein elementargeometrischer Beweis dieser hübschen Ungleichung ist bisher nicht bekannt. Die Äquivalenz der Ungleichungen (5, 5) und (5,6) hat der Verf. [23] bemerkt.

Um weitere Gesichtspunkte bei den Untersuchungen im Raum zu gewinnen, weisen wir noch auf eine Dreiecksungleichung hin: bedeuten ϱ_1, ϱ_2, ϱ_3 und R die Ankreishalbmesser bzw. den Umkreishalbmesser eines Dreiecks, so gilt

$$M_1(\varrho_1, \varrho_2, \varrho_3) \leq \tfrac{3}{2} R \leq M_2(\varrho_1, \varrho_2, \varrho_3),$$

wobei M_k das k-te Potenzmittel bedeutet. Die erste Ungleichung ist leicht einzusehen; die zweite fand Hajós [1], nachdem vorher Baron [1] und Erdös [1] die Ungleichung $\tfrac{3}{2} R \leq M_\infty(\varrho_1, \varrho_2, \varrho_3) = \max(\varrho_1, \varrho_2, \varrho_3)$ und der Verf. die Ungleichung $\tfrac{3}{2} R \leq M_4(\varrho_1, \varrho_2, \varrho_3)$ bewiesen hatten.

Im Zusammenhang mit den Paragraphen 6 und 7 weisen wir — abgesehen von dem schon zitierten Werk von Brückner — auf die ausgezeichneten Lehrbücher von Steinitz [1], Coxeter [1] und Alexandrov [2] hin.

II. Sätze aus der Theorie der konvexen Körper.

Nach zwei wohlbekannten Sätzen, die in den ersten beiden Paragraphen besprochen werden, folgen speziellere Sätze, die sich hauptsächlich auf die einem Eibereich ein- und umbeschriebenen n-Ecke von maximalem bzw. minimalem Inhalt beziehen. Im Zusammenhang mit der Frage nach denjenigen Kurven, welche sich am schlechtesten durch n-Ecke approximieren lassen, werden wir interessante Extremaleigenschaften der Kegelschnitte kennenlernen. Schließlich besprechen wir die wichtigsten Begriffe und Sätze der Integralgeometrie, eines erfolgreichen neueren Gebietes der Geometrie, das ebenfalls einige Berührungspunkte mit den Lagerungsproblemen aufweist.

§ 1. Der Auswahlsatz von Blaschke.

Unter der *Abweichung* (Distanz) von zwei konvexen Gebieten G und H verstehen wir die kleinste Zahl $\eta = \eta\,(G, H)$ mit der Eigenschaft, daß H in G_η und G in H_η enthalten sei, wo G_η und H_η die entsprechenden Parallelbereiche vom Abstand η bedeuten. Dieses Abweichungsmaß genügt den üblichen Forderungen: 1. Es ist $\eta\,(G, H) \geqq 0$ und Gleichheit besteht nur, wenn G und H identisch sind. 2. Es gilt $\eta\,(G, H) = \eta\,(H, G)$. 3. Sind G, H und I drei konvexe Gebiete, so gilt die Dreiecksungleichung $\eta\,(G, H) + \eta\,(H, I) \geqq \eta\,(G, I)$.

Wir sagen, daß die Folge der konvexen Gebiete G_1, G_2, ... gegen das Gebiet G *konvergiert*, wenn $\eta\,(G, G_1)$, $\eta\,(G, G_2)$, ... eine Nullfolge ist.

Wir beweisen jetzt den grundlegenden Auswahlsatz von Blaschke [1]:

Aus jeder unendlichen Folge von konvexen Bereichen, die alle in einem festen Quadrat liegen, läßt sich eine konvergente Teilfolge herausgreifen.

Der Beweis erfolgt in zwei Schritten. Wir zeigen zunächst, daß aus der betrachteten Folge von Bereichen eine Cauchysche Teilfolge ausgewählt werden kann. Dabei wird eine Folge C_1, C_2, ... von konvexen Bereichen nach Cauchy benannt, wenn zu jedem $\varepsilon > 0$ eine Zahl N angegeben werden kann, so daß für jedes Indexpaar $i, j > N$ $\eta\,(C_i, C_j) < \varepsilon$ ausfällt. Dann zeigen wir, daß eine Cauchysche Folge stets konvergent ist.

Es sei G_1, G_2, ... eine unendliche Folge von konvexen Bereichen, die alle im Quadrat Q enthalten sind. Zerlegen wir Q in vier kongruente Teilquadrate Q_1, Q_2, Q_3, Q_4 und ordnen jedem Bereich die von ihm getroffenen Quadrate zu. Da die Anzahl der Kombinationen Q_1, ..., Q_4, $Q_1 Q_2$, ..., $Q_3 Q_4$, $Q_1 Q_2 Q_3$, ..., $Q_2 Q_3 Q_4$, $Q_1 Q_2 Q_3 Q_4$ endlich ist, gibt es nach dem Schubfachschluß eine Kombination, die bei dieser Zuordnung unendlich oft vorkommt. Greifen wir von der Folge G_1, G_2,... diejenigen Gebiete G_1^1, G_2^1, ... heraus, denen die betrachtete Kombination zugeordnet ist. Zerlegen wir nun jedes Teilquadrat erneut in je vier kongruente Teilquadrate Q_{11}, ..., Q_{44} und betrachten zu jedem Bereich G_i^1 die von ihm getroffenen Quadrate $Q_{\nu\mu}$. Dann gibt es wieder eine Kombination der betrachteten 16 Quadrate $Q_{\nu\mu}\,(\nu, \mu \leqq 4)$ die zu unendlich vielen Bereichen der Folge G_1^1, G_2^1, ... gehören. Diese Bereiche bilden eine neue Teilfolge, die wir mit G_1^2, G_2^2, ... bezeichnen. Setzen wir dieses Verfahren fort und betrachten die i-te Teilfolge G_1^i, G_2^i, ..., die dadurch charakterisiert ist, daß jeder ihrer Bereiche dieselben

Quadrate der i-ten regelmäßigen Unterteilung von Q in 4^i Teilquadrate trifft.

Zunächst ist ohne weiteres klar, daß $\eta(G_\nu^i, G_\mu^i) \leqq \dfrac{\sqrt{2Q}}{2^i}$ ausfällt. Da ferner für $j > i$ die Folge $G_1^j, G_2^j, \ldots$ eine Teilfolge von $G_1^i, G_2^i, \ldots$ ist, haben wir zugleich für jedes $j \geqq i$ $\;\eta(G_\nu^i, G_\mu^j) \leqq \dfrac{\sqrt{2Q}}{2^i}$, also auch etwa $\eta(G_i^i, G_j^j) \leqq \dfrac{\sqrt{2Q}}{2^i}$. Folglich gilt für ein jedes Indexpaar $i, j > N$ $\eta(G_i^i, G_j^j) < \dfrac{\sqrt{2Q}}{2^N}$. Damit ist erkannt, daß die Teilfolge $G_1^1, G_2^2, \ldots$ der ursprünglichen Folge eine CAUCHYsche Folge bildet.

Es sei nun $C_1, C_2, \ldots$ eine CAUCHYsche Folge von konvexen Bereichen. Wählen wir aus jedem C_ν einen Punkt P_ν willkürlich aus, so entsteht eine Punktfolge $P_1, P_2, \ldots$, welche wegen der Beschränktheit wenigstens einen Häufungspunkt in Q aufweisen muß. Es bezeichne D die offensichtlich abgeschlossene Menge aller Punkte, welche sich auf diese Weise als Häufungspunkte solcher Punktfolgen feststellen lassen. Wählen wir $\varrho > 0$, so gibt es ein natürliches n, so daß für alle $\nu \geqq n\; C_\nu$ in der Parallelmenge D_ϱ (wie wir nachher zeigen, ist D konvex) enthalten ist; anderenfalls müßten unendlich viele C_ν aus D_ϱ herausragen und es ließe sich eine Punktfolge P_ν nach der oben gegebenen Art bilden, welche eine unendliche Teilfolge von nicht zu D_ϱ gehörenden Punkten enthält. Dieser Punktfolge P_ν würde also ein nicht D angehörender Häufungspunkt zukommen, im Widerspruch zur Konstruktion von D. Andererseits gibt es ein natürliches m, so daß für alle $\nu > m\; D$ in den Parallelmengen $(C_\nu)_\varrho$ enthalten ist. In der Tat: Da die C_ν eine CAUCHYsche Folge bilden, muß $(C_\nu)_\varrho$ für ausreichend große ν alle C_μ mit $\mu > \nu$ enthalten; hieraus folgt die obenstehende Behauptung im Hinblick auf die Konstruktion von D. Nach den beiden Feststellungen folgt jetzt leicht, daß $\eta(C_\nu, D)$ eine Nullfolge darstellt.

Wir zeigen noch, daß D konvex sein muß. Sind P und Q zwei Punkte von D, so gehören diese für alle $\nu \geqq n$ zu den Parallelgebieten $(C_\nu)_\varrho$, wenn n bei beliebig vorgegebenem $\varrho > 0$ ausreichend groß gewählt ist. In den beiden Kreisen P_ϱ und Q_ϱ liegen demnach für $\nu \geqq n$ stets Punkte P^ν und Q^ν in C_ν. Da C_ν konvex ist, liegt die ganze Strecke $P^\nu Q^\nu$ in C_ν. Mit Rücksicht auf die Konstruktion von D folgert man jetzt leicht, daß auch die Strecke PQ zu D gehören muß. Die konvexen Bereiche C_ν konvergieren also gegen die abgeschlossene konvexe, eventuell aber zu Punkt oder Strecke entartete Menge D. Damit ist der Auswahlsatz bewiesen.

Der Beweis läßt sich unmittelbar in den n-dimensionalen Raum übertragen. Übrigens gilt der Satz nicht nur für konvexe, sondern auch für beliebige abgeschlossene Punktmengen.

Aus dem Auswahlsatz folgt ferner sofort: *Liegt in einem Quadrat ein unendliches System von konvexen Bereichen, so läßt sich zu jedem*

$\varepsilon > 0$ *eine endliche Anzahl von den Bereichen des Systems so auswählen,
daß die Abweichung eines beliebigen Bereichs des Systems von einem
der ausgewählten Bereiche $< \varepsilon$ ausfällt.*

Greifen wir nämlich von unserem System sukzessiv nach folgender
Vorschrift gewisse Bereiche heraus, die wir mit $G_1, G_2, \ldots$ bezeichnen
wollen: G_1 sei beliebig, G_2 genüge der Ungleichung $\eta(G_1, G_2) \geqq \varepsilon$, G_3
genüge den Ungleichungen $\eta(G_1, G_3) \geqq \varepsilon$, $\eta(G_2, G_3) \geqq \varepsilon$ usw. Dieses
Verfahren muß nach der Auswahl von einer endlichen Anzahl von
Bereichen $G_1, \ldots, G_N$ abbrechen, da sonst von der unendlichen Folge
$G_1, G_2, \ldots$ keine Cauchysche Teilfolge herausgewählt werden könnte.
Das bedeutet aber eben, daß die Abweichung eines jeden Gebietes
unseres Systems von einem der Gebiete $G_1, \ldots, G_N$ kleiner als ε ausfällt.

Zum Schluß führen wir noch zwei weitere Abweichungsbegriffe ein.
Zur Unterscheidung von diesen könnte $\eta(G, H)$ etwa als *Streckenabweichung* bezeichnet werden. Unter der *Inhaltsabweichung* $\tau(G, H)$
der konvexen Bereiche G und H verstehen wir den Inhalt desjenigen
Flächenteiles, dessen Punkte genau zu einem der beiden Bereiche
gehören. $\tau(G, H)$ läßt sich auch als die Differenz der Inhalte der Ver-
einigungs- und Durchschnittsmenge von G und H erklären. Die Um-
fangsdifferenz $\lambda(G, H)$ dieser Mengen nennen wir *Umfangsabweichung*
von G und H. Zwischen η, τ und λ bestehen gewisse Ungleichungen.
Es gilt z. B. $\tau < L\eta + \pi\eta^2$, wo L den Umfang des Durchschnittes GH
bedeutet.

§ 2. Die Jensensche Ungleichung.

Eine im Intervall (a, b) erklärte Funktion $f(x)$ heißt in $(a.\ b)$ (von
unten) *konvex*, wenn für zwei beliebige Stellen x_1 und x_2 von (a, b)

$$\frac{f(x_1) + f(x_2)}{2} \geqq f\left(\frac{x_1 + x_2}{2}\right)$$

ist. Besteht eine derartige Ungleichung mit dem Zeichen $\leqq$ anstatt $\geqq$, so nennen wir die Funktion (von unten) *konkav*. Gilt dabei
das Gleichheitszeichen nur im Fall $x_1 = x_2$, so ist die Funktion im
engeren Sinn konvex bzw. konkav.

Wir beweisen nun folgende Jensensche Ungleichung:

*Ist die Funktion $f(x)$ in einem Intervall konvex, so gilt für n beliebige
Stellen $x_1, \ldots, x_n$ dieses Intervalls*

$$\frac{f(x_1) + \cdots + f(x_n)}{n} \geqq f\left(\frac{x_1 + \cdots + x_n}{n}\right). \tag{1}$$

*Ist $f(x)$ im engeren Sinn konvex, so besteht Gleichheit nur im Fall
$x_1 = \cdots = x_n$.*

Für konkave Funktionen gilt dieselbe Ungleichung mit dem
Zeichen $\leqq$.

Zunächst beweisen wir (1) für $n = 4$:

$$\frac{f(x_1) + \cdots + f(x_4)}{4} \geqq \frac{2f\left(\dfrac{x_1 + x_2}{2}\right) + 2f\left(\dfrac{x_3 + x_4}{2}\right)}{4}$$

$$\geqq f\left(\frac{\dfrac{x_1 + x_2}{2} + \dfrac{x_3 + x_4}{2}}{2}\right) = f\left(\frac{x_1 + \cdots + x_4}{4}\right)$$

Mit Hilfe dieser Ungleichung und der Definition der Konvexität ergibt sich dann ganz analog die Richtigkeit von (1) für $n = 8$, und indem man so fortfährt für $n = 16, 32, \ldots$.

Wir zeigen nun, daß von der Gültigkeit der Ungleichung (1) für einen gewissen Wert von n ihre Gültigkeit für $n - 1$ folgt. Setzen wir nämlich

$$x_n = \frac{x_1 + \cdots + x_{n-1}}{n - 1},$$

so ist

$$\frac{x_1 + \cdots + x_{n-1} + x_n}{n} = x_n.$$

Mithin folgt aus (1) tatsächlich

$$f(x_1) + \cdots + f(x_{n-1}) \geqq n\, f(x_n) - f(x_n) = (n - 1)\, f\left(\frac{x_1 + \cdots + x_{n-1}}{n - 1}\right)$$

Damit ist aber (1) ganz allgemein bewiesen. Der Fall der Gleichheit leuchtet ein.

Ist die konvexe Funktion $f(x)$ auch stetig (falls sie beschränkt ist, trifft dies übrigens sicher zu), so gilt die allgemeinere Ungleichung

$$\frac{q_1 f(x_1) + \cdots + q_n f(x_n)}{q_1 + \cdots + q_n} \geqq f\left(\frac{q_1 x_1 + \cdots + q_n x_n}{q_1 + \cdots + q_n}\right),$$

wobei $q_1, \ldots, q_n$ beliebige positive Gewichte sind. Wegen der Stetigkeit genügt es nämlich, diese Ungleichung für rationale, oder was auf dasselbe hinauskommt, für ganzzahlige Gewichte zu beweisen. In diesem Fall handelt es sich aber einfach um die Ungleichung (1), wobei unter den Größen x_i gewisse übereinstimmen.

Ein hinreichendes Kriterium für die Konvexität einer Funktion $f(x)$ ist, daß sie im betreffenden Intervall eine dauernd zunehmende Ableitung $f'(x)$ besitzen soll. Dieses Kriterium ist sicher erfüllt, wenn $f''(x) > 0$ ausfällt.

Im Falle $f(x) = \log x$ ergibt die JENSENsche Ungleichung die von CAUCHY herrührende Tatsache, daß das geometrische Mittel gewisser positiver Größen nie ihr arithmetisches Mittel übertreffen kann. Ferner sind auch die Ungleichungen (I, 3, 1) und (I, 3, 2) einfache Folgerungen von (1). So ist z. B. der Umfang eines dem Einheitskreis einbeschriebenen konvexen n-Ecks $L = 2(\sin\alpha_1 + \cdots + \sin\alpha_n)$, wo $2\alpha_1, \ldots, 2\alpha_n$ die zu den Seiten gehörigen Kreisbogen bedeuten. Da aber $\sin x$ in $(0, \pi)$ konkav ist, haben wir $L \leqq 2n \sin \dfrac{\pi}{n}$.

Wir wenden jetzt die Jensensche Ungleichung zum Beweis von (I, 5, 7) an. Wir zeigen etwas allgemeiner: Bedeuten $R_1, \ldots, R_n$ die Abstände der Ecken eines konvexen n-Ecks von einem inneren Punkt O des n-Ecks und $r_1, \ldots, r_n$ die Abstände der Seitengeraden von O, so gilt

$$\frac{G(R_1, \ldots, R_n)}{G(r_1, \ldots, r_n)} \geqq \sec \frac{\pi}{n}.$$

Bezeichnen wir nämlich die Eckpunkte in natürlicher Reihenfolge mit $P_1, \ldots, P_n$, $P_{n+1} = P_1$, den Abstand von $P_i P_{i+1}$ und O mit r_i, den Winkel $P_i O P_{i+1}$ mit $2\alpha_i$ und den Abstand OP_i mit R_i und bewegen wir die Punkte P_i und P_{i+1} auf den festen Geraden OP_i bzw. OP_{i+1} so, daß der Inhalt des Dreiecks $OP_i P_{i+1}$ konstant bleibt, so umhüllen die Geraden $P_i P_{i+1}$ eine Hyperbel. Da aber unter den Hyperbeltangenten diejenige am weitesten vom Hyperbelmittelpunkt O liegt, die mit den Asymptoten OP_i und OP_{i+1} ein gleichschenkliges Dreieck bildet, gilt $r_i^2 \leqq R_i R_{i+1} \cos^2\alpha_i$. Hieraus folgt

$$2\log r_i \leqq \log R_i + \log R_{i+1} + 2\log \cos\alpha_i$$

und durch Summation dieser Ungleichungen für $i = 1, \ldots, n$

$$2\log(r_1 \cdot \ldots \cdot r_n) \leqq 2\log(R_1 \cdot \ldots \cdot R_n) + 2(\log\cos\alpha_1 + \cdots + \log\cos\alpha_n).$$

Da aber $\log\cos x$ in $\left(0, \dfrac{\pi}{2}\right)$ konkav ist, haben wir

$$\log(r_1 \cdot \ldots \cdot r_n) \leqq \log(R_1 \cdot \ldots \cdot R_n) + n\log\cos\frac{\pi}{n},$$

d. h.

$$r_1 \cdot \ldots \cdot r_n \leqq R_1 \cdot \ldots \cdot R_n \cos^n\frac{\pi}{n},$$

w. z. b. w.

Im folgenden werden wir auch häufig von der Jensenschen Ungleichung für konvexe Funktionen mit zwei Veränderlichen Gebrauch machen. Eine im konvexen Bereich B der xy-Ebene definierte Funktion $f(x, y)$ nennen wir konvex, wenn für zwei beliebige Punkte (x_1, y_1) und (x_2, y_2) von B

$$\frac{f(x_1, y_1) + f(x_2, y_2)}{2} \geqq f\left(\frac{x_1 + x_2}{2}, \frac{y_1 + y_2}{2}\right)$$

gilt. Aus dieser Erklärung ergibt sich ganz analog wie oben, daß für n beliebige Punkte $(x_1, y_1), \ldots, (x_n, y_n)$ von B stets

$$\frac{f(x_1, y_1) + \cdots + f(x_n, y_n)}{n} \geqq f\left(\frac{x_1 + \cdots + x_n}{n}, \frac{y_1 + \cdots + y_n}{n}\right)$$

ausfällt.

Ein hinreichendes Kriterium dafür, daß $f(x, y)$ entweder konvex oder konkav ist, besteht darin, daß $f(x, y)$ stetige zweite partielle Ableitungen besitzt und daß die von ihnen gebildete Determinante $f_{xx}f_{yy} - f_{xy}^2 > 0$ ausfällt. Die Erfüllung dieses Kriteriums besagt, daß die Fläche mit der Gleichung $z = f(x, y)$ elliptisch gekrümmt ist. Zur Entscheidung, ob in diesem Fall $f(x, y)$ konvex oder konkav ist, hat man etwa das Vorzeichen von f_{xx} oder f_{yy} zu untersuchen. Ist $f_{xx} \geqq 0$ (und folglich auch $f_{yy} \geqq 0$), so ist $f(x, y)$ konvex. Dagegen ist im Fall $f_{xx}, f_{yy} \leqq 0$ unsere Funktion konkav. Sind diese letzteren Bedingungen erfüllt, so ist $f(x, y)$ auch noch im Fall $f_{xx}f_{yy} - f_{xy}^2 \geqq 0$ konvex bzw. konkav.

Betrachten wir die Funktion

$$z = x^\alpha y^\beta; \; x, y \geqq 0, \; 0 \leqq \alpha, \beta \leqq 1, \; \alpha + \beta = 1,$$

die mit Rücksicht auf $z_{xx}z_{yy} - z_{xy}^2 = 0$, $z_{xx} \leqq 0$, $z_{yy} \leqq 0$ konkav ist, so gilt

$$x_1^\alpha y_1^\beta + \cdots + x_n^\alpha y_n^\beta \leqq (x_1 + \cdots + x_n)^\alpha (y_1 + \cdots + y_n)^\beta. \tag{2}$$

Setzen wir $x_i^\alpha = a_i$, $y_i^\beta = b_i$, so ergibt sich die Ungleichung

$$a_1 b_1 + \cdots + a_n b_n \leqq \left(a_1^{\frac{1}{\alpha}} + \cdots + a_n^{\frac{1}{\alpha}} \right)^\alpha \left(b_1^{\frac{1}{\beta}} + \cdots + b_n^{\frac{1}{\beta}} \right)^\beta,$$

die im Fall $\alpha = \beta = \frac{1}{2}$ in die CAUCHYsche Ungleichung

$$(a_1 b_1 + \cdots + a_n b_n)^2 \leqq (a_1^2 + \cdots + a_n^2)(b_1^2 + \cdots + b_n^2)$$

übergeht.

Erwähnt sei noch die Integralungleichung

$$\int f^\alpha g^\beta \, dx \leqq \left(\int f \, dx \right)^\alpha \left(\int g \, dx \right)^\beta; \; \alpha + \beta = 1,$$

die sich ergibt, indem man auf die approximierenden Summen der Integrale die Ungleichung (2) anwendet. Ein wichtiger Sonderfall ist die SCHWARZsche Ungleichung

$$\left(\int f g \, dx \right)^2 \leqq \int f^2 \, dx \int g^2 \, dx.$$

§ 3. Sätze von DOWKER.

Im nächsten Abschnitt werden wichtige Folgerungen aus folgenden Sätzen von DOWKER [1] gezogen:

Es bedeute T_n das einem konvexen Gebiet einbeschriebene n-Eck vom maximalen Inhalt und U_n das umbeschriebene n-Eck vom minimalen Inhalt. Dann ist die Inhaltsfolge $T_3, T_4, \ldots$ konkav:

$$T_{n-1} + T_{n+1} \leqq 2 T_n; \quad n = 4, 5, \ldots \tag{1}$$

und die Folge $U_3, U_4, \ldots$ konvex:

$$U_{n-1} + U_{n+1} \geqq 2 U_n, \quad n = 4, 5, \ldots \tag{2}$$

Zum Beweis von (1) betrachten wir zwei einbeschriebene Polygone $A \equiv A_1 \ldots A_{n-1}$ und $B \equiv B_1 \ldots B_{n+1}$ der Eckenzahl $n-1$ bzw. $n+1$. Wir setzen noch voraus, daß die Ecken von A nicht alle in einem von parallelen Stützgeraden bestimmten Bogen liegen. Im übrigen seien aber A und B ganz beliebig. Es genügt zu zeigen, daß sich zu A und B stets zwei einbeschriebene n-Ecke C und D so angeben lassen, daß $A + B \leqq C + D$ ausfällt. Da nämlich die A betreffende

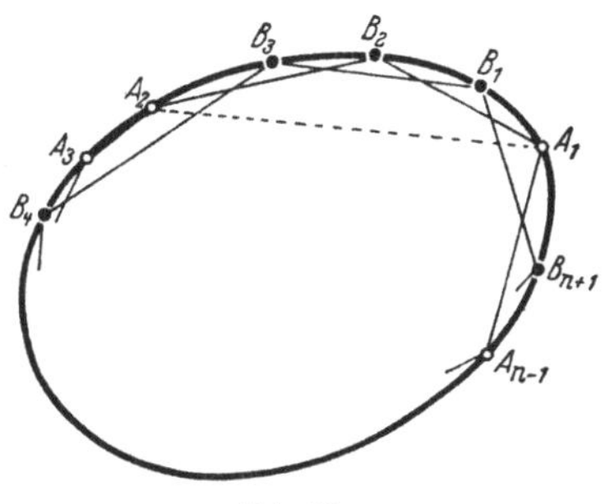
Abb. 43.

Voraussetzung für T_{n-1} sicher erfüllt ist, gilt im Fall $A \equiv T_{n-1}$, $B \equiv T_{n+1}$ nach der obigen Ungleichung $T_{n-1} + T_{n+1} \leqq C + D \leqq 2 T_n$.

Wir unterscheiden zwei Fälle.

Fall 1. Es gilt etwa $A_1 \leqq B_1 < B_2 < B_3 < A_2$, wo sich das Zeichen $<$ auf die Reihenfolge der Eckpunkte bezieht. Es sei $C \equiv A_1 B_2 A_2 \ldots A_{n-1}$ und $D \equiv B_1 B_3 \ldots B_{n+1}$. Dann ist $C + D = A + B + A_1 B_2 A_2 - B_1 B_2 B_3$.

Verschieben wir A_1 in B_1 und nachher A_2 in B_3, so nimmt der Inhalt des Dreiecks $A_1 B_2 A_2$ nach der das Polygon A betreffenden Voraussetzung bei beiden Schritten ab. Folglich ist $A_1 B_2 A_2 > B_1 B_2 B_3$, also $C + D > A + B$.

Fall 2. Es gibt bei keiner Numerierung der Ecken von A und B eine Eckenfolge der obigen Art. Dann ist bei geeigneter Numerierung $A_1 \leqq B_1 < B_2 < A_2 \leqq A_{s-1} \leqq B_s < B_{s+1} < A_s$. Es sei nun

$$C \equiv A_1 B_2 \ldots B_s A_s \ldots A_{n-1},$$

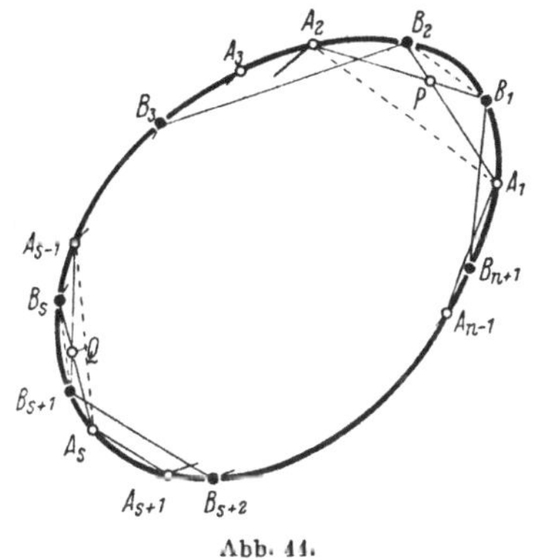
Abb. 44.

$$D \equiv B_1 A_2 \ldots A_{s-1} B_{s+1} \ldots B_{n+1}.$$

Bezeichnen wir den Schnittpunkt von $A_1 B_2$ und $B_1 A_2$ mit P und den Schnittpunkt von $A_{s-1} B_{s+1}$ und $B_s A_s$ mit Q. Dann gilt

$$C + D = A + B + A_1 P A_2 - B_1 P B_2 + A_{s-1} Q A_s - B_s Q B_{s+1}.$$

Wäre $A_1 B_1 \| A_2 B_2$, so wären die Dreiecke $A_1 P A_2$ und $B_1 P B_2$ inhaltsgleich. Da aber die Halbgeraden $A_1 B_1$ und $A_2 B_2$ wegen der A betreffenden Voraussetzung sich schneiden, haben wir offenbar $A_1 P A_2 \geqq B_1 P B_2$, und aus denselben Gründen $A_{s-1} Q A_s \geqq B_s Q B_{s+1}$. Mithin gilt auch in diesem Fall $C + D \geqq A + B$.

Zum Beweis von (2) betrachten wir zwei umbeschriebene Polygone $a \equiv a_1 \ldots a_{n-1}$ und $b \equiv b_1 \ldots b_{n+1}$, wo a_i und b_i die Seiten der entsprechenden Polygone bedeuten. Es genügt zu zeigen, daß sich zu a und b

zwei umbeschriebene n-Ecke c und d der Inhaltssumme $c + d \leqq a + b$ angeben lassen. Dem obigen Beweis entsprechend unterscheiden wir auch hier zwei Fälle. Dabei wird das Zeichen $<$ zur Darstellung der Reihenfolge der Seiten benützt.

Fall 1. Es gibt eine Seitenfolge $a_1 \leqq b_1 < b_2 < b_3 < a_2$. Es sei $c \equiv a_1 b_2 a_2 \ldots a_{n-1}$, $d \equiv b_1 b_3 \ldots b_{n+1}$; dann ist $a + b = c + d + {} + a_1 b_3 b_1 b_2 + a_1 a_2 b_2 b_3 > c + d$.

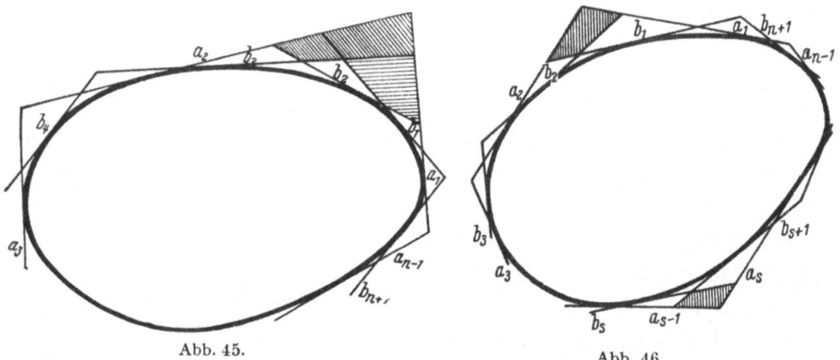

Abb. 45.   Abb. 46.

Fall 2. Es gibt keine Seitenfolge der obigen Art. Dann haben wir die Reihenfolge $a_1 \leqq b_1 < b_2 < a_2 \leqq a_{s-1} \leqq b_s < b_{s+1} < a_s$. Es sei $c \equiv a_1 b_2 \ldots b_s a_s \ldots a_{n-1}$, $d \equiv b_1 a_2 \ldots a_{s-1} b_{s+1} \ldots b_{n+1}$. Dann gilt $a + b = c + d + a_1 a_2 b_1 b_2 + a_{s-1} a_s b_s b_{s+1} \geqq c + d$.

§ 4. Eine Extremaleigenschaft der Ellipse.

Wir beweisen folgenden Satz:

Es sei T ein konvexes Gebiet und T_n das einbeschriebene n-Eck vom größtmöglichen Flächeninhalt. Dann gilt

$$T_n \geqq T \frac{n}{2\pi} \sin \frac{2\pi}{n} \tag{1}$$

und Gleichheit besteht nur für eine Ellipse.

Unter den flächengleichen konvexen Gebieten lassen sich also die Ellipsen am schlechtesten durch einbeschriebene n-Ecke ausfüllen. Es ist dabei zu beachten, daß das extremale Gebiet nicht von der Eckenzahl n abhängt, während dies bei dem dualen Problem bezüglich umbeschriebener n-Ecke der Fall ist.

Zum Beweis wählen wir ein rechtwinkliges Koordinatensystem $x y$ so, daß die Endpunkte der größten Sehne von T in die Punkte $(-1,0)$ und $(1,0)$ fallen. In diesem Koordinatensystem läßt sich die Begrenzungskurve K von T durch das Gleichungssystem

$$x = \cos t, \quad y = e(t) \sin t; \quad 0 \leqq t < 2\pi \tag{2}$$

darstellen, wobei $e(t)$ eine stetige, positive nach 2π periodische Funktion von t bedeutet.

Schreiben wir nun der Kurve K ein n-Eck mit den zu den Parameterwerten $t = t_1, \ldots, t_n$ gehörigen Eckpunkten ein. Das Inhaltsmaß dieses n-Ecks ist

$$T_n(t_1, \ldots, t_n) = \tfrac{1}{2} \sum_{i=1}^{n} e(t_i) \sin t_i (\cos t_{i-1} - \cos t_{i+1}) \, ; \, t_0 = t_n, \, t_{n+1} = t_1.$$

Setzen wir nun $t_1 = t$, $t_2 = t + \dfrac{n}{2\pi}, \ldots, t_n = t + (n-1) \dfrac{2\pi}{n}$, so gilt:

$$T_n(t) = T_n\left(t, \ldots, t + (n-1) \frac{2\pi}{n}\right)$$

$$= \sin \frac{2\pi}{n} \sum_{i=0}^{n-1} e\left(t + i\,\frac{2\pi}{n}\right) \sin^2\left(t + i\,\frac{2\pi}{n}\right).$$

Nun ist aber der Integralmittelwert von $T_n(t)$

$$\frac{1}{2\pi} \int_0^{2\pi} T_n(t)\,dt = \frac{n}{2\pi} \sin \frac{2\pi}{n} \int_0^{2\pi} e(t) \sin^2 t \, dt = T\,\frac{n}{2\pi} \sin \frac{2\pi}{n}.$$

Es gibt daher einen Wert $t = t_0$ derart, daß $T_n(t_0) \geqq T\,\dfrac{n}{2\pi} \sin \dfrac{2\pi}{n}$, womit die Ungleichung (1) bewiesen ist.

Wir haben jetzt noch zu zeigen, daß in (1) Gleichheit nur für eine Ellipse gilt.

Ist $T_n(t)$ keine Konstante, so gibt es wegen der Stetigkeit von $T_n(t)$ sicher einen Wert t_0 für den $T_n(t_0) > T\,\dfrac{n}{2\pi} \sin \dfrac{2\pi}{n}$ ausfällt. Doch kann — wie Sas [2] gezeigt hat — $T_n(t)$ eine Konstante sein, ohne daß $e(t)$ selbst eine Konstante ist. Wir zeigen, daß in diesem Fall $T_n(t)$ nicht das einbeschriebene n-Eck vom größtmöglichen Inhalt ist.

Setzen wir voraus, daß die Polygone $T_n(t)$ bei keinem Wert von t sich vergrößern lassen. Dann besitzt T in jedem Eckpunkt von $T_n(t)$ eine Stützgerade, die parallel zu derjenigen Geraden ist, die die beiden benachbarten Eckpunkte verbindet. Daraus folgt aber, daß die Kurve K eine stetig veränderliche Tangente besitzt und daß

$$y'(t) = \frac{y\left(t + \dfrac{2\pi}{n}\right) - y\left(t - \dfrac{2\pi}{n}\right)}{2 \sin \dfrac{2\pi}{n}}$$

ausfällt. Mithin besitzt $y(t)$ in diesem Fall eine stetige Ableitung von beschränkter Schwankung. Entwickeln wir $y(t)$ in eine Fouriersche Reihe:

$$y(t) = \sum_{k=0}^{\infty} (a_k \cos kt + b_k \sin kt),$$

so ergibt sich durch Differentiation

$$\sum_{k=1}^{\infty} k(b_k \cos k\,t - a_k \sin k\,t) = \sum_{k=1}^{\infty} \frac{\sin k\,\dfrac{2\pi}{n}}{\sin \dfrac{2\pi}{n}} (b_k \cos k\,t - a_k \sin k\,t).$$

Daraus folgt aber nach dem CANTORschen Unitätssatz der trigonometrischen Reihen: $a_k = b_k = 0$ für $k \geq 2$, d. h.

$$y(t) = a_0 + a_1 \cos t + b_1 \sin t.$$

Dies ist aber wegen $y(0) = y(\pi) = 0$ nur so möglich, wenn $y = b_1 \sin t$ ausfällt, also wenn die Kurve eine Ellipse ist.

Nachträglich fassen wir die angegebene Konstruktion kurz zusammen. Man schlage um die größte Sehne der Kurve als Durchmesser einen Kreis und schreibe diesem ein reguläres n-Eck ein. Dann projiziere man die Ecken senkrecht zu der größten Sehne auf die Kurve, wodurch ein der Kurve einbeschriebenes n-Eck entsteht. Sind die so konstruierten n-Ecke nicht alle inhaltsgleich, so gibt es unter ihnen sicher eines vom Inhalt $> T\dfrac{n}{2\pi}\sin\dfrac{2\pi}{n}$. Haben dagegen diese n-Ecke einen gleichen Inhalt, so ist dieser notwendigerweise $T\dfrac{n}{2\pi}\sin\dfrac{2\pi}{n}$. In diesem Fall gibt es unter den betrachteten n-Ecken wenigstens eines, dessen Flächeninhalt sich durch Verschiebung eines passend gewählten Eckpunktes vergrößern läßt, es sei denn, daß die Kurve eine Ellipse ist.

Betrachten wir nun das analoge Problem bezüglich umbeschriebener Polygone: für welches Gebiet erreicht der Inhalt U_n des umbeschriebenen n-Ecks vom kleinstmöglichen Inhalt unter den flächengleichen konvexen Gebieten T sein Maximum?

Die Ungleichung $U_n \leq T\dfrac{n}{\pi}\operatorname{tg}\dfrac{\pi}{n}$, die bedeuten würde, daß die extremalen Gebiete auch bei diesem Problem die Ellipsen sind, ist im allgemeinen nicht richtig. So ist z. B. im Falle eines Einheitsquadrats $U_3 = 2$, was größer ist als $\dfrac{3}{\pi}\operatorname{tg}\dfrac{\pi}{3} = \dfrac{\sqrt{27}}{\pi} = 1{,}65\ldots$. Es ist bewiesen worden, daß für $n = 3$ das extremale Gebiet das Quadrat bzw. die damit affin verwandten Parallelogramme sind. Für $n > 3$ sind die extremalen Gebiete nicht bekannt, jedoch wissen wir, daß sie für große Werte von n angenähert Ellipsen sind. Es gilt nämlich der Satz:

Es sei T ein konvexes Gebiet dessen Begrenzungskurve zwei kongruente, diametral gegenüberliegende Bogen der Gesamtlänge $\dfrac{4}{n} L$ eines Kreises vom Umfang L enthält. Dann läßt sich dem Gebiet T ein n-Eck U_n vom Inhalt

$$U_n \leq T\frac{n}{\pi}\operatorname{tg}\frac{\pi}{n} \tag{3}$$

umschreiben.

Dieser Satz läßt vermuten, daß die extremalen Kurven für $n \to \infty$ bei geeigneter „affiner Normierung" ziemlich rasch gegen einen Kreis streben müssen.

Wir stellen die Begrenzungskurve K von T wieder durch das Gleichungssystem (2) dar, so daß die Punkte $t = 0$ und π mit den betrachteten Kreisbogenmittelpunkten übereinstimmen, und betrachten das umbeschriebene n-Eck $U_n(t)$ mit den zu den Parameterwerten $t, \ldots, t + (n-1)\frac{2\pi}{n}$ gehörigen Berührungspunkten. Wir zeigen, daß

$$U_n(t) \le 2\,\mathrm{tg}\,\frac{\pi}{n} \sum_{i=0}^{n-1} e\left(t + i\,\frac{2\pi}{n}\right) \sin^2\left(t + i\,\frac{2\pi}{n}\right)$$

ausfällt. Betrachten wir dazu das dem Kreis

$$x = \cos t, \qquad y = \sin t$$

umbeschriebene reguläre n-Eck mit den Berührungspunkten $t, \ldots, t + (n-1)\frac{2\pi}{n}$ und projizieren wir jede Seite desselben senkrecht zur x-Achse auf die entsprechende Seite von $U_n(t)$. Dadurch erhalten wir n die Kurve K berührende Strecken. Wir ergänzen diese Strecken zu einem geschlossenen Streckenzug, indem wir die entsprechenden Streckenendpunkte durch je eine zur x-Achse senkrechte Strecke verbinden. Die rechte Seite der obigen Ungleichung ist nichts anderes als der Inhalt des von diesem Streckenzug begrenzten, $U_n(t)$ enthaltenden Polygons.

Nun haben wir

$$\frac{1}{2\pi} \int_0^{2\pi} U_n(t)\,dt \le T\,\frac{n}{\pi}\,\mathrm{tg}\,\frac{\pi}{n},$$

womit (3) bewiesen ist.

Im Falle eines beliebigen Eibereiches scheitert der obige Beweis daran, daß einerseits der betrachtete Streckenzug im allgemeinen nicht einfach geschlossen ist, anderseits $U_n(t)$ aus dem von dem Streckenzug begrenzten Polygon herausragen kann.

Die den Umfang betreffenden analogen Probleme sind weder für ein- noch für umbeschriebene n-Ecke gelöst. Es ist daher von gewissem Interesse, daß bei gleichzeitiger Annäherung einer Eilinie durch ein- und umbeschriebene n-Ecke sich sehr leicht folgende genaue Abschätzung beweisen läßt: *Jede Eilinie läßt sich zwischen ein einbeschriebenes und ein umbeschriebenes n-Eck vom Umfang l_n und L_n so einbetten, daß*

$$\frac{L_n - l_n}{L_n} \le 2\sin^2\frac{\pi}{2n} \tag{4}$$

ausfällt.

Wir zeichnen ein die Kurve umgebendes, im übrigen aber beliebiges reguläres n-Eck und verschieben alle Seiten zu sich parallel nach innen, bis sie die Kurve berühren. Dadurch entsteht ein gleichwinkliges umbeschriebenes n-Eck. Verbinden wir die nacheinanderfolgenden Berührungspunkte, so entsteht ein einbeschriebenes n-Eck. Wir behaupten, daß das betrachtete n-Eckpaar der Ungleichung (4) Genüge leistet. Es seien nämlich A und B zwei benachbarte Ecken des einbeschriebenen n-Ecks und C der Schnittpunkt der zu ihnen gehörigen Tangenten. Fixieren wir die Ecken A und B des Dreiecks ABC und bewegen C unter der Bedingung, daß der Außenwinkel bei C den konstanten Wert $\dfrac{2\pi}{n}$ behalten soll, so erreicht $\overline{AC} + \overline{CB}$ sein Maximum im Falle $\overline{AC} = \overline{CB}$. Daraus folgt die Ungleichung

$$\overline{AC} + \overline{CB} \leq \overline{AB}\sec\frac{\pi}{n}\,.$$

Summieren wir diese Ungleichungen, so ergibt sich $L_n \leq l_n \sec\dfrac{\pi}{n}$, w. z. b. w.

Die analoge Ungleichung für den Inhalt lautet folgendermaßen:

Zu jedem konvexen Gebiet läßt sich ein einbeschriebenes und ein umbeschriebenes n-Eck t_n und T_n so angeben, daß

$$\frac{T_n - t_n}{T_n} \leq \sin^2\frac{\pi}{n} \tag{5}$$

ausfällt.

Der etwas verwickeltere Beweis von (5) folgt im § 6.

§ 5. Über den Affinumfang.

Die Affinlänge eines ebenen Kurvenbogens ist ein von BLASCHKE und G. PICK eingeführtes additives Bogenmaß, das gegenüber inhaltstreuen Affinitäten invariant ist. Sie spielt in der affinen Differentialgeometrie eine grundlegende Rolle. In der hier folgenden Einführung der Affinlänge wollen wir uns statt auf strenge Überlegungen hauptsächlich auf die Anschauung stützen.

Zunächst erklären wir die Affinlänge eines Bogens einer Einheitsellipse — d. h. einer Ellipse vom Halbachsenprodukt $ab = 1$ — als die gewöhnliche Länge desjenigen Kreisbogens, in den der Ellipsenbogen durch eine inhaltstreue affine Abbildung überführt werden kann. Ist dann K ein stetig gekrümmter ebener Kurvenbogen, so zerlegen wir ihn in eine endliche Anzahl von Teilbogen und ersetzen jeden Teilbogen k durch einen Einheitsellipsenbogen e von derselben gewöhnlichen Länge so, daß die Krümmungen von k und e in je einem Punkt übereinstimmen. Es läßt sich zeigen, daß die Gesamtaffinlänge λ_n der beteiligten Ellipsenbogen bei unbegrenzter Verfeinerung der Zerlegung einem nur von K abhängigen Grenzwert $\lambda = \lim\limits_{n \to \infty} \lambda_n$ zustrebt, den wir *Affinlänge* von K nennen.

Kurz gesagt, fassen wir die Bogenelemente von K als Einheitsellipsenbogen auf, bilden sie durch Affinitäten auf den Einheitskreis ab und erklären λ als die gewöhnliche Bogenlänge des erhaltenen Kreisbogens.

Es bleibt zu zeigen, daß der betrachtete Grenzprozeß tatsächlich zu einem eindeutig bestimmten Grenzwert führt. Da durch die Parameterdarstellung

$$x = a\cos t, \quad y = b\sin t; \; ab = 1$$

die Einheitsellipse affin auf den Einheitskreis

$$x = \cos t, \; x = \sin t$$

bezogen wird, stellt der Parameter t eben die Affinlänge des betreffenden Ellipsenbogens dar. Nun zeigt aber eine einfache Rechnung, daß für die Krümmung $\varkappa$ der obigen Einheitsellipse $\varkappa^{-\frac{1}{3}} = \dfrac{ds}{dt}$ gilt, wobei ds das Bogenelement bedeutet. Folglich hängt das Element dt der Affinlänge einer Ellipse mit $ab = 1$ nur von $\varkappa$ und ds, nicht aber von a oder b ab. Damit ist aber gezeigt, daß λ_n gegen einen von der speziellen Wahl der Einteilungsfolge und der oskulierenden Ellipsen unabhängigen Grenzwert konvergiert, und zwar ist

$$\lambda = \int\limits_0^l |\varkappa|^{\frac{1}{3}}\, ds,$$

wobei $\varkappa = \varkappa(s)$ $(0 \leq s \leq l)$ die sogenannte natürliche Gleichung von K ist.

Die additive Eigenschaft der Affinlänge sowie ihre Invarianz gegenüber inhaltstreuen Affinitäten geht aus der obigen Definition klar hervor. Es werde nun gezeigt, daß auf Grund unserer Definition die Affinlänge eines Kurvenbogens mit beliebiger Genauigkeit gemessen werden kann. Wir markieren dazu nach der bekannten Ellipsenkonstruktion auf unserer Ellipse etwa die zu den Parameterwerten $t = 0,\ \dfrac{2\pi}{100},\ \dots,\ \dfrac{2\pi}{100}$ 99 gehörigen Punkte und schneiden die Ellipse aus Zeichenpapier aus. Mit dem so erhaltenen „Maßstab" kann die Affinlänge eines beliebigen stetig gekrümmten Kurvenbogens K gemessen werden, dessen Krümmung in jedem Punkt zwischen die Achsenkrümmungen $\dfrac{b}{a^2} = b^3$ und $\dfrac{a}{b^2} = a^3$ der Ellipse fällt.

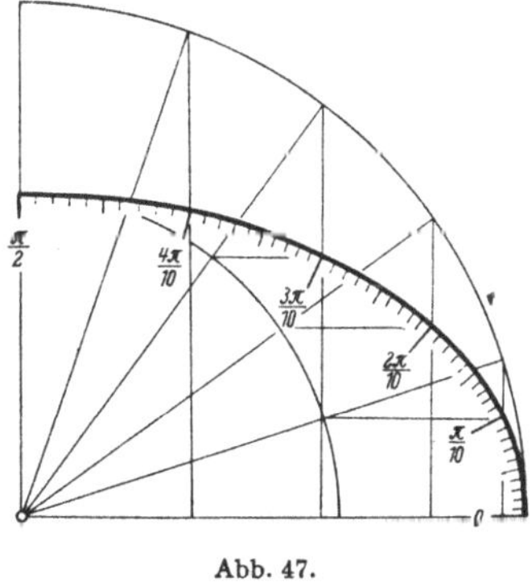

Abb. 47.

Am zweckmäßigsten verfährt man etwa folgenderweise. Man sucht auf unserem Maßstab zwei naheliegende Teilungspunkte auf, so daß, falls der eine mit einem Endpunkt A von K, der andere mit einem weiteren Punkt P von K in Koinzidenz gebracht wird, noch ein dritter Punkt des Ellipsenbogens AP auf den Kurvenbogen AP fällt. Praktisch bedeutet das, daß die beiden Bogen ineinanderschmelzen. Da in diesem Fall die gewöhnliche Bogenlänge und die Krümmung in je einem Punkt des Ellipsen- und Kurvenbogens angenähert übereinstimmen, besitzen sie zugleich angenähert dieselbe Affinlänge, die von unserem Maßstab direkt abzulesen ist. In ähnlicher Weise wird die Affinlänge eines nächsten Kurvenstückes gemessen usw.

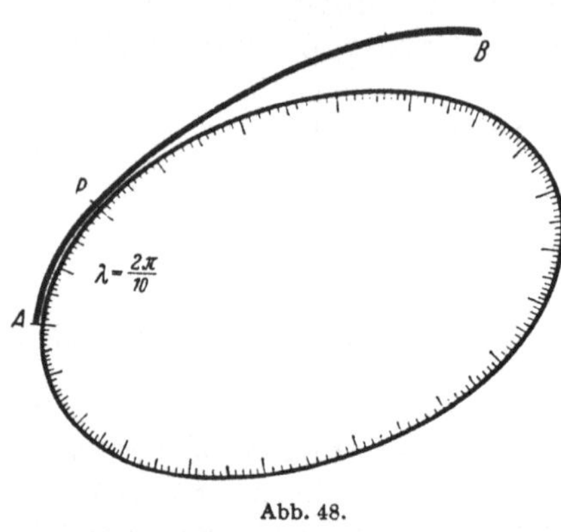

Abb. 48.

Wir erwähnen jetzt mehrere Eigenschaften der Affinlänge, die sich folgendermaßen einsehen lassen. Man verifiziert die entsprechende Behauptung B zunächst für einen Einheitskreisbogen. Hieraus folgt B ohne weiteres für einen Einheitsellipsenbogen sowie für einen konvexen Kurvenbogen K_ν, der aus einer endlichen Anzahl ν von Einheitsellipsenbogen zusammengesetzt ist. Die Gültigkeit von B für einen beliebigen stetig gekrümmten konvexen Kurvenbogen K folgt dann durch einen Grenzübergang, wobei K durch eine Folge $K_1, K_2, \ldots$ von Einheitsellipsenbogenzügen approximiert wird. Die Einzelheiten der Beweise wollen wir jedoch beiseite lassen.

Es sei noch bemerkt, daß wir einen Kurvenbogen K konvex nennen, wenn er ganz zum Rand R seiner konvexen Hülle gehört. Da in diesem Fall die Affinlänge von K und R übereinstimmen, können wir K durch R ersetzen. Es genügt daher unsere Aufmerksamkeit auf geschlossene Eilinien zu richten.

Es sei E ein von einer Kurve K begrenzter Eibereich vom Affinumfang λ. Betrachten wir ein solches Dreieck $\varDelta \equiv AOB$, daß die Geraden OA und OB die Kurve K in den Punkten A bzw. B berühren. Lassen wir $\varDelta$ entlang der Kurve K so gleiten, daß der Inhalt des Dreiecks konstant bleibt. Betrachten wir die von dem Punkt O beschriebene sowie die von den Sehnen AB umhüllte Kurve, und bezeichnen wir die von diesen Kurven begrenzten Gebiete mit $E_\varDelta$ bzw. $E_{-\varDelta}$. Diese können als das äußere bzw. innere affine Parallelgebiet von E angesehen werden. Es gelten nun folgende Beziehungen, die mit dem MINKOWSKIschen Längenbegriff in enger Analogie stehen:

$$\lim_{\varDelta \to 0} \frac{E_\varDelta - E_{-\varDelta}}{\varDelta^{\frac{2}{3}}} = 2\lim_{\varDelta \to 0} \frac{E_\varDelta - E}{\varDelta^{\frac{2}{3}}} = 2\lim_{\varDelta \to 0} \frac{E - E_{-\varDelta}}{\varDelta^{\frac{2}{3}}} = \lambda.$$

Es sei ferner P_n^e das dem Bereich E einbeschriebene n-Eck vom maximalen Inhalt und P_n^u das umbeschriebene n-Eck vom minimalen Inhalt. Dann gilt

$$\lim_{n \to \infty} n^2 (E - P_n^e) = \frac{\lambda^3}{12},$$

$$\lim_{n \to \infty} n^2 (P_n^u - E) = \frac{\lambda^3}{24}$$

und folglich

$$\lim_{n \to \infty} n^2 (P_n^u - P_n^e) = \frac{\lambda^3}{8}.$$

Diese Beziehungen lassen sich durch eine weitere ergänzen. Bedeutet P_n dasjenige n-Eck, das von sämtlichen n-Ecken die kleinstmögliche Inhaltsabweichung von E besitzt, so gilt

$$\lim_{n \to \infty} n^2 \, \tau(E, P_n) = \frac{\lambda^3}{32}.$$

Diese Gleichheiten lassen sich in folgender Form schreiben:

$$12 \lim n^2 \, \tau(E, P_n^e) = 24 \lim n^2 \, \tau(E, P_n^u) = 32 \lim n^2 \, \tau(E, P_n) = \left(\int \varkappa^{\frac{1}{3}} \, ds\right)^3;$$

außerdem gelten die folgenden analogen Formeln:

$$24 \lim n^2 \, \lambda(E, P_n^e) = 12 \lim n^2 \lambda(E, P_n^u) = 24 \lim n^2 \, \lambda(E, P_n) = \left(\int \varkappa^{\frac{2}{3}} \, ds\right)^3,$$

$$8 \lim n^2 \, \eta(E, P_n^e) = 8 \lim n^2 \eta(E, P_n^u) = 16 \lim n^2 \, \eta(E, P_n) = \left(\int \varkappa^{\frac{1}{2}} \, ds\right)^2,$$

wobei überall das entsprechende n-Eck mit der kleinstmöglichen Umfangs- bzw. Streckenabweichung zu nehmen ist.

Als eine weitere Eigenschaft der Affinlänge sei erwähnt, daß die Ecken des einbeschriebenen n-Ecks P_n^e vom maximalen Inhalt (sowie die Berührungspunkte des umbeschriebenen n-Ecks vom minimalen Inhalt) für große Werte von n der Affinlänge entsprechend gleichmäßig verteilt sind. Sind genauer n_1 und n_2 die Anzahlen derjenigen Ecken von P_n^e, die auf zwei Teilbogen unserer Eilinie von den Affinlängen λ_1 und λ_2 liegen, so gilt

$$\lim_{n \to \infty} \frac{n_1}{n_2} = \frac{\lambda_1}{\lambda_2}.$$

Mit dieser Eigenschaft der Affinlänge steht eine einfache Konstruktion im Zusammenhang, nach der auf einem Kurvenbogen eine zu der Affinlänge angenähert proportionale Skala entworfen werden kann. Zu zwei benachbarten Kurvenpunkten P_1 und P_2 zeichne man die zu P_2 gehörige Tangente sowie die damit parallele Sehne P_1P_2. In ähnlicher Weise konstruieren wir von P_2 und P_3 ausgehend den Punkt P_4 usw.

Es seien ferner E und e zwei Eibereiche vom Affinumfang Λ bzw. λ. Schreiben wir in E das N-Eck, in e das n-Eck vom maximalen Inhalt ein, wobei N und n so gewählt sind, daß bei vorgegebener Eckenzahlsumme $v = N + n$ die Inhaltssumme der Polygone den größtmöglichen Wert erreicht, dann ist

$$\lim_{v \to \infty} \frac{N}{n} = \frac{\varLambda}{\lambda}.$$

Um hieraus eine Definition der Affinlänge zu erhalten, haben wir e als Einheitskreis zu wählen und $\lambda = 2\pi$ zu setzen.

Wir umschreiben nun der Eilinie ein n-Eck und verbinden die benachbarten Berührungspunkte, wodurch die Kurve in eine von n Dreiecken $\varLambda_1, \ldots, \varLambda_n$ bestehende Dreieckskette eingebettet wird. Betrachten wir jetzt eine Folge von Dreiecksketten, für die $\max(\varLambda_1, \ldots, \varLambda_n)$ mit wachsendem n gegen 0 konvergiert, so gilt

$$\lambda = 2 \lim_{n \to \infty} \sum_{i=1}^{n} \varLambda_i^{\frac{1}{3}}.$$

Sind die Dreiecke inhaltsgleich, so haben wir

$$\lambda^3 = 8 \lim_{n \to \infty} n^2 \tau_n, \,.$$

wobei τ_n den Gesamtinhalt der Dreiecke bedeutet. Dies steht im Einklang mit unserer obigen Formel $\lambda^3 = 8 \lim n^2 \tau(P_n^u, P_n^e)$.

Erwähnen wir noch folgende Eigenschaft der Affinlänge. D_n bedeute den Minimalwert der Inhaltssumme n beliebiger Dreiecke, die unsere Kurve völlig überdecken. Dann ist

$$\lambda^3 = 6\sqrt{3}\lim n^2 D_n.$$

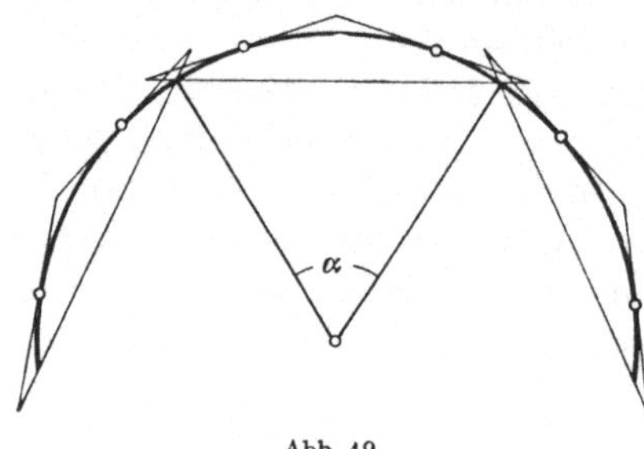

Abb. 49.

Um diese Relation für einen Einheitskreisbogen einzusehen, beachte man, daß im Falle eines Kreisbogens die n Dreiecke mit der kleinstmöglichen Inhaltssumme D_n kongruente gleichschenklige Dreiecke sind, deren Schenkel den Kreisbogen in ihren Mittelpunkten berühren. Bedeutet daher $\varLambda$ ein solches Dreieck und α die Bogenlänge des in $\varLambda$ liegenden Teilbogens des Einheitskreises, so kommt es uns auf den Beweis der Relation $\lim\limits_{\alpha \to 0} \dfrac{\varLambda}{\alpha^3} = \dfrac{1}{6\sqrt{3}}$ an. Diese folgt aber aus der Gleichheit

$$16\varLambda^2 = 27 \left(\sqrt{1 - \frac{x^2}{9}} - \sqrt{1 - x^2} \right)^3 \left(\sqrt{1 - x^2} + 3\sqrt{1 - \frac{x^2}{9}} \right)$$

$$= \frac{16^2}{27} x^6 + \cdots; \quad x = \sin \frac{\alpha}{2}.$$

Wir wenden uns nun zur Bestimmung der Affinlänge eines im Dreieck $\Delta \equiv AOB$ verlaufenden, die Geraden AO und BO berührenden Kegelschnittbogens $K \equiv \overset{\frown}{AB}$ zu. Wir bezeichnen das von K und der Strecke AB begrenzte Segment mit S und setzen $\dfrac{S}{\Delta} = q$. Konstruieren wir zu K die aus n inhaltsgleichen Dreiecken bestehende Dreieckskette τ_n, so strebt $\dfrac{1}{\Delta}\, n^2\, \tau_n$ offenbar einem nur von q abhängigen Grenzwert

$$\Phi(q) = \frac{1}{\Delta} \lim n^2\, \tau_n$$

zu. Um die Funktion $\Phi(q)$ zu bestimmen, unterscheiden wir zwei Fälle, je nachdem K eine Ellipse oder eine Hyperbel ist, d. h. $q < \frac{2}{3}$ bzw. $q > \frac{2}{3}$ ausfällt. Betrachten wir zunächst den ersten Fall und bilden K durch eine inhaltstreue Affinität auf den Kreisbogen

$$x = r \cos u, \quad y = r \sin u; \quad -\alpha \leqq u \leqq \alpha$$

ab. Dann gibt eine einfache Rechnung

$$\Delta = r^2\, \frac{\sin^3 \alpha}{\cos \alpha}, \quad S = \frac{r^2}{2}\,(2\alpha - \sin 2\alpha), \quad \tau_n = n\, r^2\, \frac{\sin^3 \dfrac{\alpha}{n}}{\cos \dfrac{\alpha}{n}},$$

$$\lim n^2\, \tau_n = r^2\, \alpha^3 = \frac{\alpha^3 \cos \alpha}{\sin^3 \alpha}\, \Delta.$$

Wir erhalten hieraus eine Parameterdarstellung von $\Phi(q)$ für $q < \frac{2}{3}$:

$$\Phi(q) = \frac{\alpha^3 \cos \alpha}{\sin^3 \alpha}, \quad q = \frac{(2\alpha - \sin 2\alpha) \cos \alpha}{2 \sin^3 \alpha}; \quad 0 < \alpha < \frac{\pi}{2}.$$

Im Falle $q > \frac{2}{3}$ erhält man ganz analog, indem man den Hyperbelbogen auf

$$x = r \cosh u,$$
$$y = \sinh u; \quad -\beta \leqq u \leqq \beta$$

abbildet:

$$\Phi(q) = \frac{\beta^3 \cosh \beta}{\sinh^3 \beta},$$

$$q = \frac{(\sinh 2\beta - 2\beta) \cosh \beta}{2 \sinh^3 \beta};$$

$$0 < \beta < \infty.$$

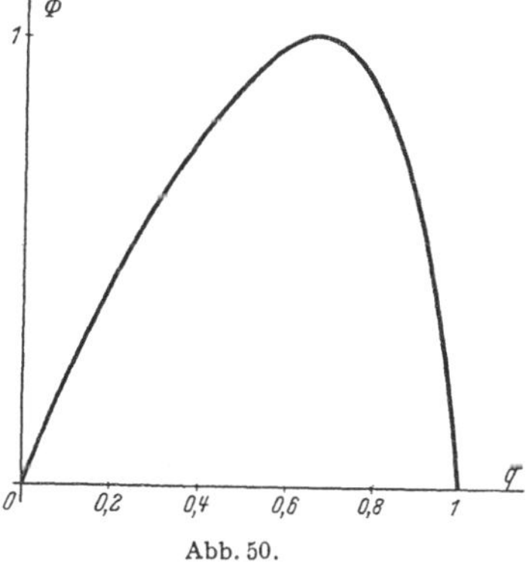

Abb. 50.

$\Phi(q)$ ist eine in $(0, 1)$ erklärte konkave Funktion, die in den Intervallendpunkten verschwindet und ihr Maximum für $q = \frac{2}{3}$, d. h. für einen Parabelbogen, erreicht. Dasselbe gilt natürlich auch für die Affinlänge $\lambda = 2\, \Delta^{\frac{1}{3}}\, \Phi^{\frac{1}{3}}$ der betrachteten Kegelschnittbogen als Funktion von q. Merken wir uns insbesondere, daß für einen Parabelbogen

$$\lambda = 2\,\Delta^{\frac{1}{3}}$$

ausfällt.

BLASCHKE führt in seinem Werk [3] die Affinlänge erst durch das Integral $\lambda = \int \varkappa^{\frac{1}{3}}\,ds$, dann durch den Grenzwert $\lambda = 2 \lim\limits_{n \to \infty} \sum\limits_{i=1}^{n} \Delta_i^{\frac{1}{3}}$ ein und gibt unter gewissen Regularitätsbedingungen einen strengen Beweis für die Äquivalenz der beiden Erklärungen. Unseren folgenden Betrachtungen legen wir die Erklärung durch Dreiecksketten zugrunde.

§ 6. Variationsprobleme bezüglich der Affinlänge.

Es ist bekannt, daß unter den im Dreieck AOB verlaufenden konvexen Kurvenbogen $\widehat{AB}$ derjenige Parabelbogen die größtmögliche Affinlänge besitzt, der die Geraden AO und BO berührt. Andererseits hat, nach der von BLASCHKE entdeckten isoperimetrischen Eigenschaft der Ellipse, unter sämtlichen inhaltsgleichen Eibereichen die Ellipse den größtmöglichen Affinumfang. Diese beide Sätze lassen sich im folgenden allgemeinen Satz zusammenfassen:

Unter sämtlichen im Dreieck AOB verlaufenden konvexen Kurvenbogen AB von vorgegebenem Segmentinhalt besitzt der die Geraden AO und BO berührende Kegelschnittbogen die größtmögliche Affinlänge.

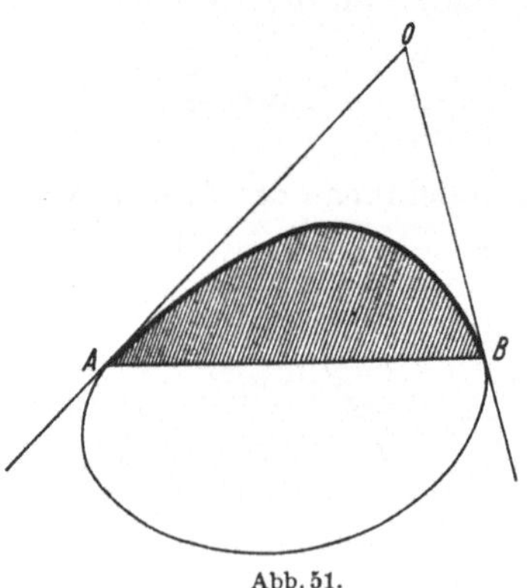

Abb. 51.

Unter dem Segmentinhalt ist dabei der Inhalt der konvexen Hülle des Bogens zu verstehen.

Die Extremaleigenschaft des Parabelbogens ergibt sich hieraus nach der obenerwähnten Tatsache, daß unter den fraglichen Kegelschnittbogen der Parabelbogen die größtmögliche Affinlänge hat. Die isoperimetrische Eigenschaft der Ellipse läßt sich dagegen auf denjenigen Grenzfall unseres Satzes zurückführen, bei dem O ins Unendliche rückt. Schließen wir nämlich den Eibereich E zwischen zwei parallelen Stützgeraden mit den Stützpunkten A und B so ein, daß die Sehne AB den Bereich E in zwei flächengleiche Teile zerlegt, was aus Stetigkeitsgründen immer möglich ist. Ersetzen wir die Bogen $\widehat{AB}$ und $\widehat{BA}$ durch die entsprechenden Ellipsenbogen, so geht E in eine einzige Ellipse über. Dabei nimmt aber der Affinumfang von E nach unserem Satz zu, es sei denn, daß E selbst eine Ellipse ist.

Übrigens läßt sich leicht zeigen, daß der obige Satz seine Gültigkeit auch in dem Falle behält, daß das Dreieck AOB durch den von den Geraden AB, OA und OB begrenzten unendlichen Flächenteil ersetzt wird. In diesem Fall kommen natürlich nur Ellipsenbogen in Betracht. Der so verallgemeinerte Satz enthält die isoperimetrische Eigenschaft der Ellipse als denjenigen Grenzfall, bei dem A und B zusammenfallen und der Spielraum der zur Konkurrenz zugelassenen Kurven in eine Halbebene ausartet.

Zum Beweis unseres Satzes betten wir den Kurvenbogen $K \equiv \widehat{AB}$ in eine aus n inhaltsgleichen Dreiecken bestehende Dreieckskette τ_n ein. Der äußere Streckenzug sei $A P_1 \ldots P_n B$, der innere $A Q_1 \ldots Q_{n-1} B$. Bezeichnen wir ferner die konvexe Hülle der genannten Streckenzüge mit P bzw. Q. Wir zeigen zunächst, daß *wenn wir die Dreieckskette τ_n im Dreieck AOB unabhängig von K unter der Bedingung konstanten Flächeninhalts P so variieren, daß dabei die Dreiecke inhaltsgleich bleiben, der Flächeninhalt von τ_n dann sein Maximum erreicht, wenn τ_n einen AO und BO berührenden Kegelschnittbogen einschließt.*

Um die Existenz eines Maximums zu sichern, lassen wir die Punkte $P_1, \ldots, P_n$ frei variieren und setzen in dem Fall, daß das Vieleck P höchstens $n+1$ Ecken hat, $\tau_n = 0$. Dann ist τ_n eine eindeutig bestimmte stetige Funktion der Punkte $P_1, \ldots, P_n$, die unter der Bedingung, daß der Flächen- inhalt von P konstant bleibt, im abge- schlossenen Dreieck AOB frei variieren dürfen. Damit ist die Existenzfrage auf den WEIERSTRASSschen Satz zurückge- führt.

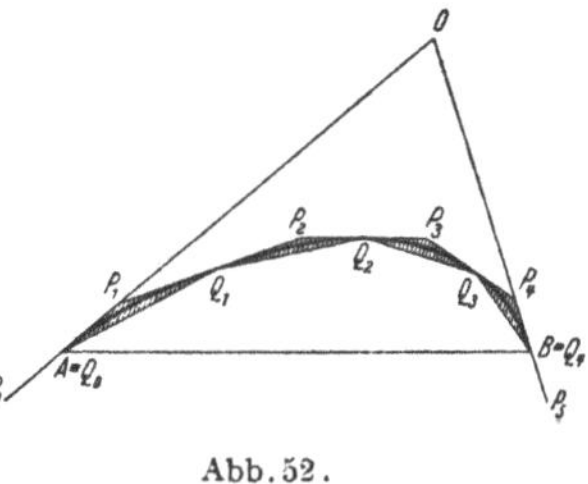

Abb. 52.

Wir beweisen unsere obige Behauptung durch den Beweis folgender drei Aussagen: Für die extremale Dreieckskette gilt:

1. $P_i P_{i+1} \parallel P_{i-1} P_{i+2}$ $(i = 1, \ldots, n-1)$,
2. $P_{i-1} P_{i+1} \parallel P_{i-2} P_{i+2}$ $(i = 2, \ldots, n-1)$,
3. P_1 und P_n liegen auf den Strecken AO bzw. BO.

Dabei bedeuten P_0 und P_{n+1} die Spiegelpunkte von P_1 und P_n bezüg- lich A bzw. B.

Es genügt offenbar zu zeigen, daß, falls eine der obigen Bedingungen nicht erfüllt ist, der Inhalt eines Dreiecks ohne Veränderung des Inhaltes P so vergrößert werden kann, daß die Inhalte der übrigen Dreiecke der Kette nicht abnehmen.

Um dies für die Bedingung 1 nachzuweisen, bemerken wir, daß es dazu genügt zu zeigen, daß die Punkte $Q_1, \ldots, Q_{n-1}$ in den entsprechen- den Seitenmittelpunkten von P liegen. Setzten wir im Gegensatz zu dieser Behauptung voraus, daß z. B. $P_i Q_i > Q_i P_{i+1}$ ausfällt, so ersetzen wir Q_i durch einen auf der Strecke P_iQ_i liegenden Punkt Q_i', wodurch $\Delta_i = P_iQ_iQ_{i-1}$ abnimmt, $\Delta_{i+1} = P_{i+1}Q_iQ_{i+1}$ dagegen zunimmt; dann drehen wir P_iP_{i+1} um Q_i' so, daß die neuen Dreiecke $\Delta_i' = P_i'Q_i'Q_{i-1}$ und $\Delta_{i+1}' = P_{i+1}'Q_i'Q_{i+1}$ wieder inhaltsgleich werden. Liegt Q_i' genügend nahe bei Q_i, so ist $P_iP_i'Q_i' > P_{i+1}P_{i+1}'Q_i'$. Wählt man dagegen Q_i' nahe bei P_i, so ist umgekehrt $P_iP_i'Q_i' < P_{i+1}P_{i+1}'Q_i'$. Aus Stetigkeitsgründen kann daher Q_i' so gewählt werden, daß $P_iP_i'Q_i' = P_{i+1}P_{i+1}'Q_i'$ ist. In diesem Fall bleibt der Flächeninhalt P unverändert. Da aber $Q_{i-1}Q_i'Q_{i+1} < Q_{i-1}Q_iQ_{i+1}$ ist, so haben wir $\Delta_i' = \Delta_{i+1}' > \Delta_i$, womit die Behauptung 1 bewiesen ist.

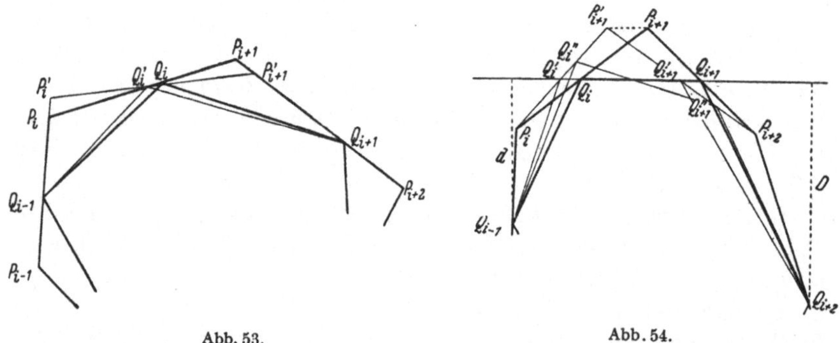

Abb. 53.   Abb. 54.

Im folgenden sei $P_iQ_i = Q_iP_{i+1}$ $(i = 1, \ldots, n-1)$. Es genügt dann, statt der Behauptung 2 zu zeigen, daß

$$Q_iQ_{i+1} \parallel Q_{i-1}Q_{i+2} \quad (i = 1, \ldots, n-2), \quad Q_0 \equiv A, \quad Q_n \equiv B.$$

Setzen wir voraus, daß — im Gegensatz zu dieser Behauptung — der Abstand d des Punktes Q_{i-1} von der Geraden Q_iQ_{i+1} kleiner ist als der Abstand D des Punktes Q_{i+2} von derselben Geraden; dann verschieben wir P_{i+1} parallel zu P_iP_{i+2} in P_{i+1}' so, daß sein Abstand von $Q_{i-1}Q_{i+2}$ abnimmt und ersetzen Q_i und Q_{i+1} durch die Schnittpunkte Q_i' und Q_{i+1}' von Q_iQ_{i+1} und P_iP_{i+1}' bzw. $P_{i+2}P_{i+1}'$. Während bei dieser Transformation der Inhalt P unverändert bleibt, nimmt der Inhalt Q in der Größenordnung $\eta = P_{i+1}P_{i+1}'$ ab. Bezeichnen wir das neue Polygon $Q_0 \ldots Q_i'Q_{i+1}' \ldots Q_n$ mit Q', so bedeutet unsere Behauptung, daß $\dfrac{Q'-Q}{\eta}$ für $\eta \to 0$ einem negativen Grenzwert zustrebt, was wegen $Q' - Q = \dfrac{d-D}{4}\eta$ offenbar ist.

Ersetzen wir jetzt Q_i' und Q_{i+1}' durch diejenigen Punkte Q_i'' und Q_{i+1}'' der Seiten P_iP_{i+1}' bzw. $P_{i+1}'P_{i+2}$, für die die entsprechenden Dreiecke Δ_i'', Δ_{i+1}'', Δ_{i+2}'' wieder inhaltsgleich werden, und bezeichnen das neue Polygon mit Q'', so ist die Größenordnung der Strecken $Q_i'Q_i''$ und $Q_{i+1}'Q_{i+1}''$ offenbar η. Dasselbe gilt aber mit Rücksicht auf $P_iP_{i+1} \parallel Q_{i-1}Q_{i+1}$ und $P_{i+1}P_{i+2} \parallel Q_iQ_{i+2}$ für die durch die

Geraden $Q_i'Q_i''$ und $Q_{i-1}Q_{i+1}'$ bzw. $Q_{i+1}'Q_{i+1}''$ und $Q_{i+2}Q_i'$ eingeschlossenen Winkel. Mithin ist die Variation $Q'' - Q'$ von der Größenordnung η^2. Damit ist aber gezeigt, daß für genügend kleine Werte von η $\varDelta_i'' = \varDelta_{i+1}'' = \varDelta_{i+2}'' > \varDelta_i$ ausfällt. Folglich ist auch der Beweis der Behauptung 2 vollendet.

Zum Beweis der Behauptung 3 können wir annehmen, daß $P_1P_2 \parallel AQ_2$ ist, und setzen voraus, daß P_1 nicht auf AO liegt. Verschieben wir Q_1 in den Punkt $Q_1' \equiv P_2$ und P_1 parallel zu AP_2 in den auf AO liegenden Punkt P_1', so wird sich dadurch weder der Inhalt Q noch der Inhalt P verändern. Bewegen wir aber Q_1' von der Lage $Q_1' \equiv P_2$ ausgehend auf der Seite P_2P_1', so nimmt der Inhalt Q offenbar ab. In einer gewissen Lage Q_1'' wird daher $AP_1'Q_1'' = Q_1''P_2Q_2 > AP_1Q_1$ sein, womit die Behauptung 3 dargetan ist.

Wir zeigen jetzt, daß die extremale Dreieckskette, die den obigen Bedingungen Genüge leistet, einen AO und BO berührenden Kegelschnittbogen einschließt. Betrachten wir, um dies einzusehen, denjenigen Kegelschnitt, der die Strecken P_0P_1, P_1P_2, P_2P_3 in ihren Mittelpunkten berührt. Ein solcher ist sicher vorhanden. Wir können, um dies in Evidenz zu setzen, ohne Einschränkung der Allgemeinheit das Trapez $P_0P_1P_2P_3$ als gleichschenklig voraussetzen: $P_0P_1 = P_2P_3$. Dann gibt es in der Gesamtheit der Kegelschnitte, die die Strecken P_0P_1 und P_2P_3 in ihren Mittelpunkten berühren, genau einen, der auch P_1P_2 berührt. Der Berührungspunkt muß aber aus Symmetriegründen im Mittelpunkt von P_1P_2 liegen, womit unsere Behauptung bewiesen ist.

Wir zeigen jetzt, daß der soeben konstruierte Kegelschnitt auch die Strecken $P_3P_4,\ldots,P_nP_{n+1}$ berührt, und zwar in ihren Mittelpunkten. Statt der obigen Voraussetzung $P_0P_1 = P_2P_3$ sei jetzt $P_1P_2 = P_2P_3$. Wegen der Bedingungen 1 und 2 ist dann auch $P_0P_1 = P_3P_4$ und P_2 liegt auf der Symmetrieachse des gleichschenkligen Trapezes $P_0P_1P_3P_4$. Fassen wir nun die Gesamtheit derjenigen Kegelschnitte ins Auge, die die Strecken P_1P_2, P_2P_3 in ihren Mittelpunkten berühren. Es gibt unter diesen genau einen, der auch P_0P_1 berührt. Dieser Kegelschnitt ist aber mit dem vorigen identisch und berührt daher die Strecke P_0P_1 in ihrem Mittelpunkt. Er muß aber — ebenfalls aus Symmetriegründen — auch P_3P_4 in ihrem Mittelpunkt berühren. In gleicher Weise wird dies für die übrigen Seiten gezeigt.

Während also der Streckenzug $AP_1 \ldots P_nB$ unserem Kegelschnitt umbeschrieben ist, ist $AQ_1 \ldots Q_{n-1}B$ einbeschrieben. Daß der Kegelschnitt AO und BO berührt, folgt aus der Bedingung 3. Damit ist aber — mit Rücksicht auf die Formel $\lambda^3 = 8 \lim n^2 \tau_n$ — die in unserem Satz behauptete Extremaleigenschaft der Kegelschnittbogen bewiesen. Wir müssen nur noch die Unität nachweisen.

Wir wollen zeigen, daß die zu einem extremalen Kurvenbogen K gehörige, oben betrachtete Dreieckskette τ_n einen AO und BO berührenden Kegelschnittbogen einschließt. Dies kann aber für einen beliebigen Wert von n nur so möglich sein, daß K selber ein Kegelschnittbogen ist.

Setzen wir im Gegensatz zu unserer Behauptung voraus, daß τ_n keinen AO und BO berührenden Kegelschnittbogen einschließt. Dann läßt sich τ_n durch eine andere Dreieckskette $\bar{\tau}_n$ ersetzen, die ebenfalls aus n inhaltsgleichen Dreiecken besteht, deren Inhalte aber größer sind als vorher, während der Inhalt des äußeren Polygons P unverändert bleibt. Greifen wir ein Dreieck $\Delta_i \equiv Q_{i-1}P_iQ_i$ aus der ursprünglichen Kette heraus. In der neuen Kette entspreche diesem das Dreieck $\bar{\Delta}_i \equiv \bar{Q}_{i-1}\bar{P}_i\bar{Q}_i$. Ersetzen wir den Kurvenbogen $k_i \equiv \overset{\frown}{Q_{i-1}Q_i}$ durch denjenigen Kegelschnittbogen $\bar{k}_i \equiv \overset{\frown}{\bar{Q}_{i-1}\bar{Q}_i}$, der die Seiten $\bar{Q}_{i-1}\bar{P}_i$ und $\bar{P}_i\bar{Q}_i$ in $\bar{Q}_{i-1}$ bzw. $\bar{Q}_i$ berührt, so daß $\Delta_i - s_i = \bar{\Delta}_i - \bar{s}_i$ ausfällt, wobei s_i und $\bar{s}_i$ den Segmentinhalt von k_i bzw. $\bar{k}_i$ bezeichnen, so erhalten wir — indem wir diese Konstruktion für ein jedes Dreieck ausführen — einen in AOB verlaufenden, neuen konvexen Kurvenbogen. Sein Segmentinhalt bleibt unverändert, während seine Affinlänge vergrößert ist. Dies leuchtet ein, wenn wir bedenken, daß $\bar{k}_i$ eine größere Affinlänge besitzt als k_i. Es ist nur zu zeigen, daß

$$\Delta_i \, \Phi\left(\frac{s_i}{\Delta_i}\right) < \bar{\Delta}_i \, \Phi\left(\frac{\bar{s}_i}{\bar{\Delta}_i}\right)$$

ist, wobei Φ die in § 5 erklärte Funktion bedeutet. Setzen wir

$$\frac{\Delta_i - s_i}{\Delta_i} = w, \qquad \frac{\bar{\Delta}_i - \bar{s}_i}{\bar{\Delta}_i} = \bar{w},$$

so wird mit Rücksicht auf $\Delta_i - s_i = \bar{\Delta}_i - \bar{s}_i$ die zu beweisende Ungleichung

$$\frac{1}{w}\,\Phi(1-w) < \frac{1}{\bar{w}}\,\Phi(1-\bar{w}).$$

Dies ist aber wegen $w > \bar{w}$ und $\Phi(1) = 0$ eine unmittelbare Folge der Konkavität der Funktion Φ.

Damit ist der Beweis des obigen Satzes beendet.

Wir beweisen nun folgenden Satz.

Liegt in einem konvexen n-Eck T ein Eibereich vom Affinumfang λ, so gilt

$$\lambda^3 \leqq 8\,T n^2 \sin^2 \frac{\pi}{n}. \tag{1}$$

Gleichheit gilt dabei nur im Fall, daß T ein affin reguläres n-Eck ist und der Bereich von denjenigen n Parabelbogen begrenzt ist, die je zwei anstoßende Seiten von T in den betreffenden Seitenmittelpunkten berühren.

Als eine unmittelbare Folgerung aus diesem Satze heben wir den Grenzfall $n \to \infty$ hervor: *Zwischen dem Affinumfang λ und dem Inhalt T eines beliebigen Eibereiches besteht die Ungleichung*

$$\lambda^3 \leqq 8\,\pi^2\,T. \tag{2}$$

Das ist eben die isoperimetrische Ungleichung der affinen Geometrie, in der die erwähnte Extremaleigenschaft der Ellipse zum Ausdruck kommt.

Wir können uns offenbar auf den Fall beschränken, daß T das umbeschriebene n-Eck vom kleinsten Inhalt ist. Dann liegen die Berührungspunkte in den Seitenmittelpunkten. Verbinden wir die benachbarten Seitenmittelpunkte, so erhalten wir eine geschlossene Dreieckskette, deren Dreiecke mit $\Delta_1, \ldots, \Delta_n$ bezeichnet werden sollen. Nach der Extremaleigenschaft des Parabelbogens ist

$$\lambda \leqq 2\left(\Delta_1^{\frac{1}{3}} + \cdots + \Delta_n^{\frac{1}{3}}\right).$$

Damit reduziert sich unser Problem, auf die Bestimmung desjenigen konvexen n-Ecks, das unter den inhaltsgleichen konvexen n-Ecken den größten Wert der Summe $\Delta_1^{\frac{1}{3}} + \cdots + \Delta_n^{\frac{1}{3}}$ aufweist. Dabei kann die Existenz eines Maximums wiederum aus dem WEIERSTRASSschen Satz gefolgert werden.

Es läßt sich leicht zeigen, daß im extremalen Fall die Dreiecke inhaltsgleich sein müssen. Das sieht man am einfachsten etwa folgendermaßen ein. Es seien $\Delta_1 \equiv P_1Q_nQ_1$ und $\Delta_2 \equiv P_2Q_1Q_2$ zwei anstoßende Dreiecke einer extremalen Kette mit $\Delta_1 < \Delta_2$. Drehen wir die Seite P_1P_2 um den Mittelpunkt Q_1 um einen infinitesimalen Winkel so, daß $d\Delta_1 = -d\Delta_2 > 0$ ist. Dann wird $dT = d\Delta_1 + d\Delta_2 = 0$, während

$$d\left(\Delta_1^{\frac{1}{3}} + \Delta_2^{\frac{1}{3}}\right) = \frac{\Delta_2^{\frac{2}{3}} - \Delta_1^{\frac{2}{3}}}{3\,(\Delta_1\Delta_2)^{\frac{2}{3}}}\,d\Delta_1 > 0$$

ausfällt, wodurch wir auf einen offenkundigen Widerspruch gestoßen sind.

Sind aber die Dreiecke inhaltsgleich, so zeigen uns die Überlegungen des vorigen Beweises, daß das extreme Vieleck T einer Ellipse so umbeschrieben sein muß, daß die Berührungspunkte die Seiten halbieren. Folglich muß T affin regulär sein, und es bleibt zum Beweis des obigen Satzes nur noch die Summe $\Delta_1^{\frac{1}{3}} + \cdots + \Delta_n^{\frac{1}{3}}$ für ein regelmäßiges n-Eck auszurechnen.

Zum Schluß sei bemerkt, daß die Überlegungen des vorigen Beweises zugleich den Beweis von (4, 5) ergeben. Betten wir nämlich unsere Eilinie in eine aus n inhaltsgleichen Dreiecken bestehende geschlossene Dreieckskette ein und betrachten das zugehörige um- und einbeschriebene n-Eck T_n bzw. t_n. Der genannte Beweis zeigt, daß bei freier Veränderung von T_n der Quotient $\dfrac{T_n - t_n}{T_n}$ dann sein

Maximum erreicht, wenn beide n-Ecke affin regulär sind und die Ecken von t_n in die Seitenmittelpunkte von T_n fallen, was eben in der zu beweisenden Ungleichung (4, 5) zum Ausdruck kommt.

§ 7. Die Grundtatsachen der Integralgeometrie.

Es sei M eine gewisse Menge von geometrischen Gebilden, wie z. B. die Punkte eines Gebiets, die Geraden, die ein Gebiet treffen, die Ebenen, die eine Raumkurve schneiden oder diejenigen kongruenten Gebiete, die einen festen Bereich treffen usw. Wir wollen einer solchen Menge M eine Maßzahl $m(M)$ zuordnen. Dazu charakterisieren wir die Elemente von M durch irgendein System von unabhängigen Koordinaten $x_1, \ldots, x_k$. Es sei $f(x) = f(x_1, \ldots, x_k)$ eine einstweilen beliebige positive Funktion mit k Veränderlichen; dann bilden wir das über die Menge M erstreckte Integral

$$\int f(x)\,dx = \int \cdots \int f(x_1, \ldots, x_k)\,dx_1, \ldots, d\dot{x}_k.$$

Sind die Menge M und die Funktion $f(x)$ so beschaffen, daß dieses Integral existiert, so kann $m(M) = \int f(x)\,dx$ als ein Maß von M betrachtet werden.

Wir versuchen jetzt die Funktion $f(x)$ so zu bestimmen, daß $m(M)$ bewegungsinvariant wird. Sind also M und M' zwei beliebige Mengen, die durch Bewegungen ineinander übergeführt werden können, so fordern wir, daß $m(M) = m(M')$ sei. Dies läßt sich immer erreichen, wenn die Elemente von M — wie in unseren obigen Beispielen — so beschaffen sind, daß je zwei von ihnen durch Bewegungen vertauscht werden können. Es läßt sich zeigen, daß in diesem Fall $f(x)$ durch die obige Invarianzforderung, abgesehen von einem konstanten Faktor, eindeutig bestimmt wird. In diesem Fall ergibt der Quotient $\dfrac{m(T)}{m(M)}$ die Wahrscheinlichkeit, daß ein aufs Geratewohl herausgegriffenes Element von M zu ihrer Teilmenge T gehört. Eine derartige bewegungsinvariante Maßzahl $m(M)$ nennen wir die (integralgeometrische) *Anzahl* der in M enthaltenen Elemente.

Die Anzahl der Punkte eines Bereiches ist natürlich der Flächeninhalt des Bereiches. Die Anzahl der Geraden, die ein konvexes Gebiet schneiden, hat im Jahre 1868 M. W. CROFTON bestimmt und fand das überraschend schöne Ergebnis, daß diese Geradenanzahl mit dem Umfang des Bereiches übereinstimmt.

Später hat POINCARÉ die Anzahl gewisser Lagen eines starr beweglichen ebenen Gebiets G eingeführt. Diese Anzahl läßt sich durch das dreifache Integral $\int dG = \iiint dx\,dy\,d\varphi$ definieren, wobei x, y und φ die Koordination bzw. den Richtungswinkel eines mit der bewegten Ebene von G fest verbundenen Linienelementes (Punkt und Richtung) in bezug auf ein Koordinatensystem der festen Ebene bedeuten. Es ist zu beachten, daß diese Zahl sowohl von der Wahl des Koordinatensystems in der festen Ebene wie von der Wahl des Linienelementes in der bewegten Ebene unabhängig ist. Das Differential $dG = dx\,dy\,d\varphi$ heißt *kinematische Dichte* von G.

Bewegen wir die Kurve K in der Ebene der festen Kurve K_0 und bezeichnen wir in einer gewissen Lage die Zahl der Schnittpunkte der beiden Kurven mit s und bilden das Integral $\int s\,dK$ erstreckt über alle Lagen von K, so erhalten wir die Anzahl aller Lagen von K mit der Multiplizität der Schnittpunktszahl gerechnet. Nach POINCARÉ gilt

$$\int s\,dK = 4\,L_0 L, \tag{1}$$

wo L_0 und L die Bogenlänge von K_0 und K bedeuten.

Erwähnen wir jetzt SANTALÓs Formel, die die Anzahl derjenigen Lagen eines bewegten konvexen Gebiets T vom Umfang L angibt, in der T ein festes konvexes Gebiet T_0 vom Umfang L_0 trifft:

$$\int dT = 2\pi(T_0 + T) + L_0 L. \tag{2}$$

Hier ist das Integral über diejenigen Lagen von T zu erstrecken für die $T_0 T \neq 0$ ist. Dagegen kann in (1) über alle Lagen von K integriert werden, da im Fall $K_0 K = 0$ die Schnittpunktszahl $s = 0$ ist.

Die Formeln von POINCARÉ und SANTALÓ lassen sich in einem allgemeineren Satz vereinigen. Wir betrachten wiederum ein festes und ein bewegliches Gebiet T_0 und T der Randlänge L_0 und L, die aber nicht konvex zu sein brauchen. Wir setzen nur voraus, daß sie von je einer doppelpunktsfreien geschlossenen Kurve begrenzt, kurz einfach zusammenhängend sind. Bezeichnen wir dann mit k die Anzahl der einfach zusammenhängenden Komponenten, aus denen der Durchschnitt TT_0 zusammengesetzt ist, so lautet die genannte Formel

$$\int k\,dT = 2\pi(T_0 + T) + L_0 L, \tag{3}$$

wobei über alle Lagen von T zu integrieren ist. Das ist die sogenannte kinematische Hauptformel von BLASCHKE für einfach zusammenhängende Gebiete.

Daß die Formel (2) ein Sonderfall von (3) ist, leuchtet ein. Die Formel (3) enthält aber auch (1), da eine Kurve der Länge L als ein entartetes Gebiet vom Inhalt Null und vom Umfang $2L$ aufgefaßt werden kann.

Mit Hilfe der obigen Formeln lassen sich verschiedene Ausdrücke für das isoperimetrische Defizit $L^2 - 4\pi\,T$ herleiten, deren Positivität einleuchtet. Diese Resultate gehören zu den schönsten Früchten der Integralgeometrie. Eine derartige *isoperimetrische Gleichheit* werden wir später kennenlernen.

Weitere Ergebnisse der Integralgeometrie, nebst mannigfaltigen Anwendungen findet man in dem Werk [4] von BLASCHKE.

§ 8. Geschichtliche Bemerkungen.

Den ersten Teil des obigen Beweises des Auswahlsatzes haben wir aus einem Aufsatz von HADWIGER [6] übernommen. Der Beweis von HADWIGER bezieht sich auf ein System beliebiger, gleichmäßig beschränkter abgeschlossener Punktmengen des n-dimensionalen Raumes.

Die Ungleichung (2, 1) wurde unter engeren Voraussetzungen schon von HÖLDER [1] bewiesen. Sie wird daher auch häufig als HÖLDER-JENSENsche Ungleichung zitiert.

Mit den Bezeichnungen des § 5 besagen die DOWKERschen Sätze, daß die Folgen $\tau(E, P_n^e)$ und $\tau(E, P_n^u)$ konvex sind. Ist auch die Folge $\tau(E, P_n)$, sowie die weiteren sechs Folgen, die durch Heranziehung der Strecken- und Umfangsabweichung entstehen, für jeden Eibereich E konvex? Diese Fragen sind noch nicht beantwortet.

191 ▶ Der vorgetragene Beweis der Ungleichung (4, 1) rührt von SAS [1], der anschließende Unitätsbeweis mit Hilfe FOURIERscher Reihen vom Verf. her. Für die Eckenzahl $n = 3$ hat die entsprechende Extremaleigenschaft der Ellipse mit Hilfe der sogenannten STEINERschen Symmetrisierung schon vorher BLASCHKE [3] bewiesen. BLASCHKE zeigt zugleich, daß unter den volumengleichen Eikörpern das Ellipsoid am schlechtesten durch einbeschriebene Tetraeder ausgefüllt werden kann. Verf. hat bemerkt [33], daß sich aus dem Beweis von BLASCHKE zugleich folgender Satz ergibt: In einen beliebigen Eikörper läßt sich stets ein Polyeder mit vorgegebener Eckenzahl von wenigstens so großem Volumen einschreiben als in ein volumengleiches Ellipsoid. Jedoch ist die Unitätsfrage bei beliebiger Eckenzahl noch nicht erledigt. Der soeben ausgesprochene Satz läßt sich auch in den n-dimensionalen Raum übertragen. Das hat ohne Kenntnis der BLASCHKEschen Ergebnisse MACBEATH [1] bewiesen. Die im Zusammenhang mit U_3 erwähnte Extremaleigenschaft des Parallelogramms rührt von GROSS [1] her.

In einem Aufsatz des Verf. [4] befindet sich anstatt (4,3) die Ungleichung $U_n < T\,\dfrac{n-2}{\pi}\,\mathrm{tg}\,\dfrac{\pi}{n-2}$ $(n \geqq 5)$, wobei T einen beliebigen Eibereich bedeutet. Obwohl im Beweis ein Fehler begangen wurde, ist die angeführte Ungleichung vermutlich richtig.

Anschließend an eine Arbeit des Verf. [1], in der die Ungleichung (4, 4) und für $n \leqq 6$ die Ungleichung (4, 5) bewiesen wurde, hat der jung verstorbene Mathematiker LÁZÁR [1] (4, 5) für ein beliebiges n dargetan.

Im Zusammenhang mit dem § 4 erwähnen wir noch eine Reihe von Problemen: Für welchen sphärischen Eibereich E erreichen die Inhaltsabweichungen $\tau(E, P_n^e)$, $\tau(E, P_n^u)$, $\tau(E, P_n)$, $\tau(P_n^u, P_n^e)$ ihre größtmöglichen Werte? Dabei sei ein sphärischer Eibereich durch die Forderung definiert, daß er die kürzeste sphärische Verbindung je zweier seiner Punkte enthalten soll. Das Interessante ist hierbei, daß man über E

außer der Konvexität gar keine Voraussetzung machen muß, weil ja die betrachteten Abweichungen sowohl für kleine wie für große Bereiche klein werden. Vermutlich läßt sich z. B. jede sphärische Eilinie zwischen ein ein- und umbeschriebenes Dreieck δ und Δ so einschließen, daß

$$\Delta - \delta \leqq 1{,}596\ldots \left(= 6\alpha + 6\,\text{arc tg}\,2\cos\alpha - 3\pi;\ \sin\alpha = \frac{\sqrt{21}-1}{4}\right)\ \text{aus-}$$

◄ 192

fällt. Weitere Probleme erheben sich, wenn neben der Inhaltsabweichung andere Abweichungsbegriffe in Betracht gezogen werden.

Die oben gegebene Behandlung der Affinlänge findet sich in der Arbeit [37] des Verf.

III. Lagerungs- und Überdeckungsprobleme in der Ebene.

Wir betrachten ein fest vorgegebenes System von endlich vielen konvexen Scheiben und fragen: 1. Wie klein kann der Inhalt eines konvexen Gebiets sein, in das die Scheiben ohne gegenseitige Überdeckung eingelagert werden können? 2. Wie groß kann der Inhalt eines konvexen Gebiets sein, das durch die Scheiben völlig überdeckt werden kann? Die Probleme des vorliegenden Abschnittes sind entweder selbst von diesem Typus oder gruppieren sich um die genannten, einander dual gegenüberstehenden zentralen Probleme. Das Hauptinteresse nimmt dabei der Grenzfall in Anspruch, daß die Scheibenanzahl unendlich wird. Es wird sich herausstellen, daß die günstigste Anordnung von kongruenten Scheiben in vielen Fällen *gitterförmig* ist. Dabei spielt das sogenannte *gleichseitige Dreiecksgitter* eine ausgezeichnete Rolle. Man könnte daher sagen, daß es sich in diesem Abschnitt hauptsächlich um Extremaleigenschaften der entarteten regulären Polyeder $\{3, 6\}$ und $\{6, 3\}$ handelt.

§ 1. Dichtigkeit eines Bereichsystems.

Betrachten wir ein System $\{G_i\}$ von abzählbar unendlich vielen, einfach zusammenhängenden Gebieten, die in der Ebene in beliebiger Weise ausgestreut sind und einander auch gegenseitig überdecken können. Es sei weiter χ ein Funktional (z. B. der Flächeninhalt oder die Randlänge), das jedem Bereich G_i eine nichtnegative Zahl $\chi_i = \chi(G_i)$ zuordnet. Es bedeute ferner $K(R)$ einen Kreis vom Radius R mit dem Ursprungspunkt O der Ebene als Mittelpunkt und $\sum\limits_{R}$ eine Summation, die sich über diejenigen Bereiche des Systems $\{G_i\}$ erstrecken soll, die ganz zu der abgeschlossenen Kreisscheibe $K(R)$ gehören. Wir setzen voraus, daß die Anzahl der in Betracht kommenden Bereiche für jedes $R < \infty$ endlich sei, und nehmen weiter an, daß der Grenzwert

$$D(\chi) = \lim_{R \to \infty} \frac{\sum\limits_{R} \chi_i}{\pi R^2}$$

existiert; in diesem Falle nennen wir $D(\chi)$ die *Dichte* des Funktionals χ im Bereichsystem. Es handelt sich um den im Mittel auf die Flächeneinheit der Ebene entfallenden Teil der totalen Funktionalsumme.

Es läßt sich leicht zeigen, daß $D(\chi)$ nicht von der Wahl des Ursprungspunktes O abhängt. Bezeichnet nämlich $\sum\limits_{R}^{*}$ die Summation, die über alle Bereiche des Systems erstreckt werden soll, die ganz zur Kreisscheibe $K^*(R)$ mit dem neuen Zentrum O^* gehören, so gilt wegen $\chi_i \geqq 0$

$$\sum_{R-\Delta}\chi_i \leqq \sum_{R}{}^{*}\chi_i \leqq \sum_{R+\Delta}\chi_i,$$

wobei Δ die Distanz der beiden Mittelpunkte O und O^* bezeichnet. Also ist

$$\left(1-\frac{\Delta}{R}\right)^2 \frac{\sum\limits_{R-\Delta}\chi_i}{\pi\,(R-\Delta)^2} \leqq \frac{\sum\limits_{R}^{*}\chi_i}{\pi\,R^2} \leqq \left(1+\frac{\Delta}{R}\right)^2 \frac{\sum\limits_{R+\Delta}\chi_i}{\pi\,(R+\Delta)^2},$$

und hieraus folgt mit $R \to \infty$ die gewünschte Invarianz $D^* = D$.

Setzen wir nun voraus — wie wir im folgenden durchweg tun wollen —, daß die Durchmesser der Bereiche gleichmäßig beschränkt sind, so kann in der Definition der Funktionaldichte die Summation $\sum\limits_{R}$ durch die Summation $\overset{R}{\sum}$ ersetzt werden, die über diejenigen Bereiche des Systems zu erstrecken ist, die einen gemeinsamen Punkt mit $K(R)$ aufweisen. Dies folgt aus den Ungleichungen

$$\sum_{R}\chi_i \leqq \overset{R}{\sum}\chi_i \leqq \sum_{R+\delta}\chi_i,$$

wobei δ die obere Grenze der Umkreisdurchmesser der Bereiche bedeutet.

Es sei noch bemerkt, daß, wenn der obige Grenzwert nicht existiert, statt der Funktionaldichte D die obere oder untere Dichte $\varlimsup\limits_{R\to\infty} \dfrac{\sum\limits_{R}\chi_i}{\pi\,R^2}$ bzw. $\varliminf\limits_{R\to\infty} \dfrac{\sum\limits_{R}\chi_i}{\pi\,R^2}$ betrachtet werden kann.

Ein im Zusammenhang mit unseren Betrachtungen wichtiges Funktional ist durch $\chi \equiv 1$ gegeben. Die ihm zukommende Dichte wollen wir die *Anzahldichte* des Bereichsystems nennen. Es handelt sich also um die im Mittel auf die Flächeneinheit der Ebene entfallende Bereichanzahl.

Wir betrachten nun den Grenzwert

$$\bar{\chi} = \lim_{R\to\infty} \frac{\sum\limits_{R}\chi_i}{N\,(R)},$$

wobei $N(R) = \sum_R 1$ die Anzahl der ganz zum Kreis $K(R)$ gehörigen Bereiche des Systems bezeichnet. Falls dieser Grenzwert existiert, so nennen wir ihn in naheliegender Weise *Mittelwert des Funktionals*.

Nun läßt sich aber schreiben

$$\frac{\sum_R \chi_i}{\pi R^2} = \frac{\sum_R \chi_i}{N(R)} \frac{N(R)}{\pi R^2}.$$

Setzen wir etwa voraus, daß der Funktionalmittelwert $\bar{\chi}$ und die Anzahldichte A existieren, so existiert auch die Funktionaldichte $D(\chi)$, und es gilt, wie sich aus der obenstehenden Relation für $R \to \infty$ ergibt,

$$D(\chi) = A\,\bar{\chi}.$$

Die am häufigsten vorkommende Funktionaldichte ist die dem Funktional $\chi(G) = G$ zukommende *Inhaltsdichte*. Wir wollen sie schlechthin die *Dichte des Bereichsystems* nennen. Sie läßt sich auch als der Quotient aus Inhaltssumme der Bereiche und Inhalt der ganzen Ebene interpretieren. Die Dichte eines Systems von einander nicht überdeckenden Bereichen ist offenbar ≤ 1. Dagegen ist die Dichte eines Bereichsystems, das die Ebene völlig überdeckt ≥ 1.

§ 2. Das Problem
der dichtesten Kreislagerung und dünnsten Kreisüberdeckung.

Legen wir auf einen großen Tisch gleich große Geldstücke, so können wir fragen: Wie müssen dieselben angeordnet werden, damit möglichst viele Geldstücke auf dem Tisch Platz haben?

Das duale Problem lautet folgendermaßen: Wir wollen ein großes ebenes Gebiet mit gleich großen kreisförmigen Papierscheiben überdecken. Wie müssen die Scheiben angeordnet werden, damit die Überdeckung mit der kleinstmöglichen Anzahl der Scheiben durchgeführt werden kann?

Die günstigste Verteilung der Kreise hängt natürlich wesentlich von Größe und Gestalt des Gebietes ab, und es ist nicht zu erwarten, daß es eine allgemeine Vorschrift gibt, nach der die gesuchten Verteilungen für beliebige Bereiche bestimmt werden könnten. Es handelt sich daher nur um die Bestimmung der asymptotischen Anordnung der Kreise für große Gebiete.

Der Begriff der Dichte gestattet eine exakte Formulierung der obigen Fragen:

1. Was ist die obere Grenze der Dichte eines Systems von kongruenten, nicht übereinandergreifenden Kreisen, und für welche Systeme wird diese Grenze erreicht?

2. Was ist die untere Grenze der Dichte eines Systems von kongruenten Kreisen, die die Ebene überdecken, und für welche Systeme wird diese Grenze erreicht?

Auf diese Fragen beziehen sich die folgenden Sätze, die wir später beweisen werden.

Ist d die Dichte eines beliebigen Systems von kongruenten, nicht übereinandergreifenden Kreisen, so ist

$$d \leqq \frac{\pi}{\sqrt{12}} = 0{,}9069 \ldots . \tag{1}$$

Ist D die Dichte eines Systems von kongruenten, die Ebene vollständig überdeckenden Kreisen, so ist

$$D \geqq \frac{2\pi}{\sqrt{27}} = 1{,}209 \ldots . \tag{2}$$

Diese Schranken sind genau. Gleichheit wird in demjenigen Fall erreicht, wo jeder Kreis von den übrigen in den Ecken eines regulären Sechsecks berührt bzw. geschnitten wird. Wir nennen diese Kreissysteme die dichteste Kreislagerung und dünnste Kreisüberdeckung. Man beachte jedoch, daß, wenn man z. B. einen Kreis der dichtesten Kreislagerung heraushebt, die Lagerungsdichte unverändert bleibt, obwohl die obige Bedingung nicht mehr erfüllt ist. Eine allgemeine Charakterisierung der extremalen Kreissysteme folgt später.

Die Ungleichungen (1) und (2) besagen anschaulich ausgedrückt, daß höchstens 90,69...% der Ebene durch kongruente Kreise ausgefüllt werden kann bzw. daß zur Überdeckung der Ebene ein System von kongruenten Kreisen nötig ist, deren Gesamtinhalt wenigstens 120,9...% des Inhaltes der Ebene ausmachen muß.

Wir geben nun unseren Problemen einige weitere Fassungen.

Das Problem der dichtesten Kreislagerung ist gleichwertig mit dem folgenden: Wie muß in einem vorgegebenen Gebiet eine große (jedoch fest vorgegebene) Anzahl von Punkten verteilt werden, damit

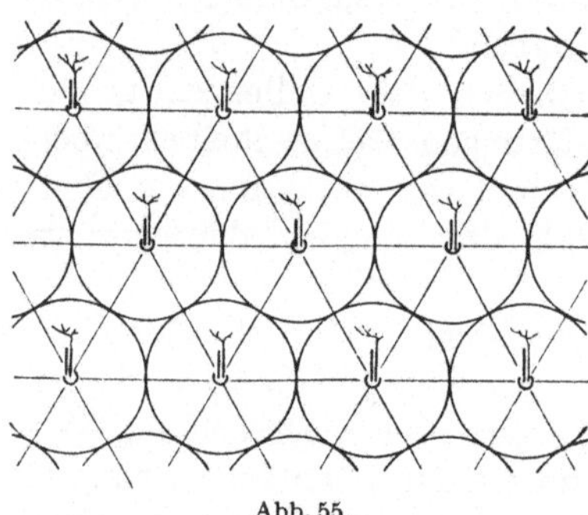

Abb. 55.

jeder Punkt von den anderen möglichst weit entfernt ist, d. h. daß der kürzeste Abstand, der innerhalb der Punktverteilung vorkommt, möglichst groß ausfällt? Oder umgekehrt: Wir wollen in einem großen Garten möglichst viele Bäume so pflanzen, daß der Abstand von je zwei Bäumen nicht kleiner als eine vorgegebene Entfernung wird (Abb. 55).

Das Problem der dünnsten Kreisüberdeckung läßt sich so formulieren: Wie muß in einem vorgegebenen Gebiet eine große Anzahl von Punkten verteilt werden, damit jeder Punkt des Gebietes möglichst nahe bei wenigstens einem Punkt liegt, d. h. daß der größte Abstand eines Punktes des Gebiets vom nächsten Punkt der Punktverteilung möglichst klein ausfällt? Oder umgekehrt: Wir wollen in einer Wüste

eine möglichst geringe Anzahl von Oasen so anlegen, daß der Abstand eines jeden Punktes der Wüste von der nächsten Oase eine vorgegebene Distanz nicht übertrifft (Abb. 56).

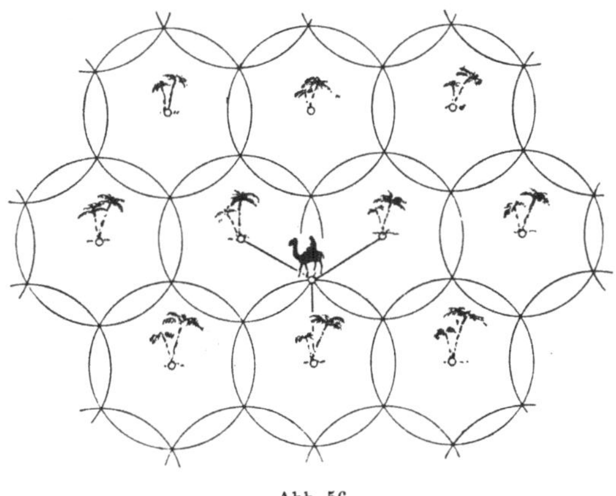

Abb. 56.

Die Punkte müssen in beiden Problemen in die Eckpunkte eines gleichseitigen Dreiecksgitters, d. h. eines Polyeders $\{3, 6\}$, gelegt werden.

Diesen Formulierungen entsprechend gelten folgende mit (1) bzw. (2) äquivalenten Ungleichungen.

Besitzen je zwei Punkte eines Punktsystems der Anzahldichte A einen Abstand $\geq \delta$, so ist

$$\delta^2 A \leq \frac{2}{\sqrt{3}}. \tag{3}$$

Besitzt jeder Punkt der Ebene vom nächsten Punkt eines Punktsystems der Anzahldichte A einen Abstand $\leq \varrho$, so ist

$$\varrho^2 A \geq \frac{2}{\sqrt{27}}. \tag{4}$$

Wir führen nun einen Begriff ein, der auch im folgenden eine Rolle spielen wird. Wir nennen ein System von kongruenten Kreisen (die sich auch überdecken können) *gesättigt*, wenn in dem von den Kreisen frei gelassenen Teil der Ebene kein ebenso großer Kreis eingelagert

Abb. 57.

werden kann. Ersetzen wir jeden Kreis eines gesättigten Kreissystems durch einen konzentrischen Kreis von doppelt so großem Halbmesser, so erhalten wir ein System von Kreisen, welche die Ebene überdecken.

Die Dichte dieses Systems ist nach (2) $\geq \dfrac{2\,\pi}{\sqrt{27}}$. Da aber die Dichte des ursprünglichen Systems bei der Verdoppelung der Halbmesser vervierfacht wird, so *ist die Dichte d eines gesättigten Systems von kongruenten Kreisen*

$$d \geq \frac{\pi}{\sqrt{108}} = 0{,}302 \ldots . \tag{5}$$

Die Abb. 57 stellt das dünnste gesättigte Kreissystem samt der dünnsten Kreisüberdeckung dar.

§ 3. Einige Beweisansätze.

Es sei $K_1, K_2, \ldots$ ein System von Einheitskreisen mit den Mittelpunkten $O_1, O_2, \ldots$. P_i bedeute die Menge derjenigen Punkte der Ebene, deren Abstand von O_i kleiner oder höchstens gleich dem Abstand von den übrigen Kreismittelpunkten ist. P_i kann auch als der Durchschnitt derjenigen O_i enthaltenden Halbebenen definiert werden, die durch die Potenzlinien von K_i und den übrigen Kreisen begrenzt sind. Im allgemeinen ist P_i ein konvexes Polygon, das sich aber auch ins Unendliche erstrecken kann.

Um noch eine weitere anschauliche Erklärung der Polygone P_i zu geben, fassen wir die Ebene als eine Kugel von unendlichem Radius

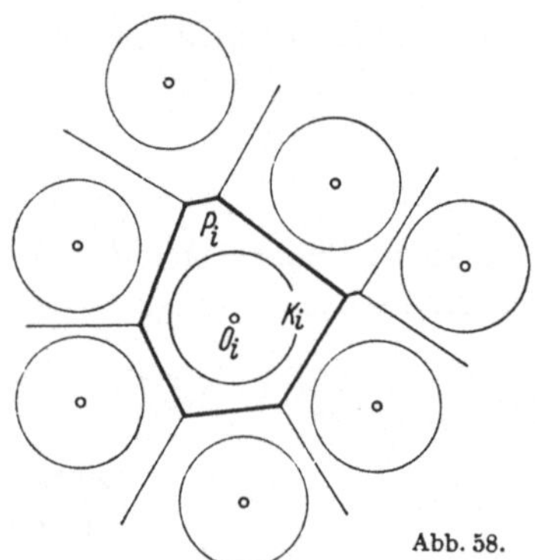

Abb. 58.

auf. Dann können die Polygone P_i als die Flächen desjenigen „umbeschriebenen Polyeders" angesehen werden, das die Kugel in den Punkten O_i berührt (Abb. 58).

Wir wollen P_i die zu O_i (oder K_i) gehörige *Zelle* nennen. Die Ebene wird durch diese Zellen (abgesehen von den Randpunkten der Zellen) schlicht und lückenlos bedeckt.

Greifen die Kreise nicht übereinander, so ist jeder Kreis in seiner Zelle enthalten. Überdecken dagegen die Kreise die Ebene, so enthält umgekehrt jeder Kreis seine Zelle. Folglich gilt nach (I, 3, 1) im ersten Fall

$$P_i \geq \pi\,\varphi(p_i); \quad \varphi(p) = \frac{p}{\pi}\,\mathrm{tg}\,\frac{\pi}{p}$$

und im zweiten

$$P_i \leq \pi\,\psi(p_i); \quad \psi(p) = \frac{p}{2\pi}\,\sin\frac{2\pi}{p},$$

wobei p_i die Eckenzahl von P_i bedeutet.

Nun ist aber $\varphi(p)$ für $p \geq 3$ eine abnehmende und mit Rücksicht auf

$$\varphi''(p) = \frac{2\pi\,\mathrm{tg}\,\dfrac{\pi}{p}}{p^3\cos^2\dfrac{\pi}{p}} > 0$$

eine konvexe Funktion von p. Umgekehrt ist $\psi(p)$ eine zunehmende und wegen

$$\psi''(p) = -\frac{2\pi}{p^3}\sin\frac{2\pi}{p} < 0$$

eine konkave Funktion von p. Folglich gilt nach dem JENSENschen Satz $\overline{P} \geqq \pi\varphi(\overline{p})$ bzw. $\overline{P} \leqq \pi\psi(\overline{p})$, wobei $\overline{P}$ und $\overline{p}$ den durchschnittlichen Flächeninhalt bzw. die durchschnittliche Eckenzahl der Zellen im Sinn des § 1 bedeuten. Nach der zuletzt gegebenen Erklärung der Zellen, als Flächen eines ausgearteten Polyeders, ist es aber mit Rücksicht auf (I, 6, 6) zu erwarten, daß $\overline{p} \leqq 6$ ausfällt. Dies trifft tatsächlich zu, so daß im Falle des Lagerungsproblems

$$\overline{P} \geqq \pi\varphi(6) = \sqrt{12}$$

und im Falle des Überdeckungsproblems

$$\overline{P} \leqq \pi\psi(6) = \frac{\sqrt{27}}{2}$$

gilt. Da aber die Dichte eines Systems von Einheitskreisen vom mittleren Zelleninhalt $\overline{P}$ $\dfrac{\pi}{\overline{P}}$ ist, so sind diese Ungleichungen mit den zu beweisenden Ungleichungen (2, 1) bzw. (2, 2) äquivalent.

Die soeben geschilderten einfachen Überlegungen lassen sich leicht zu exakten Beweisen ausbauen. Auf die Einzelheiten wollen wir jedoch nicht näher eingehen, um so weniger, als wir im folgenden noch mehrere strenge Beweise und verschiedene Verallgemeinerungen der Ungleichungen (2, 1) und (2, 2) kennenlernen werden.

Bevor wir auf weitere Beweismöglichkeiten hinweisen, besprechen wir die Frage, wann in unseren Ungleichungen der Fall der Gleichheit eintrifft. Es bedeute ε eine beliebig vorgegebene positive Größe und S ein starr bewegliches reguläres Sechseck. Fassen wir diejenigen Zellen P_i ins Auge, deren Abweichung von S in jeder Lage desselben $\eta(P_i, S) > \varepsilon$ ausfällt. Bezeichnen wir mit $F(R, \varepsilon)$ den Durchschnitt des im § 1 betrachteten Kreises $K(R)$ und dieser Zellen und nehmen an, daß bei jeder Wahl von ε

$$\lim_{R\to\infty}\frac{F(R, \varepsilon)}{K(R)} = 0$$

ist. Dies bedeutet anschaulich ausgedrückt, daß fast alle Zellen angenähert kongruente reguläre Sechsecke sind, während der totale Inhalt der übrigen Zellen neben dem Inhalt der ganzen Ebene vernachlässigt werden kann. Gibt es ein derartiges Sechseck S, so nennen wir das Kreissystem *hexagonal* oder *wabenartig*. Sind außerdem die Kreise mit dem In- bzw. Umkreis von S kongruent und greifen sie nicht übereinander bzw. überdecken sie die Ebene, so sprechen wir von einer wabenartigen Kreislagerung bzw. Kreisüberdeckung. Es ist leicht einzusehen, daß die Dichte $\dfrac{\pi}{\sqrt{12}}$ bzw. $\dfrac{2\pi}{\sqrt{27}}$ von derartigen Kreissystemen und nur von solchen erreicht wird.

Die Tatsache, daß für wabenartige Kreislagerungen und Kreisüberdeckungen in (2, 1) bzw. (2, 2) Gleichheit besteht, leuchtet ohne weiteres ein. Daß aber Gleichheit nur in diesen Fällen erreicht werden kann, ist zwar auf Grund der obigen Beweise ebenfalls plausibel, bedarf jedoch einer näheren Erörterung. Die Einzelheiten wollen wir auch hier beiseite lassen, da wir zur Besprechung derartiger Überlegungen im Zusammenhang mit einem analogen räumlichen Problem Gelegenheit haben werden.

Wir suchen nun andere Wege, die zu den Ungleichungen (2, 1) und (2, 2) führen. Das merkwürdige in den hier folgenden Überlegungen ist, daß von der Ungleichung $\bar{p} \leqq 6$, oder von einer damit äquivalenten Ungleichung kein Gebrauch gemacht wird. Derartige Verfahren scheinen besonders bei den noch ungelösten analogen räumlichen Problemen nützlich zu sein, da bei der Zerlegung des Raumes in konvexe Polyeder weder für die mittlere Flächenzahl, noch für die mittlere Eckenzahl der Polyeder universale Abschätzungen von oben angegeben werden können. Die hier folgenden Überlegungen scheinen aber auch an sich interessant zu sein, da. mit Rücksicht auf die große Anzahl der sich spontan erhebenden analogen Probleme, auf die Methoden ebenso großes Gewicht zu legen ist, als auf die Ergebnisse selbst.

Wir wählen als Einheit wieder den Halbmesser eines Kreises und zeigen, daß die „Lagerungsdichte" nicht nur bezüglich der ganzen Ebene, sondern schon bezüglich jeder einzelnen Zelle P_i $\dfrac{\pi}{P_i} \leqq \dfrac{\pi}{\sqrt{12}}$

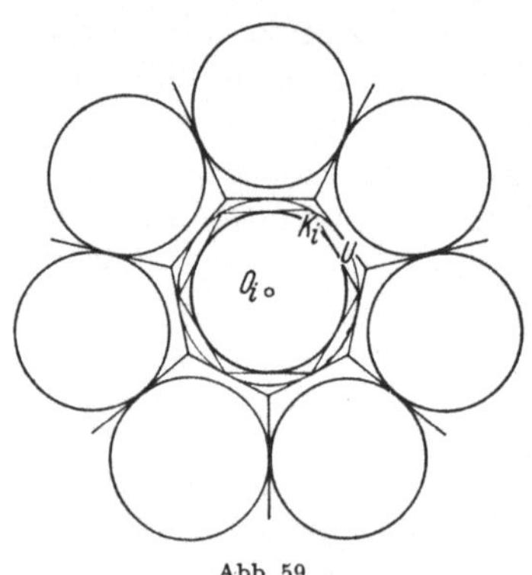

Abb. 59.

ausfällt. Wir beweisen also anstatt $\bar{P} \geqq \sqrt{12}$ die Ungleichung $P_i \geqq \sqrt{12}$, die besagt, daß der Flächeninhalt einer Zelle P_i nicht unter den Inhalt des K_i umbeschriebenen regulären Sechsecks S sinken kann.

Wir zeigen, daß sogar

$$P_i U \geqq S = \sqrt{12}$$

gilt, wobei U den Umkreis von S bezeichnet. Ist die Eckenzahl von P_i $p_i \leqq 6$, so ist unsere Behauptung eine unmittelbare Folgerung der Ungleichung (I, 3, 3). Im Falle $p_i > 6$ beachte man, daß die Fußpunkte der von dem Kreismittelpunkt O_i auf die Seiten von P_i gefällten Lote voneinander einen Abstand $\geqq 1$ besitzen. Man rechnet aber leicht nach, daß höchstens 7 Punkte mit dieser Eigenschaft in dem von K_i und U begrenzten Kreisring Platz haben. Da aber die Seitenlänge des U einbeschriebenen regulären 7-Ecks $\dfrac{4}{\sqrt{3}} \sin \dfrac{\pi}{7} = 1{,}00201 \ldots$ ist, also nur knapp die Einheit übertrifft, so leuchtet es ein, daß die betrachteten sieben Punkte alle sehr nahe am Rand von U liegen müssen. Somit können die Seiten von P_i in diesem Falle nur einen überaus kleinen Teil von U abschneiden, also kann der Flächeninhalt $P_i U$ nur um eine sehr geringe Zahl unter den Inhalt U sinken, so daß $P_i U$ erheblich größer als S sein muß. Natürlich läßt sich diese letzte Behauptung leicht durch numerische Abschätzungen unterstützen. Derartige Rechnungen wollen wir aber hier übergehen, da die obigen Überlegungen an und für sich vollkommen überzeugend sind. Man beachte noch dazu, daß wir eigentlich nur die Ungleichung $P_i \geqq S$ zu beweisen haben. Aber im betrachteten Fall ragt noch ein viel größerer Teil von P_i aus U hinaus als umgekehrt, so daß sogar die Ungleichung $P_i > U$ vollauf erfüllt ist.

Wenden wir uns nun dem Überdeckungsproblem zu! Das hier folgende Verfahren bezieht sich nur auf den Fall, daß jeder Flächenteil der Ebene von höchstens zwei Kreisen bedeckt ist; doch besprechen wir es mit Rücksicht auf die oben erwähnten Gründe.

Ist diese Bedingung erfüllt, so können wir ohne weitere Einschränkung annehmen, daß höchstens drei Kreise einen gemeinsamen Randpunkt besitzen, da der Fall, daß durch einen Punkt je zwei einander berührende Kreise hindurchgehen, als Grenzfall des vorigen angesehen werden kann.

Wir greifen einen Kreis K_i heraus und bezeichnen diejenigen Kreise, die K_i schneiden, in zyklischer Reihenfolge mit $K_1, \ldots, K_\nu$; ferner betrachten wir die Kreisbogenzweiecke $K_1 K_2, \ldots, K_\nu K_1$ und bezeichnen die durch die nicht zu

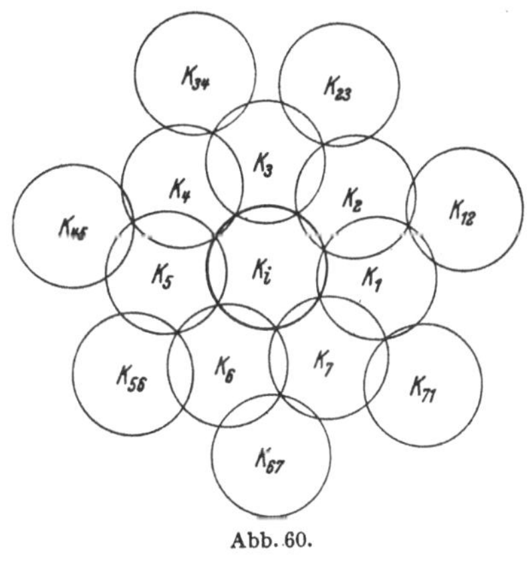

Abb. 60.

K_i gehörigen Ecken derselben hindurchgehenden Kreise mit $K_{12}, \ldots, K_{\nu 1}$. Dann erreicht die Summe

$$S_i = (K_i K_1 + \cdots + K_i K_\nu) + (K_1 K_2 + \cdots + K_\nu K_1) +$$
$$+ (K_1 K_{12} + K_2 K_{12} + \cdots + K_\nu K_{\nu 1} + K_1 K_{\nu 1})$$

ihr Minimum, wenn alle in ihr vorkommenden Kreisbogenzweiecke kongruent sind, d. h. wenn $\nu = 6$ ist und die betreffenden dreizehn Kreise $K_i, K_1, \ldots, K_6, K_{12}, \ldots, K_{61}$ einer dünnsten Kreisüberdeckung angehören.

Bezeichnen wir, um dies einzusehen, den Umfang des Kreisbogenzweiecks $K_j K_l$ mit $2\alpha_{jl}$; dann ist $K_j K_l = \alpha_{jl} - \sin\alpha_{jl}$ und folglich

$$S_i = (\alpha_{i1} + \cdots + \alpha_{i\nu}) - (\sin\alpha_{i1} + \cdots + \sin\alpha_{i\nu}) + (\alpha_{12} + \cdots + \alpha_{\nu1}) -$$
$$- (\sin\alpha_{12} + \cdots + \sin\alpha_{\nu1}) + (\alpha_{112} + \alpha_{212} + \cdots + \alpha_{\nu\nu1} + \alpha_{1\nu1}) -$$
$$- (\sin\alpha_{112} + \sin\alpha_{212} + \cdots + \sin\alpha_{\nu\nu1} + \sin\alpha_{1\nu1}).$$

Nun ist aber die Summe der in den Klammern stehenden Winkel 2π, $(\nu - 4)\pi$ bzw. 4π. Da ferner diese Winkel alle in $(0, \pi)$ liegen, so haben wir, mit Rücksicht auf die Konkavität von $\sin\alpha$ in diesem Intervall, nach der JENSENschen Ungleichung:

$$S_i \geqq 2\pi - \nu \sin\frac{2\pi}{\nu} + (\nu - 4)\pi - \nu \sin\frac{\nu - 4}{\nu}\pi + 4\pi - 2\nu \sin\frac{2\pi}{\nu}$$

$$= (\nu + 2)\pi - \nu\left(\sin\frac{4\pi}{\nu} + 3\sin\frac{2\pi}{\nu}\right) = S(\nu).$$

Wir zeigen, daß für $\nu \geqq 5$ $S(\nu) \geqq S(6)$ ist. In den Fällen $\nu = 3$ und 4 tritt dreifache Überdeckung bzw. Berührung von zwei Kreisen auf, so daß diese Fälle nach unseren Voraussetzungen ausgeschlossen werden können. Wir haben nun zunächst $S(5) \approx 4{,}7$, $S(6) \approx 4{,}3$ und $S(7) \approx 5{,}0$. Bedenken wir ferner, daß für $\nu \geqq 8$

$$\sin\frac{4\pi}{\nu} + 3\sin\frac{2\pi}{\nu} \leqq \sin\frac{4\pi}{8} + 3\sin\frac{2\pi}{8} = 1 + \frac{3}{\sqrt{2}} < \pi$$

ist, so haben wir

$$S(\nu) > 2\pi + \nu\left(\pi - 1 - \frac{3}{\sqrt{2}}\right) > 2\pi; \quad \nu \geqq 8$$

womit unsere Behauptung bewiesen ist.

Überdecken wir jetzt jeden Kreis durch je acht Papierscheiben. Dann werden die Kreisbogenzweiecke $K_j K_l$ offenbar 16fach, die übrigen Teile der Ebene aber nur 8fach bedeckt. Schneiden wir nun aus den Papierblättern die in der Summe S_i auftretenden 4ν Kreisbogenzweiecke aus und wiederholen diese Operation im Falle jedes einzelnen Kreises. Dadurch werden von jedem Kreisbogenzweieck genau acht Blätter fortgeschafft, denn in Abb. 60 kommt z. B. $K_i K_1$ in folgenden acht Summen vor: S_i, S_1, S_2, S_3, S_7, S_6, S_{12}, S_{71}. Schließlich wird also die Ebene achtfach bedeckt, was auch so interpretiert werden kann, daß die Summe $\sum(8K_i - S_i)$, erstreckt über sämtliche Kreise, den achtfachen Inhalt der Ebene ergibt. Genauer gilt mit den Bezeichnungen des § 1.

$$\lim_{R \to \infty} \frac{\sum\limits_{R}(8K_i - S_i)}{K(R)} = \lim_{R \to \infty} \frac{\sum\limits_{R}(8\pi - S_i)}{K(R)} = 8,$$

woraus sich mit Rücksicht auf $S_i \geqq S(6) = 8\pi - 12\sqrt{3}$ die zu beweisende Ungleichung

$$\lim_{R \to \infty} \frac{\sum\limits_{R} \pi}{K(R)} \geqq \frac{2\pi}{\sqrt{27}}$$

ergibt.

Zum Schluß bemerken wir noch, daß die Summe

$$(K_i K_1 + \cdots + K_i K_\nu) + (K_1 K_2 + \cdots + K_\nu K_1)$$

im Falle $\nu = 5$ ihr Minimum erreicht, so daß wir durch die Betrachtung bloß dieser Summe nicht zum Ziel gelangt wären.

§ 4. Ausfüllung und Überdeckung
eines konvexen Bereiches durch kongruente Kreise.

Ein Gebiet, mit dessen kongruenten Exemplaren die Ebene schlicht und lückenlos ausgefüllt werden kann, nennen wir *Pflastergebiet*. Jedes Dreieck, Viereck oder zentralsymmetrische Sechseck ist ein Pflastergebiet. Für ein Viereck sieht man das am einfachsten dadurch ein, daß jedes (nicht unbedingt konvexe) Viereck sich durch Spiegelung an einem Seitenmittelpunkt zu einem zentralsymmetrischen Sechseck ergänzen läßt. Die Abb. 62—67 liefern uns weitere Beispiele von Pflastergebieten.

Bemerken wir nun, daß die Lagerungsdichte eines Systems von kongruenten Kreisen in einem Pflasterbereich nicht die Dichte der dichtesten Lagerung bezüglich der ganzen Ebene übertreffen kann. Genauer: *Ist in einem Pflastergebiet P eine beliebige Anzahl von kongruenten, nicht übereinandergreifenden Kreisen eingelagert, so ist ihre Inhaltssumme $\leqq \dfrac{\pi}{\sqrt{12}} P$.* Im entgegengesetzten Fall ließe sich nämlich durch Pflasterung der Ebene mit den Pflastergebieten und Ausfüllung jedes einzelnen Gebietes durch die entsprechenden Kreise ein unendliches System von kongruenten, nicht übereinandergreifenden Kreisen mit einer Dichte $> \dfrac{\pi}{\sqrt{12}}$ angeben, was nicht geht.

Ganz analog gilt die Behauptung: *Ist ein Pflastergebiet P durch eine beliebige Anzahl von kongruenten Kreisen überdeckt, so ist ihre Inhaltssumme $\geqq \dfrac{2\pi}{\sqrt{27}} P$*

Es ist hier interessant, daß die Ungleichungen (2, 1) und (2, 2), die als asymptotische Abschätzungen für große Gebiete angesehen werden können, die Aussage ähnlicher Abschätzungen etwa für ein beliebiges Quadrat gestatten. Umgekehrt folgen aus den zuletzt erwähnten Ungleichungen bezüglich eines einzigen Pflastergebietes die Ungleichungen (2, 1) und (2, 2).

Für beliebige Gebiete gelten natürlich die obigen Ungleichungen nicht mehr, da z. B. ein Kreis vollkommen durch einen einzigen (kongruenten) Kreis ausgefüllt oder überdeckt werden kann. Wir zeigen

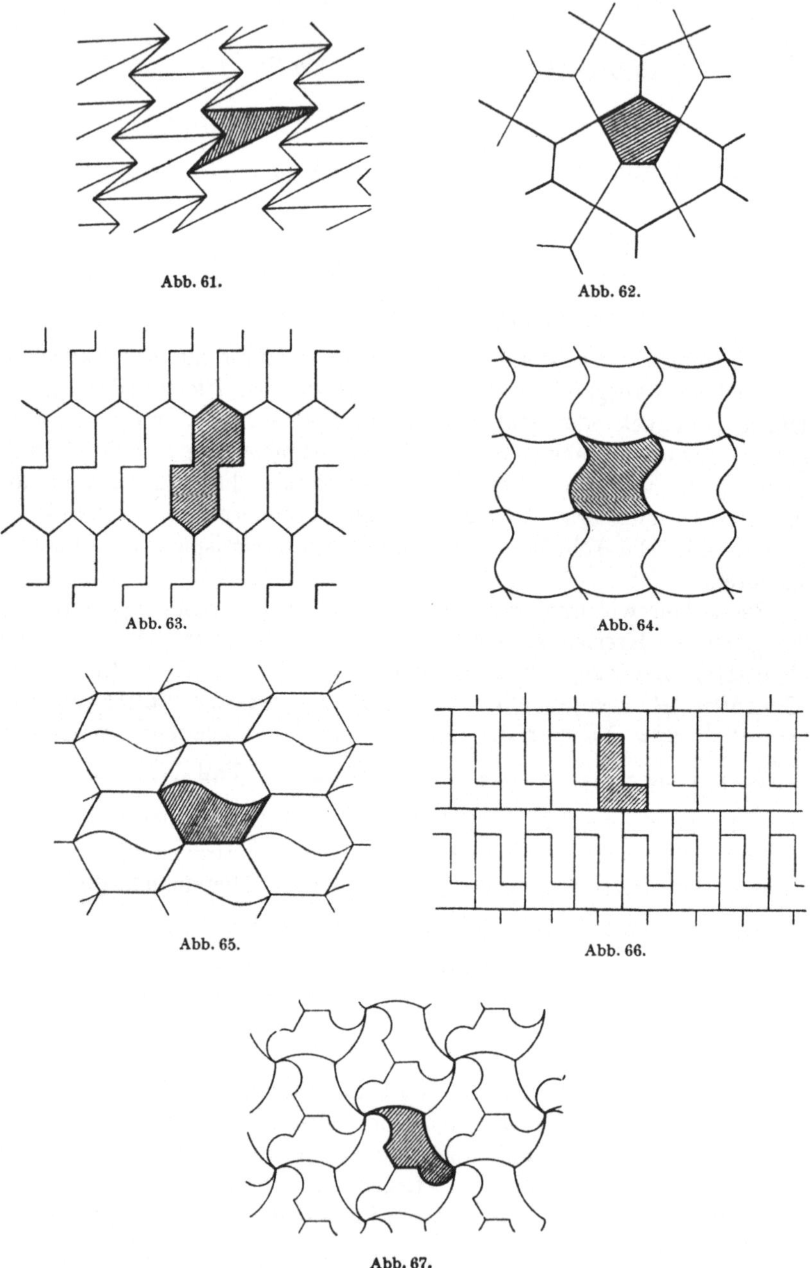

Abb. 61.

Abb. 62.

Abb. 63.

Abb. 64.

Abb. 65.

Abb. 66.

Abb. 67.

dagegen, daß, wenn die Anzahl der zur Ausfüllung bzw. Überdeckung benützten Kreise wenigstens zwei ist, an Stelle von Pflastergebieten beliebige konvexe Gebiete in Betracht gezogen werden können. Es gelten daher folgende Sätze:

Sind in einem konvexen Gebiet T wenigstens zwei kongruente Kreise eingelagert, so ist ihre Inhaltssumme

$$s < \frac{\pi}{\sqrt{12}}\, T. \tag{1}$$

Wird ein konvexes Gebiet T von wenigstens zwei kongruenten Kreisen bedeckt, so ist ihre Inhaltssumme

$$S > \frac{2\pi}{\sqrt{27}}\, T. \tag{2}$$

Aus diesen Sätzen folgt als Korollarium: *zwischen den Anzahlen A und a derjenigen Einheitskreise, die ein beliebig vorgegebenes konvexes Gebiet überdecken bzw. ins Gebiet eingelagert werden können, besteht die Ungleichung $3A > 4a$, es sei denn, daß das Gebiet selbst ein Einheitskreis ist und $A = a = 1$ ausfällt.* Reichen z. B. zur Überdeckung eines konvexen Gebietes etwa 100 Einheitskreise aus, so können in ihm höchstens 74 Einheitskreise eingelagert werden.

Wir betrachten die konvexe Hülle H der ins Gebiet T eingelagerten Einheitskreise $K_1, \ldots, K_a$, sowie den Durchschnitt von H und der zu K_i gehörigen Zelle, d. h. die Menge T_i derjenigen Punkte von H, deren Abstand vom Mittelpunkt des Kreises K_i höchstens gleich dem Abstand von einem anderen Kreismittelpunkt ist. Wir reihen die Gebiete T_i in zwei Gruppen ein, je nachdem T_i nur von gradlinigen Strecken oder teilweise auch von einem Kreisbogen berandet ist. Wir sahen im vorigen Paragraphen, daß im ersten Fall $T_i \geqq \sqrt{12}$ ist. Wir zeigen jetzt, daß im zweiten Fall

$$T_i \geqq 2 + \frac{\pi}{2} > \sqrt{12}$$

ausfällt.

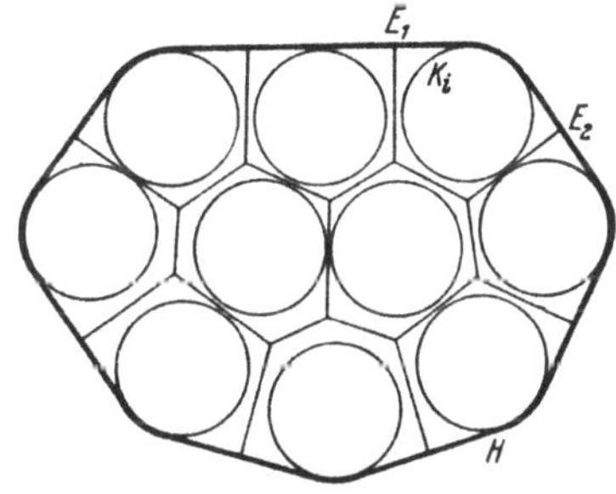

Abb. 68.

Schreiten wir nämlich von einem gemeinsamen Randpunkt von K_i und H ausgehend am Rand von T_i in den beiden entgegengesetzten Richtungen fort, bis wir auf je einen Eckpunkt E_1 bzw. E_2 stoßen, so ist schon der Inhalt der konvexen Hülle von E_1, E_2 und $K_i \geqq 2 + \frac{\pi}{2}$ da die Innenwinkel von T_i bei E_1 und E_2 nicht stumpf sein können, und Gleichheit gilt nur für einen sogenannten Kappenbereich von K_i mit zwei rechtwinkligen Kappen.

Nun gilt $T \geqq H = T_1 + \cdots + T_a > \sqrt{12}\, a$, womit die Ungleichung (1) bewiesen ist.

Wir nehmen jetzt an, daß die Einheitskreise $K_1, \ldots, K_A$ das Gebiet T bedecken. Wir können dabei voraussetzen, daß unter den Kreisen kein überflüssiger Kreis (d. h. ein Kreis, der ohne Störung der Deckung weggelassen werden könnte) vorhanden ist. Wir zerlegen T durch die obige Konstruktion in die konvexen Teilgebiete $T_1, \ldots, T_A$ und fassen diese als Flächen eines entarteten konvexen Polyeders P mit $A + 1$ Flächen auf, wobei die $A + 1$-te Fläche T selbst ist. Wir können voraussetzen, daß P nur dreikantige Ecken besitzt, da eine m-kantige Ecke $(m > 3)$ als Grenzlage von $m - 2$ zusammenfallenden dreikantigen Ecken aufgefaßt werden kann. Da aber die Eckenzahl eines konvexen Dreikantpolyeders mit f Flächen $2f - 4$ ist, so ist die Eckenzahl von P im obigen Sinn genau $2A - 2$.

Wir greifen ein Gebiet T_i heraus und bezeichnen die durch die Seiten von T_i abgeschnittenen „Kreissegmente" von K_i in zyklischer Reihenfolge mit $s_1, \ldots, s_\nu$. Dabei ist zu bemerken, daß, wenn T_i eine gemeinsame Kante mit der Polyederfläche T besitzt, unter dem entsprechenden Kreissegment der außerhalb von T liegende Teil von K_i,

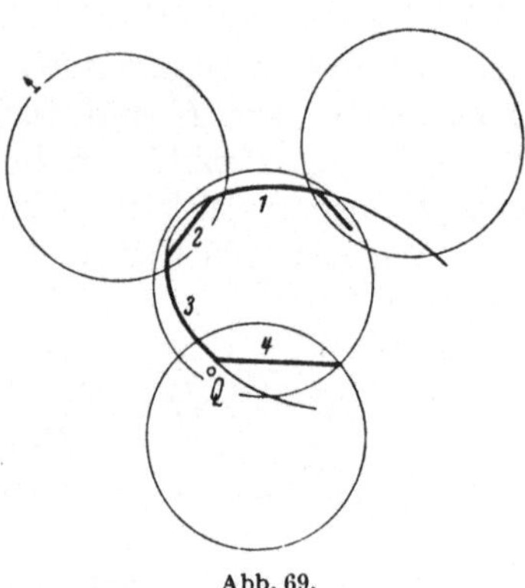

Abb. 69.

bzw. wenn dieser Teil aus mehreren zusammenhängenden Komponenten besteht, die entsprechende Komponente zu verstehen ist.

Ein Punkt von K_i, der weder in T_i liegt, noch auf dem Rand eines Segmentes, liegt offenbar in solchen Kreissegmenten, die zu anstoßenden Seiten von T_i gehören, da sonst ein überflüssiger Kreis vorhanden wäre. (Betrachten wir z. B. den Punkt Q in unserer Abbildung, der in $s_1 \equiv s_3$ und s_4, aber außerhalb s_2 liegt. Hier ist der bezeichnete Kreis überflüssig.) Liegt aber der Punkt etwa in s_1, s_2 und s_3, so liegt er zugleich in $s_1 s_2$ und $s_2 s_3$. Legen wir daher auf die Segmente $s_1, \ldots, s_\nu$ je ein Papierblatt und schneiden von diesem die ν „Dreiecke" $s_1 s_2, \ldots, s_\nu s_1$ aus, so wird der außerhalb von T_i liegende Teil von K_i genau einfach bedeckt. Folglich gilt

$$K_i = T_i + s_1 + \cdots + s_\nu - (s_1 s_2 + \cdots + s_\nu s_1).$$

Schreiben wir die entsprechenden Gleichheiten für sämtliche Kreise auf und summieren sie, so ergibt sich

$$\pi A = T + \sum K_i K_j - \sum K_i K_j K_k.$$

Hier bedeutet ij ein Indexpaar für das T_i und T_j in einer Kante und ijk ein Indextripel für das T_i, T_j und T_k in einer Ecke von P zusammenstoßen und die Summation ist über alle Kanten bzw. Ecken von P zu erstrecken mit der Vereinbarung, daß bei den zur Fläche T gehörigen Kanten und Ecken der zweite bzw. dritte fehlende Kreis stets durch das zu T komplementäre Gebiet K_0 der Ebene zu ersetzen ist.

Der obigen Gleichheit können wir noch eine andere Gestalt geben. Bedenkt man nämlich, daß

$$S_{ijk} = K_i K_j + K_j K_k + K_k K_i - 2 K_i K_j K_k$$

denjenigen Teil der Ebene bedeutet, der von den Gebieten K_i, K_j und K_k wenigstens zweifach bedeckt ist und daß jede Kante genau zu zwei Ecken gehört, so verifiziert man leicht folgende Beziehung:

$$T = \pi A - \tfrac{1}{2} \sum S_{ijk}, \tag{3}$$

wobei die Summation über sämtliche Ecken von P zu erstrecken ist.

Es handelt sich nun um die Frage, wann der Flächeninhalt desjenigen Gebietes S_{ijk}, das von drei Kreisen K_i, K_j und K_k bzw. von zwei Kreisen K_i, K_j und dem Äußeren K_0 eines konvexen Gebietes wenigstens zweifach bedeckt ist, sein Minimum erreicht. Dabei sollen in beiden Fällen die drei Gebiete einen gemeinsamen Punkt besitzen und im zweiten Fall sei auch noch K_0 ganz frei veränderlich.

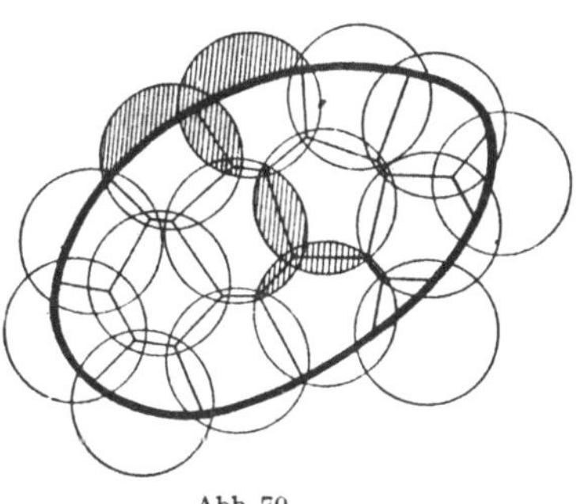

Abb. 70.

. Es ist leicht einzusehen, daß für ein extremales Gebiet $K_i K_j K_k$ bzw. $K_i K_j K_0$ in einen Punkt zusammenschrumpfen muß. Ferner müssen die sechs bzw. vier begrenzenden Kreisbogen eine gleiche Länge besitzen und im zweiten Fall muß auch der Kurvenbogen, in dem K_0 und S_{ij0} zusammenstoßen aus einer einzigen gradlinigen Strecke bestehen. Im extremalen Fall ist daher S_{ijk} aus sechs und S_{ij0} aus vier kongruenten Kreissegmenten zusammengesetzt, was in den Ungleichungen

$$S_{ijk} \geqq \pi - \frac{\sqrt{27}}{2}, \quad S_{ij0} \geqq \pi - 2$$

zum Ausdruck kommt.

Folglich haben wir mit Rücksicht auf die Tatsache, daß die Gesamteckenzahl von P $2A - 2$ ist

$$T \leqq \pi A - \tfrac{1}{2}\Big(\pi - \frac{\sqrt{27}}{2}\Big)(2A - 2 - n) - \tfrac{1}{2}(\pi - 2)\, n,$$

wobei n die Anzahl der zur Fläche T gehörigen Ecken von P bedeutet. Wir haben daher

$$\frac{\sqrt{27}}{2}\, A \geqq T + \frac{\sqrt{27}-4}{4}\, n - \pi + \frac{\sqrt{27}}{2} \approx T + 0,3\,n - 0,54,$$

womit wegen $n \geqq 2$ auch die Ungleichung (2) bewiesen ist.

§ 5. Zerlegung eines konvexen Gebietes in konvexe Gebiete.

Wir geben hier einen zweiten Beweis der Ungleichung (4, 1), der in etwas engerer Analogie mit dem soeben gegebenen Beweis der Ungleichung (4, 2) steht als der erste. Die Ungleichung (4, 1) wird sich dabei als Korollarium des folgenden allgemeineren Satzes ergeben:

Zerlegen wir ein konvexes Gebiet in $n \geqq 2$ konvexe Teilgebiete $T_1, \ldots, T_n$ vom Umfang $L_1, \ldots, L_n$, so gilt

$$\frac{1}{n} \sum_{i=1}^{n} \frac{L_i^2}{T_i} > 8 \sqrt{3}. \tag{1}$$

Da kein Teilgebiet kreisförmig sein kann, gilt nach der isoperimetrischen Ungleichung für ein jedes Teilgebiet $\frac{L_i^2}{T_i} > 4\pi$ und mehr kann für ein einziges Teilgebiet im allgemeinen nicht ausgesprochen werden. Dagegen besagt die Ungleichung (1), daß der Mittelwert dieser Quotienten für eine gewisse Anzahl von konvexen Bereichen, die in ein einziges konvexes Gebiet zusammengesetzt werden können, immer größer ist als der Wert dieses Quotienten für ein reguläres Sechseck.

Zum Beweis machen wir die unwesentliche Einschränkung, daß der Rand R des zerstückelten Gebietes T keine Ecken besitzt und fassen die Gebiete $T_1, \ldots, T_n$ — wie oben — als Flächen eines Dreikantpolyeders P auf. Wir haben nach der LHUILLIERschen Ungleichung (I, 4, 4)

$$\frac{L_i^2}{T_i} \geqq 2\alpha_i + 4 \sum_{k=1}^{m_i} \mathrm{tg}\, \frac{\beta_k^i}{2},$$

wobei $\beta_1^i, \ldots, \beta_{m_i}^i$ die Außenwinkel der Ecken von T_i und

$$\alpha_i = 2\pi - \left(\beta_1^i + \cdots + \beta_{m_i}^i \right)$$

die sogenannte totale Krümmung der etwaigen krummlinigen Seiten von T_i bedeutet. Es ist offenbar $\alpha_1 + \cdots + \alpha_n = 2\pi$.

Wir summieren die obigen Ungleichungen und fassen die Werte $\mathrm{tg}\, \frac{\beta}{2}$ in den einzelnen Ecken von P zusammen. Sind β_1 und β_2 zwei Winkel, die zu einer auf R liegenden Ecke gehören, so ist $\beta_1 + \beta_2 = \pi$ und folglich

$$\mathrm{tg}\, \frac{\beta_1}{2} + \mathrm{tg}\, \frac{\beta_2}{2} \geqq 2\,\mathrm{tg}\, \frac{\pi}{4} = 2.$$

Sind dagegen β_1, β_2, β_3 drei Winkel, die zu einer im Inneren von T liegenden Ecke gehören, so ist $\beta_1 + \beta_2 + \beta_3 = \pi$ und folglich

$$\operatorname{tg}\frac{\beta_1}{2} + \operatorname{tg}\frac{\beta_2}{2} + \operatorname{tg}\frac{\beta_3}{2} \geqq 3\operatorname{tg}\frac{\pi}{6} = \sqrt{3}\,.$$

Bezeichnen wir daher die Anzahl der auf R liegenden Ecken von P mit r, so ist die Anzahl der übrigen Ecken $2n - 2 - r$, und wir haben

$$\sum_{i=1}^{n}\frac{L_i^2}{T_i} \geqq 2 \cdot 2\pi + 4 \cdot 2r + 4\sqrt{3}\,(2n - 2 - r)$$
$$= 8\sqrt{3}\,n + 4\left[(2 - \sqrt{3})\,r - (2\sqrt{3} - \pi)\right].$$

Hieraus ergibt sich wegen $r \geqq 2$

$$\sum_{i=1}^{n}\frac{L_i^2}{T_i} \geqq 8\sqrt{3}\,n + 0{,}21\ldots > 8\sqrt{3}\,n,$$

w. z. b. w.

Wir betrachten nun n Einheitskreise, die in das konvexe Gebiet T eingelagert sind. Zerlegen wir T nach der bekannten Konstruktion in n konvexe Teilgebiete $T_1, \ldots, T_n$ vom Umfang $L_1, \ldots, L_n$ so, daß jedes Gebiet einen Einheitskreis enthält, dann ist offenbar $T_i \geqq \frac{1}{2}L_i$, d. h. $4T_i \geqq \frac{L_i^2}{T_i}$. Wir erhalten hieraus mit Hilfe von (1) die mit (4, 1) äquivalente Ungleichung

$$4T = 4\sum_{i=1}^{n}T_i \geqq \sum_{i=1}^{n}\frac{L_i^2}{T_i} > 8\sqrt{3}\,n.$$

§ 6. Ausfüllung eines konvexen Bereiches durch Kreise von n verschiedenen Größen.

In der dichtesten Lagerung von kongruenten Kreisen, wobei jeder Kreis von sechs anderen berührt wird, lassen die Kreise $100\left(1 - \dfrac{\pi}{\sqrt{12}}\right) = 9{,}30\ldots\%$ der Ebene frei. Füllen wir die Lücken durch ähnlich angeordnete sehr kleine Kreise aus, so haben wir ein System einander nicht überdeckender Kreise von zweierlei verschiedenen Größen vor uns, die angenähert nur $100\left(1 - \dfrac{\pi}{\sqrt{12}}\right)^2 = 0{,}8669\ldots\%$ der Ebene frei lassen. Daß aber der Inhalt der Lücken pro 100 Flächeneinheit bei keiner denkbaren Anordnung von zweierlei Kreisen unter den obigen Wert $0{,}8668\ldots$ gedrückt werden kann, ist eine zwar naheliegende, jedoch keineswegs triviale Tatsache, die wir im folgenden unter allgemeineren Bedingungen beweisen wollen.

Unser Resultat ist im folgenden Satz enthalten:

Es sei ein konvexes Gebiet T mit einem Inkreis K, sowie eine positive ganze Zahl n vorgegeben. Ist in T eine beliebige Anzahl einander nicht

überdeckender Kreise von n verschiedenen Größen eingelagert, so gilt für
den von den Kreisen frei gelassenen Flächenanteil t von T

$$\frac{t}{T} \geq \left(1 - \frac{\pi}{\sqrt{12}}\right)^{n-1} \left\{1 - \max\left(\frac{\pi}{\sqrt{12}}, \frac{K}{T}\right)\right\}. \tag{1}$$

Die rechtsstehende Schranke ist genau. Gleichheit kann nur im trivialen Fall erreicht werden, daß in ein Gebiet mit $\frac{K}{T} \geq \frac{\pi}{\sqrt{12}}$ allein der Inkreis eingelagert ist.

Handelt es sich um ein Gebiet, für welches $\frac{K}{T} \leq \frac{\pi}{\sqrt{12}}$ gilt, z. B. um ein Polygon mit höchstens 6 Seiten, so haben wir

$$\frac{t}{T} \geq \left(1 - \frac{\pi}{\sqrt{12}}\right)^{n}.$$

Der Fall $n = 1$ des obigen Satzes ist nichts anderes als eine andere Formulierung der Ungleichung (4, 1). Der Beweis für den allgemeinen Fall beruht auf folgendem Hilfssatz:

Es sei G ein Gebiet, das aus einem konvexen Gebiet T durch Herausnehmen einer endlichen Anzahl von in T liegenden, nicht übereinandergreifenden Kreisscheiben entsteht. Ist in G eine beliebige Anzahl kongruenter Kreise eingelagert, die nicht größer sind als der kleinste herausgenommene Kreis, so ist ihre Inhaltssumme $< \frac{\pi}{\sqrt{12}} G$.

Es seien nämlich $K_1, \ldots, K_\nu$ die in G liegenden Kreise, die — wie bisher — ohne Einschränkung der Allgemeinheit als Einheitskreise angenommen werden können, und $K_{\nu+1}, \ldots, K_\mu$ die aus T herausgenom-

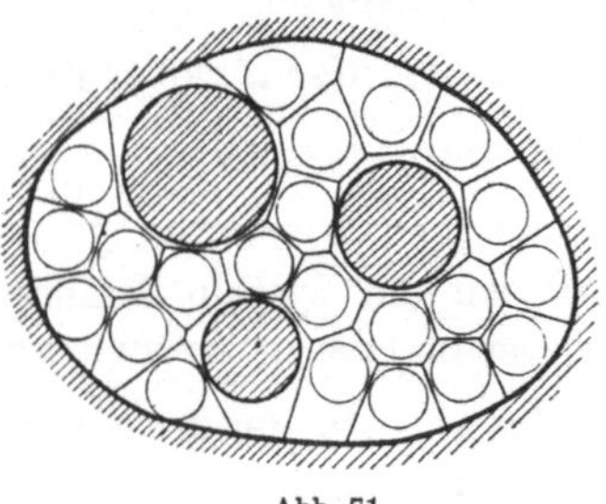

menen Kreise. Wir zerlegen T in ähnlicher Weise wie bei kongruenten Kreisen in die Teilgebiete $T_1, \ldots, T_\nu$, $T_{\nu+1}, \ldots, T_\mu$, d. h. in die Durchschnitte von T und den Kreiszellen. Zur Erklärung der Zellen soll dabei die im § 3 gegebene, auch für inkongruente Kreise gültige, zweite Definition (mit Hilfe der Potenzlinien) in Betracht gezogen werden.

Abb. 71.

Nun zeigen aber die in Zusammenhang mit (4, 1) durchgeführten Überlegungen in § 4 bzw. § 3, daß für $i = 1, \ldots, \nu$, d. h. für die kleinen Kreise, $T_i \geq \sqrt{12}$ gilt. Mithin ist

$$G > T_1 + \cdots + T_\nu \geq \sqrt{12}\, \nu,$$

w. z. b. w.

Der Beweis der Ungleichung (1) folgt nun durch Induktion. Wie wir bemerkt haben, ist die Ungleichung für $n = 1$ richtig. Nehmen wir ihre Gültigkeit für $n - 1$ an, so gilt für das außerhalb der Kreise mit den $n - 1$ größten Radien liegende Teilgebiet G von T:

$$\frac{G}{T} \geqq \left(1 - \frac{\pi}{\sqrt{12}}\right)^{n-2} \left\{1 - \max\left(\frac{\pi}{\sqrt{12}}, \frac{K}{T}\right)\right\}.$$

Dann gilt aber für denjenigen Flächenteil t von G, der von den kleinsten Kreisen frei gelassen wird, nach unserem Hilfssatz

$$\frac{t}{G} > 1 - \frac{\pi}{\sqrt{12}}.$$

Multipliziert man die beiden letzteren Ungleichungen miteinander, so ergibt sich die gewünschte Ungleichung (1).

§ 7. Abschätzungen für inkongruente Kreise.

Im folgenden machen wir über das Gebiet, das wir ausfüllen oder überdecken wollen, neben der Konvexität eine weitere Einschränkung. Wir setzen nämlich voraus, daß das Gebiet ein konvexes Sechseck ist; dabei sollen aber auch entartete Sechsecke, also konvexe Polygone mit weniger als sechs Seiten zugelassen sein. Diese Beschränkung gestattet Verallgemeinerungen in anderen Richtungen und hat dabei den kleinen Vorteil, daß der Fall eines einzigen Kreises nicht ausgeschlossen werden muß.

Die meisten Überlegungen der folgenden Paragraphen lassen sich leicht auch für nicht konvexe Sechsecke übertragen. Jedoch wollen wir der Einfachheit und Einheitlichkeit halber durchweg konvexe Sechsecke betrachten.

Wir beweisen zunächst folgende Sätze:

Sind in einem konvexen Sechseck S n beliebige Kreise $K_1, \ldots, K_n$ eingelagert, so ist die Lagerungsdichte

$$\frac{K_1 + \cdots + K_n}{S} \leqq \frac{\pi}{6q} \cotg \frac{\pi}{6q}; \quad q = \frac{\max(K_1, \ldots, K_n)}{\min(K_1, \ldots, K_n)}. \tag{1}$$

Wird ein konvexes Sechseck S durch n beliebige Kreise $K_1, \ldots, K_n$ überdeckt, so ist die Überdeckungsdichte

$$\frac{K_1 + \cdots + K_n}{S} \geqq \frac{\pi}{3q} \cosec \frac{\pi}{3q}; \quad q = \frac{\max(K_1, \ldots, K_n)}{\min(K_1, \ldots, K_n)}. \tag{2}$$

Diese Sätze lassen sich noch verschärfen, indem q in beiden Ungleichungen durch $\dfrac{\max(K_1, \ldots, K_n)}{K}$ ersetzt werden kann, wobei $K = \dfrac{K_1 + \cdots + K_n}{n}$ den mittleren Flächeninhalt der Kreise bedeutet.

Für $q = 1$, d. h. für kongruente Kreise, ergeben unsere Ungleichungen die genauen Schranken $\dfrac{\pi}{6} \cotg \dfrac{\pi}{6} = \dfrac{\pi}{\sqrt{12}}$ bzw. $\dfrac{\pi}{3} \cosec \dfrac{\pi}{3} = \dfrac{2\pi}{\sqrt{27}}$

Zum Beweis zerlegen wir das Sechseck S in die Polygone $P_1, \ldots, P_n$, so daß P_i den Kreis K_i bzw. K_i das Polygon P_i enthält. Bezeichnet p_i die Eckenzahl von P_i, so haben wir bei dem Lagerungsproblem

$$P_i \geqq K_i \varphi(p_i); \quad \varphi(p) = \frac{p}{\pi} \operatorname{tg} \frac{\pi}{p}$$

und bei dem Überdeckungsproblem

$$P_i \leqq K_i \psi(p_i); \quad \psi(p) = \frac{p}{2\pi} \sin \frac{2\pi}{p}.$$

Wir sahen aber im § 3, daß $\varphi(p)$ eine konvexe, $\psi(p)$ dagegen eine konkave Funktion von p ist. Folglich gilt für die Lagerungs- bzw. Überdeckungsdichte D

$$\frac{1}{D} = \frac{P_1 + \cdots + P_n}{K_1 + \cdots + K_n} \geqq \frac{K_1 \varphi(p_1) + \cdots + K_n \varphi(p_n)}{K_1 + \cdots + K_n}$$

$$\geqq \varphi\left(\frac{K_1 p_1 + \cdots + K_n p_n}{K_1 + \cdots + K_n}\right)$$

bzw.

$$\frac{1}{D} = \frac{P_1 + \cdots + P_n}{K_1 + \cdots + K_n} \leqq \frac{K_1 \psi(p_1) + \cdots + K_n \psi(p_n)}{K_1 + \cdots + K_n}$$

$$\leqq \psi\left(\frac{K_1 p_1 + \cdots + K_n p_n}{K_1 + \cdots + K_n}\right).$$

Wir haben aber mit Rücksicht auf (I, 6, 9)

$$\frac{K_1 p_1 + \cdots + K_n p_n}{K_1 + \cdots + K_n} \leqq \frac{\max(K_1, \ldots, K_n)}{K} \frac{p_1 + \cdots + p_n}{n}$$

$$\leqq \frac{\max(K_1, \ldots, K_n)}{K} 6 \leqq 6q$$

und folglich — wegen der Monotonie der Funktionen $\varphi(p)$ und $\psi(p)$ — $\frac{1}{D} \geqq \varphi(6q)$ bzw. $\frac{1}{D} \leqq \psi(6q)$. Das sind aber eben die zu beweisenden Ungleichungen (1) und (2).

Wir beweisen nun folgende, etwas tiefer liegende Sätze:

Sind in einem konvexen Sechseck S die Kreise $K_1, \ldots, K_n$ eingelagert, so gilt für ein beliebiges $\alpha \leqq 1 - \dfrac{\left(4 - \dfrac{\sqrt{27}}{\pi}\right)^2}{24} = 0{,}77\ldots$ *die Ungleichung*

$$n\, M_\alpha(K_1, \ldots, K_n) \leqq \frac{\pi}{\sqrt{12}} S. \tag{3}$$

Überdecken die Kreise $K_1, \ldots, K_n$ das konvexe Sechseck S, so gilt für ein beliebiges $\alpha \geqq 1 + \dfrac{\left(2 + \dfrac{\sqrt{27}}{\pi}\right)^2}{12} = 2{,}11\ldots$ *die Ungleichung*

$$n\, M_\alpha(K_1, \ldots, K_n) \geqq \frac{2\pi}{\sqrt{27}} S. \tag{4}$$

Hier bedeutet

$$M_\alpha(K_1, \ldots, K_n) = \left(\frac{K_1^\alpha + \cdots + K_n^\alpha}{n}\right)^{\frac{1}{\alpha}}$$

(im Einklang mit einer schon früher benützten Bezeichnung) das sogenannte α-te Potenzmittel von $K_1, \ldots, K_n$.

Für kongruente Kreise sind die Ungleichungen (1) und (3) bzw. (2) und (4) gleichwertig. Es sei ferner bemerkt, daß im Fall $\alpha = 1$ für die linksstehenden Größen im allgemeinen nur die trivialen Ungleichungen $nM_1 < S$ bzw. $nM_1 > S$ ausgesprochen werden können. Andererseits haben wir in den Grenzfällen $\alpha \to -\infty$ bzw. $\alpha \to \infty$ die Ungleichungen

$$n M_{-\infty} = n \min (K_1, \ldots, K_n) \leqq \frac{\pi}{\sqrt{12}} S \text{ bzw. } n M_\infty = n \max (K_1, \ldots, K_n)$$

$\geqq \dfrac{2\pi}{\sqrt{27}} S$. Es ist daher zu erwarten, daß die Schranken, die für nM_α

angegeben werden können, monoton von S in $\dfrac{\pi}{\sqrt{12}} S$ bzw. $\dfrac{2\pi}{\sqrt{27}} S$ über-

gehen, während α von 1 bis $-\infty$ bzw. ∞ variiert. Das Interessante an den Ungleichungen (3) und (4) ist dagegen die Tatsache, daß die für die Grenzfälle $\alpha \to -\infty$ und $\alpha \to \infty$ gültigen Schranken schon von gewissen wohlbestimmten, verhältnismäßig nahe bei 1 liegenden Werten von α an gelten.

Übrigens sind die Konstanten 0,77... und 2,11... nicht die bestmöglichen. Dagegen zeigt die Lagerung von zweierlei Kreisen (mit „doppelt so vielen" kleinen wie großen Kreisen), die durch Ausfüllung der Lücken der dichtesten Kreislagerung durch je einen kleinen Kreis entsteht, daß die Ungleichung (3) für einen Wert von α, für den $1 + 2\left(\dfrac{2}{\sqrt{3}} - 1\right)^{2\alpha} > 3^{1-\alpha}$, d. h. $\alpha > 0,94\ldots$ gilt, nicht mehr richtig ist. Das soeben betrachtete Beispiel war das System der Flächeninkreise des entarteten halbregulären Polyeders $(3, 12, 12)$. In analoger Weise zeigt das System der Flächenumkreise des Polyeders $(4, 8, 8)$, daß für einen Wert von α mit $1 + \left(\dfrac{2-\sqrt{2}}{2}\right)^\alpha < 2\left(\dfrac{2+\sqrt{2}}{\sqrt{27}}\right)^\alpha$, d. h. $\alpha < 1,1\ldots$ die Ungleichung (4) nicht mehr gilt.

Heben wir noch den Fall $\alpha = \frac{1}{2}$ der Ungleichung (3) hervor:

Liegen in einem konvexen Sechseck S n nicht übereinandergreifende Kreise vom Halbmesser $r_1, \ldots, r_n$, so gilt

$$(r_1 + \cdots + r_n)^2 \leqq \frac{nS}{\sqrt{12}}. \tag{5}$$

Daraus folgt: Wenn man in ein vorgegebenes Gebiet eine große (aber fest vorgegebene) Anzahl von beliebigen Kreisen mit einem möglichst großen totalen Umfang einlagern will, so hat man kongruente Kreise von entsprechender Größe zu nehmen und sie in der dichtesten Packung anzuordnen. Eine analoge Aussage für den Gesamtinhalt der Kreise gilt natürlich nicht.

Die Beweise von (3) und (4) beruhen auf der Konvexität gewisser Funktionen von zwei Veränderlichen. Es handelt sich um die Funktionen

$$\Phi(x, y) = x^{\frac{1}{\alpha}} \varphi(y), \quad x \geqq 0, \quad y \geqq 3; \quad \varphi(y) = \frac{y}{\pi} \operatorname{tg} \frac{\pi}{y}$$

und

$$\Psi(x, y) = x^{\frac{1}{\alpha}} \psi(y), \quad x \geqq 0, \quad y \geqq 3; \quad \psi(y) = \frac{y}{2\pi} \sin \frac{2\pi}{y}.$$

Wir zeigen, daß $\Phi(x, y)$ für ein beliebiges $\alpha \leqq 0{,}77\ldots$ ($\alpha \neq 0$) konvex, $\psi(x, y)$ dagegen für $\alpha \geqq 2{,}11\ldots$ konkav ist.

Die Bedingung der Konvexität von $\Phi(x, y)$ ist nämlich

$$\Phi_{xx}\Phi_{yy} - \Phi_{xy}^2 = \alpha^{-2} x^{2\alpha - 2}[(1 - \alpha)\,\varphi\,\varphi'' - \varphi'^2] \geqq 0,$$

d. h.

$$\pi^2 y^2 \cos^4 \frac{\pi}{y}\,[(1 - \alpha)\,\varphi\,\varphi'' - \varphi'^2]$$

$$= 2\pi^2 (1 - \alpha) \sin^2 \frac{\pi}{y} - \left(\pi - y \sin \frac{\pi}{y} \cos \frac{\pi}{y}\right)^2 \geqq 0$$

oder

$$2\pi^2 (1 - \alpha) \geqq [f(y)]^2, \quad f(y) = \pi \operatorname{cosec} \frac{\pi}{y} - y \cos \frac{\pi}{y}.$$

Da aber $f(y)$ für $y \geqq 3$ wegen

$$y^2 \operatorname{tg} \frac{\pi}{y} \sin \frac{\pi}{y} f'(y) = \pi^2 - \sin^2 \frac{\pi}{y} \left(y^2 + \pi y \operatorname{tg} \frac{\pi}{y}\right) <$$

$$< \pi^2 - \sin^2 \frac{\pi}{y} (y^2 + \pi^2) = \pi^2 \cos^2 \frac{\pi}{y} - y^2 \sin^2 \frac{\pi}{y} < 0$$

eine monoton abnehmende Funktion von y ist, so ist die Bedingung der Konvexität für $2\pi^2(1 - \alpha) \geqq [f(3)]^2$ sicher erfüllt.

Ähnlich ist die Bedingung der Konkavität von $\Psi(x, y)$

$$\Psi_{xx}\Psi_{yy}\Psi_{xy}^2 = -\alpha^{-2} x^{2\alpha - 2}[(\alpha - 1)\,\psi\,\psi'' + \psi'^2] \geqq 0,$$

d. h.

$$-4\pi^2 y^2 [(\alpha - 1)\,\psi\,\psi'' + \psi'^2]$$

$$= 4\pi^2 (\alpha - 1) \sin^2 \frac{2\pi}{y} - \left(y \sin \frac{2\pi}{y} - 2\pi \cos \frac{2\pi}{y}\right)^2 \geqq 0$$

oder

$$4\pi^2 (\alpha - 1) \geqq [g(y)]^2, \quad g(y) = y - 2\pi \operatorname{cotg} \frac{2\pi}{y}.$$

Da aber $g(y)$ für $y \geqq 3$ mit Rücksicht auf

$$\sin^2 \frac{2\pi}{y} g'(y) = \sin^2 \frac{2\pi}{y} - \frac{4\pi^2}{y^2} < 0$$

monoton abnimmt, so ist die obige Bedingung sicher erfüllt, wenn $4\pi^2(\alpha - 1) \geqq [g(3)]^2$ ist.

Wir haben nun mit den obigen Bezeichnungen

$$S = \sum_{i=1}^{n} P_i \geqq \sum_{i=1}^{n} (K_i^\alpha)^{\frac{1}{\alpha}} \, \varphi \, (p_i) \geqq n \left(\frac{1}{n} \sum_{i=1}^{n} K_i^\alpha \right)^{\frac{1}{\alpha}} \varphi \, (6) \, ; \quad \alpha \leqq 0,77 \ldots$$

bzw.

$$S = \sum_{i=1}^{n} P_i \leqq \sum_{i=1}^{n} (K_i^\alpha)^{\frac{1}{\alpha}} \, \psi \, (p_i) \leqq n \left(\frac{1}{n} \sum_{i=1}^{n} K_i^\alpha \right)^{\frac{1}{\alpha}} \psi \, (6) \, ; \quad \alpha \geqq 2,11 \ldots$$

Damit sind die Ungleichungen (3) und (4) dargetan.

Wir geben noch den Ungleichungen (3) und (4) eine andere Form, die gestattet, die Lagerungs- bzw. Überdeckungsdichte D von beliebig vorgegebenen Kreisen $K_1, \ldots, K_n$ in bezug auf ein konvexes Sechseck abzuschätzen. Diese Ungleichungen lauten folgendermaßen:

$$D \leqq \frac{\pi}{\sqrt{12}} \, \frac{M_1 \, (K_1, \ldots, K_n)}{M_\alpha \, (K_1, \ldots, K_n)} \, ; \quad \alpha \leqq 0,77 \ldots$$

bzw.

$$D \geqq \frac{2\pi}{\sqrt{27}} \, \frac{M_1 \, (K_1, \ldots, K_n)}{M_\alpha \, (K_1, \ldots, K_n)} \, ; \quad \alpha \geqq 2,11 \ldots \, .$$

Wir richten nun unsere Aufmerksamkeit auf ein etwas spezielleres Problem. Es handelt sich um den Fall, daß in gleicher Anzahl vorkommende Kreise k und K von zweierlei Radien in das Sechseck S eingelagert sind. Die im Beweis von (1) verwandten Überlegungen ergeben für die Lagerungsdichte D die Ungleichung

$$\frac{1}{D} \geqq \frac{k \, \varphi \, (p) + K \, \varphi \, (P)}{k + K} \, ,$$

wobei p und P die durchschnittliche Eckenzahl der zu den kleinen bzw. großen Kreisen gehörigen Polygone bedeutet. Wir haben offenbar $p, P \geqq 3$, also mit Rücksicht auf $p + P \leqq 12$ $p, P \leqq 9$. Da aber die Summe $k \varphi(p) + K \varphi(P)$ unter diesen Bedingungen ihr Minimum offenbar im Fall $p + P = 12$ erreicht, so haben wir die Abschätzung

$$D \leqq \frac{k + K}{\min_{0 \leqq x \leqq 3} \, [k \, \varphi \, (6 - x) + K \, \varphi \, (6 + x)]} \, .$$

Ganz analog gilt für die Überdeckungsdichte

$$D \geqq \frac{k + K}{\max_{0 \leqq x \leqq 3} \, [k \, \psi \, (6 - x) + K \, \psi \, (6 + x)]} \, .$$

Betrachten wir den Fall $k = (\sqrt{2} - 1)^2 \pi$, $K = \pi$, der dem System der Flächeninkreise der Pflasterung (4, 8, 8) entspricht. Hier sind unserer Voraussetzung entsprechend „ebensoviel" kleine als große Kreise vorhanden. Die Dichte dieses Systems ist

$$D_0 = \frac{k + K}{k \, \varphi \, (4) + K \, \varphi \, (8)} = \left(1 - \frac{\sqrt{2}}{2} \right) \pi = 0,92015 \ldots \, .$$

Nun erreicht aber $k\varphi(6-x) + K\varphi(6+x)$ sein Minimum nicht für $x = 2$, sondern für irgendeinen Wert $1,4 < x < 1,5$. Der numerische Wert dieses Minimums beträgt gegenüber $k\varphi(4) + K\varphi(8) = 4$ angenähert nur $3,9869$. Unser Verfahren ergibt daher nur etwa

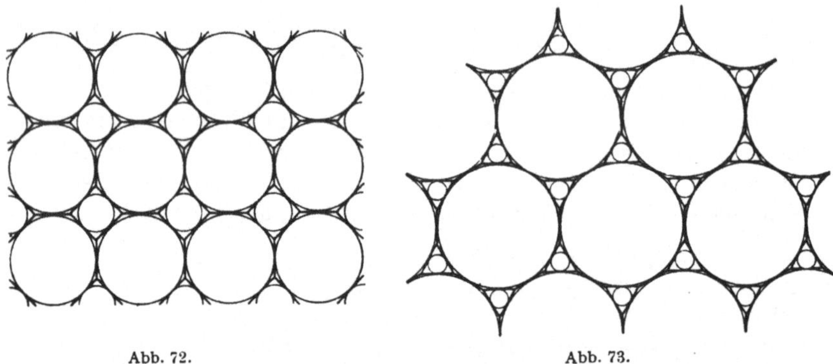

Abb. 72.   Abb. 73.

$D < 0,92317$, einen Wert, der um etwa $\frac{1}{3}\%$ größer als D_0 ist. Die naheliegende Vermutung, daß im betrachteten System die in ihm vorkommenden Kreise sich in der dichtesten Anordnung befinden, ist noch nicht exakt bewiesen worden.

Dagegen sieht man leicht ein, daß die Flächeninkreise des entarteten Polyeders $(3, 12, 12)$ tatsächlich in der dichtesten Packung

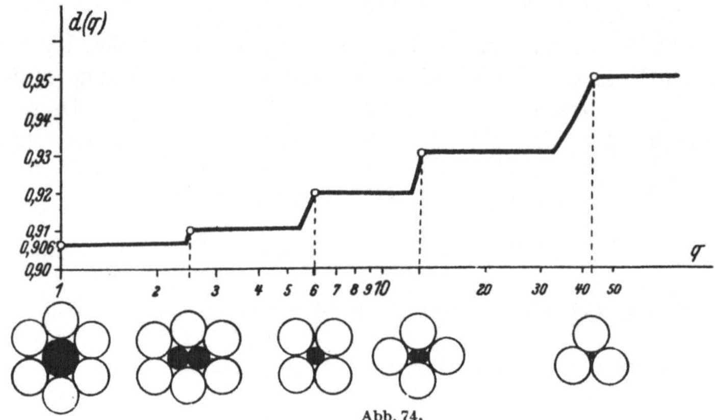

Abb. 74.

angeordnet sind. In diesem System befinden sich nämlich die großen Kreise in der dichtesten Lagerung. Gäbe es nun eine dichtere Packung der betrachteten zweierlei Kreise, so könnte man durch Fortlassung der kleinen Kreise eine Lagerung von kongruenten Kreisen mit einer Dichte $> \dfrac{\pi}{\sqrt{12}}$ erhalten, was nicht geht.

Zum Schluß wollen wir noch auf einige weitere ungelöste Probleme aufmerksam machen, deren Ausgangspunkt im folgenden Satz steckt:

Es gibt eine Größe $q > 1$ so, daß die Dichte D eines jeden unendlichen Systems $\{K_i\}$ von einander nicht überdeckenden Kreisscheiben mit der Eigenschaft

$$\frac{K_i}{K_j} \leqq q, \quad i, j = 1, 2, \ldots; \quad i \neq j$$

$D \leqq \dfrac{\pi}{\sqrt{12}}$ *ausfällt.*

Sind also die Kreise nicht „sehr" verschieden, so kann ihre Lagerungsdichte nicht die Dichte der dichtesten Lagerung von gleich großen Kreisen übertreffen.

Dieser Satz folgt aus der Tatsache, daß für genügend kleine Werte von $q - 1$ für sämtliche Kreise $\dfrac{K_i}{P_i} \leqq \dfrac{\pi}{\sqrt{12}}$ ausfällt, wobei P_i die Zelle von K_i bedeutet. Ist nämlich die Eckenzahl von P_i $p_i \leqq 6$, so ist diese Behauptung trivial, und im Fall $p_i > 6$ kann entsprechend wie bei den kongruenten Kreisen geschlossen werden.

Wir bezeichnen die obere Grenze der Lagerungsdichte aller Kreissysteme $\{K_i\}$, für die $\dfrac{K_i}{K_j} \leqq q$ $(i \neq j)$ ausfällt, mit $D(q)$. Wir haben in der Abb. 74 eine untere Schranke $d(q) \leqq D(q)$ der Funktion $D(q)$ dargestellt. Diese Schranke ist vermutlich genau $(d = D)$, woraus z. B. folgen würde, daß der obige Satz auch noch für etwa $q = 2$ richtig ist. Es sei jedoch bemerkt, daß die Lagerungsdichte $\dfrac{K_i}{P_i}$ in einer Zelle schon für kleinere Werte von q größer sein kann als $\dfrac{\pi}{\sqrt{12}}$. So kann z. B. für den Wert $q = \left(\operatorname{cosec} \dfrac{\pi}{7} - 1\right)^2 = 1,7\ldots$ die Zelle P_i ein dem Kreis K_i umbeschriebenes reguläres Siebeneck sein. In diesem Fall sind aber die benachbarten Zellen bestenfalls ziemlich irregulär gestaltete, also verhältnismäßig große Fünfecke, die den kleinen Inhaltswert des regulären Siebenecks kompensieren.

Bezüglich des Problems der dünnsten Kreisüberdeckung steht nicht einmal die Existenz einer entsprechenden Größe $q > 1$ fest.

Eine obere Schranke für $D(q)$ liefert uns (1). Eine leicht beweisbare bessere Abschätzung ist folgende:

$$D \leqq \max_{\substack{0 \leqq x \leqq 3 \\ 0 \leqq Q}} \frac{Q + q}{Q\varphi(6 - x) + q\varphi(6 + Qx)}.$$

Sie gilt unter denselben Bedingungen wie (1). Wird diese Abschätzung von $D(q)$ nach oben mit der in Abb. 74 dargestellten Abschätzung nach unten kombiniert, so erhalten wir z. B. für $q = 3 + \sqrt{8} = 5,82\ldots$

$$0,920\ldots \leqq D \leqq 0,925\ldots \; .$$

§ 8. Ein weiterer Kreisüberdeckungssatz.

Wir bezeichnen mit Ω ein System von endlich vielen kongruenten Kreisscheiben, sowie die Inhaltssumme derselben. Sind die Kreise in ein konvexes Sechseck S eingelagert, so gilt

$$\frac{\Omega}{S} \leqq \frac{\pi}{\sqrt{12}} \, . \tag{1}$$

Wird ferner S durch Ω völlig überdeckt, so haben wir

$$\frac{\Omega}{S} \geqq \frac{2\pi}{\sqrt{27}} \, . \tag{2}$$

Betrachten wir jetzt ein System Ω vom Gesamtinhalt $\Omega = S$, oder allgemeiner den Fall $\dfrac{\pi}{\sqrt{12}} < \dfrac{\Omega}{S} < \dfrac{2\pi}{\sqrt{27}}$. Dann kann Ω weder in S eingelagert werden, noch S überdecken. Es erhebt sich daher die Frage:

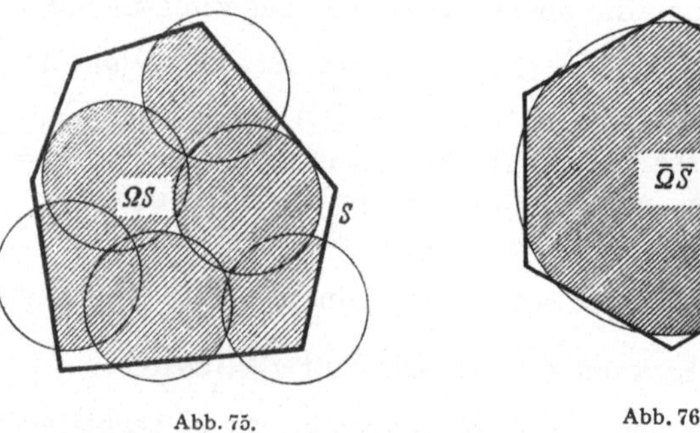

<table>
<tr><td>Abb. 75.</td><td>Abb. 76.</td></tr>
</table>

Der wievielte Teil von S läßt sich durch Ω überdecken? Die Antwort ist im folgenden Satz enthalten:

Es sei S ein konvexes Sechseck und Ω ein System von kongruenten Kreisen. Dann ist der Flächeninhalt des von Ω überdeckten Teiles von S

$$\Omega S \leqq \overline{\Omega}\,\overline{S}, \tag{3}$$

wobei $\overline{S}$ ein reguläres Sechseck vom Inhalt $\overline{S} = S$ und $\overline{\Omega}$ einen mit S konzentrischen Kreis vom Inhalt $\overline{\Omega} = \Omega$ bedeuten.

Gleichheit trifft nur im Fall $S \equiv \overline{S}$, $\Omega \equiv \overline{\Omega}$ zu. Jedoch kann ΩS beliebig nahe an $\overline{\Omega}\overline{S}$ rücken, wenn die Kreismittelpunkte den Eckpunkten eines genügend dichten gleichseitigen Dreiecksgitters (d. h. eines entarteten regulären Polyeders $\{3, 6\}$ mit genügend kleiner Kantenlänge) angehören.

Anders ausgedrückt läßt sich durch ein System Ω von kongruenten Kreisen höchstens $100\,\varDelta\left(\frac{\Omega}{S}\right)\%$ von S überdecken, wobei die Funktion $\varDelta(x)$ durch

$$\varDelta(x) = \begin{cases} x & \text{für } 0 \leq x \leq \dfrac{\pi}{\sqrt{12}} \\[2ex] x + \sqrt{\dfrac{6\sqrt{3}\,x}{\pi} - 3} - \dfrac{6}{\pi}\,x\,\arccos\sqrt{\dfrac{\pi}{2\sqrt{3}\,x}}\,, & \text{für } \dfrac{\pi}{\sqrt{12}} \leq x \leq \dfrac{2\pi}{\sqrt{27}} \\[2ex] 1 & \text{für } x \geq \dfrac{2\pi}{\sqrt{27}} \end{cases}$$

erklärt ist.

Zum Beispiel kann ein System von kongruenten Kreisen vom Gesamtinhalt Eins höchstens $100\,\varDelta(1) \approx 96{,}3\%$ des Einheitsquadrats überdecken.

Unser Satz enthält die Ungleichungen (1) und (2) als Sonderfälle. Das System Ω kann nämlich nach (3) nur dann in S eingelagert werden, wenn der Kreis $\overline{\Omega}$ in $\overline{S}$ liegt, da sonst $\Omega S = \Omega = \overline{\Omega} > \overline{\Omega}\,\overline{S}$ wäre. Daraus folgt aber $\dfrac{\Omega}{S} = \dfrac{\overline{\Omega}}{\overline{S}} \leq \dfrac{\pi}{\sqrt{12}}$. Überdeckt dagegen Ω das Sechseck S, so muß umgekehrt $\overline{\Omega}$ das reguläre Sechseck $\overline{S}$ enthalten, da sonst $\Omega S = S = \overline{S} > \overline{\Omega}\,\overline{S}$ gelten würde. Das ist aber nur dann möglich, wenn $\dfrac{\Omega}{S} = \dfrac{\overline{\Omega}}{\overline{S}} \geq \dfrac{2\pi}{\sqrt{27}}$ ist.

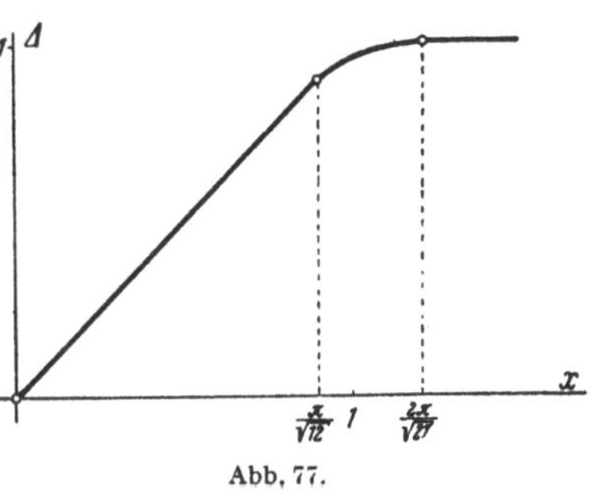

Abb. 77.

Der obige Satz ist eine unmittelbare Folgerung des folgenden allgemeineren Satzes.

Es seien $P_1, \ldots, P_n$ n Punkte in der Ebene eines konvexen Sechseckes S; $d(P) = \min(PP_1, \ldots, PP_n)$ bedeute den Abstand eines variablen Punktes P vom nächsten Punkt und df das Flächenelement im Punkt P. Ist ferner $a(x)$ eine für $x \geq 0$ erklärte abnehmende Funktion, so gilt

$$\int_S a\bigl(d(P)\bigr)\,df \leq n\int_\sigma a(OP)\,df, \tag{4}$$

wobei σ ein reguläres Sechseck mit dem Inhalt $\sigma = \dfrac{S}{n}$ und Mittelpunkt O bedeutet.

Wenden wir (4) im Falle der Funktion

$$a(x) = \begin{cases} 1 & \text{für } 0 \leq x \leq r \\ 0 & \text{für } r < x \end{cases}$$

an, so ergibt die linke Seite von (4) den Inhalt desjenigen Teiles von S, der von den um $P_1, \ldots, P_n$ mit dem Radius r geschlagenen Kreisen überdeckt wird. Da ferner das rechtsstehende Integral in den Inhalt des Durchschnittes von σ und dem mit σ konzentrischen Kreis vom Radius r übergeht, so liefert uns (4) in diesem Fall tatsächlich die Ungleichung (3).

Zum Beweis von (4) machen wir zwei vorläufige Bemerkungen.

Bemerkung 1. Es sei K ein Kreis mit dem Mittelpunkt O und s ein Segment von K. Dann ist die Funktion

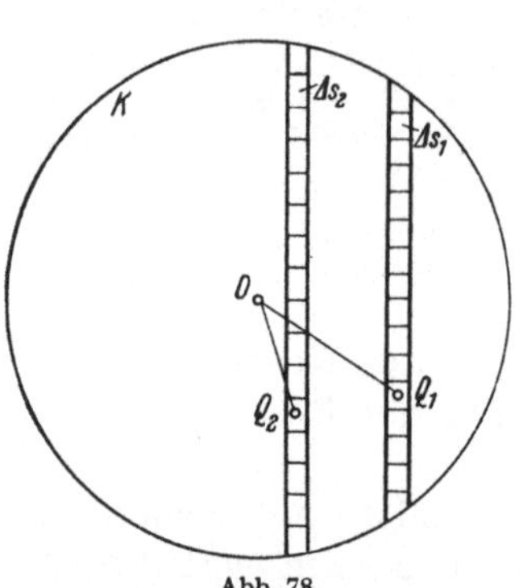

Abb. 78.

$$\omega(s) = \int_s a(OP)\,df; \quad 0 \leqq s < \frac{K}{2}$$

konvex.

Beweis. Es seien s_1, s_1^*, s_2 und s_2^* von parallelen Geraden abgeschnittene Kreissegmente von K, für die $s_1 < s_1^* < s_2 < s_2^*$ und $\Delta s_1 = s_1^* - s_1 = \Delta s_2 = s_2^* - s_2$ ausfällt. Offenbar läßt sich eine flächentreue Abbildung des „Trapezes" Δs_1 auf Δs_2 angeben, wobei jedem innerhalb von K liegenden Punkt Q_1 von Δs_1 ein näher bei O liegender Punkt Q_2 von Δs_2 entspricht. Folglich ist wegen der Monotonie von $a(x)$: $a(OQ_1) \leqq a(OQ_2)$, also

$$\omega(s_1^*) - \omega(s_1) = \int_{\Delta s_1} a(OP)\,df \leqq \int_{\Delta s_2} a(OP)\,df = \omega(s_2^*) - \omega(s_2),$$

woraus $\omega'(s_1) \leqq \omega'(s_2)$ folgt.

Bemerkung 2. Es seien A und B zwei vom Kreismittelpunkt O verschiedene Punkte des Kreises K und A', B' die Schnittpunkte der

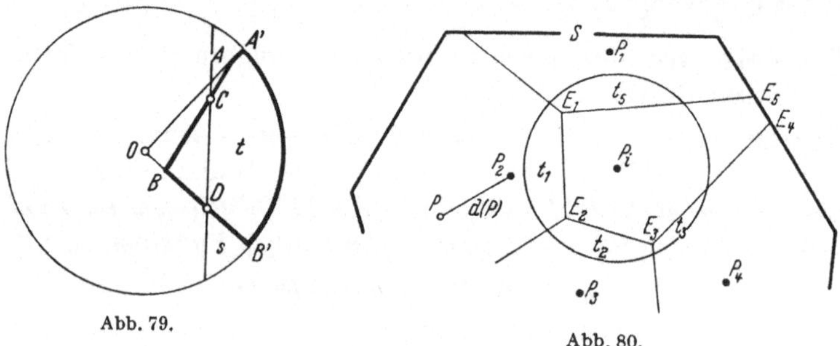

Abb. 79.

Abb. 80.

Halbgeraden OA und OB mit dem Rand von K. Bezeichnen wir das von den Strecken $A'A$, AB, BB' und dem Kreisbogen $B'A'$ begrenzte Teilgebiet von K mit t, so gilt

$$\int_t a(OP)\,df \geqq \omega(t).$$

Beweis. Es seien C und D zwei Punkte auf dem Rand von t mit $OC = OD$ so, daß die Gerade CD ein mit t flächengleiches Segment s

von K abschneidet. Da, abgesehen von C und D, ein jeder Punkt des Gebietes $t - ts$ näher bei O liegt als ein jeder Punkt von $s - st$, so haben wir die gewünschte Ungleichung

$$\int_t = \int_{ts} + \int_{t-ts} \geqq \int_{st} + \int_{s-st} = \int_s ,$$

wobei unter den Integralzeichen $a\,(OP)\,df$ zu setzen ist.

Nun zum Beweis der Ungleichung (4)!

Wir können offenbar annehmen, daß die Punkte $P_1, \ldots, P_n$ in S liegen, da sonst die linke Seite von (4) durch geeignete Einschiebung der außerhalb S liegenden Punkte in S vergrößert werden könnte. Wir zerlegen S in die konvexen Teilvielecke $T_1, \ldots, T_n$, wobei T_i nach der öfters benützten Konstruktion als die Menge derjenigen Punkte P von S erklärt wird, für die $d\,(P) = PP_i$ ausfällt. Dann läßt sich schreiben

$$\int_S a\,(d(P))\,df = \sum_{i=1}^{n} \int_{T_i} a\,(PP_i)\,df .$$

Die Eckpunkte des Vielecks T_i bezeichnen wir in zyklischer Reihenfolge mit $E_1, \ldots, E_{p_i}$. Um P_i schlagen wir mit dem Umkreisradius r von σ einen Kreis $K \equiv K_i$ und bezeichnen das von den Geraden $P_i E_1$, $E_1 E_2$ und $P_i E_2$ begrenzte, außerhalb T_i liegende Teilgebiet von K_i mit t_1. Natürlich kann t_1 auch leer sein. In analoger Weise betrachten wir die Gebiete $t_2, \ldots, t_{p_i}$. Bezeichnen wir noch den außerhalb von K_i liegenden Teil von T_i mit T_i', so haben wir

$$\int_{T_i} = \int_K + \int_{T_i'} - \int_{t_1} - \cdots - \int_{t_{p_i}} ,$$

wobei unter dem Integralzeichen überall $a\,(PP_i)\,df$ zu setzen ist.

Nun ist aber mit Rücksicht auf die Bemerkung 2

$$\int_{T_i} \leqq \int_K + \int_{T_i'} - \omega\,(t_1) - \cdots - \omega\,(t_{p_i}) .$$

Setzen wir $N = p_1 + \cdots + p_n$ und addieren die für $i = 1, \ldots, n$ gültigen entsprechenden Ungleichungen, so erhalten wir

$$\int_S a\,(d(P))\,df \leqq n \int_K + \sum_{i=1}^{n} \int_{T_i'} - \sum_{i=1}^{N} \omega\,(t_i) .$$

Andererseits ist offenbar

$$S = n\,K + T' - \sum_{i=1}^{N} t_i ,$$

wo $T' = \sum_{i=1}^{n} T_i'$ die Menge der außerhalb der Kreise $K_1, \ldots, K_n$ liegenden

Punkte von S bedeutet. Wir haben daher mit Rücksicht auf die Bemerkung 1 nach der JENSENschen Ungleichung

$$\int\limits_S a\,(d(P))\,df \leq n\int\limits_K + \sum_{i=1}^{n} \int\limits_{T_i'} - N\,\omega\left(\frac{n\,K + T' - S}{N}\right).$$

Aus $\omega\,(0) = 0$ und der Konvexität von $\omega(x)$ folgt ferner, daß $\dfrac{1}{x}\,\omega(x)$ eine monoton zunehmende und daher $x\,\omega\left(\dfrac{1}{x}\right)$ eine abnehmende Funktion von x ist. Folglich gilt wegen $N \leq 6n$

$$\int\limits_S a\,(d(P))\,df \leq n\int\limits_K + \sum_{i=1}^{n} \int\limits_{T_i'} - 6n\,\omega\left(\frac{n\,K + T' - S}{6n}\right).$$

Bezeichnen wir denjenigen Flächenteil von K, der das Segment vom Inhalt $\dfrac{n\,K - S}{6n}$ zu einem Segment vom Inhalt $\dfrac{n\,K + T' - S}{6n}$ ergänzt, mit s, so haben wir

$$\int\limits_S a\,(d(P))\,df \leq n\left[\int\limits_K - 6\omega\left(\frac{n\,K - S}{6n}\right)\right] + \sum_{i=1}^{n} \int\limits_{T_i'} - 6n\int\limits_s .$$

Wegen der Monotonie der Funktion $a\,(x)$ haben wir aber

$$\sum_{i=1}^{n} \int\limits_{T_i'} - 6n\int\limits_s \leq T'\,a\,(r) - 6n\,s\,a\,(r) = 0.$$

Andererseits ist der Ausdruck in der vorigen Ungleichung in eckigen Klammern mit Rücksicht auf $\dfrac{n\,K - S}{6n} = \tfrac{1}{6}(K - \sigma)$ nichts anderes als $\int\limits_\sigma a\,(O\,P)\,df$, womit die Ungleichung (4) bewiesen ist.

§ 9. Zerlegung eines konvexen Sechseckes in konvexe Teilvielecke.

Wir beweisen hier folgenden Satz:

Zerlegen wir ein konvexes Sechseck in konvexe Teilvielecke $T_1, \ldots, T_n$ vom Umfang $L_1, \ldots, L_n$, so gilt

$$\frac{1}{n}\sum_{i=1}^{n} \frac{L_i}{\sqrt{T_i}} \geq 2\sqrt[4]{12}. \tag{1}$$

Mit Rücksicht auf die Tatsache, daß das Quadratmittel verschiedener Größen größer ist als das arithmetische, ist die Ungleichung (1) in dem Fall, daß das zerstückelte Gebiet ein Sechseck ist, eine Verschärfung der Ungleichung (5, 1).

Wir heben folgendes Korollarium unseres Satzes hervor: *Bedeutet L die Gesamtlänge eines Netzes, das ein konvexes Sechseck S vom Umfang U in n flächengleiche konvexe Teilvielecke zerlegt, so gilt*

$$L + \tfrac{1}{2}\,U \geq \sqrt[4]{12}\,\sqrt{n\,S}. \tag{2}$$

Will man daher auf einen Rahmen ein Netz mit einer vorgegebenen großen Anzahl von flächengleichen Netzgliedern so aufspannen, daß die Gesamtlänge des Netzes klein wird, so verfährt man am günstigsten, wenn man das Netz der Gestalt der Pflasterung $\{6, 3\}$ entsprechend strickt.

Zum Beweis von (1) bezeichnen wir die Eckenzahl von T_i mit p_i und schreiben die isoperimetrische Ungleichung (I, 4, 2) für T_i auf:

$$\frac{L_i^2}{T_i} \geqq 4 p_i \operatorname{tg} \frac{\pi}{p_i}.$$

Nun ist aber für $x \geqq 3$ nicht nur $x \operatorname{tg} \frac{\pi}{x}$, sondern sogar $y = \sqrt{x \operatorname{tg} \frac{\pi}{x}}$ eine konvexe Funktion von x. Die Bedingung $y'' > 0$ der Konvexität ist nämlich mit

$$4 \pi \sin \frac{\pi}{x} > x \left(\frac{2 \pi}{x} - \sin \frac{2 \pi}{x} \right)$$

gleichwertig. Diese Ungleichung ist aber wegen $\frac{2 \pi}{x} - \sin \frac{2 \pi}{x} < \frac{8 \pi^3}{6 x^3}$ sicher erfüllt, wenn $4 \pi \sin \frac{\pi}{x} > x \frac{8 \pi^3}{6 x^3} = \frac{4 \pi^3}{3 x^2}$, d. h. $\sin \frac{\pi}{x} > \frac{\pi^2}{3 x^2}$ ausfällt. Diese letztere Ungleichung ist aber schon etwa für $\frac{\pi}{x} < \frac{\pi}{2}$, d.h. für $x > 2$ befriedigt.

Addieren wir die Ungleichungen $\frac{L_i}{\sqrt{T_i}} \geqq 2 y(p_i)$ und wenden die JENSENsche Ungleichung an, so ergibt sich mit Rücksicht auf $p_1 + \cdots + p_n \leqq 6 n$ die gewünschte Ungleichung

$$\frac{1}{n} \sum_{i=1}^{n} \frac{L_i}{\sqrt{T_i}} \geqq 2 y(6).$$

§ 10. Ausfüllung und Überdeckung
eines konvexen Sechseckes durch kongruente Eibereiche.

Die Ergebnisse der vorigen Paragraphen entsprangen aus einer gemeinsamen Doppelquelle, und zwar aus den Problemen der dichtesten Kreislagerung und der dünnsten Kreisüberdeckung. Die Sätze der Paragraphen 4 bis 9 sind alle Verallgemeinerungen von (2, 1) oder (2, 2) bzw. der etwas allgemeineren Ungleichungen (8, 1) und (8, 2). Als weitere weitgehende Verallgemeinerungen dieser Ungleichungen beweisen wir hier folgende Sätze:

Sind in einem konvexen Sechseck S n kongruente konvexe Gebiete eingelagert, so ist

$$n \leqq \frac{S}{s}, \tag{1}$$

wobei s das einem Gebiet umbeschriebene Sechseck vom kleinsten Inhalt bedeutet.

Wird ein konvexes Sechseck S durch n kongruente konvexe Gebiete so überdeckt, daß die begrenzenden Eilinien einander gegenseitig in höchstens zwei Punkten schneiden, so ist

$$n \geq \frac{S}{s},\qquad(2)$$

wobei s das einem Gebiet einbeschriebene Sechseck vom größten Inhalt bedeutet.

Folglich kann die Lagerungsdichte bezüglich S der betrachteten Eibereiche nicht den Quotienten aus den Inhalten eines Bereiches und des umbeschriebenen Sechsecks vom minimalen Inhalt übertreffen. Ebenso kann die Überdeckungsdichte bezüglich S der im zweiten Satz betrachteten Eibereiche nicht unter den Quotienten aus den Inhalten eines Bereiches und des einbeschriebenen Sechsecks vom maximalen Inhalt sinken. Da ferner im Falle eines zentralsymmetrischen Bereiches B der Quotient $\frac{B}{s}$ nichts anderes ist als die Dichte der dichtesten gitterförmigen Lagerung bzw. der dünnsten gitterförmigen Überdeckung der Ebene, so ergibt sich z. B. aus (1) die merkwürdige Tatsache, daß *die Dichte einer beliebigen irregulären Lagerung von kongruenten Eibereichen mit Mittelpunkt nicht die Dichte der dichtesten gitterförmigen Lagerung übertreffen kann.* Dabei zeigt die parkettartige Auspflasterung der Ebene durch Rechtecke, daß die maximale Lagerungsdichte (nämlich Eins) auch durch nicht gitterförmige Lagerungen erreicht wird.

Wir erwähnen noch eine weitere Folgerung von (1). Dazu erklären wir den *Mindestabstand* eines Bereichsystems als die untere Grenze der Längen derjenigen Strecken, die Punkte aus zwei verschiedenen Bereichen verbinden. *Die Anzahldichte eines unendlichen Systems zentralsymmetrischer Eibereiche mit vorgegebenem Mindestabstand erreicht sein Maximum für eine gitterförmige Anordnung der Bereiche.* Ist nämlich $2a$ der vorgegebene Mindestabstand, so wird die gesuchte Anordnung der Bereiche durch die dichteste Lagerung der ebenfalls zentralsymmetrischen Parallelbereiche vom Abstand a der ursprünglichen Bereiche bestimmt.

Um die Bedeutung der zuletzt erwähnten Tatsache zu veranschaulichen, heben wir einen ganz speziellen, aber an sich interessanten Sonderfall hervor. Legen wir in ein ebenes Gebiet eine große Anzahl von kleinen gleich großen Stäbchen (Strecken), zwischen denen eine gegenseitige abstoßende Kraft den Mindestabstand der Stäbchen zur Annahme eines Maximums zwingt. Sorgen wir mit Hilfe einer am Rand des Gebietes angebrachten Kante dafür, daß die Stäbchen im Gebiet gehalten werden, so orientieren sich die Stäbchen spontan parallel.

Nun zum Beweis unserer Sätze!

Wir bezeichnen die in S eingelagerten Gebiete mit $G_1, \ldots, G_n$ und betrachten zu jedem Gebiet G_i eine einparametrige Schar von ineinandergeschachtelten konvexen Gebieten $G_i(\lambda)$, $0 \leq \lambda \leq 1$, die von $G_i(0) \equiv G_i$ ausgehend stetig in $G_i(1) \equiv S$ übergehen. Zum Beispiel kann für $G_i(\lambda)$ die durch G_i und S aufgespannte sogenannte Linearschar oder etwa der Durchschnitt von S und dem äußeren Parallelbereich von G_i vom Abstand $D\lambda$ gewählt werden, wo D den Durchmesser von S bedeutet. Nimmt λ von $\lambda = 0$ ausgehend stetig zu, so gibt es einen ersten Parameterwert $\lambda_0 \geq 0$, so daß zwei Bereiche, etwa $G_i(\lambda)$ und $G_j(\lambda)$, für $\lambda > \lambda_0$ übereinandergreifen. Betrachten wir eine gemeinsame Stützgerade G von $G_i(\lambda_0)$ und $G_j(\lambda_0)$, sowie die von G bestimmte, G_i enthaltende Halbebene H und ersetzen $G_i(\lambda)$ von diesem Parameterwert an durch den Durchschnitt von $G_i(\lambda)$ und H. Setzen wir dieses Verfahren fort, so blähen sich schließlich die Gebiete G_i in nicht übereinandergreifende Polygone P_i auf.

Nun gilt $n\bar{p} = p_1 + \cdots + p_n \leq 6n$, wobei p_i die Eckenzahl von P_i bedeutet. Dazu ist zu bemerken, daß, obwohl die Polygone P_i das Sechseck S im allgemeinen nicht lückenlos ausfüllen, die Polygone P_i doch als Flächen eines entarteten EULERschen Polyeders mit $n + 1$ Flächen aufgefaßt werden können, indem die von den Polygonen P_i frei gelassenen Flächenteile der Fläche S als „Ecken" des Polyeders angesehen werden.

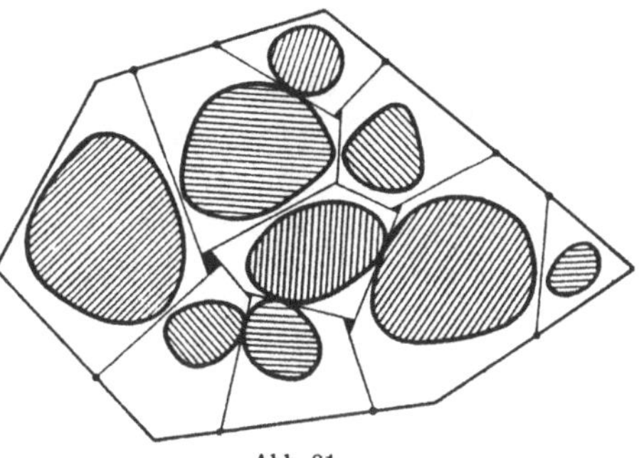

Abb. 81.

Wir nutzen die Kongruenz der Bereiche G_i erst jetzt aus. Das einem Gebiet G_i umbeschriebene p-Eck vom minimalen Inhalt sei $T(p)$. Da die Folge $T(3)$, $T(4)$, ... nach dem DOWKERschen Satz konvex ist, so können wir die Definition von $T(p)$ von ganzzahligen Werten von p auf beliebige reelle Werte von $p \geq 3$ so erstrecken, daß die erhaltene Funktion eine abnehmende, konvexe Funktion von p wird. Folglich gilt

$$S \geq P_1 + \cdots + P_n \geq T(p_1) + \cdots + T(p_n) \geq n\,T(\bar{p}) \geq n\,T(6) = ns,$$

w. z. b w.

Der Beweis des zweiten Satzes verläuft analog. Wir bezeichnen die Gebiete, die den Bedingungen dieses Satzes Genüge leisten, wiederum mit $G_1, \ldots, G_n$. Wir können annehmen, daß kein Gebiet sich ohne Unterbrechung der Deckung wegheben läßt, daß also ein jedes Gebiet G_i einen Punkt O_i von S enthält, der außerhalb der übrigen Gebiete liegt. Wir betrachten eine stetige Schar von ineinanderliegenden konvexen Gebieten $G_i(\lambda)$, $0 \leq \lambda \leq 1$, die von $G_i(0) \equiv G_i$ ausgehend auf den Punkt $G_i(1) \equiv O_i$ zusammenschrumpfen. Dabei hat man bei der

Wahl der Gebiete $G_i(\lambda)$ noch dafür zu sorgen, daß auch die begrenzenden Eilinien von je zwei Gebieten $G_i(\lambda)$ und $G_j(\lambda)$ sich höchstens in zwei Punkten schneiden.

Lassen wir λ von $\lambda = 0$ ausgehend stetig zunehmen, so stoßen wir auf einen ersten Parameterwert $\lambda_0 \geqq 0$ mit der Eigenschaft, daß ein gewisser Punkt P von S, der von den Gebieten $G_i(\lambda_0)$ noch bedeckt wird, außerhalb aller Gebiete $G_i(\lambda)$, $\lambda > \lambda_0$ liegt. Dann liegt P offenbar am Rand gewisser Gebiete $G_i(\lambda_0)$. Ist $G_j(\lambda_0)$ ein solches Gebiet, so ersetzen wir $G_j(\lambda)$ vom Parameterwert $\lambda = \lambda_0$ an durch die konvexe Hülle $H_j(\lambda)$ von P und dem ursprünglichen Gebiet $G_j(\lambda)$. Wir setzen dieses Verfahren fort, bis sich die Gebiete G_i in die Polygone $P_i \equiv H_i(1)$ von der Eckenzahl p_i zusammenziehen. Diese Polygone überdecken offenbar das Sechseck S. Da ferner mit Rücksicht auf unsere Voraussetzungen die Begrenzungskurven der Gebiete $H_i(\lambda)$ einander in höchstens zwei Punkten schneiden, werden die übereinandergreifenden Teile von zwei Gebieten $H_i(\lambda)$ mit wachsendem λ verschwinden bzw. in Strecken zusammenschrumpfen, so daß die Polygone P_i nicht übereinandergreifen können. Folglich haben wir $n\bar{p} = p_1 + \cdots + p_n \leqq 6n$.

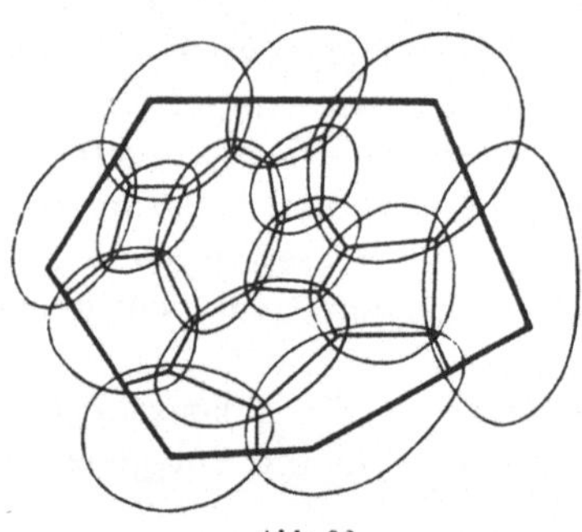

Abb. 82.

Bezeichnen wir nun das einem Gebiet G_i einbeschriebene p-Eck vom maximalen Inhalt mit $T(p)$ und erstrecken die Definition von $T(p)$ auf beliebige reelle Werte $\geqq 3$ von p, so daß eine konkave, zunehmende Funktion entsteht, dann gilt

$$S = P_1 + \cdots + P_n \leqq T(p_1) + \cdots + T(p_n) \leqq n\,T(\bar{p}) \leqq n\,T(6) = ns,$$

w. z. b. w.

Die obigen Beweise zeigen unmittelbar, daß unsere Sätze ihre Gültigkeit auch unter der allgemeineren Bedingung behalten, daß die Bereiche anstatt kongruent zu sein, durch inhaltstreue Affinitäten ineinander überführt werden können. So ist z. B. die Lagerungsdichte nicht nur im Falle von kongruenten Kreisen, sondern auch im Falle inhaltsgleicher Ellipsen $\leqq \dfrac{\pi}{\sqrt{12}}$.

Zum Schluß sei noch bemerkt, daß im zweiten Satz die Beschränkung bezüglich der Schnittpunktzahl der Begrenzungskurven der Deckbereiche überflüssig zu sein scheint. Diese Einschränkung vermindert einerseits die Schönheit des zweiten Satzes und stört andererseits die Analogie zwischen den beiden Sätzen. Es wäre daher sehr wünschenswert, den zweiten Satz von dieser Beschränkung zu befreien.

Mit den oben bewiesenen Sätzen sind die aus den genannten Quellen (2, 1) und (2, 2) entspringenden Ergebnisse allmählich zu einem Bächlein angeschwollen. Wir verlassen nun auf eine Weile diesen Bach, um uns auf einigen Nachbargebieten umzusehen. In Abschnitt V werden wir den Lauf unseres Baches weiter verfolgen.

§ 11. Ein Lagerungsproblem bezüglich der Affinlänge.

Wir betrachten eine große, jedoch fest vorgegebene Anzahl von beliebigen Eibereichen, die in ein vorgegebenes Gebiet eingelagert sind. Wie müssen die Bereiche gewählt und angeordnet werden, damit der totale Affinumfang der Bereiche möglichst groß ausfällt? Diese Frage beantworten wir im folgenden Satz:

Sind in einem konvexen Sechseck S n Eibereiche eingelagert, so gilt für ihren Gesamtaffinumfang Λ

$$\Lambda^3 \leqq 72 n^2 S. \tag{1}$$

Gleichheit gilt nur für ein affin reguläres Sechseck mit einem einzigen einbeschriebenen affin regulären Parabelbogensechsseit. Jedoch kann der Quotient $\dfrac{\Lambda^3}{n^2}$ beliebig nahe an $72 S$ heranrücken, wenn in S eine große Anzahl von kleinen kongruenten affin regulären Parabelbogensechsseiten in der dichtesten Packung eingelagert sind.

Bedeutet A die Anzahldichte und λ die durchschnittliche Affinlänge eines unendlichen Systems von nicht übereinandergreifenden Eibereichen, so folgt aus dem obigen Satz die Ungleichung

$$A \lambda^3 \leqq 72. \tag{2}$$

Beachtenswert sind hier die sehr allgemeinen Voraussetzungen: weder die Gestalt noch die Anordnung der Bereiche ist durch irgendeine Regularitätsbedingung beschränkt. Die Kongruenz der Bereiche sowie ihre reguläre Gestalt und Anordnung sind spontane Folgerungen der einzigen Extremalforderung, daß der durchschnittliche Affinumfang der Bereiche bei vorgegebener Anzahldichte den größtmöglichen Wert annimmt.

Ein analoges Ergebnis ist uns schon bekannt, und zwar die Ungleichung (7, 5). Diese läßt sich nämlich auch so aussprechen, daß der Gesamtumfang der Inkreise der im obigen Satz betrachteten Gebiete

$$\leqq \sqrt{\frac{\pi n S}{\sqrt{3}}} \text{ ausfällt.}$$

Ein Vergleich der Ungleichungen (1) und (7, 5) für kongruente Kreise zeigt folgendes. Die Ungleichung (7, 5) ergibt in diesem Fall die genaue Abschätzung für die Kreislagerungsdichte D in S, nämlich $D \leqq \dfrac{\pi}{\sqrt{12}}$. Dagegen folgt aus der Ungleichung (1) nur $D < \dfrac{9}{\pi^2} = 0{,}9119\ldots$ Diese Konstante übertrifft $\dfrac{\pi}{\sqrt{12}}$ um weniger als 0,6 %. Die Tatsache, daß die Ungleichung (1) bezüglich des Problems der dichtesten Kreislagerung eine gute, wenn auch nicht die bestmögliche Abschätzung der Lagerungsdichte ergibt, war von vornherein zu erwarten, da ein reguläres Parabelbogensechsseit kaum von einem Kreis abweicht (Abb. 83).

Zum Beweis der Ungleichung (1) betten wir die in S liegenden Gebiete $G_1, \ldots, G_n$ — in gleicher Weise wie im Beweis von (10, 1) — in je ein konvexes Vieleck P_i ein. Dann gilt nach (II, 6, 1)

$$\lambda_i \leqq 2 P_i^{\frac{1}{3}} \left(p_i \sin \frac{\pi}{p_i} \right)^{\frac{2}{3}},$$

wobei λ_i den Affinumfang von G_i und p_i die Seitenzahl von P_i bedeuten.

Wir zeigen nun, daß die Funktion

$$F(x, y) = x^{\frac{1}{3}} \left(y \sin \frac{\pi}{y} \right)^{\frac{2}{3}};$$

$$x \geqq 0, \quad y \geqq 3$$

Abb. 83.

konkav ist. Allgemeiner: ist $\varphi(y)$ eine für $y \geqq a$ erklärte positive konkave Funktion und α, β zwei Zahlen, für die $0 < \alpha, \beta < 1$, $\alpha + \beta = 1$ gilt, so ist die Funktion

$$z = x^\alpha [\varphi(y)]^\beta; \quad x \geqq 0; \quad y \geqq a$$

konkav. Es ist nämlich

$$z_{xx} z_{yy} - z_{xy}^2 = - \alpha \beta (1 - \alpha) x^{2\alpha - 2} \varphi^{2\beta - 1} \varphi'' \geqq 0,$$

womit die Konkavität bewiesen ist.

Folglich gilt nach der JENSENschen Ungleichung und wegen der Monotonie von $F(x, y)$ in beiden Veränderlichen

$$\lambda_1 + \cdots + \lambda_n \leqq 2 [F(P_1, p_1) + \cdots + F(P_n, p_n)] \leqq 2n F\left(\frac{S}{n}, 6 \right).$$

Das ist aber eben die Ungleichung (1). Der Fall der Gleichheit leuchtet ein.

§ 12. Über eine Mittelwertformel.

Wir sahen im § 4, daß die Maximalzahl n der Einheitskreise, die in einem konvexen Gebiet $T (\geqq \sqrt{12})$ ohne Störung Platz haben, $n \leqq \dfrac{T}{\sqrt{12}}$ ausfällt. Ferner sahen wir, daß die Mindestzahl N der Einheitskreise, durch die ein konvexes Gebiet $T \left(\geqq \dfrac{\sqrt{27}}{2} \right)$ überdeckt werden kann, $N \geqq \dfrac{2T}{\sqrt{27}}$ ist. Wir wollen nun umgekehrt n von unten und N von oben abschätzen. Derartige Abschätzungen lassen sich nach HADWICER in eleganter Weise mit Hilfe einer Mittelwertformel angeben, die außer den obigen Fragen vielgestaltige Anwendungsmöglichkeiten gestattet.

Werfen wir auf die Ebene eines unendlichen Systems von konvexen Bereichen aufs Geratewohl eine konvexe Scheibe, so bezieht sich die fragliche Formel auf die zu erwartende Anzahl der von der Scheibe getroffenen Bereiche.

Allgemeiner betrachten wir statt konvexer Bereiche ein System von einfach zusammenhängenden Gebieten $T_1, T_2, \ldots$. In der Ebene dieses Systems bewege sich ein weiteres einfach zusammenhängendes Gebiet T. Wir stellen in einer gewissen Lage von T die Anzahl $s(T, T_i)$ derjenigen einfach zusammenhängenden Stücke fest, aus der sich der Durchschnitt $T T_i$ zusammensetzt, und betrachten die totale Stückzahl

$$S(T) = \sum_{i=1}^{\infty} s(T, T_i).$$

Sind alle Bereiche konvex, so ist $S(T)$ nichts anderes als die Anzahl der von T getroffenen Gebiete des Systems $\{T_i\}$.

Wir definieren nun die *mittlere Stückzahl* $\bar{S}$ durch den Grenzwert

$$\bar{S} = \lim_{h \to \infty} \frac{{}^R\!\int S(T)\, dT}{{}^R\!\int dT},$$

wobei dT die kinematische Dichte von T und ${}^R\!\int$ die Integration über alle Lagen von T bedeutet, für welche T mit dem Kreis $K(R)$ vom Radius R noch Punkte gemeinsam hat.

Nach dieser Definition verifiziert man leicht den folgenden Satz:

In der Ebene eines vorgegebenen Systems von einfach zusammenhängenden Gebieten $T_1, T_2, \ldots$ gleichmäßig beschränkter Durchmesser bewege sich ein weiteres einfach zusammenhängendes Gebiet T vom Umfang L. Existiert die Anzahldichte A des Bereichsystems sowie der mittlere Flächeninhalt $\bar{T}$ und Umfang $\bar{L}$ der Bereiche, so existiert auch die mittlere Gesamtstückzahl $\bar{S}$ der Durchschnitte $TT_1, TT_2, \ldots$, und es gilt

$$\bar{S} = A\left(T + \bar{T} + \frac{L\bar{L}}{2\pi}\right). \tag{1}$$

Betrachten wir nämlich das Funktional χ, das jedem Gebiet T_i die Zahl

$$\chi_i = \frac{1}{2\pi} \int s(T, T_i)\, dT$$

zuordnet, so ist nach der kinematischen Hauptformel (II, 7, 3)

$$\chi_i = T + T_i + \frac{L L_i}{2\pi}.$$

Folglich ist der Mittelwert dieses Funktionals

$$\bar{\chi} = T + \bar{T} + \frac{L\bar{L}}{2\pi}.$$

Weiterhin haben wir einerseits

$$2\pi \sum_R \chi_i \leqq {}^R\!\int S(T)\,dT \leqq 2\pi \overset{R+\delta}{\sum} \chi_i,$$

andererseits $2\pi^2 R^2 \leqq {}^R\!\int dT \leqq 2\pi^2 (R+\delta)^2$, wobei δ den Durchmesser von T bedeutet. Also ist $\overline{S}$ nichts anderes als die Dichte

$$D(\chi) = \lim_{R\to\infty} \frac{\sum_R \chi_i}{\pi\,R^2} = \lim_{R\to\infty} \frac{\overset{R}{\sum}\chi_i}{\pi\,R^2}$$

des Funktionals χ. Es gilt daher tatsächlich $\overline{S} = A\,\overline{\chi}$.

Wir wenden die Mittelwertformel (1) auf den Fall an, in dem das Gebiet T sich in seinem eigenen Einheitsgitter bewegt. Dieses Bereichsgitter entsteht so, daß T denjenigen Translationen unterworfen wird, die einen bestimmten Punkt von T etwa in Punkte mit ganzzahligen Koordinaten überführen. Mit Rücksicht auf $A = 1$, $\overline{T} = T$ und $\overline{L} = L$ ist dann

$$\overline{S} = 2T + \frac{L^2}{2\pi}\,.$$

Da ferner die Begrenzungskurve von T als ein einfach zusammenhängendes Gebiet vom Flächeninhalt Null und vom Umfang $2L$ aufgefaßt werden kann, so gilt für die mittlere Schnittpunktzahl der Begrenzungskurven

$$\overline{S}' = \frac{2L^2}{\pi}\,.$$

Durch Kombination der beiden letzteren Gleichheiten ergibt sich die von HADWIGER herrührende schöne isoperimetrische Gleichheit

$$L^2 - 4\pi\,T = \pi\,\overline{S' - 2S}.$$

Man beachte hier, daß zu jedem der einfach zusammenhängenden Stücke, aus denen der Durchschnitt von zwei kongruenten Gebieten

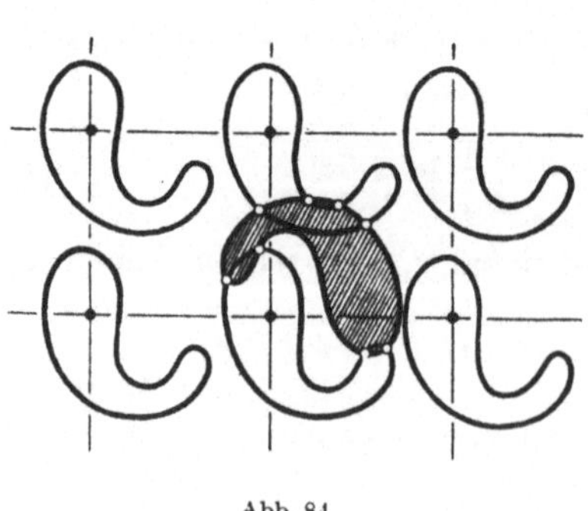

Abb. 84.

zusammengesetzt ist, wenigstens zwei Schnittpunkte gehören. Mithin ist in jeder Lage von T die Schnittpunktzahl $S' \geqq 2\,S$, also offenbar $\overline{S' - 2S} \geqq 0$.

Besonders einfach werden die Verhältnisse bei konvexen Gebieten. Hier ist das isoperimetrische Defizit, abgesehen vom Faktor π, der mittlere Überschuß der Schnittpunktzahl über die zweifache Treffzahl.

Wir kehren nun zu unseren Ausgangsproblemen zurück. Betrachten wir das System der Flächen des entarteten regulären Polyeders $\{6, 3\}$ der Kantenlänge Eins. In diesem Sechsecksystem ist $A = \dfrac{2}{\sqrt{27}}$, $\overline{T} = \dfrac{\sqrt{27}}{2}$

und $\bar{L} = 6$. Bewegt sich in unserem System ein einfach zusammenhängendes Gebiet T der Randlänge L, so ist die mittlere Stückzahl

$$\bar{S} = \frac{2}{3\sqrt{3}}\,T + \frac{2}{\pi\sqrt{3}}\,L + 1.$$

Ist z. B. $\bar{S} = 7,6$, so gibt es eine Lage von T, für die $S \leq [7,6] = 7$ ausfällt (Abb. 85). Da ferner einerseits die Anzahl der von T getroffenen Sechsecke in keiner Lage von T die Stückzahl S übertreffen kann, andererseits die getroffenen Sechsecke T überdecken, so gibt es eine Lage von T, in der T durch höchstens 7 Sechsecke des Pflastersystems überdeckt wird. Bedenkt man noch, daß in dieser Lage T natürlich auch durch die Umkreise der betreffenden Sechsecke überdeckt wird, so läßt sich allgemein schließen:

Es genügen stets

$$\left[\frac{2}{3\sqrt{3}}\,T + \frac{2}{\pi\sqrt{3}}\,L + 1\right]$$

Einheitskreise, um einen einfach zusammenhängenden Bereich T der Randlänge L zu überdecken.

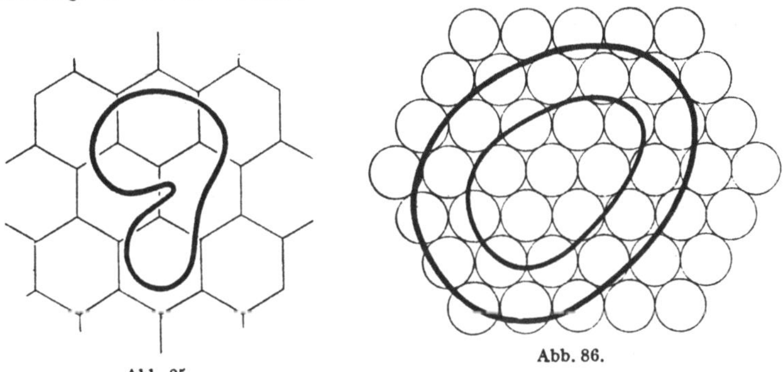

Abb. 85.   Abb. 86.

Es sei nun T ein konvexes Gebiet, dessen Inkreishalbmesser $\varrho \geq 2$ ist; T_{-2} bedeute sein inneres Parallelgebiet im Abstand 2 und L_{-2} den Umfang von T_{-2}. Wir bewegen T_{-2} im System der dichtesten Lagerung von Einheitskreisen (Abb. 86). Hierbei ist $A = \dfrac{1}{\sqrt{12}}$, $\bar{T} = \pi$ und $\bar{L} = 2\pi$; folglich ist die mittlere Anzahl der von T_{-2} getroffenen Einheitskreise

$$\bar{S} = \frac{1}{\sqrt{12}}(T_{-2} + L_{-2} + \pi).$$

Da aber die von T_{-2} getroffenen Einheitskreise offenbar in T liegen, so können wir behaupten:

Die Anzahl der Einheitskreise, die in ein konvexes Gebiet T vom Inkreishalbmesser $\varrho \geq 2$ eingelagert werden können, ist nicht geringer als

$$\frac{1}{\sqrt{12}}(T_{-2} + L_{-2} + \pi),$$

wo T_{-2} und L_{-2} den Inhalt bzw. Umfang des inneren Parallelbereiches von T vom Abstand 2 bedeuten.

Für einen Kreis vom Halbmesser R ist diese Zahl

$$\frac{\pi}{\sqrt{12}}\,(R - 1)^2,$$

für ein Quadrat der Seitenlänge a

$$\frac{1}{\sqrt{12}}\,(a^2 - 4a + \pi).$$

Zum Schluß wenden wir noch die Mittelwertformel (1) auf ein Punktsystem der Anzahldichte A an. Jetzt ist die mittlere Anzahl $\overline{N}$ der im bewegten Gebiet T liegenden Punkte wegen $\overline{T} = \overline{L} = 0$

$$\overline{N} = A\,T.$$

Führen wir den Beweis in diesem Sonderfall direkt aus, so erkennen wir, daß man auf die Voraussetzung des einfachen Zusammenhangs von T verzichten kann, und daß die gleiche Mittelwertsformel auch dann gilt, wenn wir T nicht allen Bewegungen, sondern nur den Translationen unterwerfen. Folglich kann ein Bereich T in der Ebene eines Punktsystems der Anzahldichte A stets so verschoben werden, daß die Anzahl der bedeckten Punkte des Systems nicht geringer als AT ist. Dies ist eine etwas allgemeinere Fassung eines sich auf Punktgitter beziehenden Theorems von BLICHFELDT [1].

Betrachtet man das System der Eckpunkte eines Polyeders {3, 6} der Kantenlänge Eins, so ergibt sich, daß die Anzahl der Punkte vom Mindestabstand 1, die in einem Gebiet T Platz haben, nicht kleiner ist als $\dfrac{2\,T}{\sqrt{3}}$.

§ 13. Geschichtliche Bemerkungen.

A. THUE [1] hat auf dem skandinavischen Mathematikerkongreß 1892 einen Satz bewiesen, der sich folgendermaßen aussprechen läßt: Greifen wir aus dem Polyeder {3, 6} der Kantenlänge Eins eine endliche Anzahl von Flächen heraus, und enthält die Vereinigungsmenge F dieser Flächen n Eckpunkte, so ist die Anzahl der Punkte, die mit Mindestabstand Eins in F Platz haben, höchstens n. Aus diesem Satz folgt die Ungleichung (2, 1) und damit die Lösung des Problems der dichtesten Kreislagerung. In einer späteren Arbeit [2] kehrt THUE auf das Problem der dichtesten Kreislagerung wieder zurück. Erwähnen wir bei dieser Gelegenheit ein mit dem THUEschen Satz analoges Resultat: die Vereinigungsmenge von n Flächen des Polyeders {6, 3} vom Flächeninkreisradius Eins kann höchstens n nicht übereinandergreifende Einheitskreise enthalten. Im entgegengesetzten Fall ließen sich nämlich die herausgewählten Flächen durch Hinzufügung weiterer

Flächen zu einem Pflastergebiet ergänzen, in dem mehr Einheitskreise Platz hätten als Flächen, was der Bemerkung im § 4 widerspricht.

Die Lösung des Problems der dünnsten Kreisüberdeckung durch den Beweis der Ungleichung (2, 2) findet sich bei KERSHNER [1]. Bezüglich der Tatsache, daß bei der günstigsten Überdeckung eines Gebietes durch kleine kongruente Kreise das System der Kreismittelpunkte „angenähert" ein gleichseitiges Dreiecksgitter bildet, bemerkt KERSHNER, daß es nicht leicht ist, eine diesbetreffende exakte Aussage zu machen. Eine derartige Aussage ist im § 3 in der Behauptung enthalten, daß die extremalen Kreissysteme wabenartig sind.

Die Ungleichungen (2, 1) und (2, 2) wurden, unabhängig von THUE und KERSHNER, auf anderem Wege vom Verfasser [3, 8, 11] neu entdeckt. Weitere Beweise bzw. Verschärfungen von (2, 1) bzw. (2, 2) finden sich in Arbeiten von SEGRE und MAHLER [1], HADWIGER [3] und VERBLUNSKY [1]. Die Sätze der Paragraphen 4 bis 11 rühren vom Verfasser [15, 17, 26, 28, 31, 32, 37] her; die des Paragraphen 8 sind z. T. neu.

Eine zu (10, 1) analoge Ungleichung, die sich aber nur auf den Fall bezieht, daß die eingelagerten Gebiete homothetisch sind, fand vorher auf einem völlig verschiedenen Weg ROGERS [1]. Andererseits reicht in dem genannten Sonderfall die Ungleichung von ROGERS etwas weiter als (10, 1), da sie für nicht zentralsymmetrische Scheiben schärfer ist und sich nicht nur auf Sechsecke, sondern auf beliebige konvexe Gebiete bezieht. Mit Hilfe dieser Ungleichung läßt sich die im Paragraph 10 erwähnte Folgerung aus (10, 1) bezüglich der Lagerungsdichte zentralsymmetrischer Eibereiche noch dadurch ergänzen, daß sie ihre Gültigkeit im Falle homothetischer Eibereiche auch für Bereiche ohne Mittelpunkt behält. Für nicht parallel orientierte Eibereiche trifft dies natürlich nicht zu. Es läßt sich aber vermuten, daß die Lagerungsdichte eines unendlichen Systems beliebiger kongruenter Eibereiche nie größer ist als die Dichte der dichtesten *regulären* Lagerung. ROGERS gibt auch interessante zahlentheoretische Anwendungen seiner Ungleichung. Bezüglich der Ungleichung (10, 2) vgl. die Arbeit von BAMBAH und ROGERS [1].

Der Sonderfall der Formel (12, 1), in dem das System $\{T_i\}$ ein Bereichsgitter ist, sowie die im § 12 behandelten Anwendungen derselben Formel rühren von HADWIGER [1, 2] her. In der angegebenen allgemeinen Gestalt ist die Formel bei Verfasser und HADWIGER [1, 2] zu finden.

Um weitere Gesichtspunkte zu gewinnen, erwähnen wir noch einige Ergebnisse bzw. Probleme. Wir beginnen mit folgendem Satz: Aus der Vereinigungsmenge V von kongruenten homothetischen Dreiecken läßt sich stets eine Teilmenge T von nicht übereinandergreifenden Dreiecken vom Gesamtinhalt $T \geqq \dfrac{V}{6}$ herausgreifen. Dabei läßt sich die Konstante $\frac{1}{6}$ durch keine größere ersetzen. Dieser Satz sowie eine Reihe von analogen Sätzen bezüglich kongruenter Kreise, homothetischer Quadrate usw. finden sich bei R. RADO [1]. Siehe auch MARCINKIEWICZ u. ZYGMUND [1] und T. RADO [2].

Wir nennen ein System von Gebieten *trennbar*, wenn es eine Gerade g gibt, die durch keinen inneren Punkt eines Gebietes des Systems hindurchgeht, so daß auf beiden Seiten von g wenigstens ein Gebiet des Systems liegen soll. Nach einem von A. W. GOODMAN und R. E. GOODMAN [1] bewiesenen Satz läßt sich jedes nicht trennbare System von Kreisen mit den Radien $r_1, \ldots, r_n$ durch einen Kreis vom Radius $r_1 + \cdots + r_n$ überdecken. Dieser naheliegende, aber nicht triviale Satz wurde vorher von P. ERDÖS als Vermutung ausgesprochen. Weitere Ergebnisse bezüglich nicht trennbarer Systeme finden sich bei HADWIGER [5].

Wir betrachten nun ein endliches System von Kreisen mit der Eigenschaft, daß kein Kreis den Mittelpunkt eines anderen in seinem Inneren enthält. Dann gilt der von REIFENBERG [1] sowie von BATEMAN und ERDÖS [1] bewiesene Satz, nach dem der kleinste Kreis höchstens mit 18 weiteren Kreisen des Systems gemeinsame Punkte besitzen kann. Die Zahl 18 läßt sich durch keine kleinere ersetzen. Die Abbildung 87 zeigt ein System von kongruenten Kreisen mit der obigen Eigenschaft, wobei in den mittleren Kreis 18 weitere Kreise hineingreifen. Den schwächeren Satz, der aus dem obigen durch Ersetzung der Zahl 18 durch 21 entsteht, fand BESICOVITCH [1].

Abb. 87.

Der Satz mit der Zahl 18 ist äquivalent mit dem folgenden: Die Maximalzahl der Punkte mit Mindestabstand 1, die in einem Kreis vom Halbmesser 2 so eingelagert werden können, daß einer von ihnen in den Kreismittelpunkt fällt, beträgt 19. Lassen wir die Bedingung, daß ein Punkt im Kreismittelpunkt liegen soll, fallen, so stimmt die Maximalzahl der Punkte mit der Anzahl n der Kreise vom Halbmesser $\frac{1}{2}$ überein, die in einen Kreis vom Halbmesser 2,5 eingelagert werden können. (4, 1) ergibt für n die Abschätzung $\dfrac{\pi}{4} n < \dfrac{\pi}{\sqrt{12}} \pi \dfrac{25}{4}$, d. h. $n < \dfrac{\pi}{\sqrt{12}} 25 < 23$.

Betrachten wir ein System von Kreisen mit der Eigenschaft, daß je zwei Kreise einen gemeinsamen Punkt besitzen. Dann gibt es im allgemeinen keinen Punkt, der jedem Kreis angehört, oder anschaulich gesagt, können die Kreise im allgemeinen nicht mit einer Nadel durchstochen werden. Nun hat T. GALLAI die Vermutung ausgesprochen, daß eine vom System unabhängige natürliche Zahl n existiert, so daß jeder Kreis eines Systems mit der obigen Eigenschaft mit Hilfe von n Nadeln durchstochen werden kann. P. UNGÁR und G. SZEKERES haben gezeigt, daß die Vermutung richtig ist und $n = 7$ gewählt werden kann. Den verhältnismäßig einfachen Beweis überlassen wir dem Leser. Nach einer weiteren Vermutung von GALLAI lassen sich die Kreise schon mit 5 Nadeln durchstechen.

Der Ausgangspunkt des Problems von GALLAI war ein allgemeiner Satz von HELLY [1], der im zweidimensionalen Fall besagt, daß in einem System von konvexen Gebieten mit der Eigenschaft, daß je drei Gebiete einen gemeinsamen Punkt besitzen, die Gebiete zugleich einen einzigen gemeinsamen Punkt aufweisen.

Wir sprechen die Vermutung aus, daß für die untere Grenze l_n der Längen derjenigen Streckenzüge mit n Strecken, die $n + 1$ Punkte eines Punktsystems der Anzahldichte A verbinden, $l_n \leqq n \sqrt{\dfrac{2}{\sqrt{3}\,A}}$ gilt. Der Fall $n = 1$ ist mit (2, 3) gleichwertig. Dagegen scheint schon der Fall $n = 2$ Schwierigkeiten zu begegnen.

Die folgende weitere Vermutung steht in engem Zusammenhang mit der vorigen: Wir verteilen in einem konvexen Gebiet T n Punkte so, daß der die Punkte verbindende kürzeste Streckenzug sein Maximum L_n erreicht. Dann ist $\lim\limits_{n \to \infty} \dfrac{L_n^2}{n} = \dfrac{2T}{\sqrt{3}}$. Dies bedeutet, daß n Punkte eines konvexen Gebietes T sich stets durch einen Streckenzug von der Länge $\approx 1{,}076 \sqrt{n\,T}$ verbinden lassen. Liegen die Punkte in den Ecken eines gleichseitigen Dreiecksgitters, so kommt man mit einem kürzeren Weg nicht aus. Ist T ein Einheitsquadrat, so gilt nach VERBLUNSKY [2] $L_n < \sqrt{2{,}8\,n} + 2$.

Ein interessantes Überdeckungsproblem wurde von TARSKI aufgeworfen und durch BANG [1, 2] gelöst: Ist ein konvexes Gebiet durch n Streifen der Breite $d_1, \ldots, d_n$ bedeckt, so läßt es sich schon durch einen Streifen der Breite $d_1 + \cdots + d_n$ überdecken. Ein vereinfachter Beweis rührt von FENCHEL [1] her.

Ein noch nicht vollkommen gelöstes Problem ist folgendes: Der wievielte Teil der Ebene läßt sich durch kongruente Kreise *einfach* überdecken? Wir gehen von der dichtesten Kreislagerung aus und vergrößern die Kreise konzentrisch, bis jeder Kreis von den sechs benachbarten in den Ecken eines regulären 12-Eckes geschnitten wird. Das entstehende Kreissystem überdeckt $100\left(\sqrt{48} - 6\right) = 92{,}8\ldots\%$ der

Ebene einfach, und es ist anzunehmen, daß diese Zahl durch kein Kreissystem übertroffen werden kann. Wir beweisen diese Vermutung unter der Beschränkung, daß kein Punkt der Ebene von mehr als zwei Kreisen bedeckt ist.

Es sei S ein konvexes Sechseck und Ω ein System von endlich vielen in S liegenden kongruenten Kreisen. Bezeichnen wir den von den Kreisen i-fach bedeckten Teil von S mit S_i, so ist einerseits nach (8, 3)

$$S_1 + S_2 + S_3 + \cdots = \Omega\,S \leqq \overline{\Omega}\,\overline{S},$$

andererseits

$$S_1 + 2S_2 + 3S_3 + \cdots = \Omega = \overline{\Omega}.$$

Hieraus folgt

$$S_1 - S_3 - 2S_4 - \cdots \leqq 2\overline{\Omega}\,\overline{S} - \overline{\Omega}.$$

Spiegeln wir den Kreis $\overline{\Omega}$ an den sechs Seiten von $\overline{S}$, so bedeutet $2\overline{\Omega}\,\overline{S} - \overline{\Omega}$ den Inhalt desjenigen Teiles von $\overline{S}$, der durch $\overline{\Omega}$ und seine Spiegelbilder genau einfach bedeckt ist. Es läßt sich leicht zeigen, daß der Inhalt dieses Gebietes bei festem $\overline{S}$ dann sein Maximum erreicht, wenn die Begrenzungslinien von $\overline{\Omega}$ und $\overline{S}$ einander in den Ecken eines regulären 12-Ecks schneiden. Der Wert des Maximums beträgt $\left(\sqrt{48} - 6\right)\overline{S}$. Setzen wir noch voraus, daß für $i > 2$ $S_i = 0$ ist, so haben wir $\dfrac{S_1}{S} \leqq \sqrt{48} - 6$. Hieraus ergibt sich unsere Behauptung durch den Grenzübergang $S \to \infty$.

Die oben ausgesprochene Vermutung läßt sich so umformen: Wirft man auf die Ebene eines vorgegebenen Punktsystems aufs Geratewohl einen Kreis, so ist die Wahrscheinlichkeit, daß der Kreis genau einen Punkt des Systems enthält $\leqq \sqrt{48} - 6$. Gilt diese Vermutung auch dann, wenn statt eines Kreises eine beliebige konvexe Scheibe in Betracht gezogen wird?

Nach einer Vermutung von HEILBRONN lassen sich aus n Punkten eines Einheitsquadrats stets drei Punkte so herausgreifen, daß der Inhalt des von ihnen bestimmten Dreiecks $\Delta < \dfrac{c}{n^2}$ ausfällt, wo c eine numerische Konstante bedeutet. In dieser Richtung ist nur die grobe Abschätzung von ROTH [1] $\Delta < \dfrac{c}{n\,\sqrt{\log\log n}}$ bekannt.

Was läßt sich über das Dreieck vom kleinsten Umfang aussagen?

Ein Punkt und eine durch ihn hindurchgehende Gerade wird Linienelement genannt. Zwei Linienelemente bestimmen ein Dreieck Δ; $\Delta^{\frac{1}{3}}$ nennen wir Affinabstand der Linienelemente (vgl. BLASCHKE [3]). Legen wir in ein Einheitsquadrat n kurze Strecken, die je ein Linienelement repräsentieren. Der von ihnen bestimmte kleinste Affinabstand sei λ. Ein weiteres, mit dem HEILBRONNschen Problem analoges

Problem ist eine nur von n abhängige Abschätzung nach oben für λ anzugeben.

Weitere Probleme entspringen aus folgendem allgemeinem Begriff: Ein System von Gebieten werde in bezug auf das Gebiet G gesättigt genannt, falls in die Ebene kein zu G kongruentes Gebiet gelegt werden kann, ohne ein Gebiet des Systems zu treffen. Wir können dann z. B. fragen: Welches ist das dünnste System von Einheitskreisen, das bezüglich eines vorgegebenen Quadrates gesättigt ist?

IV. Packungs- und Deckungswirtschaftlichkeit einer Scheibenfolge.

Gesucht werden diejenigen konvexen Bereiche, mit denen sich die Ebene 1. am schlechtesten ausfüllen, 2. am unwirtschaftlichsten überdecken läßt. Es handelt sich also in einem gewissen Sinn um die polaren Gegenstücke der konvexen Pflasterbereiche. Diese Probleme scheinen recht schwierig zu sein und sind bisher noch nicht gelöst. Im vorliegenden Abschnitt versuchen wir, die Anfangsschritte in Richtung der Lösung zu tun. In § 1 werden die analogen Probleme für gitterförmige Anordnungen gelöst. In § 2 wenden wir uns den entsprechenden Problemen für Bereiche mit Mittelpunkt zu. Dann führen wir die im Titel dieses Abschnittes genannten Begriffe ein, die berufen sind, die Rolle der Dichten der dichtesten Ausfüllung und der dünnsten Überdeckung durch kongruente Bereiche im Falle von inkongruenten Bereichen zu übernehmen. Schließlich betrachten wir die Frage, welcher Ausfüllungs- oder Überdeckungseffekt mit einer großen Anzahl konvexer Scheiben erzielt werden kann, wenn wir erlauben, jede Scheibe in eine vorgegebene Anzahl geeigneter Stücke zu zerschneiden.

§ 1. Extremaleigenschaften des Dreiecks.

Wir bezeichnen den Bereich, der aus G durch Verschiebung um den Vektor $\mathfrak{a}$ entsteht, mit $G + \mathfrak{a}$. Es seien $\mathfrak{a}$ und $\mathfrak{b}$ zwei in der Ebene von G liegende linear unabhängige Vektoren. Wir sagen, daß die Gesamtheit der Bereiche

$$G_{ij} = G + i\mathfrak{a} + j\mathfrak{b}; \quad i, j = \cdots, -2, -1, 0, 1, 2, \ldots$$

ein *Bereichsgitter* bilden. Haben die Bereiche des Gitters keinen gemeinsamen inneren Punkt, so nennen wir das Gitter *separiert*. Wird dagegen die Ebene durch die Bereiche vollständig überdeckt, so sprechen wir von einem *Deckgitter*.

Betrachten wir einen zum Gitter gehörigen Pflasterbereich P, der dadurch charakterisiert ist, daß die Gebiete

$$P_{ij} = P + i\mathfrak{a} + j\mathfrak{b}; \quad i, j = 0, \pm 1, \pm 2, \ldots$$

die Ebene, abgesehen von den Randpunkten der Bereiche P_{ij}, schlicht und lückenlos bedecken. Ein solcher Pflasterbereich ist z. B. das sogenannte *Grundparallelogramm*, d. h. die Menge der Endpunkte der von einem festen Punkt aufgetragenen Vektoren

$$\lambda \mathfrak{a} + \mu \mathfrak{b}; \quad 0 \leqq \lambda, \mu \leqq 1.$$

Dann läßt sich die Dichte des Bereichsgitters durch den Quotienten $\dfrac{G}{P}$ erklären. Diese Erklärung stimmt natürlich mit unserer vorigen Definition überein. Es läßt sich leicht zeigen, daß es zu jedem konvexen Bereich ein dichtestes separiertes Gitter und ein dünnstes Deckgitter gibt.

Nach diesen Erklärungen und Bemerkungen beweisen wir folgende, von FÁRY [1] herrührende schöne Sätze.

Die Dichte $d(G)$ des dichtesten separierten Gitters eines konvexen Bereiches G ist

$$d(G) \geq \tfrac{2}{3} \tag{1}$$

und Gleichheit wird nur für ein Dreieck erreicht.

Die Dichte $D(G)$ des dünnsten Deckgitters eines konvexen Bereiches G ist

$$D(G) \leqq \tfrac{3}{2} \tag{2}$$

und Gleichheit gilt nur für ein Dreieck.

Die Abb. 88 stellt das dichteste separierte Gitter eines Dreiecks dar. Im dünnsten Deckgitter eines Dreiecks greifen die Dreiecke so übereinander, daß sie eine affin reguläre Ebenenzerlegung {3, 6} ergeben.

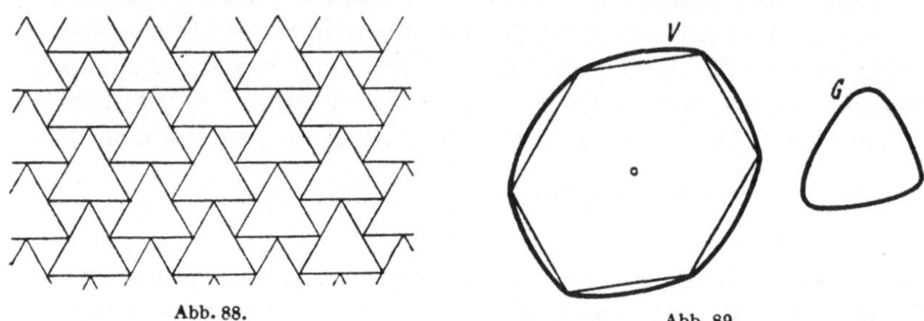

Abb. 88.   Abb. 89.

Zum Beweis von (1) betrachten wir den sogenannten *Vektorbereich* V des konvexen Bereiches G, der entsteht, indem wir jeden in G liegenden Vektor von einem festen Punkt O aus auftragen. V ist ein zentralsymmetrischer Bereich mit dem Mittelpunkt O. Offenbar gibt es zu jedem Randpunkt Q_1 von V ein V einbeschriebenes affin reguläres Sechseck $Q \equiv Q_1 \ldots Q_6$. Diesem Sechseck ordnen wir dasjenige G einbeschriebene Sechseck $P \equiv P_1 \ldots P_6$ zu, für das

$$\overrightarrow{P_{i+3} P_i} = \overrightarrow{O Q_i}; \quad i = 1, \ldots, 6, \ P_{i+6} = P_i$$

ausfällt.

Betrachten wir das von G durch die Vektoren $\mathfrak{a} = \overrightarrow{P_1 P_4}$ und $\mathfrak{b} = \overrightarrow{P_2 P_5}$ erzeugte Bereichsgitter. Wir behaupten, daß dieses Gitter separiert ist. Um dies einzusehen, beachten wir, daß mit Rücksicht auf die Tatsache, daß Q affin regulär ist, $\overrightarrow{OQ_3} = \overrightarrow{OQ_2} - \overrightarrow{OQ_1}$ und folglich $\overrightarrow{P_3 P_6} = \overrightarrow{P_2 P_5} - \overrightarrow{P_1 P_4} = \mathfrak{b} - \mathfrak{a}$ ausfällt. Andererseits sind die Vektoren $\overrightarrow{P_1 P_4}$, $\overrightarrow{P_2 P_5}$ und $\overrightarrow{P_3 P_6}$ unter den in G liegenden, zu ihnen selbst parallelen Vektoren die längsten. Folglich hat G mit den Gebieten

$$G + \mathfrak{a},\ G + \mathfrak{b},\ G + \mathfrak{b} - \mathfrak{a},\ G - \mathfrak{a},\ G - \mathfrak{b},\ G - \mathfrak{b} + \mathfrak{a}$$

gemeinsame Randpunkte, aber keine gemeinsamen inneren Punkte, womit unsere Behauptung bewiesen ist.

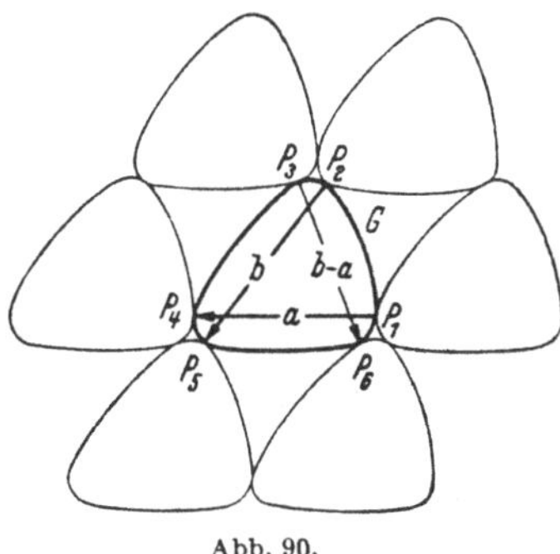

Abb. 90.

Wir zeigen jetzt, daß Q_1 so gewählt werden kann, daß $P_2 P_6 \parallel P_3 P_5$ wird. Um dies einzusehen, können wir uns offenbar auf einen Bereich beschränken, dessen Rand keine geradlinige Strecke enthält. Dann ist die Zuordnung von P zu Q eindeutig, und der Schnittpunkt S von $P_2 P_6$ und $P_3 P_5$ ändert sich stetig, wenn Q_1 sich auf dem Rand von V bewegt, es sei denn, daß S ins Unendliche rückt. Bewegen wir also Q_1 bis in den Punkt Q_4 des ursprünglichen Sechsecks Q; dann befinden sich S und P in ihrer ursprünglichen Lage; da aber inzwischen P_1 und P_4 ihre Plätze gewechselt haben, ist S von der einen Seite von $P_1 P_4$ auf die andere übergegangen. Da ferner S nie auf $P_1 P_4$ liegen kann, kann sich dieser Übergang nur durch einen unendlich fernen Punkt vollziehen, womit unsere Behauptung dargetan ist.

Wir wenden uns nun dem Beweis der Tatsache zu, daß bei der soeben betrachteten Lage des Sechsecks P das durch $\mathfrak{a}$ und $\mathfrak{b}$ erzeugte Gitter eine Dichte $d \geq \tfrac{2}{3}$ besitzt.

Setzen wir $P_2 + \mathfrak{a} = P_2'$ und $P_6 + \mathfrak{a} = P_6'$ und betrachten das Achteck $A \equiv P_1 P_2 P_3 P_2' P_4 P_6' P_5 P_6$. Da A ein zu unserem Gitter gehöriges Pflastergebiet ist, haben wir $d = \dfrac{G}{A}$. Da ferner P dem Bereich G einbeschrieben ist, genügt es zu zeigen, daß $\dfrac{P}{A} \geq \tfrac{2}{3}$ ausfällt.

Bezeichnen wir die Dreiecke $P_3 P_2' P_4$ und $P_4 P_6' P_5$ mit $\varDelta_1$ bzw. $\varDelta_2$, so haben wir $A = P + \varDelta_1 + \varDelta_2$, und die zu beweisende Ungleichung $3P \geq 2A$ wird $P \geq 2(\varDelta_1 + \varDelta_2)$. Zerlegen wir P durch die Diagonale $P_1 P_4$ in die Vierecke $V_1 \equiv P_1 P_2 P_3 P_4$ und $V_2 \equiv P_4 P_5 P_6 P_1$, so genügt es zu zeigen, daß $V_1 \geq 2\varDelta_1$ und $V_2 \geq 2\varDelta_2$ ausfällt. Da aber diese beiden

Ungleichungen ganz gleich gebaut sind, kommt alles auf die Verifikation etwa der ersten Ungleichung $V_1 \geqq 2\varDelta_1$ an.

Da durch eine Affinität die Inhaltsverhältnisse unverändert bleiben, können wir $P_1 P_4$ senkrecht zu $P_2 P_6$ und $P_3 P_5$ annehmen. Wir bezeichnen die Schnittpunkte von $P_1 P_4$ und $P_2 P_6$ bzw. $P_1 P_4$ und $P_3 P_5$ mit S bzw. T und setzen $S P_2 = s$, $T P_3 = t$, $S T = \tfrac{1}{2} P_1 P_4 = v$. Wir können voraussetzen, daß $t \leqq s$ ist. Dann gilt

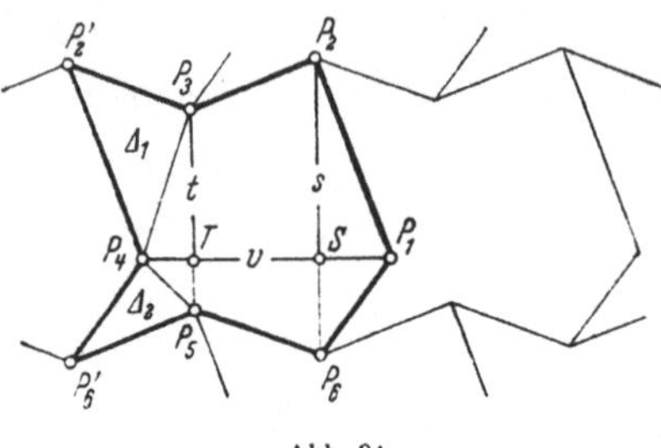

Abb. 91.

$$V_1 \geqq P_1 P_2 P_4 = vs \geqq 2\varDelta_1.$$

Gleichheit gilt in der ersten Ungleichung nur wenn P_3 auf der Strecke $P_2 P_4$ liegt und in der zweiten nur wenn P_1 mit dem Punkt S zusammenfällt. Sind dieselben Bedingungen auch für das Viereck V_2 erfüllt, so artet das Sechseck P in das Dreieck $P_2 P_4 P_6$ aus. Damit ist aber der Beweis beendet.

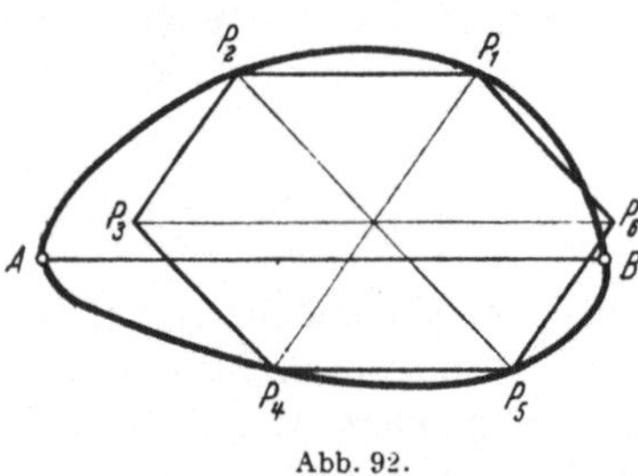

Abb. 92.

Nun zum Beweis der Ungleichung (2). Wir beweisen zunächst, daß einem konvexen Gebiet G stets ein affin reguläres Sechseck einbeschrieben werden kann. Dazu beschränken wir uns wiederum auf Gebiete, die von einer streckenfreien Eilinie begrenzt sind.

Betrachten wir unter den zu einer vorgegebenen Geraden g parallelen Sehnen von G die größte $A B$. Ist s eine vorgegebene Größe $0 < s < A B$, so gibt es auf den beiden Seiten der Geraden $A B$ je eine zu $A B$ parallele Sehne $P_1 P_2$ und $P_4 P_5$ der Länge s. Wir wählen die Bezeichnungen dieser Sehnen so, daß $\overrightarrow{P_1 P_2} + \overrightarrow{P_4 P_5} = 0$ ist, und betrachten das affin reguläre Sechseck $P(s) \equiv P_1 P_2 P_3 P_4 P_5 P_6$. Ist s klein, so liegt $P_3 P_6$ innerhalb G. Ist dagegen s angenähert gleich $A B$, so liegen die Punkte P_3 und P_6 außerhalb G. Lassen wir daher s von 0 bis $A B$ stetig variieren, so gibt es aus Stetigkeitsgründen einen ersten Wert $s = s_0$, so daß der eine von den Punkten P_3 und P_6 auf den Rand von G und der andere nicht außerhalb G fällt. Das auf diese Weise eindeutig bestimmte Sechseck $P(s_0)$ verändert sich stetig mit der Richtung von g. Setzen wir voraus, daß etwa P_3 auf dem Rand von G und P_6 innerhalb G liegt, und drehen wir g um 180°, so geht P_3 in P_6 über; daher muß sich P_3 an einer Stelle vom Rand von G losreißen. An dieser Stelle liegen aber beide Punkte P_3 und P_6 auf dem Rand von G. Damit ist unsere Behauptung bewiesen.

Wir zeigen jetzt, daß für ein G einbeschriebenes affin reguläres Sechseck P $\dfrac{G}{P} \leq \dfrac{3}{2}$ ausfällt. Dazu bezeichnen wir die von den Seiten $P_1 P_2, \ldots, P_6 P_1$ des Sechsecks $P \equiv P_1 \ldots P_6$ abgeschnittenen Segmente von G mit $s_1, \ldots, s_6$. Betrachten wir ferner die von den Geraden $P_1 P_2$, $P_3 P_4$ und $P_5 P_6$, sowie von den Geraden $P_2 P_3$, $P_4 P_5$ und $P_6 P_1$ bestimmten Dreiecke $A \equiv A_1 A_2 A_3$ bzw. $B \equiv B_1 B_2 B_3$, wo A_1 der

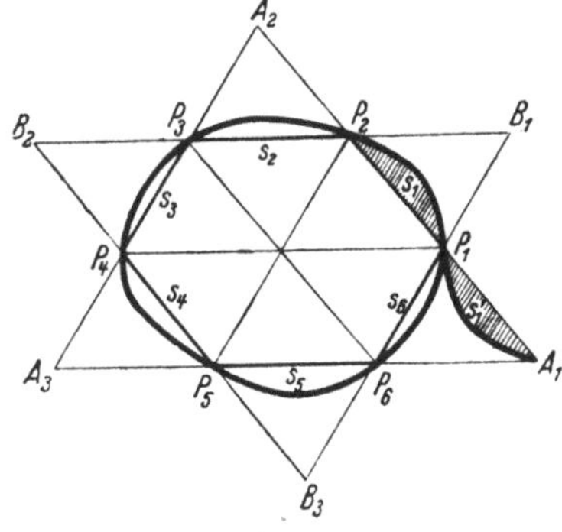

Abb. 93.

Seite $P_3 P_4$, B_1 der Seite $P_4 P_5$ gegenüberliegt, usw. Spiegeln wir s_1 an P_1, so erhalten wir ein Gebiet s_1', das einerseits außerhalb s_6, andererseits innerhalb des Dreiecks $A_1 P_1 P_6$ liegt. Dies leuchtet ein wegen der Konvexität von G und der Tatsache, daß $A_1 P_1 P_6$ das Spiegelbild des s_1 enthaltenden Dreiecks $B_1 P_1 P_2$ ist. Folglich ist

$$s_6 + s_1' = s_6 + s_1$$

kleiner oder höchstens gleich dem Inhalt von $A_1 P_1 P_6$. Indem wir dieses Verfahren mit den Punkten P_3 und P_5 wiederholen, sehen wir, daß $G \leq A = \frac{3}{2} P$ ist. Gleichheit gilt dabei dann und nur dann, wenn G mit einem der Dreiecke A und B identisch ist.

Die Pflasterung der Ebene durch kongruente Exemplare von P erzeugt ein Deckgitter von G, dessen Dichte $\leq \frac{3}{2}$ ist; Gleichheit tritt dabei nur im Falle eines Dreiecks auf.

§ 2. Zentralsymmetrische Bereiche.

Wir beweisen zunächst folgenden Satz:

Die Dichte $D(M)$ des dünnsten Deckgitters eines konvexen Bereiches M mit Mittelpunkt ist

$$D(M) \leq \frac{2\pi}{\sqrt{27}} \tag{1}$$

und Gleichheit gilt nur, wenn M eine Ellipse ist.

Damit ist das in der Einführung dieses Abschnittes gestellte zweite Grundproblem im Falle zentralsymmetrischer Bereiche im wesentlichen gelöst: Jeder nicht ellipsenförmige Eibereich mit Mittelpunkt gestattet eine ökonomischere Überdeckung der Ebene als der Kreis. Es bleibt noch übrig, die Unitätsfrage in dem Sinne zu beantworten, daß man zeigt, daß die extremalen Gebiete Ellipsen sind. Dazu müßte noch bewiesen werden, daß in der dünnsten Überdeckung der Ebene durch kongruente Ellipsen diese sich von selbst gitterförmig anordnen, was nach § 10, Abschn. II höchstwahrscheinlich ist.

Die Tatsache, daß in (1) für eine Ellipse Gleichheit gilt, leuchtet ein. Es genügt daher zu zeigen, daß sich aus einem nicht ellipsenförmigen konvexen Bereich mit Mittelpunkt ein Deckgitter der Dichte $< \dfrac{2\pi}{\sqrt{27}}$ bilden läßt. Das ist aber eine unmittelbare Folgerung der SASschen Konstruktion (§ 4, Abschn. II), die zu einem nicht elliptischen zentralsymmetrischen Eibereich M ein ebenfalls zentralsymmetrisches einbeschriebenes Sechseck vom Inhalt $> \dfrac{\sqrt{27}}{2\pi}\, M$ angibt. Die gewünschte gitterförmige Überdeckung erfolgt durch Auspflasterung der Ebene durch solche Sechsecke.

Richten wir jetzt unsere Aufmerksamkeit auf das duale Problem: Welches ist dasjenige zentralsymmetrische konvexe Gebiet, dessen dichtestes separiertes Gitter am dünnsten ist?

Die naheliegende Annahme, daß das extremale Gebiet auch hier die Ellipse ist, wurde von REINHARDT [1] und MAHLER [1] widerlegt. Es gilt nämlich die merkwürdige Tatsache, daß sich zentralsymmetrische konvexe Bereiche M angeben lassen, für die die Dichte $d(M)$ des dichtesten separierten Gitters $< \dfrac{\pi}{\sqrt{12}}$ ausfällt. MAHLER zeigt, daß z. B. das regelmäßige Achteck A ein solches Gebiet ist, indem hier die fragliche Dichte $d(A) = \tfrac{1}{7}(3 - \sqrt{2}) = 0{,}90616\ldots$ ist.

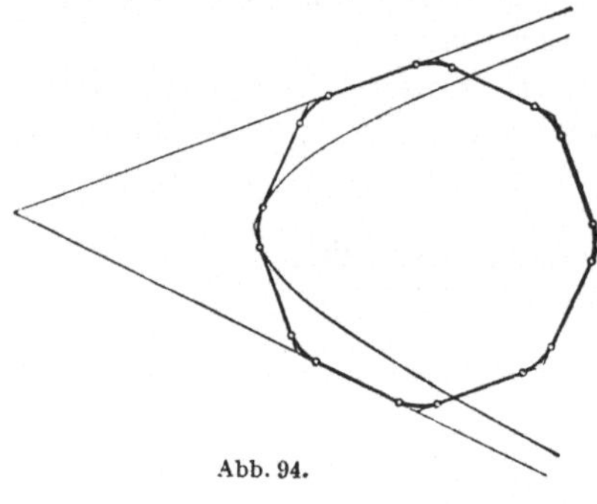

Abb. 94.

Die Untersuchungen der genannten Verfasser lassen vermuten, daß das extremale Gebiet das *abgeglättete Achteck* ist. Dieses entsteht aus einem affin regulären Achteck, wenn man jede Ecke durch diejenige Hyperbel abrundet, die die beiden anstoßenden Seiten berührt, und die zu diesen Seiten anschließenden Seiten zu Asymptoten hat. Die genannte Vermutung besagt, daß für ein beliebiges konvexes Gebiet M mit Mittelpunkt

$$d(M) \geqq \frac{9 - \sqrt{32} - \log 2}{\sqrt{8} - 1} = 0{,}9024\ldots$$

ausfällt und Gleichheit nur dann besteht, wenn M ein abgeglättetes Achteck ist. Für zentralsymmetrische Bereiche wäre mit dem Beweis dieser Vermutung (mit Rücksicht auf die Ergebnisse des § 10 Abschn. III) auch unser erstes Grundproblem gelöst.

Hier folgend beweisen wir mit Hilfe ganz elementarer und einfacher Überlegungen die schwächere Abschätzung: *Aus jedem zentralsymme-*

trischen konvexen Bereich läßt sich ein separiertes Bereichsgitter von der Dichte

$$d > \frac{\sqrt{3}}{2} = 0,8660 \ldots \tag{2}$$

aufbauen. Die rechtsstehende Konstante ist nur um etwa 4% kleiner als die vermutlich beste Konstante 0,9024... .

Es sei M ein vorgegebener konvexer Bereich mit dem Mittelpunkt O, und $\mathfrak{a}$ und $\mathfrak{b}$ zwei einstweilen beliebige, linear unabhängige Vektoren.

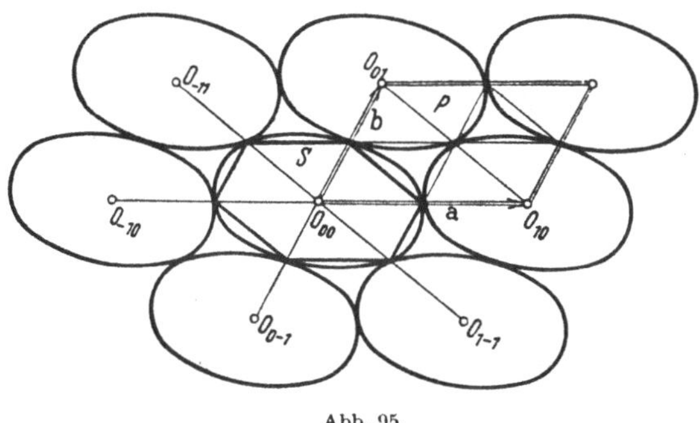

Abb. 95.

Wir setzen in üblicher Weise $M + i\,\mathfrak{a} + j\,\mathfrak{b} = M_{ij}$ und $O + i\,\mathfrak{a} + j\,\mathfrak{b} = O_{ij}$, und wählen $\mathfrak{a}$ und $\mathfrak{b}$ so, daß je zwei der Gebiete M_{00}, M_{10} und M_{01} gemeinsame Randpunkte, aber keine gemeinsamen inneren Punkte aufweisen. Dies ist immer möglich, und zwar so, daß dabei die Richtung von $\mathfrak{a}$ noch frei gewählt werden kann. Das zu diesen Vektoren gehörige Gitter ist offenbar separiert.

Betrachten wir das affin reguläre Sechseck $O_{10}O_{01}O_{-11}O_{-10}O_{0-1}O_{1-1}$, sowie das M einbeschriebene homothetische Sechseck S. Wir zerlegen S in sechs (inhaltsgleiche) Dreiecke mit dem gemeinsamen Eckpunkt O. Da das Grundparallelogramm $P \equiv O_{00}O_{10}O_{11}O_{01}$ des Gitters aus acht

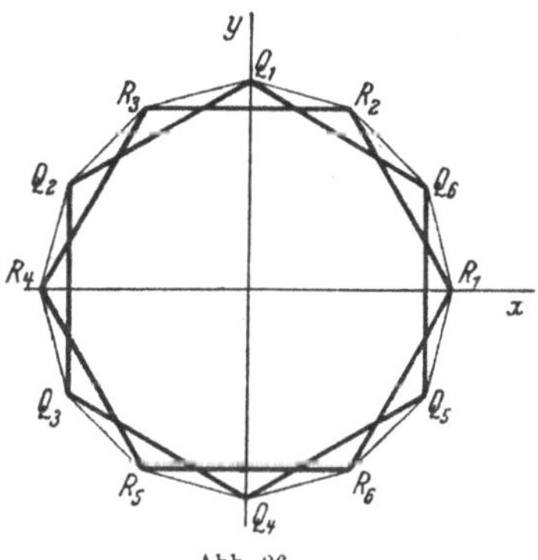

Abb. 96.

inhaltsgleichen Dreiecken zusammengesetzt ist, haben wir $\dfrac{P}{S} = \dfrac{8}{6} = \dfrac{4}{3}$. Folglich ist die Dichte $d = \dfrac{M}{P}$ des Bereichsgitters

$$d = \frac{3}{4}\,\frac{M}{S}\,. \tag{3}$$

Damit ist mit Rücksicht auf $M \geqq S$ schon für jede Richtung von $\mathfrak{a}$ eine Dichte $\geqq \frac{3}{4}$ gesichert.

Wir wählen jetzt die Richtung von $\mathfrak{a}$ so, daß der Inhalt S minimal wird. Wir können annehmen, daß das minimale Sechseck $\bar{S} \equiv Q_1 \ldots Q_6$ regelmäßig ist. Außerdem wählen wir ein rechtwinkliges Koordinatensystem xy so, daß der Ursprungspunkt in O und der Einheitspunkt der y-Achse in Q_1 liegt (Abb. 96). Nach unseren Voraussetzungen enthält M ein zweites affin reguläres Sechseck $S = R_1 \ldots R_6$ mit dem Mittelpunkt O, so daß $S \geq \bar{S} = \dfrac{\sqrt{27}}{2}$ ist und R_1 auf die x-Achse fällt: $R_1 \equiv R_1(2\xi, 0)$. Dabei liegen die Eckpunkte von $\bar{S}$ bzw. S außerhalb S bzw. $\bar{S}$.

Die konvexe Hülle von S und $\bar{S}$ sei H. Verschieben wir die Seiten $R_2 R_3$ und $R_5 R_6$ in ihren eigenen Geraden in je eine zur y-Achse symmetrische neue Lage, so bleibt dadurch der Inhalt H unverändert, so daß wir S zur y-Achse symmetrisch annehmen können. Setzen wir $R_2 \equiv R_2(\xi, \eta)$, so ist die Bedingung $S \geq \dfrac{\sqrt{27}}{2}$ äquivalent mit $4\xi\eta \geq \sqrt{3}$.

Wir haben nun $H = \bar{S} + 2\varDelta_1 + 4\varDelta_2$, wo $\varDelta_1$ und $\varDelta_2$ die Dreiecke $R_1 Q_5 Q_6$ bzw. $R_2 Q_1 Q_6$ bedeuten. Da aber die Normalgleichung der Geraden $Q_1 Q_6$

$$\tfrac{1}{2}\left(x + \sqrt{3}\, y - \sqrt{3}\right) = 0$$

ist, so ist die Distanz von $R_2(\xi, \eta)$ von dieser Geraden $\tfrac{1}{2}\left(\xi + \sqrt{3}\,\eta - \sqrt{3}\right)$. Folglich gilt

$$M \geq H = \frac{\sqrt{27}}{2} + \left(2\xi - \frac{\sqrt{3}}{2}\right) + \left(\xi + \sqrt{3}\,\eta - \sqrt{3}\right) \geq \frac{3}{2}\left(2\xi + \frac{1}{2\xi}\right) \geq 3\,.$$

Gleichheit gilt in den beiden letzten Ungleichungen nur, wenn $S = \bar{S}$ und $2\xi = 1$ ausfällt, d. h. wenn H ein reguläres Zwölfeck ist. In diesem Fall ist aber $M > H$, da sonst S nicht das kleinste M einbeschriebene affin reguläre Sechseck wäre. Mithin gilt jedenfalls $M > 3$, und infolgedessen

$$d = \frac{3}{4}\,\frac{M}{S} < \frac{3}{4}\,\frac{3}{S} = \frac{\sqrt{3}}{2}$$

w. z. b. w.

Es sei noch bemerkt, daß durch Auspflasterung der Ebene durch kongruente Exemplare des Sechseckes S ein Deckgitter von M der Dichte $\dfrac{M}{S}$ entsteht. Folglich gilt mit Rücksicht auf (3) für jeden zentralsymmetrischen Eibereich M die genaue Abschätzung

$$\frac{d(M)}{D(M)} \geq \frac{3}{4}\,. \tag{4}$$

§ 3. Packungs- und Deckungswirtschaftlichkeit einer Scheibenfolge.

Betrachten wir eine unendliche Folge von konvexen Scheiben $S_1, S_2, \ldots$, deren In- und Umkreishalbmesser eine positive untere bzw. eine endliche obere Grenze r bzw. R besitzen. Wir nennen eine solche

Folge *Normalfolge*. Es sei ferner T ein vorgegebenes konvexes Gebiet, T_n das kleinste T ähnliche Gebiet, in dem die ersten n Scheiben $S_1, \ldots, S_n$ eingelagert werden können, t_n das größte T ähnliche Gebiet, das durch die Scheiben $S_1, \ldots, S_n$ völlig überdeckt werden kann, und $\sigma_n = S_1 + \cdots + S_n$ der totale Inhalt der ersten n Scheiben. Für die Grenzwerte

$$w = \lim_{n \to \infty} \frac{\sigma_n}{T_n}, \qquad W = \lim_{n \to \infty} \frac{t_n}{\sigma_n}$$

gilt offenbar $0 < w, W \leq 1$. Es läßt sich ferner leicht zeigen, daß w und W nicht von der Wahl des Gebietes T abhängen. w ist die Zahl, die angibt, der wievielte Teil der Ebene bei der günstigsten Packung der Scheiben ausgefüllt werden kann. In ähnlicher Weise kann W als diejenige Zahl interpretiert werden, die angibt, der wievielte Teil der totalen Scheibeninhaltssumme bei der Überdeckung der Ebene benützt werden kann. Wir nennen w und W *Packungs-* bzw. *Deckungswirtschaftlichkeit* der Scheibenfolge.

Für eine Folge von kongruenten Scheiben sind w und $\frac{1}{W}$ mit den Dichten der dichtesten Ausfüllung bzw. der dünnsten Überdeckung der Ebene identisch. Handelt es sich um kongruente Kreise, so ist

$$w = \frac{\pi}{\sqrt{12}} = 0{,}9069\ldots, \quad W = \frac{\sqrt{27}}{2\pi} = 0{,}8269\ldots, \text{ während für kongruente}$$

Vierecke (oder im allgemeinen für beliebige kongruente Pflasterbereiche) offenbar $w = W = 1$ ausfällt.

Es sei nun bemerkt:

Bezeichnen wir mit $\overline{w}$ und $\overline{W}$ die untere Grenze der Packungs- bzw. Deckungswirtschaftlichkeiten der aus kongruenten konvexen Scheiben bestehenden Scheibenfolgen, so gilt für die Packungs- bzw. Deckungswirtschaftlichkeit w und W einer beliebigen Normalfolge von konvexen Scheiben

$$w \geq \overline{w}, \quad W \geq \overline{W}. \tag{1}$$

Die in der Einführung dieses Abschnittes aufgeworfenen Grundprobleme verlangen eben die Bestimmung der Größen $\overline{w}$ und $\overline{W}$. Wären diese bekannt, so hätten wir zufolge der Ungleichungen (1) zugleich die genauen unteren Schranken für beliebige Normalfolgen. Jedenfalls ist mit Rücksicht auf die Ungleichungen (1,1) und (1,2) sowohl die Packungs- als auch die Deckungswirtschaftlichkeit einer beliebigen Normalfolge konvexer Scheiben

$$w, W > \tfrac{2}{3}. \tag{2}$$

Für eine Normalfolge zentralsymmetrischer Eibereiche haben wir die genaue Abschätzung

$$W \geq \frac{\sqrt{27}}{2\pi} = 0{,}8269\ldots \tag{3}$$

und vermutlich

$$w \geq 0{,}9024\ldots. \tag{4}$$

Dabei können in den Ungleichungen (1) $\overline{w}$ und $\overline{W}$ durch die entsprechenden Größen ersetzt werden, die entstehen, wenn nur diejenigen Scheiben berücksichtigt werden, die in der betreffenden Normalfolge vorkommen. Daraus folgt z. B. die nicht triviale Tatsache, daß für eine beliebige Normalfolge von konvexen Vierecken (oder von beliebigen konvexen Pflasterpolygonen) $w = W = 1$ ausfällt.

Die Beweise der beiden Ungleichungen (1) verlaufen zueinander analog. Wir beweisen hier die zweite. Der Beweis beruht auf dem BLASCHKEschen Auswahlsatz, nach dem die Scheiben einer beliebigen Normalfolge — abgesehen von einem Fehler, der beliebig klein gewählt werden kann — schon durch eine endliche Anzahl von Scheiben repräsentiert werden können. Unseren Zwecken entsprechend geben wir dieser Behauptung folgende exakte Fassung. Es sei $S_1, S_2, \ldots$ eine beliebig vorgegebene Normalfolge von konvexen Scheiben und $\alpha < 1$ eine ebenfalls beliebig vorgegebene Zahl. Dann läßt sich eine endliche Anzahl N von konvexen Gebieten $G_1, \ldots, G_N$ sowie eine Einteilung der Scheiben in N Klassen so angeben, daß, wenn z. B. S_j zur i-ten Klasse gehört, $G_i \geqq \alpha S_j$ ausfällt und G_i durch S_j überdeckt werden kann.

Da eine endliche Anzahl von Scheiben den Wert der Deckungswirtschaftlichkeit W nicht beeinflußt, können wir annehmen, daß jede Klasse unendlich viele Scheiben enthält. Wir bezeichnen die Anzahl der Scheiben der i-ten Klasse, deren Index $\leqq n$ ist, mit n_i und das System dieser Scheiben, zusammen mit ihrer Inhaltssumme, mit σ_n^i. Es seien ferner Q_n^i und $\overline{Q}_n^i$ die größten Quadrate, die durch σ_n^i bzw. durch eine Anzahl n_i von zu G_i kongruenten Gebieten überdeckt werden können. Wegen $Q_n^i \geqq \overline{Q}_n^i$ haben wir nach der Definition von $\overline{W}$

$$\lim_{n \to \infty} \frac{Q_n^i}{n_i\, G_i} \geqq \lim_{n \to \infty} \frac{\overline{Q}_n^i}{n_i\, G_i} \geqq \overline{W}, \quad i = 1, 2, \ldots, N.$$

Folglich gibt es ein Index ν so, daß für $n > \nu$

$$Q_n^i \geqq \alpha\, n_i\, G_i\, \overline{W} \geqq \alpha^2\, \sigma_n^i\, \overline{W}, \quad i = 1, \ldots, N$$

und daher

$$Q_n^* = Q_n^1 + \cdots + Q_n^N \geqq \alpha^2\, \sigma_n\, \overline{W}$$

ausfällt.

Wir zerlegen nun die Quadrate Q_n^1 und Q_n^2 durch drei geradlinige Schnitte in fünf Stücke, die sich zu einem einzigen Quadrat zusammenstellen lassen. Das läßt sich in verschiedener Weise durchführen (s. z. B. ROUSE BALL und COXETER [1]). Dann vereinigen wir das entstehende Quadrat und Q_n^3 zu einem neuen Quadrat. Indem wir dieses Verfahren fortsetzen, erhalten wir eine Zerstückelung der Quadrate $Q_n^1, \ldots, Q_n^N$ durch $3\,(N - 1)$ Schnitte in eine gewisse Anzahl von Stücken, die sich zu einem einzigen Quadrat Q_n^* zusammensetzen lassen. Die totale Länge L der Strecken in Q_n^*, die den Schnitten entsprechen, ist

$L < 3(N-1)\sqrt{2Q_n^*} < 3(N-1)\sqrt{2\pi R^2 n}$, wo R die obere Grenze der Umkreishalbmesser der Scheiben bedeutet.

Da durch die Zerschneidung der Quadrate $Q_n^1, \ldots, Q_n^N$ eine gewisse Anzahl der sie überdeckenden Scheiben beschädigt wird, läßt sich im allgemeinen Q_n^* durch die Scheiben $S_1, \ldots, S_n$ nicht überdecken. Die beschädigten Scheiben liegen aber alle im Parallelgebiet vom Abstand $2R$ des Streckensystems L, das sich durch eine Anzahl $\mu_n < c\sqrt{n}$ von Kreisen vom Radius r überdecken läßt, wo c eine nur von N, R und r abhängige Konstante und r die untere Grenze der Inkreisradien der Scheiben bedeutet. Folglich läßt sich Q_n^* durch die Scheiben $S_1, \ldots, S_{n+\mu_n}$ überdecken.

Bezeichnen wir jetzt das größte Quadrat, das durch das System σ_n der Scheiben $S_1, \ldots, S_n$ überdeckt werden kann, mit Q_n, so gilt

$$\varliminf \frac{Q_n}{\sigma_n} = \varliminf \frac{Q_{n+\mu_n}}{\sigma_n} \geq \varliminf \frac{Q_n^*}{\sigma_n} \geq \alpha^2 \overline{W}.$$

Da aber diese Ungleichung für jedes $\alpha < 1$ gilt, haben wir $\varliminf \dfrac{Q_n}{\sigma_n} \geq \overline{W}$, w. z. b. w.

Mit Hilfe analoger Überlegungen ergibt sich im Hinblick auf (2,4) für das Produkt der beiden Wirtschaftlichkeiten einer beliebigen Normalfolge von zentralsymmetrischen Eibereichen die genaue Abschätzung

$$w W \geq \tfrac{3}{4}. \tag{5}$$

Das Produkt wW läßt sich als das Inhaltsverhältnis des größten durch die Scheiben überdeckten Gebietes und des kleinsten, in das die Scheiben eingelagert werden können, interpretieren.

§ 4. Überdeckung durch zerstückelte Scheiben.

Betrachten wir eine große Anzahl von nicht „allzusehr" verschiedenen kleinen konvexen Scheiben vom Gesamtinhalt 1, von denen aber keine weiteren Angaben bekannt sind. Wollen wir mit diesen Scheiben ein Quadrat etwa vom Inhalt 0,999 überdecken, so wird das natürlich im allgemeinen nicht gelingen. Eine derartige Bedeckung kann nur erzielt werden, wenn wir erst die Scheiben durch geeignete Schnitte in eine gewisse Anzahl von Teilen zerschneiden. Wir wollen jede Scheibe in eine gleiche Anzahl k von Stücken zerlegen und fragen, wie groß k sein muß, um die betrachtete Bedeckung unter allen Umständen durchführen zu können.

In ähnlicher Weise kann man fragen, wie groß die Zahl k zu wählen ist, damit die Scheiben nach einer entsprechenden Zerschneidung in je k Stücke in ein Quadrat etwa vom Inhalt 1,001 eingelagert werden können.

Um diesen Problemen eine genaue Fassung zu geben, betrachten wir eine Normalfolge $S_1, S_2, \ldots$ von konvexen Scheiben und zerschneiden jede Scheibe S_i in k $(= 1, 2, \ldots)$ konvexe Stücke $S_i^1, \ldots, S_i^k$. Dadurch erhalten wir eine neue Scheibenfolge $S_1^1, \ldots, S_1^k, S_2^1, \ldots,$ $S_2^k, \ldots$. Diese Folge muß nicht unbedingt auch wieder eine Normalfolge sein; es läßt sich aber leicht zeigen, daß sie eine Packungs- und Deckungswirtschaftlichkeit w_k bzw. W_k besitzt, die unabhängig von der Gestalt der auszufüllenden bzw. zu überdeckenden Gebiete ist. Man kann dann fragen, wie große Wirtschaftlichkeiten durch günstig gewählte Zerstückelungen erreicht werden können.

Der folgende Satz bezieht sich auf die Überdeckung.

Die Glieder einer beliebigen Normalfolge von konvexen Scheiben lassen sich stets in je k $(= 1, 2, \ldots)$ konvexe Teile zerstückeln, so daß die Deckungswirtschaftlichkeit der entstehenden Stückfolge

$$W_k \geq \frac{k+1}{\pi} \sin \frac{\pi}{k+1} \tag{1}$$

ausfällt.

Sind die Scheiben zentralsymmetrisch und k ungerade, so gilt die schärfere Abschätzung

$$W_k \geq \frac{k+2}{\pi} \sin \frac{\pi}{k+2}. \tag{2}$$

Will man z. B. unserer obigen Frage entsprechend eine Überdeckung erhalten, bei der nur $1^0/_{00}$ der Scheiben verloren geht $(W = 0{,}999)$, so kommt man stets durch eine Zerlegung der Scheiben in je 40 Stücke aus. Dabei reicht zur Erzielung einer so günstigen Überdeckung eine Zerstückelung in eine „wesentlich" kleinere Anzahl von Stücken im allgemeinen wahrscheinlich nicht aus. Genauer, es läßt sich vermuten, daß die aus (1) unmittelbar folgende Ungleichung

$$W_k > 1 - \frac{\pi^2}{6(k+1)^2}$$

eine genaue asymptotische Abschätzung für große Werte von k ergibt.

Im Falle $k = 1$ handelt es sich um die ursprüngliche Scheibenfolge. Für $k = 1$ ergibt (1) die Ungleichung $W_1 > 0{,}6366\ldots$, die schwächer ist als die Abschätzung (3,2). Dagegen ist (2) für $k = 1$ mit der genauen Abschätzung (3,3) identisch.

Zum Beweis überzeugen wir uns zunächst mit Hilfe der Überlegungen des vorigen Paragraphen, daß es genügt, den Satz für kongruente Scheiben zu beweisen. Schreiben wir dann einer Scheibe S das Polygon $P \equiv P_1 \cdots P_{2k+2}$ der Eckenzahl $2k + 2$ vom maximalen Inhalt ein, und zerlegen P z. B. durch die Schnitte $P_{1-i} P_{2+i}$ $(i = 1, \ldots, k - 1; P_{-i} \equiv P_{2k+2-i})$ in k konvexe Vierecke. Dadurch zerfällt auch S in k konvexe Stücke, und wir behaupten, daß eine derartige Zerstückelung jeder Scheibe der Forderung (1) Genüge leistet.

Bezeichnen wir nämlich die größten Quadrate, die durch die aus der Zerschneidung von n Scheiben stammenden nk Stücke bzw. durch die entsprechenden nk Vierecke überdeckt werden können, mit Q_n bzw. q_n, so haben wir, da jedes konvexe Viereck ein Pflastergebiet ist,

$$\lim_{n \to \infty} \frac{q_n}{nP} = 1.$$

Andererseits gilt mit Rücksicht auf (II, 4,1)

$$\frac{P}{S} \geqq \frac{k+1}{\pi} \sin \frac{\pi}{k+1}.$$

Mithin haben wir

$$W_k = \lim_{n \to \infty} \frac{Q_n}{nS} \geqq \lim_{n \to \infty} \frac{q_n}{nS} = \frac{P}{S} \lim_{n \to \infty} \frac{q_n}{nP} = \frac{P}{S} \geqq \frac{k+1}{\pi} \sin \frac{\pi}{k+1},$$

womit (1) bewiesen ist.

Zum Beweis von (2) schreiben wir der zentralsymmetrischen Scheibe S ein konzentrisches $2k + 4$-Eck $P \equiv P_1 \cdots P_{2k+4}$ vom Inhalt

$$P \geqq S \frac{k+2}{\pi} \sin \frac{\pi}{k+2}$$

ein und zerlegen P durch die Schnitte

$$P_{1-i} P_{2+i}, \; i = 1, \ldots, \frac{k+1}{2} - 1, \; \frac{k+1}{2} + 1, \ldots, k - 1; \; P_{-i} \equiv P_{2k+4-i}$$

in $k - 1$ konvexe Vierecke und ein konvexes Sechseck mit Mittelpunkt. Da auch ein solches Sechseck ein Pflastergebiet ist, verläuft alles ebenso wie oben.

Analog kann man zeigen, daß durch Zerschneidung jeder Scheibe einer Normalfolge in k geeignete konvexe Stücke eine Packungswirtschaftlichkeit $w_k \geqq \dfrac{1}{U_{2k+2}}$ erreicht werden kann, wobei U_n die obere Grenze des Inhaltes der den verschiedenen konvexen Gebieten vom Inhalt 1 umschriebenen n-Ecke vom minimalen Inhalt bedeutet. Wegen der Schwierigkeiten, mit denen die Bestimmung von U_n verbunden ist, müssen wir uns hier mit der asymptotischen Abschätzung

$$w_k \geqq 1 - \frac{\pi^2 + \varepsilon_k}{12 k^2}, \qquad \lim_{k \to \infty} \varepsilon_k = 0 \tag{3}$$

begnügen. Es gilt aber vermutlich sogar

$$w_k \geqq 1 - \frac{\pi^2}{12 k^2}, \qquad k = 1, 2, \ldots,$$

woraus folgen würde, daß zur Erreichung einer Ausfüllung von $999^0/_{00}$ des zur Packung der Scheiben zur Verfügung stehenden Flächenteiles stets eine Zerstückelung der Scheiben in je 29 Stücke ausreicht.

§ 5. Geschichtliche Bemerkungen.

Das Problem der Bestimmung der unteren Grenze von $d(M)$, erstreckt über eine gewisse Klasse zentralsymmetrischer Eibereiche M, tritt schon bei MINKOWSKI auf. Später wurde das Problem unter allgemeineren Bedingungen von R. COURANT (s. BLASCHKE [3], S. 65) erneut aufgeworfen. Die merkwürdige Tatsache, daß das Minimum von $d(M)$ unter allen zentralsymmetrischen Eibereichen nicht durch die Ellipse erreicht wird, hat REINHARDT [1] zuerst bemerkt. Von ihm stammt auch die Vermutung, daß das extremale Gebiet das abgeglättete Achteck ist. Auf einem völlig anderen Weg gelang später MAHLER [1] (ohne Kenntnis der REINHARDTschen Arbeit) auf dasselbe Ergebnis. MAHLER wirft u. a. das Problem der Bestimmung desjenigen zentralsymmetrischen $2n$-Ecks P_{2n} auf, für das $d(P_{2n})$ den kleinstmöglichen Wert erreicht, und zeigt, daß das extremale Achteck P_8 affin regulär ist. Das extremale Zehneck P_{10} haben LEDERMANN und MAHLER [1] bestimmt, und fanden, daß P_{10} nicht mehr regulär ist. Ferner haben sie die Werte $d(\bar{P}_8)$ und $d(\bar{P}_{10})$ verglichen, wobei $\bar{P}_{2n}$ das von P_{2n} entstehende abgeglättete $2n$-Eck bedeutet. Es hat sich herausgestellt, daß, obwohl $d(P_8) > d(P_{10})$ ist, $d(\bar{P}_8) < d(\bar{P}_{10})$ ausfällt, was die REINHARDTsche Vermutung unterstützt. Die Benennung „abgeglättetes Achteck" (smoothed octagon) haben wir aus der zuletzt angeführten Arbeit übernommen.

Das Problem der Bestimmung des zentralsymmetrischen Eibereiches M mit dem größtmöglichen Wert $D(M)$, sowie die einfache Bemerkung, daß die Lösung sich unmittelbar aus dem Satz (II, 4,1) von SAS ergibt, rührt vom Verf. [16] her. Die Sätze von FÁRY wurden vorher vom Verf. als Vermutungen ausgesprochen. Aus dem Beweis von (1,2) folgt, daß jeder Eibereich E einen zentralsymmetrischen Eibereich e vom Inhalt $e \geq \frac{2}{3} E$ enthält. Das hat ungefähr gleichzeitig mit FÁRY auch BESICOVITCH [2] bemerkt. Die Ungleichung (1,2) ist eine unmittelbare Folgerung aus der Tatsache, daß in E schon ein affin reguläres Sechseck vom Inhalt $\geq \frac{2}{3} E$ eingelagert werden kann, was sich auch aus dem Beweis von BESICOVITCH ergibt. Da aber die Ungleichung (1,2) erst von FÁRY ausgesprochen wurde, scheint es uns berechtigt zu sein, den entsprechenden Satz FÁRY zuzuschreiben.

Die Ungleichung (2,2) hat MAHLER [2] zuerst bewiesen. Der obenstehende Beweis findet sich in einem unabhängig von MAHLER abgefaßten Aufsatz [24] des Verf.

Die Ergebnisse der Paragraphen 3 und 4 sind im Aufsatz [33] des Verfassers enthalten. Dort wurde statt (4,3) die Abschätzung $w_k > \dfrac{\pi}{2k} \cot \dfrac{\pi}{2k}$ angegeben, die wegen des fehlerhaften Beweises der Ungleichung $U_n < \dfrac{n-2}{\pi} \operatorname{tg} \dfrac{\pi}{n-2}$ nicht als bewiesen angesehen werden kann. Jedoch kann man mit Sicherheit annehmen, daß die Abschätzung selbst richtig ist.

Bezüglich unserer in der Einführung dieses Abschnittes erwähnten beiden Grundprobleme verfügen wir nicht einmal über eine vernünftige Vermutung. Es wäre daher wünschenswert, wenigstens eine der Ungleichung (3,5) entsprechende Abschätzung auch für nicht zentralsymmetrische Eibereiche anzugeben.

V. Extremaleigenschaften der regulären Polyeder.

Auf der Kugelfläche führen die Probleme der dichtesten Kreislagerung und dünnsten Kreisüberdeckung im Fall von 4, 6 oder 12 Kreisen zu Kreisanordnungen, bei denen die Kreismittelpunkte Ecken eines regulären Tetraeders, Oktaeders oder Ikosaeders sind. Dagegen liegen in der günstigsten Anordnung von 8 oder 20 Kreisen die Kreismittelpunkte nicht in den Ecken eines regulären Hexaeders bzw. Dodekaeders. Folglich spielen in den genannten Problemen die regulären Dreieckspolyeder eine ausgezeichnete Rolle. Da aber etwa in der dichtesten Lagerung von 12 kongruenten Kreisen auf der Kugelfläche die Kreisebenen ein reguläres Dodekaeder begrenzen, so gestatten dieselben Probleme eine Formulierung, bei der eben die regulären Dreikantpolyeder ausgezeichnet sind.

Im vorliegenden Abschnitt werden wir weitere Extremaleigenschaften der regulären Dreiecks- bzw. Dreikantpolyeder kennenlernen, die in gewissen Abschätzungsformeln zum Ausdruck kommen. Diese Abschätzungsformeln gelten für beliebige Ecken- bzw. Flächenzahlen, sind aber nur für $n = 4$, 6 und 12 genau und ergeben für große Werte von n genaue asymptotische Abschätzungen.

Das „echte" räumliche Analogon einer Extremaleigenschaft der regulären Vielecke entsteht aber eigentlich dadurch, daß die Ecken- und Flächenzahl gleichzeitig vorgegeben wird. Auf diese Weise gelingt es uns, in einigen Fällen Abschätzungsformeln herzuleiten, die Extremaleigenschaften aller fünf (und in gewissem Sinn sogar aller acht) regulären Polyeder zum Ausdruck bringen. Dagegen werden wir im Zusammenhang mit der Kantenlängensumme auf Extremalprobleme stoßen, deren Lösung unabhängig von der Ecken- und Flächenzahl ein gewisser regulärer Körper, z. B. der Würfel, ist. In den beiden letzten Paragraphen betrachten wir gewisse Lagerungen auf einer beliebigen Eifläche.

§ 1. Ausfüllung und Überdeckung
der Kugelfläche durch kongruente Kugelkappen.

Wir führen die in diesem Abschnitt häufig vorkommende Bezeichnung

$$\omega_n = \frac{n}{n-2} \frac{\pi}{6}$$

ein. $2\omega_n$ bedeutet den Winkel eines gleichseitigen sphärischen Dreiecks Δ_n vom Inhalt $6\omega_n - \pi = \dfrac{4\pi}{2n-4}$. Da $2n - 4$ gleich der Flächenzahl eines Dreieckspolyeders mit n Ecken ist, bedeutet Δ_n den durchschnittlichen Inhalt derjenigen sphärischen Dreiecke, in die die Einheitskugelfläche durch das sphärische Netz eines Dreieckspolyeders mit n Ecken zerlegt wird.

Wir beweisen nun folgende Sätze:

Sind auf einer Kugelfläche $n \geq 3$ kongruente Kugelkappen eingelagert, so ist die Lagerungsdichte

$$D \leq \frac{n}{2}\left(1 - \frac{1}{2}\operatorname{cosec}\omega_n\right). \tag{1}$$

Wird die Kugelfläche durch $n \geq 3$ kongruente Kugelkappen überdeckt, so ist die Überdeckungsdichte

$$D \geq \frac{n}{2}\left(1 - \frac{1}{\sqrt{3}}\operatorname{ctg}\omega_n\right). \tag{2}$$

Gleichheit kann dabei in beiden Ungleichungen nur für $n = 3$, 4, 6 und 12 erreicht werden, und zwar falls die Kreismittelpunkte Ecken eines regulären Dreiecks, eines Tetraeders, Oktaeders bzw. Ikosaeders sind.

Es läßt sich ferner zeigen, daß die rechtsstehenden Schranken mit wachsendem n monoton zu- bzw. abnehmend gegen die Grenzwerte $\dfrac{\pi}{\sqrt{12}}$ bzw. $\dfrac{2\pi}{\sqrt{27}}$ streben. Mithin *ist die Dichte eines Systems von wenigstens drei einander nicht überdeckenden kongruenten Kugelkappen $< \dfrac{\pi}{\sqrt{12}}$*. In ähnlicher Weise *ist die Dichte eines Systems von wenigstens drei, die Kugelfläche bedeckenden kongruenten Kugelkappen $> \dfrac{2\pi}{\sqrt{27}}$*. Folglich ergeben die Ungleichungen (1) und (2) für große Werte von n genaue asymptotische Abschätzungen.

Wir können daher in einem gewissen Sinn sagen, daß in (1) und (2) Gleichheit nur für $n = 3$, 4, 6, 12 und ∞ erreicht werden kann, und zwar wenn die Kreismittelpunkte Ecken eines regulären Dreieckspolyeders $\{3, 2\}$, $\{3, 3\}$, $\{3, 4\}$, $\{3, 5\}$ bzw. $\{3, 6\}$ sind.

Die hier folgenden einfachen Beweise verlaufen für beide Ungleichungen ganz analog. Für den Fall $n = 3$ können wir uns von der Richtigkeit unserer Ungleichungen unmittelbar überzeugen. Wir beschränken uns daher auf den Fall $n > 3$. Weiterhin können wir voraussetzen, daß die Mittelpunkte $O_1, \ldots, O_n$ der Kugelkappen $K_1, \ldots, K_n$ nicht auf einer Halbkugel liegen, so daß die Tangentialebenen der Kugel mit den Berührungspunkten $O_1, \ldots, O_n$ ein n-Flach U begrenzen. Projizieren wir die Flächen von U vom Kugelmittelpunkt aus auf die Kugelfläche, so erhalten wir n sphärische P ·gone $P_1, \ldots, P_n$, deren

Inhaltssumme 4π beträgt. Andererseits wollen wir diese Inhaltssumme in Abhängigkeit vom sphärischen Halbmesser r der Kreise von unten bzw. von oben abschätzen.

Bei dem Lagerungsproblem liegt K_i in P_i, bei dem Überdeckungsproblem dagegen ist P_i in K_i enthalten. Wir können aber auch noch annehmen, daß P_i im ersten Fall dem Kreis K_i umbeschrieben, im zweiten einbeschrieben ist, da sonst P_i verkleinert bzw. vergrößert werden kann. Dann läßt sich P_i von O_i ausgehend in rechtwinklige Dreiecke zerlegen. Die Gesamtanzahl der so erhaltenen rechtwinkligen Dreiecke beträgt $4k$, wobei k die Kantenzahl von U bedeutet.

Wir greifen ein rechtwinkliges Dreieck $\varDelta$ heraus und bezeichnen seinen Winkel im Kreismittelpunkt mit α. Dann gilt nach den Formeln (I, 10,4) im ersten Fall

$$\varDelta = \alpha - \arcsin(\cos r \cdot \sin \alpha)$$

und im zweiten

$$\varDelta = \alpha - \operatorname{arc\,tg}(\cos r \cdot \operatorname{tg} \alpha).$$

Bedenken wir nun, daß im ersten Fall $\varDelta$ eine konvexe, im zweiten eine konkave Funktion von α ist $\left(0 < \alpha < \dfrac{\pi}{2}\right)$, so können wir die JENSENsche Ungleichung anwenden:

$$4\pi = \sum \varDelta \geqq 4k\left[\frac{\pi n}{2k} - \arcsin\left(\cos r \cdot \sin \frac{\pi n}{2k}\right)\right]$$

bzw.

$$4\pi = \sum \varDelta \leqq 4k\left[\frac{\pi n}{2k} - \operatorname{arc\,tg}\left(\cos r \cdot \operatorname{tg} \frac{\pi n}{2k}\right)\right],$$

d. h.

$$\cos r \geqq \frac{\sin \dfrac{\pi(n-2)}{2k}}{\sin \dfrac{\pi n}{2k}} \qquad \text{bzw.} \qquad \cos r \leqq \frac{\operatorname{tg} \dfrac{\pi(n-2)}{2k}}{\operatorname{tg} \dfrac{\pi n}{2k}}$$

Daraus ergeben sich wegen $k \leqq 3(n-2)$ die mit (1) und (2) äquivalenten Ungleichungen

$$\cos r \geqq \frac{\sin 30°}{\sin \omega_n} = \frac{1}{2}\operatorname{cosec}\omega_n \qquad \text{bzw.} \qquad \cos r \leqq \frac{\operatorname{tg} 30°}{\operatorname{tg}\omega_n} = \frac{1}{\sqrt{3}}\operatorname{ctg}\omega_n.$$

Der Fall der Gleichheit leuchtet ein.

§ 2. Einige weitere Beweise.

Die hier folgenden Beweise derselben Ungleichungen (1,1) und (1,2) sind prinzipiell noch einfacher als die vorigen, indem nicht einmal von der JENSENschen Ungleichung Gebrauch gemacht wird.

Wir beweisen die Ungleichung (1,1) in folgender äquivalenter Form:

Von n Punkten der Einheitskugelfläche läßt sich stets ein Punktpaar mit dem Abstand

$$d \leqq (4 - \operatorname{cosec}^2 \omega_n)^{\frac{1}{2}} \tag{1}$$

herausgreifen. Für den sphärischen Abstand des betreffenden Punktpaares gilt

$$\delta \leqq \arccos \frac{\cot g^2 \omega_n - 1}{2}\,. \tag{2}$$

Die rechte Seite ist nichts anderes als die Seitenlänge δ_n eines gleichseitigen sphärischen Dreiecks vom Inhalt $\dfrac{2\pi}{n-2}$.

Der Beweis beruht auf folgendem Hilfssatz:

Es sei AB die kürzeste Seite eines sphärischen Dreiecks $\Delta \equiv ABC$ und $\Delta' \equiv ABC'$ ein gleichseitiges Dreieck. Ist $\Delta < \Delta'$, so ist der sphärische Umkreishalbmesser von Δ größer als AB.

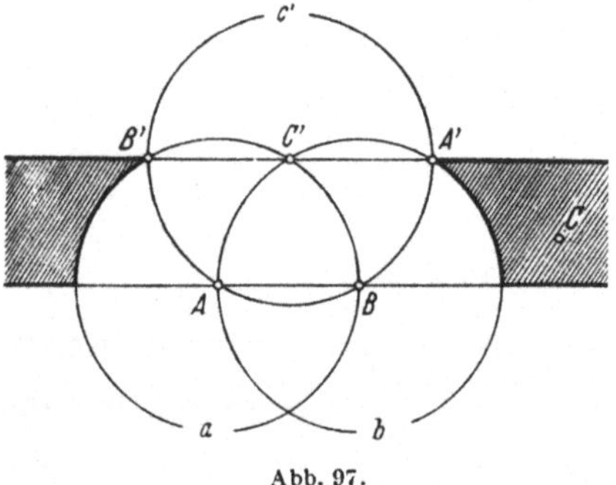

Abb. 97.

Um das zu zeigen, können wir voraussetzen, daß C und C' auf derselben Seite des Hauptkreises AB liegen. Schlagen wir um die Punkte A, B und C' mit AB als Halbmesser die Kreise a, b bzw. c' und bezeichnen den von A verschiedenen Schnittpunkt von b und c' mit A' und den von B verschiedenen Schnittpunkt von a und c' mit B', so sind die Dreiecke ABA', ABB' und ABC' inhaltsgleich; daher ist der „oberhalb“ des Hauptkreises AB liegende Bogen des Kreises $A'B'C'$ der Ort der Eckpunkte der inhaltsgleichen Dreiecke mit der Basis AB.

Nach unserer Voraussetzung liegt C oberhalb des Hauptkreises AB und unterhalb des Lexellschen Kreises $A'B'C'$. Da ferner C außerhalb a und b liegt, muß C außerhalb c' liegen, womit der Hilfssatz bewiesen ist.

Wir setzen wieder voraus, daß $n > 3$ ist und daß die Punkte $P_1, \ldots, P_n$ nicht auf einer Halbkugel liegen. Dann enthält die konvexe Hülle H der Punkte den Kugelmittelpunkt O. Ferner können wir voraussetzen, daß das Polyeder H nur Dreiecksflächen hat, da eine nicht dreieckige Fläche in Dreiecke zerlegt werden kann. Dann ist die Flächenzahl von H $2n - 4$. Wir betrachten nun das sphärische Netz von H, das entsteht, indem wir die Kanten von H von O aus auf die Kugelfläche projizieren; unter den entstandenen sphärischen Dreiecken sei $P_i P_j P_k \equiv \Delta$ dasjenige vom kleinsten Inhalt. Wäre nun im Gegensatz zu (2) der sphärische Mindestabstand der Punkte, also auch jede Seite von Δ größer als δ_n, so wäre wegen $\Delta \leqq \dfrac{4\pi}{2n-4}$ nach unserem Hilfssatz auch der Umkreisradius von Δ größer als δ_n. Da aber der Umkreis von Δ keinen Punkt des Systems $P_1, \ldots, P_n$ in seinem Inneren enthält, so kann das Punktsystem durch einen weiteren Punkt, und zwar durch den Umkreismittelpunkt P_{n+1} ergänzt werden, ohne Verlust der Eigenschaft, daß der Mindestabstand der Punkte $> \delta_n$ ausfällt.

Dieses Verfahren läßt sich fortsetzen. Da aber die Anzahl der Punkte mit der obigen Eigenschaft offenbar beschränkt ist, gelangen wir nach einer endlichen Anzahl von Schritten zu einem Widerspruch.

Wenden wir uns jetzt der Ungleichung (1,2) zu, der wir für $n > 3$ eine neue Fassung geben:

Ist ein konvexes Polyeder mit n Ecken oder mit n Flächen in eine konzentrische Kugelschale von den Kugelhalbmessern r und R eingebettet, so gilt

$$\frac{R}{r} \geqq \sqrt{3}\, \operatorname{tg} \omega_n. \tag{3}$$

Unsere Behauptungen bezüglich vorgegebener Eckenzahl und Flächenzahl sind gleichwertig und folgen auseinander durch Polarität. Die Behauptung für ein n-Flach hängt mit dem Überdeckungsproblem dadurch zusammen, daß die Grundflächen der eine Kugel K bedeckenden n Kugelkappen ein in K enthaltenes n-Flach begrenzen. Die Tatsache, daß die Kugelkappen nicht zu klein sein können, bringt mit sich, daß der Halbmesser r einer im n-Flach liegenden, mit K konzentrischen Kugel nicht zu groß sein kann. Umgekehrt läßt sich von r auf die Größe der Kugelkappen, also auf die Überdeckungsdichte schließen.

Wir beweisen (3) für ein Polyeder P mit n Ecken.

Wir können ohne Einschränkung der Allgemeinheit annehmen, daß $R = 1$ ist. Ferner setzen wir voraus, daß P nur Dreiecksflächen besitzt. Da aber die Anzahl der Dreiecksflächen $2n - 4$ beträgt, so gibt es im sphärischen Netz von P wenigstens ein Dreieck vom Inhalt $\geq \dfrac{4\pi}{2n-4}$. Mithin ist der sphärische Umkreishalbmesser dieses Dreiecks nicht kleiner als der Umkreishalbmesser ϱ eines gleichseitigen Dreiecks vom Inhalt $\dfrac{4\pi}{2n-4}$. Folglich ist der Abstand der betrachteten Dreiecksfläche vom Kugelmittelpunkt — und damit auch r — höchstens $\cos \varrho = \operatorname{cotg} 60° \operatorname{cotg} \omega_n$, womit die Ungleichung (3) bewiesen ist.

Dieser Beweis kann als der denkbar einfachste Beweis der Ungleichung (1,2) angesehen werden.

Wir geben noch je einen weiteren Beweis für die Ungleichungen (1,1) und (1,2). Wir zeichnen mit dem sphärischen Mindestabstand δ der Punkte $P_1, \ldots, P_n$ als Seite ein gleichseitiges Dreieck $\varDelta$ und bezeichnen den Umkreisradius von $\varDelta$ mit ϱ und einen Winkel von $\varDelta$ mit 2ω. Um jeden Punkt P_i schlagen wir einen Kreis K_i vom Radius ϱ. Da kein Flächenteil der Kugelfläche von mehr als zwei Kreisen bedeckt werden kann, ist der Inhalt des von den Kreisen überdeckten Flächenteiles

$$n K - \sum K_i K_j, \quad K = K_i,$$

wobei die Summation über sämtliche Kombinationen ij $(i, j \leqq n, i \neq j)$ zu erstrecken ist. Jedoch kann die Anzahl der nicht leeren Durchschnitte $K_i K_j$ den größtmöglichen Wert der Kantenzahl eines konvexen n-Flachs — d. h. den Wert $3n - 6$ — nicht überschreiten. Andererseits kann $K_i K_j$ nicht größer sein als der Durchschnitt von zwei Kreisen vom Mittelpunktsabstand δ. Folglich gilt

$$K_i K_j \leqq 2 \left[\frac{2\omega}{2\pi} K - \left(2\omega + \frac{2\pi}{3} - \pi \right) \right].$$

Da ferner der Inhalt des von den Kreisen überdeckten Teiles der Kugelfläche den Wert 4π nicht übertreffen kann, so haben wir

$$nK - 6(n - 2) \left(\frac{\omega}{\pi} K - 2\omega + \frac{\pi}{3} \right) \leqq 4\pi,$$

d. h.

$$\omega \leqq \frac{n}{n - 2} \frac{\pi}{6} = \omega_n,$$

womit (2) und dadurch (1,1) bewiesen ist.

Um einen analogen Beweis von (1,2) zu erhalten, nehmen wir an, daß die Kreise $K_1, \ldots, K_n$ die Einheitskugelfläche bedecken, und gehen von der Gleichheit

$$4\pi = nK - \tfrac{1}{2} \sum S_{ijk}$$

aus, wobei $S_{ijk} = K_i K_j + K_j K_k + K_k K_i - 2 K_i K_j K_k$ den von den Kreisen K_i, K_j und K_k wenigstens zweifach überdeckten Teil der Kugelfläche bedeutet. Hier ist die Summation über diejenigen Indextripel ijk zu erstrecken, für die $O_i O_j O_k$ eine Fläche der konvexen Hülle der Kreismittelpunkte $O_1, \ldots, O_n$ ist. Diese Relation entspricht der Gleichheit (III, 4,3). Jedoch gestaltet sich der Beweis einfacher wie dort, da jetzt das überdeckte Gebiet keinen Rand hat.

Lassen wir die Kreise K_i, K_j und K_k unter der Bedingung, daß sie einen gemeinsamen Punkt aufweisen, variieren, so erreicht S_{ijk} sein Minimum — ganz analog wie in der Ebene —, wenn $K_i K_j K_k$ auf einen Punkt zusammenschrumpft und das Dreieck $O_i O_j O_k$ gleichseitig ist. Folglich ist

$$S_{ijk} \geqq 6 \left[\frac{2\omega}{2\pi} K - \left(2\omega + \frac{2\pi}{3} - \pi \right) \right].$$

Da ferner die Anzahl der S_{ijk} $2n - 4$ beträgt, so gilt

$$nK - 6(n - 2) \left(\frac{\omega}{\pi} K - 2\omega + \frac{\pi}{3} \right) \geqq 4\pi,$$

d. h.

$$\omega \geqq \frac{n}{n - 2} \frac{\pi}{6} = \omega_n.$$

Damit ist der Beweis beendet.

§3. Approximation einer Kugel durch Polyeder.

Besitzt ein konvexes n-Flach U_n von der Einheitskugel K die Abweichung $\eta(U_n, K)$, so ist U_n in der mit K konzentrischen Kugel vom Halbmesser $1 + \eta$ enthalten und enthält die konzentrische Kugel vom Halbmesser $1 - \eta$. Mithin gilt nach (2,3)

$$\frac{1 + \eta}{1 - \eta} \geqq \sqrt{3}\,\operatorname{tg}\omega_n.$$

Dasselbe gilt für ein Polyeder mit n Ecken. Mit Hilfe einer kleinen Rechnung ergibt sich hieraus, daß *die Abweichung eines Polyeders U_n mit n Ecken oder n Flächen von der Einheitskugel K*

$$\eta(U_n, K) \geqq \frac{\sin\dfrac{2}{n-2}\dfrac{\pi}{6}}{\cos\dfrac{n-4}{n-2}\dfrac{\pi}{6}} \tag{1}$$

ausfällt. Gleichheit besteht nur für $n = 4$, 6 und 12, und zwar im Falle derjenigen mit K konzentrischen regulären Körper, für die das arithmetische Mittel der In- und Umkugelhalbmesser $= 1$ ist.

Betrachten wir nach J. STEINER statt Polyeder mit fester Ecken- oder Flächenzahl die engere Klasse der miteinander *isomorphen* Polyeder, d. h. Polyeder vom selben topologischen Typus, dann können wir behaupten, daß die Kugel sich unter den zu einem beliebigen regulären Polyeder isomorphen Polyedern durch das entsprechende reguläre am besten annähern läßt.

Als eine Folgerung aus (1) ergibt sich die Ungleichung

$$\eta(U_n, K) > \frac{2\pi}{\sqrt{27\,n}},$$

die uns für große Werte von n eine genaue asymptotische Abschätzung der Abweichung liefert.

In (1) oder in der damit gleichwertigen Ungleichung (2,3) kann — mit Rücksicht auf die Tatsache, daß die Ecken- oder Flächenzahl eines Polyeders mit k Kanten $\leqq \dfrac{2k}{3}$ ist — auch die Kantenzahl eingeführt werden. Wir nennen *Minimalkugelschale* des Polyeders P diejenige von zwei konzentrischen P enthaltenden bzw. in P liegenden Kugeln vom Radius R bzw. r begrenzte Kugelschale, für die $\dfrac{R}{r}$ den kleinstmöglichen Wert erreicht. Dann gilt für die Radien R und r der Minimalkugelschale eines konvexen Polyeders der Kantenzahl k

$$\frac{R}{r} \geqq \sqrt{3}\,\operatorname{tg}\frac{k}{k-3}\frac{\pi}{6}. \tag{2}$$

Gleichheit gilt hier allerdings nur für ein reguläres Tetraeder. Es wäre wünschenswert (2) für $k > 6$ zu verschärfen.

Wir wenden uns nun einigen Verallgemeinerungen der Ungleichung (2,3) zu und beweisen zunächst folgende miteinander äquivalente Sätze:

In einem die Einheitskugel enthaltenden konvexen Dreikantpolyede mit n Flächen seien $R_1, \ldots, R_{2n-4}$ die Abstände der Eckpunkte vom Kugelmittelpunkt; dann gilt

$$A(R_1, \ldots, R_{2n-4}) \geq \sqrt{3}\,\mathrm{tg}\,\omega_n. \tag{3}$$

In einem konvexen Dreieckspolyeder mit n Ecken, das in einer um einen inneren Punkt O des Polyeders geschlagenen Einheitskugel enthalten ist, seien $r_1, \ldots, r_{2n-4}$ die Abstände der Flächenebenen des Polyeders von O; dann gilt

$$H(r_1, \ldots, r_{2n-4}) \leq \frac{\sqrt{3}}{3}\,\mathrm{cotg}\,\omega_n. \tag{4}$$

Hier bedeuten $A = M_1$ und $H = M_{-1}$ das arithmetische bzw. harmonische Mittel.

Da die Ungleichungen (3) und (4) auseinander durch Polarität folgen, genügt es, die Ungleichung (4) zu beweisen. Wir können annehmen, daß die Ecken $E_1, \ldots, E_n$ auf der Kugel liegen. Ist $E_i E_j E_k$ eine Polyederfläche vom Abstand r, so haben wir

$$\frac{1}{r} \geq \sqrt{3}\,\mathrm{tg}\,\frac{\Delta + \pi}{6},$$

wobei Δ den Inhalt des sphärischen Dreiecks $E_i E_j E_k$ bezeichnet. In dieser Ungleichung kommt die [auch im Beweis von (2,3) benützte] Tatsache zum Ausdruck, daß unter den einem Kreis einbeschriebenen sphärischen Dreiecken das gleichseitige Dreieck den größten Inhalt besitzt. Folglich gilt mit Rücksicht auf $\sum \Delta = 4\pi$ und die Konvexität von $\mathrm{tg}\,\frac{\Delta + \pi}{6}$ für $0 < \Delta < 2\pi$

$$\sum \frac{1}{r} \geq \sqrt{3}\,(2n-4)\,\mathrm{tg}\,\frac{\dfrac{4\pi}{2n-4} + \pi}{6},$$

w. z. b. w.

Wir geben jetzt weitere Verallgemeinerungen der Ungleichungen (3) und (4), die durch die ERDÖS-MORDELLschen Dreiecksungleichung (I, 5,5) angeregt wurden. Bezeichnen wir mit $r_1, \ldots, r_4$ und $R_1, \ldots, R_4$ die Abstände der Flächen bzw. Ecken eines Tetraeders von einem inneren Punkt. Wie D. K. KASARINOV bemerkt hat, besteht die merkwürdige Tatsache, daß die Ungleichung

$$A(R_1, \ldots, R_4) \geq 3A(r_1, \ldots, r_4),$$

die das räumliche Analogon der genannten Dreiecksungleichung wäre, im allgemeinen nicht gilt. Dagegen hat KASARINOV gezeigt, daß

$$A(R_1, \ldots, R_4) > \sqrt{8}\,A(r_1, \ldots, r_4)$$

ausfällt und die Konstante $\sqrt{8}$ sich durch keine größere ersetzen läßt.

Folglich kann im Raum eine zu (I, 5,5) analoge Ungleichung, die eine Extremaleigenschaft des regulären Tetraeders zum Ausdruck bringt, nur dadurch angegeben werden, daß etwa $A(r_1, \ldots, r_4)$ durch einen kleineren Mittelwert ersetzt wird. Wir zeigen, daß das harmonische Mittel diesem Zweck entspricht.

Wir beweisen folgende allgemeinere Sätze:

Bezeichnen wir mit $R_1, \ldots, R_n$ und $r_1, \ldots, r_{2n-4}$ die Abstände der Ecken bzw. Flächen eines konvexen Dreieckpolyeders mit n Ecken von einem inneren Punkt des Polyeders und bedeuten $q_1, \ldots, q_n$ die Kantenzahlen der entsprechenden Ecken des Polyeders, so gilt

$$\frac{A(R;q)}{H(r)} \geqq \sqrt{3} \, \mathrm{tg} \, \omega_n . \tag{5}$$

Bezeichnen wir mit $r_1, \ldots, r_n$ und $R_1, \ldots, R_{2n-4}$ die Abstände der Flächen bzw. Ecken eines konvexen Dreikantpolyeders mit n Flächen von einem inneren Punkt des Polyeders und bedeuten $p_1, \ldots, p_n$ die Seitenzahlen der entsprechenden Flächen des Polyeders, so gilt

$$\frac{A(R)}{H(r;p)} \geqq \sqrt{3} \, \mathrm{tg} \, \omega_n . \tag{6}$$

Hier bedeutet $A(R;q)$ das arithmetische Mittel von $R_1, \ldots, R_n$ mit den Gewichten $q_1, \ldots, q_n$. Ähnliche Bedeutung hat $H(r;p)$, sowie $H(r) = H(r;1)$ und $A(R) = A(R;1)$.

Das Beispiel eines Tetraeders zeigt, daß in diesen Ungleichungen $H(r)$ nicht durch $A(r)$ und $A(R)$ nicht durch $H(R)$ ersetzt werden kann. Wir werden aber auch sehen, daß $A(R;q)$ nicht durch $A(R)$ und $H(r;p)$ nicht durch $H(r)$ ersetzt werden kann. Unsere Ungleichungen sind daher ziemlich scharf, und sie erschöpfen fast alles, was in dieser Richtung ausgesprochen werden kann.

Auch die Ungleichungen (5) und (6) folgen durch Polarität auseinander. Es genügt daher die Ungleichung (5) zu beweisen. Es sei $f \equiv E_i E_j E_k$ eine Fläche des Polyeders, F der Fußpunkt des vom inneren Punkt O des Polyeders auf die Ebene von f gefällten Lotes und α der räumliche Winkel des Tetraeders $O E_i E_j E_k$ bei O. Bewegen wir die Punkte E_i, E_j und E_k in ihrer ursprünglichen Ebene so, daß α unverändert bleibt, so erreicht, wie leicht einzusehen ist, f dann sein Minimum, wenn $E_i E_j E_k$ ein reguläres Dreieck vom Mittelpunkt F ist. Im nächsten Paragraphen werden wir die entsprechende Tatsache für ein Polygon von beliebiger Eckenzahl nachweisen. Hieraus ergibt sich aber mit Hilfe einer einfachen Rechnung die Ungleichung

$$f \geqq r^2 \frac{\sqrt{3}}{4} \left(3 \, \mathrm{tg}^2 \frac{\alpha + \pi}{6} - 1 \right) .$$

Folglich gilt nach (I, 5,3)

$$(FE_i + FE_j + FE_k)^2$$

$$= (\sqrt{R_i^2 - r^2} + \sqrt{R_j^2 - r^2} + \sqrt{R_k^2 - r^2})^2 \geq 9r^2 \left(3\,\mathrm{tg}^2\,\frac{\alpha + \pi}{6} - 1\right),$$

woraus sich mit Rücksicht auf die Konkavität der Funktion $\sqrt{x^2 - r^2}$ für $x > r$

$$\left(3\sqrt{\left(\frac{R_i + R_j + R_k}{3}\right)^2 - r^2}\right)^2 \geq 9r^2 \left(3\,\mathrm{tg}^2\,\frac{\alpha + \pi}{6} - 1\right),$$

d. h.

$$R_i + R_j + R_k \geq \sqrt{27}\, r\,\mathrm{tg}\,\frac{\alpha + \pi}{6}$$

ergibt.

Summieren wir die entsprechenden Ungleichungen für alle $2n - 4$ Flächen des Polyeders, so erhalten wir

$$\sum qR \geq \sqrt{27} \sum r\,\mathrm{tg}\,\frac{\alpha + \pi}{6} = \sqrt{27} \sum \left(\frac{1}{r}\right)^{-1} \mathrm{tg}\,\frac{\alpha + \pi}{6}.$$

Da aber die Funktion

$$\Phi(x, y) = x^{-1}\,\mathrm{tg}\,y; \quad 0 < x, \ \frac{\pi}{6} \leq y < \frac{\pi}{2}$$

wegen

$$\Phi_{xx}\Phi_{yy} - \Phi_{xy}^2 = \frac{4\sin^2 y - 1}{x^4 \cos^4 y} \geq 0$$

konvex ist, gilt nach dem JENSENschen Satz

$$\frac{1}{2n - 4} \sum qR \geq \sqrt{27} \left[A\left(\frac{1}{r}\right)\right]^{-1} \mathrm{tg}\,A\left(\frac{\alpha + \pi}{6}\right).$$

Das ist aber wegen $\sum q = 6n - 12$, $[A(r^{-1})]^{-1} = H(r)$ und $A\left(\dfrac{\alpha + \pi}{6}\right)$

$$= \frac{\dfrac{4\pi}{2n - 4} + \pi}{6} = \omega_n \text{ mit der Ungleichung (5) äquivalent.}$$

Wir zeigen noch an einem Beispiel, daß die Ungleichung

$$\frac{A(R)}{H(r)} \geq \sqrt{3}\,\mathrm{tg}\,\omega_n$$

im allgemeinen nicht gilt. Betrachten wir das verstümmelte Dodekaeder (3, 10, 10) von der Kantenlänge 2. Dieses besitzt 60 Ecken mit dem Abstand $R = \sqrt{\frac{1}{2}(37 + 15\sqrt{5})}$ von seinem Mittelpunkt, 20 Dreiecksflächen vom Abstand $r_3 = \sqrt{\frac{1}{6}(103 + 45\sqrt{5})}$ und 12 Zehnecksflächen vom Abstand $r_{10} = \sqrt{\frac{1}{2}(25 + 11\sqrt{5})}$. Mithin ist

$$\frac{A(R)}{H(r)} = \frac{20}{32}\sqrt{\frac{3(37 + 15\sqrt{5})}{103 + 45\sqrt{5}}} + \frac{12}{32}\sqrt{\frac{37 + 15\sqrt{5}}{25 + 11\sqrt{5}}}$$

$$= \frac{5}{8}\sqrt{\frac{211,6\ldots}{203,6\ldots}} + \frac{3}{8}\sqrt{\frac{70,53\ldots}{53,60\ldots}}$$

$$= 0,6371\ldots + 0,4301\ldots = 1,0672\ldots$$

und das ist kleiner als

$$\sqrt{3}\,\mathrm{tg}\,\omega_{32} = \sqrt{3}\,\mathrm{tg}\,32^\circ = 1{,}0825\ldots.$$

Andererseits ist die Ungleichung (6) erfüllt:

$$\frac{A(R)}{H(r;\,p)} = \frac{1}{3}\sqrt{\frac{211{,}6\ldots}{203{,}0\ldots}} + \frac{2}{3}\sqrt{\frac{70{,}53\ldots}{53{,}60\ldots}}$$

$$= 0{,}340\ldots + 0{,}765\ldots = 1{,}105\ldots > 1{,}0825\ldots.$$

§ 4. Volumen eines umbeschriebenen Polyeders.

Durch (2, 3) haben wir eine Ungleichung kennengelernt, die sich auf Polyeder von gegebener Ecken- oder Flächenzahl bezieht und in der Gleichheit genau für die fünf regelmäßigen Körper gilt. Eine derartige Ungleichung kann aber nur in singulären Fällen bestehen, wenn nämlich die Werte der Größe, deren Maximum oder Minimum gesucht wird, für die Polyeder $\{3, 4\}$ und $\{4, 3\}$ bzw. $\{3, 5\}$ und $\{5, 3\}$ gleich sind. Das war der Fall für die Größe R/r. Im allgemeinen läßt sich aber eine Ungleichung, die eine Extremaleigenschaft aller fünf regulären Polyeder zum Ausdruck bringt, nur dadurch angeben, daß Polyeder mit vorgegebener Ecken- und Flächenzahl in Betracht gezogen werden. Für diese, schon in der Einführung dieses Abschnittes erwähnte Tatsache geben wir hier ein Beispiel im folgenden Satz.

Enthält ein konvexes Polyeder V der Eckenzahl e, Flächenzahl f und Kantenzahl k die Einheitskugel, so gilt

$$V \geqq \frac{k}{3}\sin\frac{\pi f}{k}\left(\mathrm{tg}^2\frac{\pi f}{2k}\,\mathrm{tg}^2\frac{\pi e}{2k} - 1\right) \tag{1}$$

und Gleichheit gilt nur im Fall eines umbeschriebenen regulären Polyeders.

Da ein jedes Polyeder mit n Flächen als ein Dreikantpolyeder, also ein Polyeder mit $2n - 4$ Ecken und $3n - 6$ Kanten aufgefaßt werden kann, so folgt aus (1), daß für ein jedes n-Flach V_n, das die Einheitskugel enthält,

$$V_n \geqq (n - 2)(3\,\mathrm{tg}^2\,\omega_n - 1)\sin 2\omega_n \tag{2}$$

ausfällt. Da ferner ein Polyeder mit n Ecken stets als ein Dreieckspolyeder, d. h. ein Polyeder mit $2n - 4$ Flächen und $3n - 6$ Kanten angesehen werden kann, so haben wir für ein jedes Polyeder U_n mit n Ecken, das die Einheitskugel enthält

$$U_n \geqq \frac{\sqrt{3}}{2}(n - 2)(3\,\mathrm{tg}^2\,\omega_n - 1). \tag{3}$$

Es läßt sich aber zeigen, daß die Folgen

$$n\left[(n - 2)(3\,\mathrm{tg}^2\,\omega_n - 1)\sin 2\omega_n - \frac{4\pi}{3}\right]$$

und

$$n\left[\frac{\sqrt{3}}{2}(n - 2)(3\,\mathrm{tg}^2\,\omega_n - 1) - \frac{4\pi}{3}\right]$$

monoton abnehmend gegen die Grenzwerte $\dfrac{20\,\sqrt{3}\,\pi^2}{27}$ bzw. $\dfrac{4\,\sqrt{3}\,\pi^2}{9}$ streben. Folglich haben wir die Ungleichungen

$$V_n - \frac{4\,\pi}{3} > \frac{20\,\sqrt{3}\,\pi^2}{27\,n}\,,\quad U_n - \frac{4\,\pi}{3} > \frac{4\,\sqrt{3}\,\pi^2}{9\,n}\,. \tag{4}$$

Zum Beweis von (1) betrachten wir eine Polyederfläche t. Die Eckenzahl von t bezeichnen wir mit p und die Zentralprojektion von t auf die Kugel mit τ. Wir behaupten, daß

$$t \geqq \frac{p}{2}\sin\frac{2\,\pi}{p}\left(\operatorname{tg}^2\frac{\pi}{p}\operatorname{cotg}^2\frac{2\,\pi - \tau}{2\,p} - 1\right) = T(\tau,\,p)$$

ausfällt. Diese Ungleichung ist mit der Tatsache gleichbedeutend, daß ein Polygon t von festem Inhalt und fester Eckenzahl, dessen Ebene die Einheitskugel nicht schneidet, dann die größtmögliche Zentralprojektion besitzt, wenn t ein reguläres Vieleck ist, das die Kugel in seinem Mittelpunkt berührt.

Daß die Ebene des Polygons t die Kugel in einem Punkt A berührt, kann ohne weiteres angenommen werden, da sonst τ durch eine Parallelverschiebung von t vergrößert werden kann. Bezeichnen wir die Seiten von t mit $s_1,\,\ldots,\,s_p$, ihre Mittelpunkte mit $M_1,\,\ldots,\,M_p$ und die Abstände der Seiten von A mit $a_1,\,\ldots,\,a_p$. Ist t ein reguläres p-Eck vom Mittelpunkt A, so gilt $s_i \perp AM_i$ und $a_i = a_{i+1}\,(i = 1,\,\ldots,\,p;\,a_{p+1} = a_1)$. Es genügt zu zeigen, daß, wenn eine dieser Beziehungen nicht besteht, τ sich vergrößern läßt.

Setzen wir z. B. voraus, daß AM_1 nicht senkrecht auf s_1 ist. Drehen wir s_1 um M_1 um einen infinitesimalen Winkel, so bleibt der Flächeninhalt t unverändert. Da aber die Projektion von M_1 nicht der Mittelpunkt der Projektion von s_1 ist, so verändert sich der Inhalt τ durch diese Drehung. Bei einem geeigneten Drehungssinn nimmt daher τ zu. Damit ist zugleich gezeigt, daß A innerhalb von t liegen muß.

Nehmen wir nun an, daß $s_1 \perp AM_1$ und $s_2 \perp AM_2$, aber z. B. $a_1 < a_2$ ist. Verschieben wir s_1 und s_2 zu sich parallel um je einen infinitesimalen Abstand so, daß für die dadurch bewirkten Inhaltsveränderungen $d_1 t$ und $d_2 t$ von t $d_1 t + d_2 t = 0$ ist. Dann gilt für die entsprechenden Projektionen: $|d_1\tau| > |d_2\tau|$. Die Trapeze $d_1 t$ und $d_2 t$ lassen sich nämlich so in elementare Teile zerlegen, daß jedem Teil von $d_1 t$ ein flächengleicher Teil in $d_2 t$ entspricht, der aber wegen der Annahme $a_1 < a_2$ weiter von A liegt. Einem weiter liegenden Flächenelement entspricht aber offenbar eine kleinere Projektion. Wählt man $d_1 t > 0$, so ist $d_1\tau + d_2\tau > 0$, womit die behauptete Extremaleigenschaft des regulären Vielecks und dadurch die Ungleichung $t \geqq T(\tau,\,p)$ dargetan ist.

Wir machen jetzt von der Tatsache Gebrauch, daß die Funktion $T(\tau,\,p)$ für $\tau \geqq 0$, $p \geqq 3$ als Funktion von zwei Veränderlichen konvex ist. Daraus ergibt sich nämlich sofort die mit (1) äquivalente Ungleichung

$$3V \geqq \sum t \geqq \sum T(\tau, p) \geqq f\,T\left(\frac{4\pi}{f}, \frac{2k}{f}\right).$$

Die einzige Schwierigkeit in diesem prinzipiell sehr einfachen Beweis ist der ungünstige Umstand, daß die Funktion $T(\tau, p)$ zu kompliziert ist, um die zum Beweis der Konvexität nötigen Rechnungen
übersichtlich ausführen zu können. Wir begnügen uns hier mit der

graphischen Darstellung einiger
Kurven $T(\text{Konst.}, p)$, an der die
Konvexität empirisch festgesetzt
werden kann. Die Konvexität
kommt dadurch zum Ausdruck,
daß etwa der Mittelpunkt einer
Strecke, die einen Punkt der
Kurve $T = T(\tau_1, p)$ mit einem
Punkt der Kurve $T = (\tau_2, p)$
verbindet, oberhalb der Kurve
$T = T\left(\dfrac{\tau_1 + \tau_2}{2}, p\right)$ liegt.

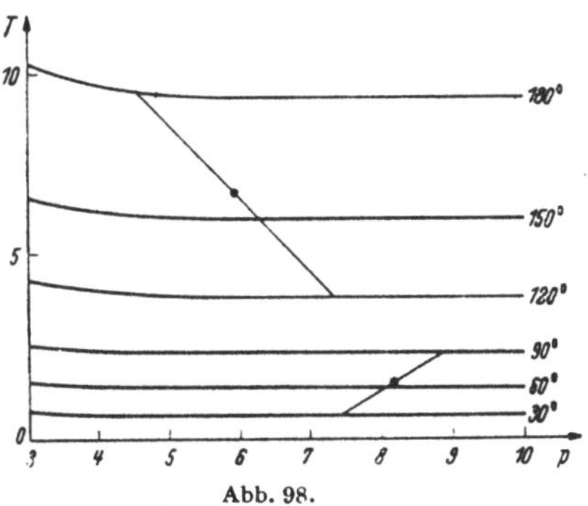

Abb. 98.

Hier folgend geben wir ei-
nen anderen, strengen Beweis der Ungleichung (1). Es sei A der Fußpunkt des vom Kugelmittelpunkt auf die Ebene der Polyederfläche t
gefällten Lotes, BD eine Seite von t und C die senkrechte Projektion von A auf die Gerade BD. Wir können voraussetzen, daß A auf
der Fläche t und C auf der Kante BD liegt, da sonst die Fläche durch
ein außerhalb der Kugel liegendes Polygon von kleinerem Inhalt ersetzt werden könnte, das der genannten Bedingung genügt, während
seine Seitenzahl und der Inhalt seiner Projektion auf die Kugelfläche
unverändert bleiben. Ist die erwähnte Bedingung für sämtliche Flächen und Kanten erfüllt, so läßt sich die Oberfläche des Polyeders
in $4k$ rechtwinklige Dreiecke zerlegen, von denen das eine das Dreieck
$\varDelta \equiv ABC$ ist.

Bezeichnen wir die Zentralprojektion von ABC auf die Kugel mit
$A'B'C'$, die Winkel des rechtwinkligen sphärischen Dreiecks $A'B'C'$
bei A' und B' mit α bzw. β und die Hypotenuse $A'B'$ mit c. Dann gilt
mit Rücksicht auf $AB \geqq \mathrm{tg}\,c$ und $\cos c = \mathrm{cotg}\,\alpha\,\mathrm{cotg}\,\beta$

$$\varDelta \geqq \tfrac{1}{4}\sin 2\alpha\,\mathrm{tg}^2 c = \tfrac{1}{4}\sin 2\alpha\,(\mathrm{tg}^2\alpha\,\mathrm{tg}^2\beta - 1) = F(\alpha, \beta).$$

Da aber die Funktion $F(\alpha, \beta)$ wegen

$$F_{\alpha\alpha}F_{\beta\beta} - F_{\alpha\beta}^2 = \frac{2\,\mathrm{tg}^4\alpha}{\cos^6\beta}\,[1 - (\sin^2\alpha + \sin^2\beta)]^2 \geqq 0$$

in dem durch die Ungleichungen $0 < \alpha < \dfrac{\pi}{2}$, $0 < \beta < \dfrac{\pi}{2}$, $\alpha + \beta \geqq \dfrac{\pi}{2}$

◄ 203

bestimmten Gebiet konvex ist, haben wir

$$3V \geqq \sum \varDelta \geqq \sum F(\alpha, \beta) \geqq 4kF\left(\frac{2\pi f}{2k}, \frac{2\pi e}{2k}\right).$$

Das ist aber eben die zu beweisende Ungleichung (1). Gleichheit gilt dabei in (1) nur, wenn die Flächen die Kugel berühren und die $4k$ Dreiecke $\varDelta$ kongruent sind, was nur im Falle eines umbeschriebenen regulären Polyeders zutrifft.

Später werden wir noch einen weiteren Beweis der Ungleichung (1) kennenlernen, indem (1) als Korollarium einer allgemeinen Ungleichung hergeleitet wird.

§ 5. Volumen eines einbeschriebenen Polyeders.

Wir beweisen hier zunächst folgenden Satz:

Ist das Polyeder V_n mit n Ecken in der Einheitskugel enthalten, so haben wir

$$V_n \leqq \frac{n-2}{6}\,(3 - \operatorname{cotg}^2 \omega_n)\,\operatorname{cotg}\omega_n. \tag{1}$$

Mit Rücksicht auf die Entwicklung

$$\frac{n-2}{6}\,(3 - \operatorname{cotg}^2 \omega_n)\,\operatorname{cotg}\omega_n = \frac{4\pi}{3} - \frac{4\sqrt{3}\,\pi^2}{3n} + \cdots$$

ergibt sich hieraus

$$\frac{4\pi}{3} - V_n \geqq \frac{4\sqrt{3}\,\pi^2}{3n} - \cdots, \tag{2}$$

wo die Punkte ein Glied der Größenordnung $\frac{1}{n^2}$ bedeuten. Leider ist dieses Glied negativ, so daß sich hier eine der Ungleichungen (4,4) entsprechende genaue asymptotische Abschätzung nicht aussprechen läßt.

Zum Beweis von (1) können wir annehmen, daß V_n ein der Einheitskugel mit dem Mittelpunkt O einbeschriebenes Dreieckspolyeder ist. Greifen wir eine Fläche $E_i E_j E_k$ heraus und betrachten das Tetraeder $v \equiv O E_i E_j E_k$, sowie das sphärische Dreieck $\varDelta \equiv E_i E_j E_k$. Wir zeigen, daß der Inhalt v bei vorgegebenem Wert von $\varDelta$ im Falle eines gleichseitigen Dreiecks $\varDelta$ sein Maximum erreicht. Es genügt zu zeigen, daß für das Tetraeder vom maximalen Inhalt $E_i E_k = E_k E_j$ gilt. Um dies in Evidenz zu setzen, denken wir uns die Ebene $O E_i E_j$ horizontal und fassen den durch E_k und die E_i und E_j diametral gegenüberliegenden Punkten E_i^* und E_j^* hindurchgehenden LEXELLschen Kreis ins Auge: Bewegen wir E_k auf dem Kreisbogen $E_i^* E_j^*$, so bleibt $\varDelta$ unverändert. Dagegen erreicht v sein Maximum, wenn die zu E_k gehörige Höhe des Tetraeders maximal wird, d. h. wenn E_k auf den höchsten Punkt des LEXELLschen Kreises steigt. Dieser Punkt ist aber eben durch $E_i E_k = E_k E_j$ charakterisiert.

Die soeben bewiesene Extremaleigenschaft läßt sich in folgender Ungleichung ausdrücken:

$$v \leqq t(\varDelta); \quad t(\varDelta) = \frac{1}{12}\left(3 - \operatorname{cotg}^2 \frac{\varDelta + \pi}{6}\right)\operatorname{cotg}\frac{\varDelta + \pi}{6}.$$

Da aber wegen

$$- 72\sin^4 \frac{\varDelta + \pi}{6}\, t''(\varDelta) = \sin\frac{\varDelta + \pi}{3} + 2\operatorname{cotg}\frac{\varDelta + \pi}{6}\cos\frac{\varDelta + \pi}{3} > 0;$$

$$0 < \varDelta < 2\pi$$

$t(\varDelta)$ konkav ist, haben wir

$$V = \sum v \leqq \sum t(\varDelta) \leqq (2n - 4)\, t\left(\frac{4\pi}{2n - 4}\right),$$

w. z. b. w.

Verdrehen wir eine Fläche eines Würfels W um ihren Mittelpunkt um 45° und betrachten die konvexe Hülle H der neuen und der gegenüberliegenden ursprünglichen Fläche. Es läßt sich leicht zeigen, daß $H > W$ ausfällt. Folglich besitzt der Würfel unter den einbeschriebenen Polyedern mit 8 Ecken nicht den größtmöglichen Inhalt. In ähnlicher Weise erweist sich das Dodekaeder als kein extremales Polyeder. Allgemeiner läßt sich zeigen, daß ein extremales Polyeder nur durch Dreiecksflächen begrenzt sein kann, die alle in verschiedenen Ebenen liegen. Wir wollen ein solches Polyeder ein *echtes Dreieckspolyeder* nennen. Wir zeigen ganz allgemein: *Besitzt ein Polyeder unter den einer singularitätenfreien Eifläche einbeschriebenen Polyedern von vorgegebener Eckenzahl das größtmögliche Volumen, so ist es ein echtes Dreieckspolyeder.* Dabei soll eine Eifläche *singularitätenfrei* heißen, wenn durch jeden Punkt nur eine Stützebene gelegt werden kann.

Dieser Satz scheint von einem gewissen Gesichtspunk aus interessant zu sein. Wir wollen das durch ein Beispiel beleuchten. Unter den einem Würfel W einbeschriebenen Polyedern mit 8 Ecken besitzt offenbar W selbst den größtmöglichen Inhalt. Nun überziehen wir W durch eine dünne Wachsschicht so, daß die Ecken von W auf der Oberfläche des entstehenden Körpers K bleiben. Dabei kann K dieselbe Symmetrie aufweisen wie W selbst, kann aber auch asymmetrisch sein. Nur ist darauf zu achten, daß die Kanten und Ecken von W abgerundet werden, so daß K singularitätenfrei wird. Dann ist das K einbeschriebene Polyeder mit 8 Ecken vom maximalen Inhalt nicht mehr der Würfel W, wie dünn auch die Wachsschicht sei.

Zum Beweis betrachten wir ein System von Punkten $P_1, \ldots, P_n$, die nicht alle in einer Ebene liegen. Wir stellen uns zunächst die Aufgabe, den geometrischen Ort G derjenigen Punkte P zu bestimmen, für die der Inhalt der konvexen Hülle H der Punkte $P_1, \ldots, P_n$ und P konstant bleibt.

Wir setzen für einen Augenblick voraus, daß im Eckpunkt P des Polyeders H nur Dreiecksflächen $\varDelta_1, \ldots, \varDelta_m$ zusammenkommen. Auf jeder Dreiecksfläche $\varDelta_i$ errichten wir den in Richtung der äußeren Normalen weisenden Vektor $\mathfrak{v}_i$ vom Betrag $|\mathfrak{v}_i| = \varDelta_i$ und setzen $\mathfrak{v} = \mathfrak{v}_1 + \cdots + \mathfrak{v}_m$.

Verschieben wir jetzt P um den Vektor $\mathfrak{r} = \overrightarrow{PP'}$ in einen neuen Punkt P' so, daß das neue Polyeder H' zu dem ursprünglichen H isomorph bleibt, so gilt

$$3(H' - H) = \mathfrak{v}\,\mathfrak{r}.$$

Soll daher der Inhalt H unverändert bleiben, so muß sich P in einer zu $\mathfrak{v}$ senkrechten Ebene bewegen. Das geht aber nur so lange, bis P in eine Flächenebene e der konvexen Hülle der Punkte $P_1, \ldots, P_n$ fällt. In diesem Augenblick mündet in P eine mehr als dreieckige Fläche von H. Überschreitet P die Ebene e, so kommen in P schon andere Dreiecks-

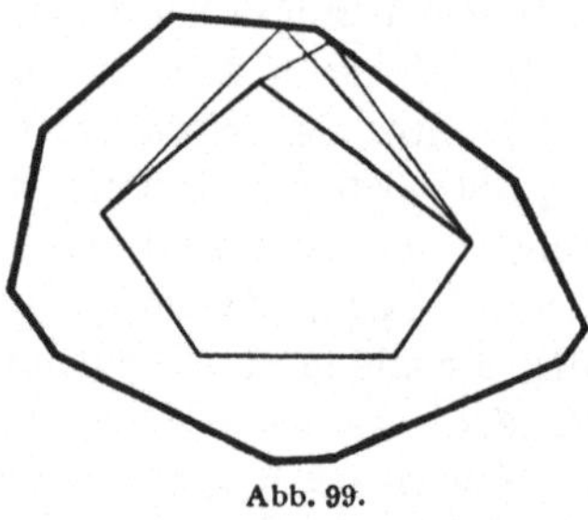

flächen zusammen, also muß sich P in einer anderen Ebene bewegen wie vorher. Werfen wir noch einen Blick auf Abb. 99, welche die analogen Verhältnisse in der Ebene darstellt, so wird es uns klar, daß G die Oberfläche eines konvexen Polyeders sein muß.

Wir betrachten nun n Punkte $P_1, \ldots, P_n$ einer singularitätenfreien Eifläche E sowie die konvexe Hülle H dieser Punkte und

Abb. 99.

setzen voraus, daß etwa im Punkt P_n eine vier- oder mehrseitige Fläche von H mündet. Bewegen wir P_n unter Festhaltung der übrigen Punkte so, daß der Inhalt H unverändert bleibt, so durchläuft P_n den Rand eines konvexen Polyeders. Da aber der ursprüngliche Punkt P_n auf einer Kante dieses Polyeders liegt, so muß das Polyeder in der Umgebung des Punktes P_n in E eindringen. Mithin kann H kein Maximalpolyeder sein.

Unsere Überlegungen zeigen zugleich, daß das Polyeder vom maximalen Inhalt die Eigenschaft besitzt, daß in jedem Eckpunkt der Vektor $\mathfrak{k}_1 \times \mathfrak{k}_2 + \mathfrak{k}_2 \times \mathfrak{k}_3 + \cdots + \mathfrak{k}_m \times \mathfrak{k}_1$ in die Richtung der Flächennormale im betreffenden Eckpunkt fällt, wobei $\mathfrak{k}_1, \ldots, \mathfrak{k}_m$ die von der Ecke ausstrahlenden Kantenvektoren in zyklischer Reihenfolge bedeuten.

Wir verlassen jetzt auf eine Weile die allgemeinen Eiflächen und kehren zur Kugel zurück. Die hier folgenden Überlegungen können als ein Versuch zum Beweis der Ungleichung

203 ▸

$$V \leqq \frac{2k}{3} \cos^2 \frac{\pi f}{2k} \cotg \frac{\pi e}{2k} \left(1 - \cotg^2 \frac{\pi f}{2k} \cotg^2 \frac{\pi e}{2k}\right) \tag{3}$$

angesehen werden, wobei e, f und k die Ecken-, Flächen- bzw. Kantenzahl eines in der Einheitskugel enthaltenen konvexen Polyeders V

bedeutet. Daß diese Ungleichung ganz allgemein gilt, können wir einstweilen nur vermuten.

t bedeute eine Seitenfläche von V mit der Seitenzahl p, v die konvexe Hülle von t und dem Kugelmittelpunkt und τ die Zentralprojektion von t auf die Kugel. Wahrscheinlich gilt für v die Ungleichung

$$v \leqq \frac{p}{3} \cos^2 \frac{\pi}{p} \operatorname{tg} \frac{2\pi - \tau}{2p} \left(1 - \operatorname{cotg}^2 \frac{\pi}{p} \operatorname{tg}^2 \frac{2\pi - \tau}{2p}\right) = U(\tau, p),$$

die bedeuten würde, daß der Inhalt der Pyramide v im Falle einer der Kugel einbeschriebenen regulären Grundfläche sein Maximum erreicht, wenn Eckenzahl p und Projektionsinhalt τ der Grundfläche t vorgegeben sind. Jedoch scheint der Beweis dieser Tatsache nicht so einfach zu sein wie der Beweis der analogen Extremaleigenschaft des regulären p-Ecks im vorigen Paragraphen.

Die Funktion $U(\tau, p)$ ist für $0 \leqq \tau \leqq 2\pi, 3 \leqq p$ bei konstantem Wert von p eine konkave Funktion von τ und umgekehrt bei konstantem τ eine konkave Funktion von p. Wäre sie auch als Funktion von zwei Veränderlichen konkav, so könnte man schließen:

$$V = \sum v \leqq \sum U(\tau, p) \leqq f\, U\left(\frac{4\pi}{f}, \frac{2k}{f}\right),$$

womit (3) bewiesen wäre. Jedoch ist $U(\tau, p)$ nicht im ganzen Streifen $0 \leqq \tau \leqq 2\pi, p \geqq 3$ konkav. Es genügt aber, von der Konkavität etwa nur für $0 \leqq \tau \leqq \pi$ Gebrauch zu machen, die aus der nebenstehenden graphischen Darstellung einiger Funktionen $U(\tau, \text{konst.})$ mit großer Sicherheit abzulesen ist.

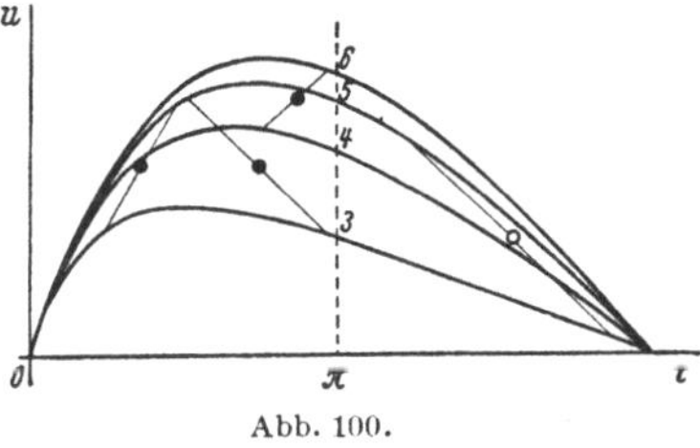

Abb. 100.

Wir beschränken uns zunächst auf den Fall $f \geqq 8$ und bemerken, daß für einen beliebigen Wert $p \geqq 3$

$$U(\tau, p) \leqq U(\pi, p), \qquad \tau \geqq \pi$$

$$U(\tau_1, p) \leqq U(\tau_2, p), \qquad 0 \leqq \tau_1 \leqq \tau_2 \leqq \frac{\pi}{2}$$

gilt. Ersetzen wir nun jeden Wert $\tau_i > \pi$ durch π und bezeichnen die neuen Werte mit $\tau_1', \ldots, \tau_f'$, so gilt für $f \geqq 8$

$$V \leqq \sum U(\tau, p) \leqq \sum U(\tau', p) \leqq f\, U\left(\frac{\sum \tau'}{f}, \frac{2k}{f}\right) \leqq f\, U\left(\frac{4\pi}{f}, \frac{2k}{f}\right).$$

Statt einer ausführlichen Diskussion der Fälle $f < 8$ begnügen wir uns beispielsweise mit der Untersuchung eines Polyeders vom Typus eines fünfseitigen Prismas ($f = 7$, $e = 10$), oder allgemeiner mit dem Fall $f \geqq 6$, $\frac{2k}{f} \geqq 4$. Wir haben nur zu bemerken, daß für ein festes $p \geqq 4$

die Funktion $U(\tau, p)$ nicht nur für $0 \leq \tau \leq \dfrac{\pi}{2}$, sondern auch für $0 \leq \tau \leq \dfrac{2\pi}{3}$ eine zunehmende Funktion von τ ist. Folglich lassen sich die obigen Überlegungen ohne weiteres anwenden.

§ 6. Ungleichungen zwischen dem In- und Umkugelhalbmesser eines Polyeders.

Ist r und R der In- bzw. Umkugelradius eines konvexen Polyeders V der Flächenzahl f, Eckenzahl e und Kantenzahl k, so folgen aus (4,1) bzw. (5,3) die Ungleichungen

$$\frac{k}{3} \sin \frac{\pi f}{k} \left(\operatorname{tg}^2 \frac{\pi f}{2k} \operatorname{tg}^2 \frac{\pi e}{2k} - 1\right) r^3 \leq V \leq$$

$$\leq \frac{2k}{3} \cos^2 \frac{\pi f}{2k} \operatorname{cotg} \frac{\pi e}{2k} \left(1 - \operatorname{cotg}^2 \frac{\pi f}{2k} \operatorname{cotg}^2 \frac{\pi e}{2k}\right) . R^3 .$$

Hieraus ergibt sich die Ungleichung

$$\frac{R}{r} \geq \operatorname{tg} \frac{\pi}{p} \operatorname{tg} \frac{\pi}{q}, \tag{1}$$

wobei $p = \dfrac{2k}{f}$ die durchschnittliche Seitenzahl der Flächen und $q = \dfrac{2k}{e}$ die durchschnittliche Kantenzahl der Ecken bedeuten.

203 ▶ Leider kann diese Ungleichung wegen des mangelhaften Beweises der Ungleichung (5,3) strenggenommen nur als eine Vermutung angesehen werden. Dagegen erwähnen wir einige Sonderfälle der Ungleichung (1), die sich streng beweisen lassen. So läßt sich z. B. mit Hilfe des Gedankenganges des im § 1 für (1,2) gegebenen Beweises zeigen:

Bezeichnen r und R die Radien der Minimalkugelschale eines konvexen Polyeders, so gilt

$$\frac{R}{r} \geq \operatorname{tg} \frac{\pi}{p} \operatorname{tg} \frac{\pi}{q}, \tag{2}$$

wobei p die mittlere Seitenzahl der Flächen und q die mittlere Kantenzahl der Ecken bedeuten. Gleichheit gilt dabei genau für die regulären Polyeder.

Es sei P_4, P_5, ... eine Folge von konvexen Polyedern der Flächenzahl 4, 5, ..., deren Inkugelhalbmesser unbegrenzt zunehmen, und F_1^n, ..., F_n^n die Flächen von P_n. Läßt sich diese Bezeichnung so durchführen, daß in jeder Spalte des Schemas

$$F_1^4 F_2^4 F_3^4 F_4^4$$
$$F_1^5 F_2^5 F_3^5 F_4^5 F_5^5$$

eine konvergente Folge von Polygonen steht, so nennen wir die Folge $P_4, P_5, \ldots$ konvergent. Das Grenzpolyeder liefert dann eine Zerlegung der Ebene in konvexe Polygone.

Es läßt sich nun zeigen, daß sich eine gegen die Zerlegung $\{3, 6\}$, $\{4, 4\}$ oder $\{6, 3\}$ strebende Folge von Polyedern so angeben läßt, daß

$$\lim_{k \to \infty} k \left(\frac{R}{r} - \text{tg}\, \frac{\pi}{p}\, \text{tg}\, \frac{\pi}{q} \right) = 0 \tag{3}$$

ausfällt. Umgekehrt: Genügt eine konvergente Folge von konvexen Polyedern der Bedingung (3), so ist das Grenzpolyeder „im wesentlichen" regulär. Das bedeutet, daß fast alle Polyederflächen im Sinne der Definition einer hexagonalen Kreislagerung angenähert kongruente reguläre Vielecke sind. Wir können also kurz sagen, daß die Ungleichung (2) eine Extremaleigenschaft aller acht regulären Polyeder $\{p, q\}$, $p, q > 2$ zum Ausdruck bringt.

Wir erwähnen jetzt folgenden Satz:

Zwischen dem In- und Umkugelhalbmesser r bzw. R eines konvexen Polyeders mit n Ecken oder n Flächen besteht die Ungleichung

$$\frac{R}{r} \geqq \sqrt{3}\, \text{tg}\, \omega_n. \tag{4}$$

Allgemeiner: *Enthält ein konvexes Polyeder mit n Ecken oder n Flächen das Ellipsoid e und ist im Ellipsoid E enthalten, so gilt*

$$\frac{E}{e} \geqq \sqrt{27}\, \text{tg}^3\, \omega_n. \tag{5}$$

Bedeutet n die Eckenzahl, so ist die Ungleichung (5) eine unmittelbare Folgerung von (4,3) und (5,1). Die Gültigkeit des Satzes für ein n-Flach U folgt hieraus mit Hilfe der Ungleichung (I, 2,1). Es sei nämlich E ein U enthaltendes und e ein in U liegendes Ellipsoid. Wir können ohne Einschränkung der Allgemeinheit voraussetzen, daß e die Einheitskugel ist. Dann führt die Polarität in bezug auf e das n-Flach U in ein in e liegendes Polyeder mit n Ecken und E in ein in diesem Polyeder liegendes Ellipsoid E' über. Folglich gilt mit Rücksicht auf (I, 2,1) und die Richtigkeit der Ungleichung (5) für Polyeder mit n Ecken

$$\frac{E}{e} \geqq \frac{e}{E'} \geqq \sqrt{27}\, \text{tg}^3\, \omega_n.$$

Mit dem obigen Satz steht ein weiteres Problem im Zusammenhang. Betrachten wir das in einem Polyeder liegende Ellipsoid e von maximalem Inhalt und das das Polyeder enthaltende Ellipsoid E von minimalem Inhalt. Diese können etwa *In-* und *Umellipsoid* genannt werden. Wir fragen nun nach demjenigen Polyeder von fest vorgegebener Ecken- oder Flächenzahl n, für das der Quotient $\dfrac{E}{e}$ sein Minimum erreicht.

Es handelt sich um dasjenige Polyeder mit n Ecken oder n Flächen, das sich in einem gewissen Sinn am besten durch Ellipsoide annähern läßt.

Bei dem analogen Problem in der Ebene ist das extremale Vieleck affin regulär. Für ein solches Vieleck sind die In- und Umellipsen konzentrisch und homothetisch. Die Ungleichung (5) ergibt die Lösung unseres Problems für $n = 4$, 6 und 12, und in diesen Fällen sind die In- und Umellipsoide des extremalen Polyeders ebenfalls konzentrisch und homothetisch. Wir wissen wohl, daß es nicht zu erwarten ist, das extremale Polyeder für alle Ecken- und Flächenzahlen bestimmen zu können. Immerhin kann man sich fragen: Sind die In- und Umellipsoide eines extremalen Polyeders immer konzentrisch und homothetisch?

Wir zeigen, daß das zu einem extremalen Polyeder gehörige Paar von Ellipsoiden *konzentrisch*, aber im allgemeinen *nicht homothetisch* ist.

Um den ersten Teil dieser Behauptung zu beweisen, betrachten wir etwa ein n-Flach U, dessen In- und Umellipsoide e und E nicht konzentrisch sind. Die Polarität bezüglich e führt U in ein Polyeder U' mit n Ecken über, das innerhalb e und außerhalb des Ellipsoides E' liegt, wobei E' das Bild von E bedeutet. Betrachten wir nun die Polarität in bezug auf E', die e in e' und U' in das n-Flach U'' überführt, so gilt mit Rücksicht auf (I, 2,1)

$$\frac{E}{e} > \frac{e}{E'} > \frac{E'}{e'}.$$

Da aber U'' zwischen e' und E' liegt, so zeigt diese Ungleichung, daß U'' besser ist als U.

Wir zeigen jetzt, daß schon im Falle des extremalen Polyeders P mit $n = 5$ Ecken e und E nicht homothetisch sind. Wären sie nämlich homothetisch, so könnten wir annehmen, daß sie konzentrische Kugeln sind. Folglich wäre P ein affines Bild desjenigen Polyeders $\overline{P}$ mit 5 Ecken, für das der Quotient $\dfrac{R}{r}$ der Radien der Minimalkugelschale minimal wird. Es ist leicht einzusehen, daß $\overline{P}$ die konvexe Hülle des Nord- und Südpols seiner Umkugel und des dem Äquator einbeschriebenen regulären Dreiecks ist. Wäre nun $\overline{P}$ mit unserem extremalen Polyeder P identisch, so wäre die Inkugel von $\overline{P}$ zugleich das Inellipsoid von $\overline{P}$. Das trifft aber nicht zu, weil das in $\overline{P}$ liegende Ellipsoid vom maximalen Inhalt ein Rotationsellipsoid ist, welches die Flächen von $\overline{P}$ in ihren Schwerpunkten berührt, während die Inkugel von $\overline{P}$ diese Eigenschaft nicht besitzt.

Die Frage, ob die In- und Umkugel k und K eines Polyeders von vorgegebener Ecken- oder Flächenzahl, für das $\dfrac{K}{k}$ den kleinstmöglichen Wert erreicht, stets konzentrisch sein müssen oder nicht, ist noch nicht beantwortet.

§ 7. Isoperimetrische Probleme bei Polyedern.

Beschränken wir uns auf konvexe Körper, so lautet das isoperimetrische Problem im Raum folgendermaßen: Welcher Körper besitzt unter den oberflächengleichen konvexen Körpern den größtmöglichen Rauminhalt? Die Lösung kommt in der Ungleichung

$$F^3 - 36\pi V^2 \geqq 0 \tag{1}$$

zum Ausdruck, die für die Oberfläche F und das Volumen V eines beliebigen konvexen Körpers besteht, mit dem Gleichheitszeichen im Falle einer Kugel und nur dann.

Im Gegensatz zu dem Problem in der Ebene kann man aus der Gültigkeit der Ungleichung (1) für konvexe Körper nicht unmittelbar auf das Bestehen der Ungleichung für nichtkonvexe schließen, da bei dem Übergang zur konvexen Hülle F sich vergrößern kann. Jedoch wurde gezeigt, daß die obige isoperimetrische Ungleichung auch für nichtkonvexe Körper ganz allgemein besteht.

Ebenso wie in der Ebene erhalten wir eine Reihe von Problemen, wenn der beste Körper — d. h. der Körper mit dem kleinstmöglichen Wert des Quotienten $\dfrac{F^3}{V^2}$ — statt aus der Gesamtheit aller konvexen Körper nur aus einer gewissen Bedingungen unterworfenen Teilmenge derselben gesucht wird. Uns interessieren hier in erster Reihe die isoperimetrischen Probleme für konvexe Polyeder.

Mit diesem Problemenkreis hat sich — an Lhuiliers Untersuchungen anschließend — Steiner zum erstenmal eingehend beschäftigt. Er betrachtet Prismen, Pyramiden und Polyeder vom Typus einer Doppelpyramide und bemerkt, daß in diesen Fällen das beste Polyeder immer so einer Kugel umbeschrieben ist, daß die Flächen von der Kugel in ihren Schwerpunkten berührt werden. Von dieser Erfahrung angeregt wirft Steiner die Frage auf, ob auch das beste Polyeder vom Typus eines beliebigen konvexen Polyeders diese Eigenschaft besitzt. Ferner spricht Steiner die Vermutung aus, daß das einer Kugel umbeschriebene reguläre Prisma nicht nur unter den Prismen derselben Seitenzahl, sondern auch unter den isomorphen Polyedern das beste ist.

Nach einer weiteren merkwürdigen Vermutung von Steiner ist unter den Polyedern vom Typus eines beliebigen regulären Polyeders das betreffende reguläre das beste. Steiner selbst konnte diese Vermutung — abgesehen von dem schon von Lhuilier erledigten einfachen Fall des Tetraeders — nur noch für das Oktaeder bestätigen.

Später hat L. Lindelöf [1] gezeigt, daß das beste Polyeder unter den Polyedern von vorgegebener Flächenzahl so einer Kugel umbeschrieben ist, daß die Flächen durch die Kugel in ihren Schwerpunkten berührt werden. Lindelöf war der Meinung, daß dieser Satz eine Antwort auf Steiners obige Frage ist. Dies trifft aber nicht zu, da die zu einem Polyeder isomorphen Polyeder nur eine Teilmenge (und zwar abgesehen vom Tetraeder eine echte Teilmenge) der Gesamtheit der Polyeder derselben Flächenzahl ausmachen. So viel folgt aber tatsächlich aus dem Gedankengang des LINDELÖFschen Beweises, daß für Dreikantpolyeder die STEINERsche Frage zu bejahen ist. LINDELÖF zeigt nämlich, daß ein Polyeder, das der STEINER-LINDELÖFschen Bedingung nicht genügt, sich durch infinitesimale Veränderung einer Fläche verbessern läßt. Gibt es daher im Typus eines Dreikantpolyeders überhaupt ein bestes Polyeder, so muß es der genannten Bedingung Genüge leisten, da es sich sonst durch infinitesimale Veränderung einer Fläche verbessern ließe. Eine solche Veränderung eines Dreikantpolyeders läßt aber seinen Typus offenbar unverändert.

LINDELÖF läßt die Existenzfrage außer acht. Dagegen zeigt MINKOWSKI [2] in direkter Weise, daß unter den konvexen Polyedern mit vorgegebenen äußeren Flächennormalenrichtungen die einer Kugel umbeschriebenen Polyeder die besten sind. Das ist das dreidimensionale Analogon des im Abschn. I, § 4 erwähnten LHUILIERschen Satzes. Daß dabei das beste n-Flach seine Inkugel in den Flächenschwerpunkten berühren muß, folgt hieraus in einfacher Weise.

MINKOWSKIS Name ist aber auch durch weitere wichtige Sätze mit dem isoperimetrischen Problem verbunden. Wir heben insbesondere folgende MINKOWSKIsche Ungleichungen hervor:

$$F^2 - 3VM \geqq 0, \quad M^2 - 4\pi F \geqq 0, \tag{2}$$

die zwischen den drei fundamentalen Maßzahlen V, F und M eines beliebigen konvexen Körpers bestehen. Aus ihnen folgt sofort die Ungleichheit (1).

Mit den Bezeichnungen des Abschn. I, § 1 läßt sich die erste MINKOWSKIsche Ungleichung für konvexe Polyeder folgendermaßen schreiben:

$$\frac{F^2}{V} \geqq \frac{3}{2} \sum \alpha l.$$

Es gilt aber auch die schärfere Ungleichheit

$$\frac{F^2}{V} \geqq 3 \sum l \operatorname{tg} \frac{\alpha}{2}, \tag{3}$$

in der Gleichheit nur für einer Kugel umbeschriebene Polyeder eintritt. Einen elementaren Beweis von (3) hat mit Hilfe von inneren Parallelbereichen BOL [1] angegeben.

E. STEINITZ [3] widmet die letzte größere Arbeit seines Lebens ebenfalls diesem Problemkreis und erledigt mehrere von STEINER aufgeworfene Fragen. Unter anderem wendet er sich der Existenzfrage zu und gibt ein Beispiel eines Polyeders, in dessen Typus kein bestes Polyeder existiert. Ferner zeigt er, daß es ein Polyeder gibt, das zwar das beste unter den zu ihm isomorphen Polyedern ist, der STEINER-

LINDELÖFschen Bedingung jedoch nicht Genüge leistet. Damit ist gezeigt, daß die Antwort auf die obige STEINERsche Frage im allgemeinen verneinend ist.

STEINITZ befaßt sich auch mit der STEINERschen Vermutung bezüglich der Prismen und bestätigt die Vermutung für die Seitenzahl $n = 3$, widerlegt sie aber im Falle $n \geqq 8$. Der Fall $n = 4$, d. h. der Fall des Würfels, wurde später im Einklang mit der Vermutung unter viel allgemeineren Bedingungen gelöst. Die Fälle $n = 5$, 6 und 7 sind zur Zeit noch nicht erledigt.

Lassen wir nun die Meinung von STEINITZ ([3] I, S. 134) über die die regulären Polyeder betreffende STEINERsche Vermutung hören: „Für einen Beweis dieser Annahme ist auch nicht einmal ein schwacher Ansatz vorhanden, und da nach den Erfahrungen auf diesem Gebiete größte Zurückhaltung im Aussprechen von Vermutungen zu empfehlen ist, müssen wir diese Frage, insbesondere soweit sie Dodekaeder und Ikosaeder betrifft, als noch gänzlich ungeklärt bezeichnen."

Diese Behutsamkeit scheint zu der Zeit, als eigentlich noch gar keine Extremaleigenschaft des regulären Dodekaeders oder Ikosaeders bekannt war, berechtigt gewesen zu sein. Die verschiedenen Extremaleigenschaften der regulären Körper, die wir schon kennengelernt haben, scheinen aber die STEINERsche Vermutung zu unterstützen. Es ist darüber hinaus zu erwarten, daß die regulären Dreikantpolyeder nicht nur unter den isomorphen Polyedern, sondern sogar unter den Polyedern ihrer Flächenzahl und die regulären Dreieckspolyeder — wieder weit über STEINERS Vermutung — auch unter den Polyedern ihrer Eckenzahl die besten sind.

Unsere Erwartung bezüglich der regulären Dreikantpolyeder erweist sich als richtig. Um sie zu verifizieren, bedenken wir, daß man sich bei Polyedern von vorgegebener Flächenzahl nach dem LINDELÖF-MINKOWSKIschen Satz auf der Einheitskugel umbeschriebene Polyeder beschränken darf. Für solche Polyeder besteht aber zwischen Oberfläche F und Volumen V die Gleichheit $3V = F$, d. h. $\dfrac{F^3}{V^2} = 9F$ $= 27V$. Damit ist das isoperimetrische Problem bei Polyedern von vorgegebener Flächenzahl n auf die Bestimmung des umbeschriebenen n-Flachs von kleinstem Inhalt oder kleinster Oberfläche zurückgeführt, und mit Rücksicht auf (4,2) können wir folgenden merkwürdigen Satz aussprechen:

Bedeutet F die Oberfläche und V das Volumen eines konvexen n-Flachs, so gilt die Ungleichung

$$\frac{F^3}{V^2} \geqq 54(n-2)\,\mathrm{tg}\,\omega_n(4\sin^2\omega_n - 1), \tag{4}$$

und Gleichheit gilt nur für die regulären Dreikantpolyeder.

Damit ist die STEINERsche Vermutung für den Fall des Würfels und Dodekaeders unter viel allgemeineren Bedingungen bewiesen.

Der Fall des Ikosaeders ist dagegen noch nicht geklärt. Es läßt sich aber vermuten, daß für ein konvexes Polyeder mit n Ecken

$$\frac{F^3}{V^2} \geqq \frac{27\sqrt{3}}{2}(n-2)(3\,\mathrm{tg}^2\,\omega_n - 1) \tag{5}$$

ausfällt und Gleichheit nur für die regulären Dreieckspolyeder gilt. Es gilt wahrscheinlich sogar die die Ungleichungen (4) und (5) enthaltende allgemeine Ungleichung

$$\frac{F^3}{V^2} \geqq 9\,k\,\sin\frac{2\pi}{p}\left(\mathrm{tg}^2\frac{\pi}{p}\,\mathrm{tg}^2\frac{\pi}{q} - 1\right), \tag{6}$$

wobei k die Kantenzahl, p die durchschnittliche Seitenzahl der Flächen und q die durchschnittliche Kantenzahl der Ecken bedeuten und Gleichheit nur für die regulären Polyeder besteht. Mit dem Beweis der Vermutung (6) wäre das isoperimetrische Problem für Polyeder in einem gewissen Sinn zum Abschluß gebracht.

Zum Beweis der Ungleichung (4) hat uns die im LINDELÖF-MINKOWSKISCHEN Satz enthaltene notwendige Bedingung bezüglich des besten n-Flachs verholfen. Wir versuchen jetzt eine derartige Bedingung für Polyeder mit n Ecken anzugeben. Es wird sich dabei herausstellen, daß *das beste Polyeder mit vorgegebener Eckenzahl ein echtes Dreieckspolyeder ist.*

Es sei $E_i \equiv E$ ein Eckpunkt des konvexen Polyeders V mit n Ecken und $E_1, \ldots, E_q$ die benachbarten Ecken in zyklischer Reihenfolge. Wir zeichnen in der Ebene eines jeden Dreiecks $\Delta_\nu \equiv E\,E_\nu\,E_{\nu+1}$ $(\nu = 1, \ldots, q,\ E_{q+1} \equiv E_1)$ den in E angreifenden, zu $E_\nu\,E_{\nu+1}$ senkrechten Vektor $\mathfrak{e}_\nu$ vom Betrag $|\mathfrak{e}_\nu| = \overline{E_\nu E_{\nu+1}}$. Dann ist die Inhaltsveränderung von Δ_ν bei einer infinitesimalen Verschiebung von E um den Vektor $d\mathfrak{r}$: $d\Delta_\nu = -\frac{1}{2}\mathfrak{e}_\nu\,d\mathfrak{r}$. Folglich ist die Veränderung der Oberfläche F von V

$$dF = -\tfrac{1}{2}\mathfrak{e}\,d\mathfrak{r}, \quad \mathfrak{e} = \mathfrak{e}_1 + \cdots + \mathfrak{e}_q.$$

Es ist hierbei zu beachten, daß diese Formel auch in dem Fall gilt, daß $E_1 E_2$ keine Kante von V ist. Setzen wir nämlich voraus, daß z. B. EE_1ABE_2 eine Fläche von V ist, so ist es bei der Berechnung von dF gleichgültig, ob V als Grenzlage eines Polyeders mit der Kante $E_1 E_2$ oder mit den Kanten EA und EB aufgefaßt wird. Das wird klar, wenn wir bedenken, daß $\mathfrak{e}_1$ aus dem Vektor $\overrightarrow{E_1 E_2} = \overrightarrow{E_1 A} + \overrightarrow{AB} + \overrightarrow{BE_2}$ durch eine Drehung um 90° entsteht. Damit hängt die interessante Tatsache zusammen, daß, während der Ort der Punkte E, für die der Inhalt der konvexen Hülle H von E und der übrigen Eckpunkte konstant bleibt, der Rand eines konvexen Polyeders P ist, die Punkte E, für die die Oberfläche von H konstant bleibt, eine singularitätenfreie Eifläche S beschreiben. Für ein bestes Polyeder muß aber P die Fläche S offenbar enthalten. Folglich kann E nicht auf einer Kante von P liegen, woraus folgt, daß in E — unserer Behauptung entsprechend — nur Dreiecksflächen von V zusammentreffen können.

Um die erwähnte Bedingung zu erhalten, bedenken wir nun, daß für ein bestes Polyeder $d\,\dfrac{F^3}{V^2} = \dfrac{F^2}{V^3}\,(3\,VdF - 2\,FdV) = 0$ sein muß. Wir haben aber

$$dV = \tfrac{1}{3}\,\mathfrak{v}\,d\mathfrak{r}, \quad \mathfrak{v} = \mathfrak{v}_1 + \cdots + \mathfrak{v}_q,$$

wobei $\mathfrak{v}_\nu$ den auf $\varDelta_\nu$ senkrecht nach außen gerichteten Vektor vom Betrag $|\mathfrak{v}_\nu| = \varDelta_\nu$ bedeutet. Folglich muß für ein jedes $d\mathfrak{r}$ $(9\,V\mathfrak{e} + 4\,F\mathfrak{v})\,d\mathfrak{r} = 0$ ausfallen. Mithin *befinden sich in jedem Eckpunkt eines besten Polyeders von vorgegebener Eckenzahl die Vektoren* $9\,V\mathfrak{e}_1, \ldots, 9\,V\mathfrak{e}_q,\ 4\,F\mathfrak{v}_1, \ldots, 4\,F\mathfrak{v}_q$ *im Gleichgewicht.*

§ 8. Eine allgemeine Ungleichung.

Wir beweisen eine allgemeine Ungleichung, die vielgestaltige Anwendungen gestattet. Sie lautet folgendermaßen:

Die Oberfläche F der Einheitskugel sei durch ein Netz der Eckenzahl e und Kantenzahl k in $f \geqq 4$ konvexe sphärische Polygone $F_1, \ldots, F_f$ zerlegt. $P_1, \ldots, P_f$ seien beliebige Punkte auf F und $a(x)$ eine für $0 \leqq x \leqq \pi$ erklärte streng abnehmende Funktion. Dann gilt die Ungleichung

$$\sum_{i=1}^{f} \int\limits_{F_i} a(P_i P)\,dF \leqq 4k \int\limits_{\varDelta} a(A\,P)\,dF, \tag{1}$$

wo dF das Flächenelement im variablen Punkt P und $\varDelta$ ein rechtwinkliges sphärisches Dreieck ABC mit den Winkeln $\alpha = \dfrac{\pi f}{2k}$ *und* $\beta = \dfrac{\pi e}{2k}$ *bei A bzw. B bedeutet. Gleichheit gilt nur, wenn N das sphärische Netz eines regulären Polyeders mit den Flächenmittelpunkten $P_1, \ldots, P_f$ ist.*

Ein Spezialfall ist der folgende Satz:

$P_1, \ldots, P_f$ seien n Punkte der Einheitskugelfläche F; $d(P) = \min(PP_1, \ldots, PP_n)$ bedeute den sphärischen Abstand eines variablen Punktes P vom nächsten Punkt, $\overline{\varDelta} = QRS$ ein gleichseitiges sphärisches Dreieck vom Inhalt $\overline{\varDelta} = \dfrac{2\pi}{n-2}$ und $\overline{d}(P) = \min(PQ, PR, PS)$ den sphärischen Abstand von P vom nächsten Eckpunkt dieses Dreiecks. Ist ferner $a(x)$ eine für $0 \leqq x \leqq \pi$ erklärte streng abnehmende Funktion, so haben wir

$$\int\limits_{F} a(d(P))\,dF \leqq (4n - 2) \int\limits_{\overline{\varDelta}} a(\overline{d}(P))\,dF. \tag{2}$$

Gleichheit gilt nur, wenn die Punkte $P_1, \ldots, P_n$ Ecken eines regulären Dreieckspolyeders sind.

Die Ungleichung (2) ist das sphärische Analogon der Ungleichung (III, 8,4). Der Beweis von (1) verläuft analog wie dort. Wir erklären zunächst die Funktion

$$\omega(s) = \int_s a(OP)\,dF,$$

wo s ein von einem Großkreis abgeschnittenes Segment einer Kugelkappe K vom Mittelpunkt O bedeutet. Ebenso wie in der Ebene läßt sich zeigen, daß einerseits $\omega(s)$ für $0 \le s \le \dfrac{K}{2}$ konvex ist und andererseits

$$\int_t a(OP)\,dF \ge \omega(t)$$

ausfällt, wo t den Durchschnitt von K und einem sphärischen Dreieck bedeutet, dessen einer Eckpunkt dem Punkt O diametral gegenüberliegt.

Da das Integral $\int_{F_i} a(PP_i)\,dF$ bei einem variablen Punkt P_i sein Maximum offenbar für einen innerhalb F_i liegenden Punkt erreicht, können wir voraussetzen, daß P_i innerhalb F_i liegt. Wir bezeichnen die Eckpunkte von F_i in zyklischer Reihenfolge mit $E_1, \ldots, E_p$, den um P_i mit dem Halbmesser AB geschlagenen Kreis mit K_i und betrachten die außerhalb F_i liegenden Teilgebiete $t_1, \ldots, t_p$ von K_i, von denen das erste von den Großkreisen P_iE_1, E_1E_2, P_iE_2, das zweite von P_iE_2, E_2E_3, P_iE_3 usw. begrenzt ist. Wenn wir den gemeinsamen Integrand $a(PP_i)\,dF$ unter dem Integralzeichen weglassen, so kann man schreiben

$$\int_{F_i} = \int_{K_i} - \sum_{\nu=1}^{p} \int_{t_\nu} + \int_{F_i'},$$

wo F_i' den außerhalb K_i liegenden Teil von F_i bedeutet. Addieren wir die entsprechenden Gleichheiten für $i = 1, \ldots, f$ und bedenken, daß die Zahl der Gebiete t_ν $2k$ ist, so haben wir mit Rücksicht auf die obigen Bemerkungen

$$\sum_{i=1}^{f} \int_{F_i} = f\int_{K} - \sum_{\nu=1}^{2k} \int_{t_\nu} + \sum_{i=1}^{f} \int_{F_i'} \le f\int_{K} - \sum_{\nu=1}^{2k} \omega(t_\nu) + \sum_{i=1}^{f} \int_{F_i'} \le$$

$$\le f\int_{K} - 2k\,\omega\left(\frac{1}{2k} \sum_{\nu=1}^{2k} t_\nu\right) + \sum_{i=1}^{f} \int_{F_i'},$$

wo K den um A geschlagenen Kreis vom Halbmesser AB und $\int_K$ das Integral $\int_K a(AP)\,dF$ bedeuten.

Setzen wir $\sum_{i=1}^{f} F_i' = F'$, so gilt offenbar

$$F = fK - \sum_{\nu=1}^{2k} t_\nu + F'.$$

Mithin läßt sich die Ungleichung folgendermaßen schreiben:

$$\sum_{i=1}^{f} \int_{F_i} \leqq f\int_K - 2k\,\omega\left(\frac{fK-F+F'}{2k}\right) + \sum_{i=1}^{f}\int_{F_i'} = f\int_K - 2k\,\omega\left(\frac{fK-F}{2k}\right) -$$

$$- 2k \int_t a\,(A\,P)\,dF + \sum_{i=1}^{f}\int_{F_i'}.$$

Hier bedeutet t dasjenige Teilgebiet von K, welches das Segment vom Inhalt $\dfrac{fK-F}{2k}$ zu dem Segment vom Inhalt $\dfrac{fK-F+F'}{2k}$ ergänzt. Da aber wegen der Monotonie der Funktion $a\,(x)$ die Summe der beiden letzten Glieder in der letzten Ungleichung $\leqq 0$ ist, so haben wir

$$\sum_{i=1}^{f}\int_{F_i} \leqq f\int_K - 2k\,\omega\left(\frac{fK-F}{2k}\right) = 4k\left\{\frac{\alpha}{2\pi}\int_K - \tfrac{1}{2}\,\omega\left(\frac{fK-F}{2k}\right)\right\}$$

Mit Rücksicht auf

$$\varDelta = \alpha + \beta - \frac{\pi}{2} = \frac{\alpha}{2\pi}K - \tfrac{1}{2}\frac{fK-F}{2k}$$

ist aber $\dfrac{fK-F}{2k}$ nichts anderes als der Inhalt des durch BC abgeschnittenen Segmentes von K, womit die Ungleichung (1) bewiesen ist. Gleichheit gilt nur, wenn die Kreise K_i die Kugelfläche F völlig überdecken und die Gebiete t_ν kongruente Kreisabschnitte sind. Dann sind die Polygone $F_1, \ldots, F_f$ kongruente reguläre Vielecke mit den Mittelpunkten $P_1, \ldots, P_f$.

Wir geben jetzt einige Anwendungen des bewiesenen Satzes, die sich durch Spezialisierung der Funktion $a\,(x)$ ergeben. In diesen Anwendungen werden auch nicht streng monotone Funktionen vorkommen. Der Unterschied ist dann nur, daß der Fall der Gleichheit direkt zu diskutieren ist, was in den zu behandelnden Sonderfällen keine besondere Mühe verursachen wird. Für eine zunehmende Funktion gelten (1) und (2) mit dem Zeichen $\geqq$.

Wir projizieren ein sphärisches Gebiet G vom Kugelmittelpunkt O auf eine Ebene, die die Kugel im Punkt A berührt. Es ist klar, daß der Inhalt des entstehenden Kegels sich durch ein Integral der Form $\int_G z\,(A\,P)\,dF$ darstellen läßt, wo $z\,(x)$ eine zunehmende Funktion, nämlich $z\,(x) = \tfrac{1}{3}\sec^3 x$ ist. Es seien nun $F_1, \ldots, F_f$ die Zentralprojektionen der Flächen eines die Kugel enthaltenden konvexen Polyeders mit den Flächennormalen $OP_1, \ldots, OP_f$; dann ergibt (1) im Falle der betrachteten Funktion $z\,(x)$ die Abschätzungsformel (4,1).

Betrachten wir die Funktion

$$z\,(x) = \begin{cases} \tfrac{1}{3}\sec^3 x & \text{für} \quad 0 \leqq x \leqq A\,B \\ \tfrac{1}{3}\sec^3 A\,B & \text{für} \quad A\,B \leqq x, \end{cases}$$

so ergibt sich eine Verschärfung der Ungleichung (4,1), nach der das Volumen des Polyeders durch das Volumen desjenigen Teiles des Polyeders ersetzt werden kann, der in die konzentrische Kugel vom Halbmesser $\operatorname{tg}\dfrac{\pi}{p}\operatorname{tg}\dfrac{\pi}{q}$ fällt. Das ist das räumliche Analogon des in (I, 3, 3) ausgedrückten Satzes.

Wir heben folgenden Sonderfall dieses verschärften Satzes hervor:

Bedeutet S den Durchschnitt eines der Einheitskugel umbeschriebenen n-Flachs und der konzentrischen Kugel vom Radius $\sqrt{3}\operatorname{tg}\omega_n$, so gilt

$$S \geqq (n-2)\,(3\operatorname{tg}^2\omega_n - 1)\sin 2\,\omega_n. \tag{3}$$

Als eine ganz spezielle, jedoch interessante Anwendung der Ungleichung (2) erwähnen wir folgende Extremaleigenschaft des Ikosaeders: Der Inhalt des Durchschnittes zwölf kongruenter Kugeln, die alle die Einheitskugel enthalten, wird dann minimal, wenn die Kugeln die Einheitskugel in den Ecken eines regulären Ikosaeders berühren.

Wir wenden uns jetzt der Frage zu, der wievielte Teil der Kugelfläche durch n vorgegebene kongruente Kugelkappen überdeckt werden kann. Um uns bequemer ausdrücken zu können, führen wir zunächst die *Dichte d* und das *Deckungsmaß δ* eines Bereichsystems bezüglich eines Gebiets G ein. Bezeichnen wir die Inhaltssumme der in G liegenden Teile der Bereiche mit Σ und den von den Bereichen überdeckten Teil von G mit σ, so erklären wir d und δ durch die Quotienten $d = \dfrac{\Sigma}{G}$ und $\delta = \dfrac{\sigma}{G}$. Unser Resultat lautet nun folgendermaßen:

Auf der Einheitskugelfläche sei ein System von $n \geqq 3$ kongruenten Kugelkappen von der Dichte d gegeben. Um das Deckungsmaß δ des Systems abzuschätzen, zeichnen wir ein gleichseitiges sphärisches Dreieck Δ vom Inhalt $\Delta = \dfrac{2\pi}{n-2}$ und legen um jeden Eckpunkt eine zu den Kalotten des Systems kongruente Kugelkalotte K_1, K_2, K_3. Dann besitzt das System $\{K_1, K_2, K_3\}$ bezüglich Δ die Dichte d und ein Deckungsmaß $\Delta_n(d)$, für das

$$\delta \leqq \Delta_n(d) \tag{4}$$

ausfällt.

Dieser Satz entspricht dem in der Ungleichung (III, 8,3) zum Ausdruck gebrachten Satz und enthält in derselben Weise die Abschätzungsformeln (1,1) und (1,2), wie (III, 8,3) die Ungleichungen (III, 8,1) und (III, 8,2). Es sei noch auf die Ungleichung

$$\Delta_n(d) \leqq \lim_{n \to \infty} \Delta_n(d) = \Delta(d); \quad d \geqq 0, \quad n = 3, 4, \ldots$$

hingewiesen, welche die — von der Kugelkappenanzahl unabhängige — genaue Abschätzung

$$\delta \leqq \Delta(d)$$

des Deckungsmaßes δ ermöglicht. $\varDelta(d)$ ist mit der im Zusammenhang mit (III, 8,3) erklärten Funktion identisch. Sie ergibt das Deckungsmaß eines unendlichen Systems von kongruenten Kreisen der Dichte d, deren Mittelpunkte ein gleichseitiges Dreiecksgitter bilden.

Zum Beweis unseres Satzes bemerken wir, daß die Tatsache, daß das System $\{K_1, K_2, K_3\}$ bezüglich $\varDelta$ die Dichte d besitzt, trivial ist. Bezeichnen wir nämlich die Winkelsumme von $\varDelta$ mit α, so ist mit Rücksicht auf $\varDelta = \alpha - \pi = \dfrac{2\pi}{n-2}$ die gesuchte Dichte

$$\frac{\alpha\,K_1}{2\pi} : \varDelta = \frac{n\,K_1}{4\pi} = d.$$

Das Wesentliche im Satz, d. h. die Ungleichung (4), ist dagegen eine unmittelbare Folgerung der Ungleichung (2) für die abnehmende Funktion

$$a\,(x) = \begin{cases} 1 & \text{für} \quad 0 \le x \le r \\ 0 & \text{für} \quad r < x \le \pi. \end{cases}$$

In diesem Fall ergibt nämlich die linke Seite von (2) die Oberfläche des von denjenigen Kugelkappen bedeckten Teiles von F, die um die Punkte $P_1, \ldots, P_n$ mit dem sphärischen Halbmesser r geschlagen sind. Ähnliche Bedeutung hat das Integral auf der rechten Seite. Dividiert man durch $F = 4\pi$, so ergibt sich die gewünschte Ungleichung (4).

§ 9. Über das kürzeste Netz, das die Kugelfläche in flächengleiche konvexe Teile zerlegt.

Die Gesamtbogenlänge eines Kurvennetzes, das die Einheitskugelfläche in $n \ge 3$ flächengleiche konvexe Teile zerlegt, ist

$$L \ge 6\,(n-2)\,\text{arc cos} \left(\frac{2}{\sqrt{3}}\cos\omega_n\right). \tag{1}$$

Das Gleichheitszeichen gilt nur für das sphärische Netz eines regulären Dreikantpolyeders.

Dieser Satz ist eine Folgerung des folgenden allgemeineren Satzes:

Die Gesamtbogenlänge eines Kurvennetzes, das die Einheitskugelfläche in flächengleiche konvexe Teile zerlegt, ist

$$L \ge 2k\,\text{arc cos}\,\frac{\cos\dfrac{\pi}{p}}{\sin\dfrac{\pi}{q}}, \tag{2}$$

wo k die Kantenzahl des Netzes, p die mittlere Seitenzahl der Flächen und q die mittlere Kantenzahl der Ecken bedeuten. Gleichheit trifft nur für das sphärische Netz eines regulären Polyeders zu.

Hieraus ergibt sich der erste Satz dadurch, daß ein Netz mit vorgegebener Flächenzahl n als ein Dreikantnetz aufgefaßt werden kann.

Hiermit können wir $q = 3$, $k = 3n - 6$ und $p = \dfrac{2k}{n} = \dfrac{6n - 12}{n}$ setzen. Es ist ferner zu beachten, daß der zweite Satz auch im Falle der entarteten regulären Polyeder $\{2, q\}$ und $\{p, 2\}$ gilt.

Zum Beweis machen wir von der isoperimetrischen Eigenschaft der regulären sphärischen Vielecke Gebrauch, nach der unter den inhaltsgleichen sphärischen Vielecken von vorgegebener Seitenzahl p das reguläre p-Eck den kleinsten Umfang besitzt. Der Umfang eines regulären sphärischen p-Ecks vom Inhalt t ist

$$U(p, t) = 2p \arccos \frac{\cos \dfrac{\pi}{p}}{\cos \dfrac{2\pi - t}{2p}}.$$

Somit gilt

$$2L \geqq \sum_{i=1}^{f} U\left(p_i, \frac{4\pi}{f}\right),$$

wo f die Flächenzahl des Netzes und $p_1, \ldots, p_f$ die Seitenzahlen der einzelnen Flächen bedeuten. Man kann zeigen, daß $U(p, t)$ für $p \geqq 2$ bei irgendeinem konstanten Wert von $t > 0$ eine konvexe Funktion von p ist. Folglich haben wir

$$2L \geqq f U\left(p, \frac{4\pi}{f}\right),$$

was mit der Ungleichung (2) äquivalent ist. Der Fall der Gleichheit leuchtet ein.

Es wäre vorstellbar, daß — in gewisser Analogie zu dem Satz (S. 79) bezüglich der Packung von wenig verschiedenen Kreisen — die durch (2) ausgedrückte Extremaleigenschaft der regulären sphärischen Mosaike auch unter der Bedingung gilt, daß die Flächeninhalte des Mosaiks, statt gleich zu sein, sich um eine genügend kleine Größe unterscheiden. Dies trifft aber nicht zu, wie etwa im Falle $p = 4$, $q = 3$ leicht einzusehen ist.

Obwohl in dem obigen Beweis die Konvexität der sphärischen Gebiete wesentlich ausgenützt war, gilt der Satz selbst wahrscheinlich auch ohne diese Einschränkung. In diesem allgemeinen Fall ist jedoch das Problem nicht einmal für die Flächenzahl $n = 3$ geklärt. Dagegen ist der Fall $n = 2$ mit folgendem, keineswegs trivialen Satz von F. BERNSTEIN [1] erledigt: Unter allen einfach geschlossenen Kurven, welche die Kugeloberfläche hälften, hat der größte Kreis den kleinsten Umfang.

§ 10. Über die Kantenlängensumme eines Polyeders.

Ähnliche Überlegungen wie im vorigen Paragraphen und im § 9 Abschn. III führen uns zu dem folgenden Satz:

Besitzt ein konvexes n-Flach vom Oberflächeninhalt F inhaltsgleiche Flächen, so ist seine Kantenlängensumme

$$L \geqq \sqrt{6(n-2)\,F\,\mathrm{tg}\,\omega_n}\,. \tag{1}$$

Gleichheit gilt nur für ein reguläres Dreikantpolyeder.

Kombinieren wir (1) mit der [mit (4,2) äquivalenten] Ungleichung

$$F \geqq (3n-6)\,(3\,\mathrm{tg}^2\,\omega_n - 1)\,\sin 2\,\omega_n,$$

die sich auf die Oberfläche F eines die Einheitskugel enthaltenden n-Flachs bezieht, so ergibt sich, daß die Kantenlängensumme eines die Einheitskugel enthaltenden konvexen n-Flachs mit inhaltsgleichen Flächen

$$L \geqq (6n-12)\sin \omega_n \sqrt{3\,\mathrm{tg}^2\,\omega_n - 1}$$

ausfällt.

Bezeichnen wir die rechtsstehende Schranke mit S_n, so haben wir die folgenden numerischen Werte: $S_4 \approx 29{,}4$, $S_5 \approx 24{,}6$, $S_6 = 24$, $S_7 \approx 24{,}3$, $S_8 \approx 24{,}5$. Da ferner $\lim\limits_{n\to\infty} S_n = \infty$ ist, so lassen diese Zahlenwerte vermuten, daß S_n sein Minimum für $n = 6$ erreicht. Um dies zu verifizieren, bedenken wir, daß mit Rücksicht auf

$$\mathrm{tg}\,\omega_n > \mathrm{tg}\left(\frac{\pi}{6} + \frac{\pi}{3n}\right) > \mathrm{tg}\,\frac{\pi}{6} + \frac{1}{\cos^2 \frac{\pi}{6}}\,\frac{\pi}{3n} = \frac{1}{\sqrt{3}} + \frac{4\pi}{9n}$$

und $\sin \omega_n > \sin \dfrac{\pi}{6} = \dfrac{1}{2}$

$$S_n > 2\,(n-2)\sqrt{\frac{2\sqrt{3}\,\pi}{n}}$$

ausfällt. Die rechtsstehende Größe ist aber für $n \geqq 17$ größer als 24, so daß nur noch die Zahlenwerte von S_n bis $n = 16$ durchzuprüfen sind.

Betrachten wir statt einer Einheitskugel eine Kugel von vorgegebenem Durchmesser, so können wir das erhaltene Resultat folgendermaßen aussprechen: *Enthält ein konvexes Polyeder mit inhaltsgleichen Flächen eine Kugel vom Durchmesser D, so besitzt es eine Kantenlängensumme*

$$L \geqq 12 D$$

und Gleichheit gilt nur für einen Würfel der Kantenlänge D.

Es läßt sich vermuten, daß dieser Satz auch ohne die Beschränkung auf Polyeder mit inhaltsgleichen Flächen seine Gültigkeit behält. In diesem allgemeinen Fall scheinen aber dem Beweis Schwierigkeiten entgegenzustehen. Dagegen läßt sich leicht zeigen, daß *die Kantenlängensumme eines konvexen Polyeders, das eine Kugel vom Durchmesser D enthält,*

$$L > 10 D$$

ausfällt. ◄ 204

Zum Beweis setzen wir $D = 2$ und fassen eine Fläche T vom Umfang U des Polyeders ins Auge. Bezeichnen wir die Zentralprojektion von T auf die Kugel mit τ, so kann der Inhalt T nicht kleiner sein als der Inhalt desjenigen Kreises, der von einer Kugelkappe vom Inhalt τ durch Zentralprojektion auf die im Kappenmittelpunkt berührende Tangentialebene der Kugel entsteht. Folglich kann wegen der isoperimetrischen Eigenschaft des Kreises auch U nicht kleiner sein als der Umfang des betrachteten Kreises. Diese Tatsache kommt in der Ungleichung

$$U > 2\pi \frac{\sqrt{\tau(4\pi - \tau)}}{2\pi - \tau}$$

zum Ausdruck. Gleichheit kann dabei natürlich nicht gelten, da T kein Kreis sein kann.

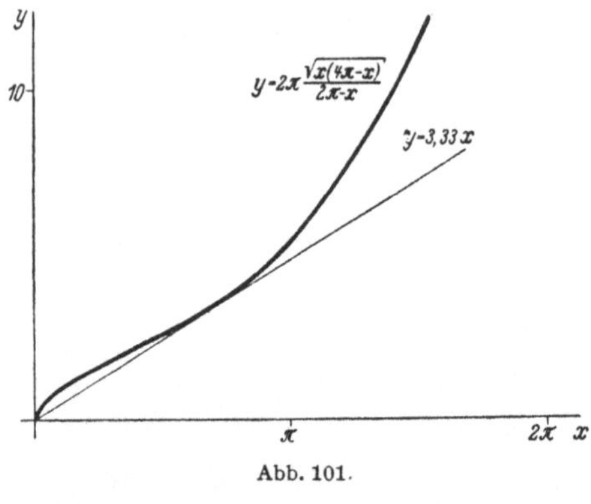

Abb. 101.

Wir machen jetzt von der Tatsache Gebrauch, daß die Kurve mit der Gleichung

$$y = 2\pi \frac{\sqrt{x(4\pi - x)}}{2\pi - x}, \quad x > 0$$

oberhalb ihrer durch den Ursprungspunkt hindurchgehenden Tangente liegt. Daraus folgt nämlich mit Hilfe einer einfachen Rechnung, daß $y > 3{,}33\,x$ ist. Mithin haben wir

$$2L = \sum U > 3{,}33 \sum \tau = 3{,}33 \cdot 4\pi > 40,$$

w. z. b w.

Das Interessante ist hierbei, daß — im Gegensatz zu den bisherigen Sätzen — weder die Eckenzahl noch die Flächenzahl vorgegeben ist und daß extremale Polyeder, d. h. das Polyeder mit dem kleinstmöglichen Wert des Quotienten $\dfrac{L}{D}$, in der Gesamtheit der konvexen Polyeder zu suchen ist. Der Würfel scheint in diesem Sinn ein universal bestes Polyeder zu sein.

Wir wenden uns jetzt einer analogen Aufgabe zu und zeigen, daß *die Kantenlängensumme eines Dreieckspolyeders vom Inkugeldurchmesser D*

$$L > 14 D$$

ist. Unität ist bei der Lösung der entsprechenden Aufgabe nicht zu erwarten, indem wahrscheinlich das reguläre Tetraeder und Oktaeder die besten Polyeder sind. Der Vergleich der Konstante 14 mit dem gemeinsamen Wert $6\sqrt{6} \approx 14{,}7$ von $\dfrac{L}{D}$ für Tetraeder und Oktaeder zeigt, daß unsere Abschätzung ziemlich gut ist.

Der Beweis verläuft analog wie oben. Lassen wir eine Dreiecksfläche T unter der Bedingung festen Projektionsinhaltes τ so variieren, daß die Flächenebene die Kugel nicht schneidet, so erreicht T sein Minimum für ein reguläres Dreieck, das die Kugel in seinem Schwerpunkt berührt. Folglich kann wegen der isoperimetrischen Eigenschaft des regulären Dreiecks auch der Umfang U von T nicht kleiner sein als der Umfang des betrachteten Dreiecks. Wir haben daher

$$U \geqq \sqrt{27\left(3\cot g^2 \frac{2\pi - \tau}{6} - 1\right)},$$

woraus sich mit Hilfe einer elementaren Rechnung $U > 4{,}46\,\tau$ ergibt. Folglich gilt

$$2L = \sum U > 4{,}46 \sum \tau = 4{,}46 \cdot 4\pi > 56,$$

w. z. b. w.

Wir wollen jetzt die Kantenlängensumme oder allgemeiner die Summe der verschiedenen Potenzen der Kantenlängen mit Hilfe des kleinsten unter den Inkreisdurchmessern der Flächen von unten abschätzen.

Es bedeute d den Durchmesser des kleinsten Flächeninkreises eines konvexen Polyeders mit den Kanten $l_1, \ldots, l_k$. Setzen wir $L_\alpha = \sum\limits_{i=1}^{k} l_i^\alpha$, so gelten die Ungleichungen

$$L_1 \geqq 6\sqrt{3}\,d, \quad L_2 \geqq 12d^2, \quad L_{4,5} \geqq 30\,\mathrm{tg}^{4,5}\,36° \cdot d^{4,5}.$$

Gleichheit besteht in der ersten Ungleichung nur für das reguläre Tetraeder, in der zweiten für den Würfel und in der dritten für das Dodekaeder.

Die Beweise der drei Ungleichungen verlaufen ganz analog. Wir begnügen uns daher mit dem Beweis der zweiten.

Dazu betrachten wir eine Polyederfläche mit dem Inkreismittelpunkt O, sowie eine Seite l derselben. Bezeichnen wir den durch l im Punkt O aufgespannten Winkel mit 2α, so haben wir $l \geqq d\,\mathrm{tg}\,\alpha$, d.h. $l^2 \geqq d^2\,\mathrm{tg}^2\,\alpha$. Es gibt insgesamt $2k$ derartige Ungleichungen. Addieren wir sie, so ergibt sich auf der linken Seite das Zweifache der abzuschätzenden Kantenquadratsumme L_2. Es gilt daher

$$2L_2 \geqq d^2 \sum \mathrm{tg}^2\,\alpha \geqq d^2\,2k\,\mathrm{tg}^2\frac{\pi n}{2k},$$

wobei n die Flächenzahl des Polyeders bedeutet. Hieraus ergibt sich wegen $k \leqq 3n - 6$

$$L_2 \geqq d^2(3n - 6)\,\mathrm{tg}^2\,\omega_n = 3d^2\,T(n).$$

Nun zeigt aber eine numerische Rechnung, daß für $n = 4, 5, \ldots, 13$ $T(n) \geqq T(6) = 4$ ist. Für $n \geqq 14$ gilt dagegen $T(n) > 12\,\mathrm{tg}^2\frac{\pi}{6} = 4$. Mithin gilt für jede Flächenzahl $L_2 \geqq 12d^2$, w. z. b. w.

Der Grund dafür, daß wir in der dritten Ungleichung den nicht ganzzahligen Exponenten 4,5 in Betracht gezogen haben, ist die Tatsache, daß bei der vierten Potenz die entsprechende Funktion ihr Minimum für $n = 11$ und bei der fünften für $n = 13$ erreicht. Folglich ergeben z. B. für den Exponenten 5 unsere Überlegungen nur die Ungleichung $\frac{L_5}{d^5} > 33 \, \mathrm{tg}^5 \omega_{13} = 6{,}015\ldots$, während für das Dodekaeder $\frac{L_5}{d^5} = 30 \, \mathrm{tg}^5 \omega_{12}$ $= 6{,}039\ldots$ ausfällt. Trotzdem gilt vermutlich auch die Ungleichung $\frac{L_5}{d^5} \geq 30 \, \mathrm{tg}^5 36°$. Jedenfalls haben wir die gute, wenn auch nicht die bestmögliche Abschätzung $L_5 > 6 d^5$.

Zum Schluß erwähnen wir noch die Ungleichung

$$(r_1 + \cdots + r_n)^2 \leq \frac{n^2 F}{2k} \, \mathrm{cotg} \, \frac{\pi n}{2k},$$

wo $r_1, \ldots, r_n$ die Flächeninkreishalbmesser eines ganz beliebigen n-Flachs von der Oberfläche F und Kantenzahl k bedeuten. Gleichheit besteht hier nur, wenn die Flächen kongruente regelmäßige Vielecke sind, was natürlich nicht nur für die regulären Körper zutrifft. Für EULERsche Polyeder folgt hieraus die Ungleichung

$$(r_1 + \cdots + r_n)^2 \leq \frac{' \, n^2 F}{6n - 12} \, \mathrm{cotg} \, \omega_n,$$

in der Gleichheit nur für die regulären Dreikantpolyeder besteht. Aus dieser letzten Ungleichung läßt sich weiter schließen:

$$(r_1 + \cdots + r_n)^2 < \frac{n F}{\sqrt{12}}.$$

Diese Ungleichung steht in enger Analogie mit (III, 7,5). Der Beweis geschieht ebenfalls analog wie dort.

§ 11. Das dünnste gesättigte Kugelkappensystem.

In § 2 Abschn. III haben wir das dünnste gesättigte System von kongruenten Kreisen in der Ebene betrachtet. Wir sahen, daß dieses Problem mit dem Problem der dünnsten Überdeckung der Ebene durch kongruente Kreise gleichwertig ist. In der Tat ist die dort angeführte Abschätzung (III, 2,5) eine bloße Umformung der Ungleichung (III, 2,1). Dagegen bringen die analogen Betrachtungen in der sphärischen Geometrie ein neues Moment hinzu. Während nämlich bei dem Problem der Überdeckung der Kugelfläche durch kongruente Kugelkappen für die Kugelkappenanzahl 2 nur die triviale Tatsache ausgesprochen werden kann, daß die Überdeckungsdichte ≥ 1 ist, verleiht der Begriff eines gesättigten Kugelkalottensystems eben dem Fall von zwei Kugelkappen ein besonderes Interesse. Es gilt nämlich folgender Satz:

Bedeutet d die Dichte eines beliebigen gesättigten Systems von kongruenten Kugelkappen, so gilt

$$d \geq 1 - \frac{\sqrt{2}}{2} = 0{,}29289\ldots \qquad (1)$$

und Gleichheit wird nur für zwei antipodische Kugelkappen vom sphärischen Halbmesser $\frac{\pi}{4}$ erreicht.

Anders ausgedrückt kann ein gesättigtes System von gleich großen Kugelkappen höchstens $\frac{100}{\sqrt{2}} = 70{,}7\ldots\%$ der Kugeloberfläche frei lassen.

Da die Ungleichung (1) für die Kugelkappenanzahl $n = 1$ und 2 trivial ist, können wir uns auf den Fall $n > 2$ beschränken. Verdoppeln wir den sphärischen Halbmesser r der Kugelkappen, so entsteht ein Kalottensystem, das die Kugelfläche überdeckt. Folglich gilt nach (1,2)

$$\cos 2r = 2\cos^2 r - 1 \leq \frac{1}{\sqrt{3}} \operatorname{cotg} \omega_n.$$

Mithin ist die Dichte des ursprünglichen gesättigten Systems

$$d = \frac{n\, 2\pi\,(1 - \cos r)}{4\pi} \geq \frac{n}{2}\left\{1 - \sqrt{\frac{1}{2}\left(1 + \frac{1}{\sqrt{3}} \operatorname{cotg} \omega_n\right)}\right\} = d_n. \qquad (2)$$

Es läßt sich aber zeigen, daß die Folge $d_3, d_4, \ldots$ monoton abnehmend gegen den Grenzwert $\lim\limits_{n \to \infty} d_n = \frac{\pi}{\sqrt{108}}$ strebt, so daß für $n \geq 3$ die Dichte

$$d > \frac{\pi}{\sqrt{108}} > 1 - \frac{\sqrt{2}}{2}$$

ausfällt.

Es ist zu beachten, daß die Ungleichung (2) auch für $n = 1$ und mit der Vereinbarung $\operatorname{cotg} \omega_2 = 0$ auch für $n = 2$ die genauen Schranken ergibt. Wir haben in der Abb. 102 für einige Kalottenanzahlen n die der Unglei-

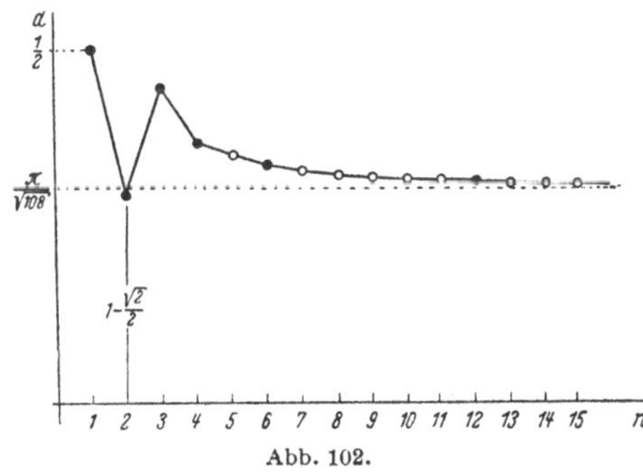

Abb. 102.

chung (2) entsprechenden unteren Schranken der Dichte d dargestellt. Die Vollkreise stellen die genauen Schranken dar.

Es sei bemerkt, daß in unserem Satz eine tiefere Extremaleigenschaft des betrachteten antipodischen Kugelkalottenpaares zum Ausdruck kommt, als man von der einfachen Gestalt der extremalen Konfiguration erwarten sollte. Das Interesse des Satzes wird übrigens noch dadurch erhöht, daß die Konstante $\dfrac{\pi}{\sqrt{108}}$ nur wenig größer ist als $1 - \dfrac{\sqrt{2}}{2}$.

Mit Hilfe von (1,1) sowie der obigen Überlegungen ergibt sich folgender Satz.

Es sei ein gesättigtes System von $n \geqq 1$ Kugelkappen vom Halbmesser r vorgegeben. Dann ist die Anzahl N der Kugelkappen von demselben Halbmesser r, die ohne einander zu überdecken, auf die Kugel gelegt werden können

$$N \leqq 3n. \tag{3}$$

Gleichheit kann dabei nur für $r = \dfrac{\pi}{4}$ und $n = 2$ erreicht werden, obwohl der Quotient $\dfrac{N}{n}$ für genügend kleine Werte von r bzw. $\dfrac{1}{n}$ beliebig nahe an 3 rücken kann.

Zum Beweis sei bemerkt, daß für $n \neq 2$ die Dichte d eines gesättigten Systems $d > \dfrac{\pi}{\sqrt{108}}$ ausfällt. Mithin ist die Dichte eines Systems von wenigstens $3n$ gleich großen Kugelkappen $> \dfrac{3\pi}{\sqrt{108}} = \dfrac{\pi}{\sqrt{12}}$. Die Kugelkappen dieses Systems müssen daher nach (1,1) übereinandergreifen, wodurch sich die Annahme $N \geqq 3n$ als unmöglich erweist. Für $n = 2$ ist dagegen $d \geqq 1 - \dfrac{\sqrt{2}}{2}$. Folglich ist die Dichte eines Systems von $3 \cdot 2 = 6$ ebenso großen Kalotten wie die des ursprünglichen gesättigten Kalottenpaares $\geqq 3\left(1 - \dfrac{\sqrt{2}}{2}\right)$. Die Dichte $3\left(1 - \dfrac{\sqrt{2}}{2}\right)$ $= \tfrac{6}{2}(1 - \tfrac{1}{2}\cosec \omega_6)$ wird aber durch (1,1) noch eben zugelassen, als die Dichte von 6 nicht übereinandergreifenden Kugelkappen. Mithin gilt jedenfalls die Ungleichung (3). Daß dabei für $n = 2$ der Quotient $\dfrac{N}{n}$ die Zahl 3 tatsächlich erreichen kann, ist leicht unmittelbar einzusehen.

§ 12. Approximation einer Eifläche durch Polyeder.

In diesem Paragraphen erheben wir keinen Anspruch auf Strenge.

Wir betrachten eine singularitätenfreie Eifläche F sowie die konvexe Hülle P_n von n Punkten der Fläche F. Wir fassen diejenige Anordnung der Punkte ins Auge, für die die Abweichung $\eta(F, P_n)$ sein Minimum erreicht. Kurz gefaßt betrachten wir das einbeschriebene Polyeder P_n von vorgegebener Eckenzahl n das F am besten approximiert. Ist z. B. F eine Kugelfläche, so ist P_{12} — wie wir sahen — das einbeschriebene reguläre Ikosaeder.

Offenbar strebt $\eta(F, P_n)$ mit wachsendem n gegen Null. Genauer: die Größenordnung von $\eta(F, P_n)$ ist $\frac{1}{n}$, so daß $n\,\eta(F, P_n)$ einem nur von der Fläche F abhängigen Grenzwert

$$\frac{1}{A} = \lim_{n \to \infty} n\,\eta(F, P_n)$$

zustrebt. Wir nennen A *Approximierbarkeit* von F durch einbeschriebene Polyeder. Für die Einheitskugel ist diese Zahl $A = \frac{\sqrt{27}}{4\pi}$.

Es sei bemerkt, daß wir dieselbe Zahl A erhalten, wenn wir statt einbeschriebener Polyeder umbeschriebene oder statt Polyeder mit n Ecken Polyeder mit n Flächen in Betracht ziehen. Für beliebige Polyeder, d. h. die weder ein- noch umbeschrieben sind, ist das Approximierbarkeitsmaß $2A$.

In ähnlicher Weise läßt sich die Approximierbarkeit eines elliptisch gekrümmten Flächenstückes durch polyedrische Flächen definieren.

Wir behaupten, daß sich die Approximierbarkeit A eines elliptisch gekrümmten Flächenstückes F durch einbeschriebene polyedrische Flächen durch das Oberflächenintegral der Quadratwurzel des GAUSS-schen Krümmungsmaßes K darstellen läßt:

$$\frac{1}{A} = \frac{1}{\sqrt{27}} \int_F \sqrt{K}\, dF . \tag{1}$$

Daraus folgt, daß die Approximierbarkeit gegenüber sogenannten Verbiegungen der Fläche invariant ist. Unter einer Verbiegung versteht man eine Abbildung der Fläche auf eine andere, welche die Bogenlänge eines jeden auf der Fläche verlaufenden Kurvenbogens unverändert läßt. Die behauptete Invarianz von A ist eine unmittelbare Folgerung des berühmten GAUSSschen „theorema egregium", das die Invarianz von K gegenüber Verbiegungen ausspricht.

Ferner gilt nach der SCHWARZschen Ungleichung

$$\frac{1}{A} \leqq \frac{1}{\sqrt{27}} \sqrt{\int_F dF \int_F K\, dF} = \sqrt{\frac{F\,\Omega}{27}} ,$$

wo $\Omega = \int_F K\, dF$ die totale Krümmung der Fläche bedeutet. Gleichheit kann hierbei nur für eine Fläche mit konstantem GAUSSschen Krümmungsmaß erreicht werden, d. h. für eine Fläche, die sich in eine Teilfläche einer Kugel vom Halbmesser $\sqrt{\frac{F}{\Omega}}$ verbiegen läßt. Insbesondere läßt sich unter allen Eiflächen vorgegebener Oberfläche die Kugel am schlechtesten durch Polyeder annähern.

Um die Formel (1) plausibel zu machen, beschränken wir uns auf eine geschlossene Eifläche F und betrachten ein kleines Dreieck $\varDelta$, dessen Ecken auf F liegen. Wir bezeichnen das in der Nähe von $\varDelta$ liegende Flächenstück von F, dessen Normalen $\varDelta$ treffen, mit $\varDelta'$ und lassen $\varDelta$ in einer kleinen Umgebung eines Flächenpunktes P so variieren, daß bei fest vorgegebener Abweichung $\eta(\varDelta, \varDelta')$ der Inhalt $\varDelta$ möglichst groß wird. Die zu P gehörige Tangentialebene von F verschieben wir zu sich parallel nach innen um den Abstand $\eta = \eta(\varDelta, \varDelta')$ und betrachten die durch diese Ebene ausgeschnittene „DUPINsche Kurve" S von F. Die gesuchte günstigste Lage von $\varDelta$ ist durch das S einbeschriebene Dreieck von maximalem Inhalt gegeben.

In erster Annäherung kann S als eine Ellipse mit den Halbachsen $\sqrt{2\eta R_1}$ und $\sqrt{2\eta R_2}$ angesehen werden, wo R_1 und R_2 die Hauptkrümmungsradien im Punkt P bedeuten. Folglich gilt

$$\varDelta \leqq \frac{\sqrt{27}}{4}\ \sqrt{4\eta^2\, R_1\, R_2} + \cdots,$$

wo die Punkte ein Glied bedeuten, das neben η vernachlässigt werden kann. Hieraus ergibt sich

$$\eta(\varDelta, \varDelta') \geqq \frac{2}{\sqrt{27}}\ \sqrt{K}\, \varDelta + \cdots.$$

Bezeichnen wir daher die Flächen von P_n mit $\varDelta_1, \ldots, \varDelta_{2n-4}$, die entsprechenden „Dreiecke" auf F mit $\varDelta'_1, \ldots, \varDelta'_{2n-4}$ und die Krümmungen von F in je einem Punkt dieser Dreiecke mit $K_1, \ldots, K_{2n-4}$, so haben wir mit Rücksicht auf

$$\eta(P_n, F) = \max_{1 \leqq i \leqq 2n-4} \eta(\varDelta_i, \varDelta'_i) \geqq \eta(\varDelta_i, \varDelta'_i); \quad i = 1, \ldots, 2n - 4$$

$$(2n - 4)\, \eta(P_n, F) \geqq \frac{2}{\sqrt{27}} \sum_{i=1}^{2n-4} \sqrt{K_i}\, \varDelta_i + \cdots = \frac{2}{\sqrt{27}} \sum_{i=1}^{2n-4} \sqrt{K_i}\, \varDelta'_i + \cdots.$$

Daraus ergibt sich für eine beliebige Folge von einbeschriebenen Polyedern $P_4, P_5, \ldots$

$$\underline{\lim}\, n\, \eta(P_n, F) \geqq \frac{1}{\sqrt{27}} \int\limits_{F} \sqrt{K}\, dF.$$

Unsere Überlegungen bringen es nahe, daß die rechtsstehende Schranke durch eine geeignete Polyederfolge erreicht werden kann. Zur Konstruktion einer solchen Folge bzw. eines Polyeders P_n mit einer Abweichung $\eta(F, P_n) \sim \dfrac{1}{\sqrt{27}\, n} \int\limits_{F} \sqrt{K}\, dF$ schneiden wir F mit einer Ebene in der Tiefe $\dfrac{1}{\sqrt{27}\, n} \int\limits_{F} \sqrt{K}\, dF$ und schreiben in den erhaltenen Schnitt das Dreieck $\varDelta$ vom größten Inhalt ein. $\varDelta$ projizieren wir durch die Normalen von F als Projektionsstrahlen auf F und pflastern F in einer Umgebung des erhaltenen Dreiecks $\varDelta'$ durch angenähert kongruente Exemplare von Δ' aus. Diese Umgebung sei so gewählt, daß innerhalb ihrer K sich nicht wesentlich verändert. Dann setzen wir die Pflasterung von einem anderen Dreieck Δ ausgehend fort, bis schließlich die ganze Fläche F ausgepflastert wird. Die Ecken der Dreiecke bestimmen ein einbeschriebenes Polyeder von der Abweichung $\sim \frac{1}{\sqrt{27}\, n} \int_F \sqrt{K}\, dF$, dessen Flächenzahl mit Rücksicht auf $2\sqrt{K}\,\Delta'$ $\sim \frac{1}{n} \int_F \sqrt{K}\, dF$ angenähert $2n$ ist. Folglich ist die Eckenzahl unseres Polyeders asymptotisch n.

Für hyperbolisch gekrümmte Flächen gilt die Formel (1) nicht mehr. In diesem Fall versagt sogar schon die obige Erklärung der Approximierbarkeit. Zum Beispiel sei T der von zwei kongruenten Kreisen A und B begrenzte Teil eines einschaligen Rotationshyperboloides. In A und B schreiben wir je ein reguläres n-Eck $A_1 \ldots A_n$ bzw. $B_1 \ldots B_n$ so ein, daß die Geraden $A_1 B_1, \ldots, A_n B_n$ auf dem Hyperboloid liegen. F_{2n} sei die polyedrische Fläche mit den Seitenflächen $A_1 A_2 B_1, \ldots,$ $A_n A_1 B_n$, $B_1 B_2 A_2, \ldots, B_n B_1 A_1$. Die Abweichung $\eta\,(F_{2n}, T)$ stimmt mit der Abweichung des n-Ecks $A_1 \ldots A_n$ vom Kreis A überein; folglich ist ihre Größenordnung $\frac{1}{n^2}$ und nicht $\frac{1}{n}$.

Es ist beachtenswert, daß aus der Formel (1) die genaue Abschätzung $N > \frac{2Q}{\sqrt{27}}$ für die Anzahl N der Einheitskreise hergeleitet werden kann, die etwa ein Quadrat Q überdecken können. Im Falle einer Kugel ist nämlich (1) mit dem Grenzfall $n \to \infty$ von (2,3) äquivalent. Hieraus ergibt sich (III, 2,2) und dadurch mit Rücksicht auf die Pflastergebiete betreffende Bemerkung (Abschn. III, § 4) die genannte Abschätzung.

Wir legen nun unseren Betrachtungen statt der Streckenabweichung die Inhaltsabweichung zugrunde. Das dadurch entstehende Approximationsproblem hängt mit dem Begriff der *Affinoberfläche* sehr eng zusammen.

Am anschaulichsten stellt man sich die Affinoberfläche Ω einer Eifläche F folgendermaßen vor. Man zerlege F in Flächenelemente und fasse jedes Element als Element eines Einheitsellipsoides auf. Etwas genauer ersetze man jedes Flächenelement durch ein flächengleiches Element eines in zweiter Ordnung oskulierenden Einheitsellipsoids. Bilden wir nun die Flächenelemente der Ellipsoide durch volumentreue Affinitäten auf einen Teil T der Einheitskugel ab, so läßt sich Ω als die gewöhnliche Oberfläche von T erklären, wobei natürlich die mehrfach überdeckten Teile von T der Multiplizität nach zu rechnen sind.

Diese Erklärung gestattet die Approximierbarkeit einer Eifläche bezüglich der Inhaltsabweichung auf die Approximierbarkeit der Einheitskugel zurückzuführen bzw. die Approximierbarkeit durch die

Affinoberfläche auszudrücken. Wir können uns nämlich auf eine Fläche beschränken, die aus endlich vielen, etwa m, Einheitsellipsoidteilchen zusammengesetzt ist, da ja F sich in höherer Größenordnung durch eine solche Fläche annähern läßt als durch Polyeder mit m Ecken oder Flächen. Eine Teilfläche eines Einheitsellipsoides ist vom Gesichtspunkt der Inhaltsannäherung mit einer Teilfläche T der Einheitskugel äquivalent. Die Approximierbarkeit von T läßt sich aber leicht aus der Approximierbarkeit der ganzen Einheitskugel berechnen. Man beachte dazu, daß etwa die Ecken des der Einheitskugel einbeschriebenen Polyeders v_n mit n Ecken vom maximalen Volumen für große Werte von n so verteilt sind, daß die auf T entfallende Eckenzahl $v \sim \dfrac{T}{4\pi}\, n$ ist. Folglich läßt sich T durch eine einbeschriebene polyedrische Fläche F_v mit v Ecken so annähern, daß der Inhalt des „zwischen" F_v und T liegenden Raumteiles $\sim \dfrac{T}{4\pi}\left(\dfrac{4\pi}{3} - v_n\right)$, also mit Rücksicht auf (5,2) $\sim \dfrac{T}{4\pi}\, \dfrac{4\sqrt{3}\,\pi^2}{3n} \sim \dfrac{T^2}{4\sqrt{3}\,v}$ ist. Diese Überlegungen führen uns zu folgendem Satz:

Es sei V ein Eikörper von der Affinoberfläche Ω. V_n bedeute das umbeschriebene n-Flach vom minimalen Inhalt und v_n das einbeschriebene Vielflach mit n Ecken vom maximalen Inhalt. Dann gilt

$$\lim n(V_n - v_n) = \frac{14}{5}\lim n(V_n - V) = \frac{14}{9}\lim n(V - v_n)$$
$$= \frac{7}{18\sqrt{3}}\,\Omega^2. \tag{2}$$

Mit Rücksicht auf die Formel $\Omega = \int\limits_F \sqrt[4]{K}\, dF$, durch die man die Affinoberfläche einzuführen pflegt, stehen die Gleichungen (2) in enger Analogie mit (1). Kombinieren wir diese Gleichungen mit der von BLASCHKE [3] entdeckten „isoperimetrischen Ungleichung" $\Omega^2 \leqq 12\pi V$, in der Gleichheit nur für die Ellipsoide gilt, so ergeben sich die genauen Abschätzungen

$$\lim n(V_n - v_n) \leqq \frac{14\pi}{\sqrt{27}}\, V, \qquad \lim n(V_n - V) \leqq \frac{5\pi}{\sqrt{27}}\, V,$$
$$\lim n(V - v_n) \leqq \frac{9\pi}{\sqrt{27}}\, V,$$

die besagen, daß unter den volumengleichen Eikörpern die Ellipsoide am schlechtesten durch Polyeder angenähert werden können.

Ferner sind die Ecken von v_n (sowie die Flächenschwerpunkte von V_n) für große Werte von n so verteilt, daß auf affinoberflächengleiche Teilflächen der V begrenzenden Eifläche angenähert gleich viele Eckpunkte (bzw. Flächenschwerpunkte) fallen. In der Ebene ist die asymptotische Eckpunktverteilung durch die analoge Eigenschaft eindeutig bestimmt. Im Raum kommt aber zur obigen Eigenschaft der Verteilung noch folgende interessante Eigenschaft hinzu: Die auf einem kleinen Flächenteil liegenden Eckpunkte bilden angenähert ein ebenes Punktgitter, das durch diejenige Affinität, die die zu einem Flächenpunkt gehörende DUPINsche Indikatrix in einen Kreis überführt, in ein gleichseitiges Dreiecksgitter transformiert wird.

Zum Schluß wollen wir unsere Aufmerksamkeit auf ein ungelöstes Problem richten. K sei die konvexe Hülle eines ebenen Eibereiches E und eines außerhalb der Ebene von E liegenden Punktes. F sei ein im Kegel K liegendes konvexes Flächenstück, das mit E gemeinsame Randpunkte besitzt, und S die konvexe Hülle von F. Die genannte Aufgabe ist die Affinoberfläche von F in alleiniger Abhängigkeit von den Inhalten K und S von oben abzuschätzen. Wir lassen also S mit K zusammen so variieren, daß die Inhalte S und K konstant bleiben. Gesucht wird dasjenige Körperpaar S, K, für das die Affinoberfläche von F maximal wird.

Mit Hilfe der STEINERschen Symmetrisierung läßt sich zeigen, daß nur solche Körper in Betracht kommen, die durch eine Affinität in Rotationskörper überführt werden können. Es ist höchst wahrscheinlich, daß die extremale Fläche F eine algebraische Fläche zweiter Ordnung ist.

§ 13. Geschichtliche Bemerkungen.

Die regelmäßigen Vielecke verfügen über eine Reihe altbekannter Extremaleigenschaften. Dagegen besteht die überraschende Tatsache, daß in der älteren Literatur keine einzige Extremaleigenschaft des regulären Ikosaeders oder Dodekaeders vorkommt. Noch weniger finden wir eine systematische Behandlung der Extremaleigenschaften der regulären Körper. Daran ist vielleicht auch die Tatsache schuld, daß die Aufmerksamkeit in dieser Hinsicht durch das verhältnismäßig schwierige isoperimetrische Problem gefesselt war.

Die Ungleichung (7,4) hat GOLDBERG [1] entdeckt. Sein Beweis beruht auf der Ungleichung (4,2), die er mit den Schlüssen des im § 4 befindlichen ersten mangelhaften Beweises gewinnt. Folglich kann der Beweis von GOLDBERG nur nach Ausfüllung einer unangenehmen Lücke als exakt angesehen werden. Auf dieselbe Weise wurde (7,4) unabhängig von GOLDBERG vom Verf. [12] neu erhalten. Hier wird die im genannten Beweis steckende Schwierigkeit deutlich hervorgehoben und die Konvexität der betreffenden Funktion durch ein Diagramm erleuchtet. Der auf den Überlegungen des § 8 beruhende strenge Beweis, sowie der zweite Beweis im § 4 stammt vom Verf. [21, 29]. Das isoperimetrische Problem betreffende weitere Bemerkungen findet man im Aufsatz [2] von GOLDBERG und im Aufsatz [38] des Verfassers.

◄ 203

Die übrigen Ergebnisse des Abschnittes V sind in den Arbeiten [*9* bis *13*, *18* bis *21*, *23*, *25*, *27* bis *30*, *36*] des Verf. verstreut. Die Ungleichung (1,1) fand gleichzeitig mit dem Verf. HADWIGER und später auch HABICHT und VAN DER WAERDEN [*1*].

Übrigens ist der hier betrachtete Problemkreis eine unerschöpfliche Fundgrube von anziehenden Problemen, in der bisher nur die oberste Schicht angegriffen wurde. Die Untersuchungen können in zwei Hauptrichtungen fortgesetzt werden. Erstens können weitere Extremalaufgaben für Polyeder mit vorgegebener Ecken- oder Flächenzahl in Betracht gezogen werden, die zu den regulären Dreiecks- oder Dreikantpolyedern führen. Zweitens kann man der Natur des Problems entsprechend in gewissen Fällen versuchen, die für n Ecken oder Flächen gültigen Abschätzungsformeln für den Fall von gleichzeitig vorgeschriebener Ecken- und Flächenzahl so zu verallgemeinern, daß sie in allen regulären Fällen genaue Abschätzungen liefern.

Wir erwähnen z. B. das folgende interessante, aber recht schwierige Problem: Es seien auf einer Kugelfläche n frei bewegliche materielle Punkte vorgegeben, die mit gleichen elektrischen Ladungen versehen sind. Gesucht wird die stabilste Gleichgewichtslage der Punkte, d. h. diejenige Punktanordnung, bei der das Selbstpotential der Punkte sein absolutes Minimum erreicht (vgl. FÖPPL [*1*]). Es ist noch nicht bewiesen, ob die Lösung für $n = 6, 12$ und ∞ die Eckpunktverteilung eines $\{3, 4\}$, $\{3, 5\}$ bzw. $\{3, 6\}$ ist. Hier hat es natürlich keinen Sinn, das Problem in der genannten zweiten Richtung zu verallgemeinern. Für eine derartige Verallgemeinerungsmöglichkeit geben wir aber außer den schon erwähnten Sätzen bzw. Vermutungen ein weiteres Beispiel. Bezeichnen wir mit $R_1, \ldots, R_e$ und $r_1, \ldots, r_f$ die Abstände der Ecken bzw. Flächen eines konvexen Polyeders von einem gemeinsamen inneren Punkt O desselben. Bedeuten ferner $q_1, \ldots, q_e$ die Anzahlen der von den verschiedenen Ecken ausstrahlenden Kanten und $p_1, \ldots, p_f$ die Seitenzahlen der verschiedenen Flächen, so gilt vermutlich

$$\frac{A(R;q)}{H(r;p)} \geqq \operatorname{tg} \frac{\pi}{p} \operatorname{tg} \frac{\pi}{q} .$$

Das wäre eine Vereinigung von (3,5) und (3,6) in einem allgemeineren Satz. Hier können auch die Abstände der Kanten von O in Betracht gezogen werden, wodurch weitere Probleme entstehen.

Betrachten wir jetzt die zu den am Anfang von § 6 erwähnten Ungleichungen analogen Ungleichungen für die Oberfläche F des Polyeders:

$$k \sin \frac{2\pi}{p} \left(\operatorname{tg}^2 \frac{\pi}{p} \operatorname{tg}^2 \frac{\pi}{q} - 1 \right) r^2 \leqq F \leqq k \sin \frac{2\pi}{p} \left(1 - \operatorname{cotg}^2 \frac{\pi}{p} \operatorname{cotg}^2 \frac{\pi}{q} \right) R^2 .$$

Die erste Ungleichung ist mit (4,1) äquivalent. Dagegen stößt man bei einem die zweite Ungleichung betreffenden Beweisversuch auf Schwierigkeiten. Wir beweisen hier diese Ungleichung unter der Bedingung, daß die

Fußpunkte der vom Umkugelmittelpunkt auf die Flächen und Kanten gefällten Lote auf den betreffenden Flächen und Kanten liegen.

Der Beweis ist ein duales Gegenstück des in § 4 für (4,1) gegebenen
zweiten Beweises. Die Bezeichnungen seien dieselben wie dort mit dem
Unterschied, daß wir die Rolle der Inkugel der Umkugel von Radius
$R = 1$ überlassen. Wir haben jetzt $AB \leq \sin c$ und folglich

$$\Delta \leq \tfrac{1}{4} \sin 2\alpha \sin^2 c = \tfrac{1}{4} \sin 2\alpha \, (1 - \operatorname{cotg}^2\alpha \operatorname{cotg}^2\beta)$$

$$= \overline{F}(\alpha, \beta) = -F\left(\frac{\pi}{2} - \alpha, \frac{\pi}{2} - \beta\right).$$

Da aber wegen

$$\overline{F}_{\alpha\alpha}\overline{F}_{\beta\beta} - \overline{F}^2_{\alpha\beta} = \frac{2 \operatorname{cotg}^4\alpha}{\sin^6\beta} \, [1 - (\cos^2\alpha + \cos^2\beta)]^2 \geqq 0$$

die Funktion $\overline{F}(\alpha, \beta)$ für $0 \leq \alpha < \dfrac{\pi}{2}$, $0 \leq \beta < \dfrac{\pi}{2}$, $\alpha + \beta \geqq \dfrac{\pi}{2}$ konkav
ist, haben wir

$$F = \sum \Delta \leq 4k\overline{F}\left(\frac{2\pi f}{4k}, \frac{2\pi e}{4k}\right)$$

w. z. b. w.

Für beliebige konvexe Polyeder scheitert der Beweis aus folgenden
Gründen. Wir lassen eine Fläche F_i des Polyeders innerhalb der Umkugel so variieren, daß ihre Seitenzahl p_i und der Inhalt τ_i ihrer Zentralprojektion auf die Umkugel unverändert bleibt. Liegt τ_i unterhalb einer
gewissen nur von p_i abhängigen Konstanten, so besitzt F_i für das der
Umkugel einbeschriebene reguläre p_i-Eck nur ein lokales Maximum
und erreicht sein absolutes Maximum dann, wenn der Fußpunkt A
außerhalb F_i liegt. Da ferner die fragliche Abschätzungsformel für
nicht konvexe Polyeder im allgemeinen offenbar nicht gilt, so muß
in einem eventuellen Beweis die Konvexität wesentlich ausgenützt
werden.

Aus den genannten Ungleichungen bezüglich F würde auch die
Ungleichung (6,1) folgen. Da ferner für das Polyeder mit vorgegebener
Ecken- und Flächenzahl mit dem kleinstmöglichen Wert von $\dfrac{R}{r}$ die
die Fußpunkte betreffende obige Bedingung wahrscheinlich auto-
matisch erfüllt ist, so haben wir die Ungleichung (6,1) von einer
anderen Seite unterstützt.

Weitere Probleme erheben sich durch Heranziehung der Kantenkrümmung, der Summe der inneren Körperwinkel der Ecken, der um
einen inneren Punkt des Polyeders geschlagenen größten Kugel, die
durch keine Kante geschnitten wird, der Ankugeln etwa eines Dreieckspolyeders, usw. Um ferner ein konkretes Problem zu nennen, können
wir nach der unteren Grenze der Kantenlängensumme der inhalts- oder
oberflächengleichen konvexen Polyeder fragen. Es scheint, daß diese
untere Grenze bei den oberflächengleichen Polyedern durch kein

Polyeder erreicht wird. Gewisse spezielle Ergebnisse im Zusammenhang mit der Kantenlängensumme finden sich bei SANSONE [1] und HAMMERSLEY [1].

Es wäre schön, die Formeln (12,1) und (12,2) unter alleiniger Voraussetzung der Konvexität zu beweisen. Dagegen müssen wir gestehen, daß die sich hier darbietenden Verhältnisse nicht einmal unter gewissen Regularitätsbedingungen exakt durchgedacht wurden. Weitere interessante, aber schwierige Probleme erheben sich im Zusammenhang mit der Ausfüllung und Überdeckung einer Eifläche durch geodätische Kreise.

Erwähnt seien noch folgende von MOLNÁR [1] kürzlich gefundene schöne Ergebnisse: Sind in einem konvexen sphärischen Gebiet G wenigstens drei kongruente Kugelkappen eingelagert, oder ist G durch wenigstens drei kongruente Kugelkappen bedeckt, so ist ·die Lagerungs- bzw. Überdeckungsdichte $< \dfrac{\pi}{\sqrt{12}}$ bzw. $> \dfrac{2\pi}{\sqrt{27}}$. Hier wird ein Gebiet G konvex genannt, wenn je zwei Punkte von G sich durch einen in G liegenden Großkreisbogen verbinden lassen. Diese Sätze bilden einen Übergang zwischen den analogen Sätzen für ein konvexes ebenes Gebiet und für die ganze Kugelfläche.

Es erhebt sich die Frage, ob sich der BANGsche Streifensatz in die sphärische Geometrie übertragen läßt. Ein konvexes sphärisches Gebiet sei durch eine endliche Anzahl von Zweiecken vom Gesamtinhalt T bedeckt. Läßt sich dann das Gebiet durch ein einziges Zweieck vom Inhalt T überdecken?

Zum Schluß werfen wir noch einen Blick auf die — von dem ungarischen Mathematiker J. BOLYAI (1802—1860) und dem russischen Mathematiker N. I. LOBATSCHEFSKIJ (1793—1856) ungefähr gleichzeitig entdeckte — *hyperbolische Geometrie*. Bekanntlich ergeben sich die Formeln der hyperbolischen Trigonometrie aus denen der sphärischen, indem der Kugelradius R durch einen imaginären Radius iR ersetzt wird. So erhalten wir z. B. aus dem sphärischen Sinussatz $\sin\alpha : \sin\beta : \sin\gamma = \sin\dfrac{a}{R} : \sin\dfrac{b}{R} : \sin\dfrac{c}{R}$ durch Ersetzung von R durch iR den in der hyperbolischen Geometrie gültigen Satz: $\sin\alpha : \sin\beta : \sin\gamma = \sinh\dfrac{a}{R} : \sinh\dfrac{b}{R} : \sinh\dfrac{c}{R}$. Im Einklang mit dieser formalen Übereinstimmung läßt sich ein gewisser Teil der hyperbolischen Ebene — wie BELTRAMI bemerkt hat — auf einer Fläche von der konstanten negativen GAUSSschen Krümmung $-1/R^2$ realisieren, wenn die Rolle der Geraden die geodätischen Linien der Fläche spielen. Aus diesen Gründen kann die hyperbolische Ebene als eine Kugel von imaginärem Radius angesehen werden.

Die hyperbolische Ebene — diese „neue, andere Welt" von BOLYAI — ist viel reicher an regulären Netzen als die gewöhnliche Kugel und die

Euklidische Ebene. Zu jedem Zahlenpaar p, q ($= 2, 3, \ldots$) gibt es nämlich eine reguläre Zerlegung $\{p, q\}$ entweder der gewöhnlichen Kugel oder der Euklidischen Ebene oder der hyperbolischen Ebene, und für ein Zahlenpaar p, q tritt nur eine dieser Möglichkeiten auf. Es läßt sich daher vermuten, daß in denjenigen Lagerungsproblemen, die sich auf die *innere* Geometrie der Kugel beziehen, erst durch Heranziehung von Kugeln von imaginärem Radius eine gewisse Vollkommenheit erreicht wird. Wir wollen dies an dem Beispiel der dichtesten Kreispackung klarlegen.

Es läßt sich [mit Hilfe der im Zusammenhang mit der Abb. 97 (S. 116) benützten Überlegungen] zeigen, daß auf die Kreismittelpunkte eines gesättigten sphärischen Systems von (wenigstens drei) kongruenten separierten Kreisen stets ein Dreiecksnetz so aufgespannt werden kann, daß die Lagerungsdichte in jedem Dreieck kleiner oder gleich der Dichte von drei gleich großen, einander gegenseitig berührenden Kreisen im Dreieck ihrer Zentralen ist. Dasselbe gilt auch in der hyperbolischen Ebene (Aufsatz [39] des Verf.). Hieraus ergibt sich mit jeder „vernünftigen" Definition der Lagerungsdichte folgende Aussage: Ist auf einer Kugel vom reellen oder imaginären Radius R ein System von wenigstens drei Kreisen vom Radius r eingelagert, so gilt für die Lagerungsdichte D

$$D \leqq \frac{3 \operatorname{cosec} \dfrac{\pi}{k} - 6}{k - 6} \; ; \quad \operatorname{cosec} \frac{\pi}{k} = 2 \cos \frac{r}{R} \, .$$

Dabei trifft für das Inkreissystem jeder regulären Dreikantzerlegung $\{k, 3\}$ Gleichheit zu, so daß unsere Abschätzung für alle ganzzahligen Werte von $k \geqq 2$ genau ist. Für solche Werte bedeutet k die Anzahl der Kreise, die sich an einen Kreis anlegen lassen. Die Fälle $k = 2, 3,$ 4, 5 lassen sich auf der gewöhnlichen Kugel, der Grenzfall $k = 6 \left(\dfrac{r}{R} \to 0 \right)$ in der Euklidischen Ebene und die Fälle $k = 7, 8, \ldots$ in der hyperbolischen Ebene realisieren.

Die für D angegebene Schranke strebt für $k \to \infty$ ständig zunehmend dem Grenzwert $3/\pi$ zu. Folglich besteht die merkwürdige Beziehung

$$D < \frac{3}{\pi} = 0{,}9549 \ldots .$$

VI. Irreguläre Lagerungen auf der Kugel.

Im Abschnitt V haben wir mehrere sphärische Punktsysteme betreffende Extremalaufgaben kennengelernt, deren Lösungen bei entsprechender Punktanzahl die Eckpunktverteilungen der regulären Dreieckspolyeder sind. Es erhebt sich nun die interessante Frage der Bestimmung der besten Verteilungen von etwa 7 Punkten. Dabei ist für eine beliebige Punktanzahl nicht einmal bei dem einfachsten derartigen Problem zu erwarten, daß zur Bestimmung der extremalen Punktanordnung irgendeine allgemeine Vorschrift angegeben werden könnte. Wir müssen uns daher mit Methoden begnügen, die bei einem konkreten Problem wenigstens in den niedrigsten Fällen die extremalen Anordnungen ergeben. In diesem Abschnitt wollen wir mit Hilfe einer solchen von SCHÜTTE und VAN DER WAERDEN ausgearbeiteten Methode die dichteste sphärische Lagerung von 7 und 8 kongruenten Kreisen bestimmen.

§ 1. Der zu einem Punktsystem gehörige Graph.

Gesucht wird diejenige Anordnung von n Punkten der Einheitskugel, für die der sphärische Mindestabstand der Punkte den größtmöglichen Wert a_n erreicht. Es gilt offenbar $\pi = a_2 \geqq a_3 \geqq a_4 \geqq \ldots$, $a_n \to 0$. Wir führen für $n > 2$ neben der Größe a_n den Winkel α_n des gleichseitigen sphärischen Dreiecks der Seitenlänge a_n ein. Zwischen a_n und α_n besteht die Beziehung

$$\cos a_n = \cotg \alpha_n \cotg \frac{\alpha_n}{2} = \frac{\cos \alpha_n}{1 - \cos \alpha_n}\,.$$

Es gilt die mit (V, 1,1) äquivalente Abschätzungsformel

$$\alpha_n \leqq \frac{n}{n-2}\,\frac{\pi}{3}\,,$$

die für $n = 3$, 4, 6 und 12 den genauen Wert von α_n bzw. a_n ergibt.

Wir wenden uns zunächst der Bestimmung von a_5 zu und zeigen, daß $a_5 = a_6 = 90°$ ist.

Wir bezeichnen die Punkte mit A, B, C, D und E und setzen voraus, daß ihr Mindestabstand $> 90°$ ist. Da der um E geschlagene Kreis vom Halbmesser $90°$ keinen Punkt A, B, C, D enthält, liegen diese Punkte auf einer offenen Halbkugel. Aus denselben Gründen liegen die Punkte A, B, C auf einer offenen Viertelkugel und A, B auf einem offenen Oktanten. Das steht aber in Widerspruch mit der Annahme $AB > 90°$.

Im folgenden beschränken wir uns auf den Fall $n > 6$. Dann ist $a_n < 90°$.

Sind auf einer Einheitskugel irgendwie n Punkte mit Mindestabstand $a \leqq a_n$ gegeben, so können wir die Punktepaare, deren Abstand genau a ist, durch Großkreisbogen der Länge a verbinden. Es entsteht ein *Graph*. Die Anzahl der Verbindungsstrecken, die in einem Punkt zusammenstoßen, bezeichnen wir als den *Grad* des betreffenden Punktes. Einen Punkt vom Grad Null nennen wir *isoliert*. Wir wollen die isolierten Punkte zu dem Graphen hinzurechnen.

Die Strecken des Graphen überschneiden sich nicht. Hätten nämlich zwei Strecken AB und CD einen Punkt S gemeinsam, so wäre

$2a \leq AC + BD < (AS + SC) + (BS + SD) = AB + CD = 2a$, was nicht geht.

Wir betrachten eine Teilmenge T von etwa m Punkten und m Strecken eines Graphen, bei dem in jedem Punkt genau zwei Strecken von T zusammenstoßen. Da die Strecken von T sich nicht überschneiden können, ist T ein einfach geschlossener Streckenzug, der die Kugel in zwei Gebiete zerlegt. Enthält eines dieser Gebiete keine Strecke des Graphen, so nennen wir dieses Gebiet ein *m-Eck des Graphen*.

Wenn alle Strecken des Graphen, die von einem Punkt P ausgehen, einem Winkel von 180° angehören, so kann man durch eine kleine Verschiebung des Punktes P erreichen, daß er von allen anderen Punkten einen Abstand $> a$ erhält. Verschieben wir nämlich P in einer Richtung senkrecht zur Grenze des Winkels von 180°, dem alle von P ausgehenden Strecken PA, PB, ... angehören, aus dem Winkelraum heraus, so nehmen alle Abstände PA, PB, ... offensichtlich zu. Wir nennen dieses Verfahren das *Wegschieben* des Punktes P.

Einen Graphen, in dem sich kein Punkt wegschieben läßt, bezeichnen wir als *irreduzibel*. Ein irreduzibler Graph enthält außer eventuellen isolierten Punkten nur Punkte mindestens dritten Grades. Die Polygone eines irreduziblen Graphen sind konvex, da ein Eckpunkt eines Polygons, der bei einer einspringenden Ecke liegt, sich wegschieben läßt.

Wir betrachten jetzt einen *Maximalgraphen*, d. h. einen Graphen eines Systems von n Punkten mit Mindestabstand a_n. Wir behaupten, daß *der Maximalgraph von 7 oder 8 Punkten ein irreduzibler Graph ist, der keine isolierten Punkte und keine anderen Polygone als Dreiecke und Vierecke enthält.*

Ist der Maximalgraph reduzibel, so verwandeln wir ihn durch fortgesetzte Wegschiebung in einen irreduziblen Graphen. Wir werden zeigen, daß ein irreduzibler Maximalgraph von 7 oder 8 Punkten keinen isolierten Punkt enthalten kann. Damit wird gezeigt, daß auch der ursprüngliche Maximalgraph ein von isolierten Punkten freier irreduzibler Graph ist.

Betrachten wir das System der 8 Ecken des einer Einheitskugel einbeschriebenen Archimedischen Antiprismas (3, 3, 3, 4). Nach einer elementar durchführbaren Rechnung ist der sphärische Mindestabstand dieses Punktsystems

$$\text{arc cos } \frac{\sqrt{8}-1}{7} \approx 74° \, 51' \, 31''\,.$$

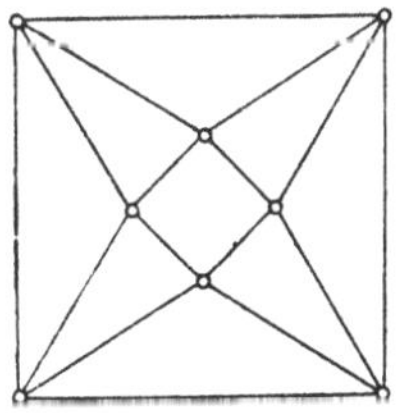

Abb. 103.

Folglich haben wir $a_7 \geq a_8 > 74°$.

Wir machen jetzt von einem berühmten Satz Gebrauch, den ARCHIMEDES als Axiom formuliert hat und der seine Gültigkeit auch in der sphärischen Geometrie behält: Enthält ein konvexes Gebiet vom

Umfang L ein anderes konvexes Gebiet vom Umfang l, so ist $L \geqq l$, und Gleichheit besteht nur, wenn die Gebiete identisch sind. Mithin gilt für den Umfang $m\,a_7$ bzw. $m\,a_8$ eines m-Eckes in einem irreduziblen Maximalgraphen von 7 bzw. 8 Punkten

$$m\,74° < m\,a_8 \leqq m\,a_7 < 360°,$$

woraus $m < 5$ folgt.

Nun kann ein isolierter Punkt eines irreduziblen Graphen nur in einem Polygon des Graphen liegen. Da aber der Abstand eines jeden Punktes eines Drei- oder Viereckes mit gleichen Seiten a von einer Ecke $< a$ ist, kann in einem irreduziblen Graphen, der nur Drei- oder Vierecke enthält, kein isolierter Punkt auftreten. Damit ist unsere Behauptung bewiesen.

§ 2. Die Maximalfigur für $n = 7$.

Wir betrachten ein gleichseitiges sphärisches Dreieck ABC der Kantenlänge a. Der Mittelpunkt des Dreiecks sei der Südpol der Kugel. Auf die drei Seiten setze man drei weitere gleichseitige Dreiecke auf. Die Spitzen P, Q, R dieser Dreiecke liegen gleich weit vom Nordpol N

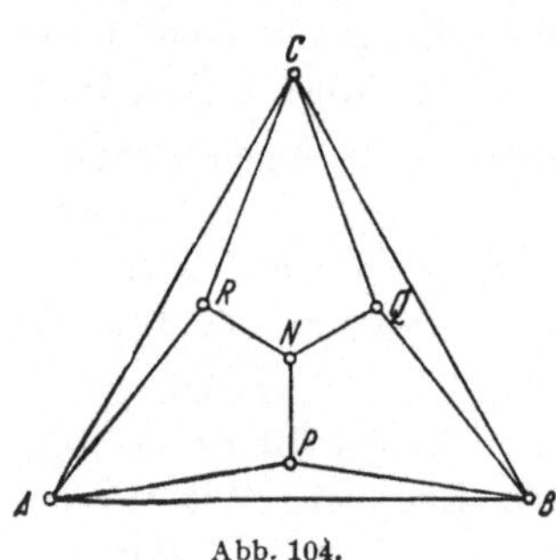

Abb. 104.

entfernt. Ist a klein, so ist diese Entfernung $> a$; dagegen ist für $a = a_4$ diese Entfernung $= 0$. Es gibt daher einen Wert von a, für den $NP = NQ = NR = a$ ist. Dann ist das Viereck $APNR$ ein sphärischer Rhombus, also ist der Winkel bei A gleich dem Winkel bei N, d. h. 120°. Ist ferner α ein Winkel eines gleichseitigen Dreiecks der Kantenlänge a, so ist $120° + 3\alpha = 360°$, d. h. $\alpha = 80°$.

Diese Punktanordnung zeigt, daß $\alpha_7 \geqq 80°$ ist. Wir zeigen, daß $\alpha_7 = 80°$, daß also der Graph der betrachteten Punkte A, B, C, P, Q, R, N mit dem Maximalgraphen von 7 Punkten identisch ist.

Wie wir sahen kommt als Maximalgraph von 7 Punkten nur ein irreduzibler Graph ohne isolierte Punkte in Betracht, der außer Drei- und Vierecken keine anderen Polygone enthält. Wir behaupten ferner, daß in dem Maximalgraphen mit 7 Punkten nur Punkte 3. und 4. Grades auftreten können. Alle in dem Graphen auftretenden Winkel müssen nämlich $\geqq \alpha_7$ sein, da sonst der Mindestabstand $< a_7$ wäre. Mit Rücksicht auf $\alpha_7 \geqq 80° > \frac{1}{5}\,360°$ können daher, im Einklang mit unserer Behauptung, tatsächlich nur höchstens 4 Strecken in einem Punkt zusammenstoßen.

Dabei können nicht alle Punkte den Grad 3 haben, da die Anzahl der Kanten dann $\frac{1}{2} \cdot 3 \cdot 7$ wäre. Somit besitzt der Maximalgraph mindestens einen Punkt A vierten Grades. A sei mit den Punkten B, C, R, P in dieser Reihenfolge verbunden. Der Graph enthält zwei weitere Punkte N und Q. Da jeder Punkt mindestens 3. Grad besitzt, sind N und Q je mit mindestens 2 Punkten B, C, R, P verbunden. Sie können aber nur mit benachbarten Punkten B, C bzw. C, R bzw. R, P bzw. P, B verbunden sein. Wäre nämlich etwa N mit B und R verbunden, so würde $ABNR$ einen viereckigen Streckenzug bilden, der die Kugel in 2 Gebiete zerlegt. Beide Gebiete enthielten mindestens einen Punkt, nämlich P bzw. C, was offenbar unmöglich ist.

Es sei N mit P und R verbunden. Außerdem kann N nur noch mit Q verbunden sein. Diese Verbindung muß bestehen, da N mindestens den Grad 3 hat. Für Q bleiben jetzt nur noch die Verbindungsmöglichkeiten mit B, C bzw. C, R bzw. P, B. Wäre etwa Q mit C und R verbunden, so müßte B mit C und P verbunden sein. Dann würde $NQCBP$ ein Fünfeck bilden, in dem keine Diagonalverbindungen bestehen. Der Graph enthielte also ein Fünfeck, entgegen unserer obigen Feststellung. Aus demselben Grunde kann Q nicht mit P und B verbunden sein. Es bleibt also als einzige Möglichkeit, daß Q mit B und C verbunden ist. Außerdem muß B mit P und C mit R verbunden sein, damit keine Fünfecke auftreten.

Der Graph besitzt noch einen Freiheitsgrad, da die Winkel der bei A zusammenstoßenden Rhomben noch nicht festgelegt sind. Einer dieser beiden Winkel kann im Grenzfall gleich α_7 werden, wobei eine Verbindung zwischen B und C oder P und R hinzuzufügen ist.

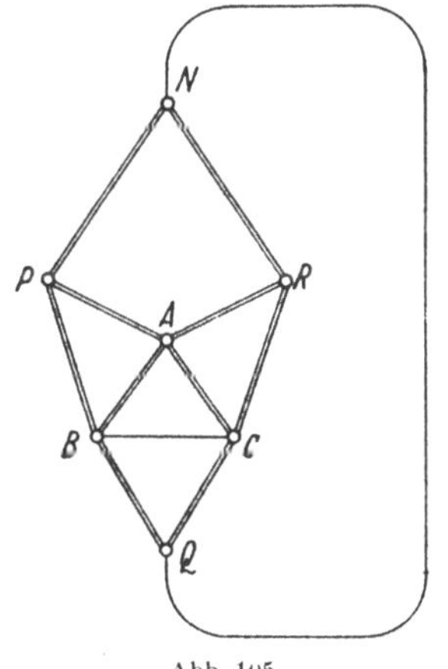

Denken wir uns die Strecken $AB, AC, AR, AP, NP, PB, BQ, QC, CR, RN$ als Stangen der Länge $a = a_7$, die in ihren Endpunkten durch Gelenke aneinandergefügt sind (Abb. 105). Dieses Stangenmodell ist beweglich. Wir behaupten, daß die Diagonale $AQ = y$ eine konkave Funktion des Winkels $BAC = \beta$ ist. Wegen $y = 2 \arctan\left(\operatorname{tg} a \cos \dfrac{\beta}{2}\right)$ haben wir nämlich

$$\frac{dy}{d\beta} = -\frac{1}{2} \frac{\operatorname{tg} a \sin \dfrac{\beta}{2}}{1 + \operatorname{tg}^2 a \cos^2 \dfrac{\beta}{2}}, \quad 0 < \beta < \pi.$$

Abb. 105.

Die Ableitung ist unserer Behauptung entsprechend eine abnehmende Funktion von β. Ebenso ist die Diagonale AN eine konkave Funktion des Winkels PAR. Da aber dieser Winkel gleich $360° - 2\alpha_7 - \beta$ ist, ist AN zugleich eine konkave Funktion von β. Somit ist auch die Summe $QA + AN$ eine konkave Funktion von β. Eine konkave Funktion nimmt ihr Minimum immer am Rand des zulässigen Intervalles an. Wären nun in dem Maximalgraphen beide Rhombenwinkel bei A größer als α_7, so könnte die Summe $QA + AN$ verkleinert werden, wodurch die in einem Maximalgraphen notwendige Verbindung NQ unterbrochen würde. Ist etwa $\beta = \alpha_7$, so besteht eine Verbindung zwischen B und C. Der so entstehende Graph ist aber mit dem oben betrachteten, durch $\alpha = 80°$ charakterisierten Graphen identisch.

Wir fassen das erhaltene Ergebnis in folgendem Satz zusammen:

Der sphärische Mindestabstand von 7 beliebigen Punkten der Einheitskugel ist stets $\leq$ arc cos (cotg 80° · cotg 40°) $\approx$ 77° 52′ 10″. Gleichheit besteht nur für eine Punktverteilung, deren Graph drei in einem Punkt zusammenstoßende kongruente Rhomben und vier Dreiecke enthält.

§ 3. Die Maximalfigur für $n = 8$ und 9.

Wir leiten zunächst eine allgemeine Ungleichung für Graphen aus Dreiecken und Vierecken her. Wir betrachten dazu ein gleichschenkliges sphärisches Dreieck ABC mit den Schenkeln $AB = BC = a$. Der Winkel bei B sei β. Wir halten a fest und betrachten den Flächeninhalt

$$\Delta(\beta) = \beta - 2\operatorname{arc\,tg}\left(\cos a \operatorname{tg}\frac{\beta}{2}\right), \quad 0 < \beta < \pi$$

des Dreiecks als Funktion von β. Da die Ableitung

$$\Delta'(\beta) = 1 - \frac{\cos a}{1 - \sin^2 a \sin^2 \dfrac{\beta}{2}}$$

ständig abnimmt, ist $\Delta(\beta)$ konkav.

Es sei nun $V(\beta)$ ein Viereck eines Graphen der Seitenlänge a mit einem Winkel β. Bedeutet α den Winkel des gleichseitigen Dreiecks $\Delta(\alpha) = \Delta$, so ist $\alpha \leq \beta \leq 2\alpha$. Nimmt β die extrem zulässigen Werte α bzw. 2α an, so zerfällt $V(\beta)$ in zwei Dreiecke. $V(\beta) = 2\Delta(\beta)$ nimmt als konkave Funktion ihr Minimum in diesem Fall an: $V(\beta) \geq V(\alpha)$ $= V(2\alpha) = 2\Delta$.

Wir betrachten jetzt einen irreduziblen Graphen ohne isolierte Punkte, der nur Dreiecke und Vierecke enthält. Die Anzahl der in einem Punkt P zusammenkommenden Dreiecke sei d, die der Vierecke v. Bezeichnen wir ferner die Winkel der Vierecke bei P mit $\beta_1, \ldots, \beta_v$, so ist die Inhaltssumme sämtlicher Polygone, die in P zusammentreffen

$$S = d\Delta + V(\beta_1) + \cdots + V(\beta_v).$$

Halten wir $\beta_1 + \beta_2 = s$ fest, so ist außer $V(\beta_1)$ auch $V(\beta_2)$ $= V(s - \beta_1)$, also auch $V(\beta_1) + V(\beta_2)$ eine konkave Funktion von β_1. Somit erreicht diese Summe ihr Minimum, wenn β_1 einen durch die Bedingungen $\alpha \leq \beta_1$, $\beta_2 \leq 2\alpha$, $\beta_1 + \beta_2 = s$ zugelassenen extremen Wert annimmt. Dann wird einer der Winkel β_1 oder β_2 gleich α oder 2α, also zerfällt eines der Vierecke $V(\beta_1)$ oder $V(\beta_2)$, sagen wir $V(\beta_1)$, in zwei Dreiecke. Es sei nun $\beta_2 + \beta_3$ konstant gehalten, so muß bei einem Minimum von $V(\beta_2) + V(\beta_3)$ wieder eines der Vierecke $V(\beta_2)$ oder $V(\beta_3)$ in Dreiecke zerfallen usw. Beim Minimum zerfallen also alle Vierecke bis auf eines in je zwei Dreiecke. Ist beim Minimum β_0 der eine Winkel, der nicht gleich α oder 2α ist, so erhält man schließlich die Ungleichung

$$S \geqq (d + 2v)\,\Delta + 2\,U(\beta_0)\,,$$

wobei

$$U(\beta) = \Delta(\beta) - \Delta$$

den Überschuß des Inhalts des Dreiecks $\Delta(\beta)$ über das gleichseitige Dreieck $\Delta(\alpha) = \Delta$ bedeutet.

Der Winkel β_0 läßt sich auch so definieren: Man subtrahiert von $360°$ ein solches Vielfaches von α, daß ein Rest β_0 zwischen α und 2α übrigbleibt. Hieraus geht klar hervor, daß β_0 nicht von der Anzahl d und v der in dem betreffenden Eckpunkt zusammenstoßenden Drei- und Vierecke abhängt. Mithin ist der Wert von β_0 in jedem Eckpunkt des Graphen der gleiche.

Addieren wir die obigen Ungleichungen für sämtliche Punkte des Graphen, so erhalten wir

$$\sum S = 3S_3 + 4S_4 \geqq \Delta \sum (d + 2v) + 2nU = (3f_3 + 8f_4)\,\Delta + 2nU,$$

wobei S_3 und f_3 die Inhaltssumme bzw. die Anzahl der Dreiecke, S_4 und f_4 die entsprechenden Größen für die Vierecke und n die Anzahl der Ecken des Graphen bedeuten. Addiert man auf beiden Seiten $S_3 = f_3\Delta$, so erhält man nach Division durch 4

$$4\pi = S_3 + S_4 \geqq (f_3 + 2f_4)\,\Delta + \tfrac{1}{2}\,nU\,.$$

Nun ist nach der EULERschen Polyederformel, wenn k die Anzahl der Kanten und f die der Flächen ist,

$$n - 2 = k - f = \tfrac{1}{2}\,(3f_3 + 4f_4) - (f_3 + f_4) = \tfrac{1}{2}\,(f_3 + 2f_4)\,.$$

Also läßt sich unsere letzte Ungleichung auch so schreiben:

$$2(n - 2)\,\Delta + \tfrac{1}{2}\,nU(\beta_0) \leqq 4\pi\,. \tag{1}$$

Damit haben wir die angekündigte Ungleichung vor uns. Sie ist eine Verschärfung für Graphen aus Drei- und Vierecken der mit (1,1) äquivalenten Abschätzung $2(n - 2)\,\Delta \leqq 4\pi$.

Gleichheit besteht in (1), wenn in dem Graphen entweder nur Dreiecke auftreten oder in jeder Ecke genau ein Viereck mündet. Im ersten Fall, der nur für $n = 3$, 4, 6 oder 12 eintritt, handelt es sich um das sphärische Netz eines regulären Dreieckspolyeders. Gibt es aber auch Vierecke, so sind die Winkel dieser Vierecke alle gleich β_0, also sind die Vierecke regulär. Dann ist der Graph mit dem sphärischen

Netz eines Archimedischen Polyeders identisch, in dessen Ecken nur Dreiecke und ein Viereck zusammenkommen. Es gibt zwei (nicht entartete) solche Polyeder, nämlich das oben betrachtete Antiprisma $(3, 3, 3, 4)$ mit 8 Ecken und das Polyeder vom Symbol $(3, 3, 3, 3, 4)$ mit 24 Ecken (Abb. 106). Also gilt das Gleichheitszeichen in (1) außer für $n = 3, 4, 6$ oder 12 nur noch für $n = 8$ oder 24.

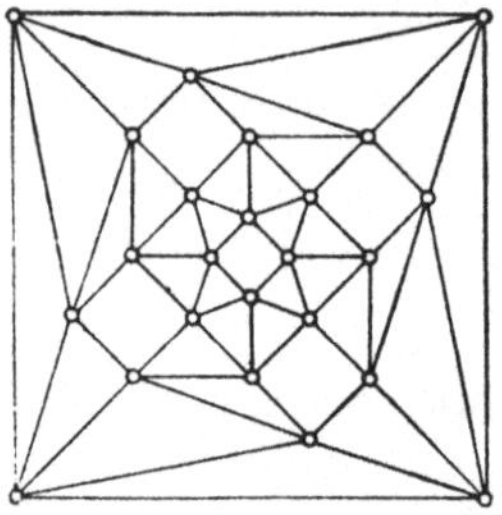

Betrachten wir jetzt den Maximalgraphen für $n = 8$. Er enthält — wie wir gesehen haben — keine isolierten Punkte und keine anderen Polygone als Drei- und Vierecke. Somit läßt sich die Ungleichung (1) anwenden:

$$12\,\Delta + 4\,U(\beta_0) \leqq 4\pi,$$

d. h.

$$2\Delta + \Delta(\beta_0) \leqq \pi.$$

Abb. 106.

Wir wollen die linke Seite dieser Ungleichung allein durch $\alpha = \alpha_8$ ausdrücken. Mit Rücksicht auf

$$72° = \alpha_{12} < \alpha_8 < \alpha_6 = 90°$$

ist $\beta_0 = 360° - 3\alpha$. Wir haben daher

$$2(3\alpha - \pi) + 2\pi - 3\alpha - 2\,\text{arc tg}\left(\cos a\,\text{tg}\,\frac{2\pi - 3\alpha}{2}\right) \leqq \pi;$$

$$\cos a = \text{cotg}\,\alpha\,\text{cotg}\,\frac{\alpha}{2},$$

d. h.

$$3\alpha - 2\,\text{arc tg}\left(\text{cotg}\,\frac{\alpha}{2}\,\text{cotg}\,\alpha\,\text{cotg}\,\frac{3\alpha - \pi}{2}\right) \leqq \pi. \tag{2}$$

Die linke Seite ist für $72° < \alpha < 90°$ eine ständig wachsende Funktion von α. Somit ergibt die Ungleichung (2) eine obere Schranke für α, die nur für den Graphen der 8 Ecken des halbregulären Körpers $(3, 3, 3, 4)$ erreicht wird. Hiermit ist gezeigt, daß die beste Verteilung von 8 Punkten durch das System der Ecken dieses Körpers dargestellt wird:

Der sphärische Mindestabstand von 8 Punkten der Einheitskugel ist immer $\leqq \arccos \dfrac{\sqrt{8} - 1}{7} \approx 74°51'31''$. *Das Gleichheitszeichen gilt nur dann wenn die Punkte die Ecken eines halbregulären Körpers bilden, der von 2 Quadraten und 8 gleichseitigen Dreiecken begrenzt ist.*

Außer den genannten Fällen ist noch die Maximalfigur für $n = 9$ bekannt. Sie läßt sich folgendermaßen beschreiben. Es sei ABC ein dem Äquator einbeschriebenes reguläres Dreieck. Wir legen auf die Großkreisbogen AB, BC, CA als Diagonalen je einen Rhombus $AC'BC''$, $BA'CA''$, $CB'AB''$ mit der gemeinsamen Seitenlänge a. Die Bezeichnung der Ecken sei so gewählt, daß die Dreiecke $A'B'C'$ und

$A''B''C''$ je einem Breitenkreis einbeschrieben sind. Lassen wir a von 60° bis 90° wachsen, so nimmt die Seitenlänge der Dreiecke $A'B'C'$ und $A''B''C''$ von 120° bis 0° ständig ab. Es gibt daher einen Wert von a, für den die Seitenlänge genau a wird. In diesem Augenblick stellen die Ecken der Dreiecke ABC, $A'B'C'$ und $A''B''C''$ die bestmögliche Lagerung von 9 Punkten dar. Der zu dieser Punktverteilung gehörige Graph enthält 3 Rhomben und 8 Dreiecke. Alle Punkte des Graphen haben den Grad 4.

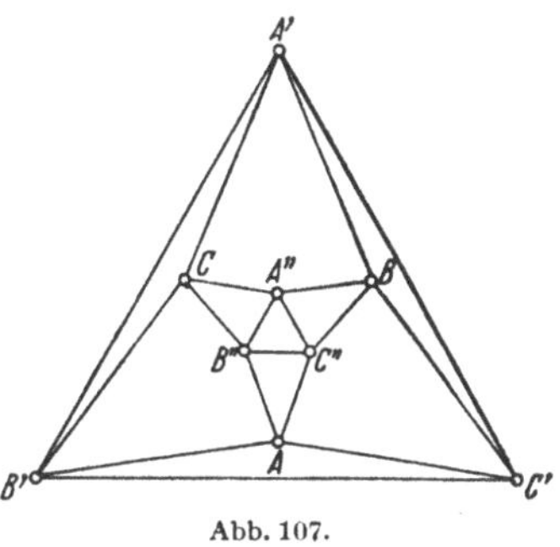

Abb. 107.

Für die Kantenlänge a des betrachteten Graphen ergibt eine elementare Rechnung die Gleichung $\cos a = \tfrac{1}{3}$. Da dieser Graph mit dem Maximalgraphen von 9 Punkten identisch ist, *läßt sich von 9 Punkten der Einheitskugel immer ein Punktpaar vom sphärischen Abstand $\leq \arccos \tfrac{1}{3} \approx 70°31'44''$ herausgreifen, und diese Konstante läßt sich durch keine kleinere ersetzen.*

Der Beweis dieses Satzes erfolgt ebenfalls durch Heranziehung des Graphen. Jedoch sind zum Beweis außer mehreren Hilfssätzen eine Reihe von Fallunterscheidungen nötig, deren Anzahl noch dadurch erhöht wird, daß das Auftreten eines Fünfeckes sowie eines isolierten Punktes sich nicht so leicht von vornherein ausschließen läßt wie für den Fall von 7 oder 8 Punkten. Auf den Beweis, der in der Arbeit [1] von SCHÜTTE und VAN DER WAERDEN enthalten ist, wollen wir hier verzichten.

§ 4. Einige Lagerungen von mehr als 9 Punkten.

In den Fällen $n > 9$ ist außer für $n = 12$ die Maximalfigur nicht ◄ 208 bekannt, so daß wir hier einstweilen nur auf Vermutungen angewiesen sind. Wir geben hier nach SCHÜTTE und VAN DER WAERDEN die vermutlichen Maximalfiguren für einige Werte von n an. Jedenfalls liefern diese Figuren Abschätzungen der Größen a_n nach unten.

$n = 10$. Man setze auf beide Seiten einer (sphärischen) Strecke AB der Länge a je ein reguläres Viereck $ABCD$ bzw. $ABEF$. Wir setzen ferner auf die Strecken CD und EF je ein gleichseitiges Dreieck CDG bzw.

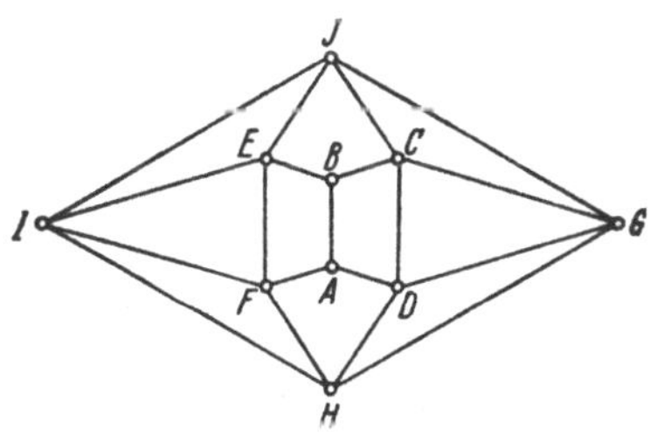

Abb. 108.

EFI und ergänzen die erhaltene Figur durch die beiden Rhomben $ADHF$ und $BEJC$. Offensichtlich wird die Seitenlänge des Rhombus $GHIJ$ bei einem wohlbestimmten Wert von a mit a selbst übereinstimmen. Dann entsteht ein Graph mit 6 Dreiecken und 5 Vierecken, der wahrscheinlich mit dem Maximalgraphen von 10 Punkten identisch ist.

$n = 11$ und 12. Analog zu der Gleichung $a_5 = a_6$ gilt wahrscheinlich $a_{11} = a_{12}$.

$n = 13$. Eine verhältnismäßig günstige Lagerung von 13 Punkten erhält man, wenn man einen Punkt in den Nordpol legt und die übrigen zu je Vieren zonal anordnet, und zwar symmetrisch und mit möglichst großen Abständen. Der Graph enthält ein regelmäßiges Viereck, 4 Dreiecke und 8 Rhomben, von denen vier im Nordpol zusammenkommen.

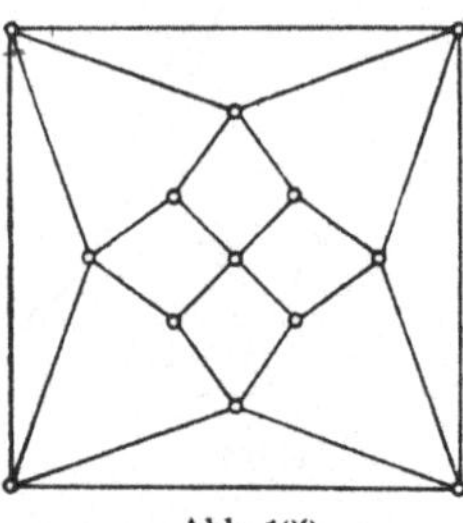

Abb. 109.

Diese Konfiguration bzw. (1,1) ergibt die Abschätzung

$$57°8' < a_{13} < 60°56'.$$

Als eine Verschärfung von (1,1) in diesem speziellen Fall wurde auch die von einem später zu besprechenden Gesichtspunkt aus bemerkenswerte Ungleichung $a_{13} < 60°$ bewiesen.

$n = 14$. Es sei $ABCDEF$ ein gleichseitiges Sechseck der Seitenlänge a. Die Punkte A, B, D, E sollen vom Nordpol N den Abstand a besitzen, so daß die Diagonalen AD und BE das Sechseck in zwei gleichseitige Dreiecke NAB und NDE und in zwei Rhomben $NBCD$ und $NEFA$ zerlegen. Wir betrachten ein kongruentes Sechseck $A' \ldots F'$ um den Südpol S als Mittelpunkt, in einer solchen Lage, daß die Dreiecke $AF'B$, $E'CD'$, $DC'E$, $B'FA'$ gleichschenklig sind. Bei einem wohlbestimmten Wert von a werden diese Dreiecke gleichseitig. Dann bilden die Ecken der beiden Sechsecke, zusammen mit N und S eine verhältnismäßig günstige Lagerung von 14 Punkten. Der Graph enthält 8 Dreiecke und zwei Gruppen von je 4 Rhomben. Alle Punkte besitzen den Grad 4.

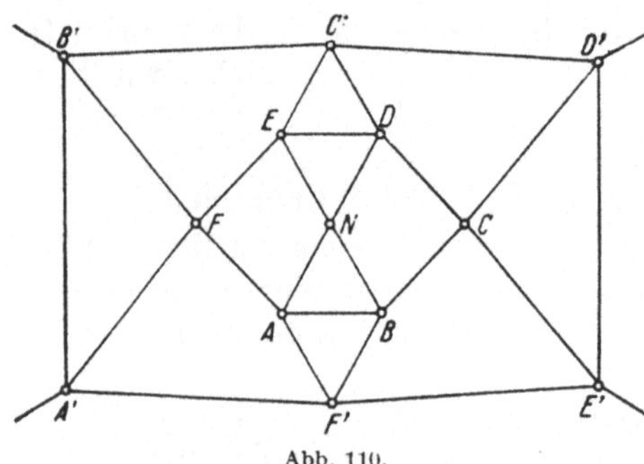

Abb. 110.

$n = 15$. Man erhält eine günstige Lagerung, wenn man in 5 Zonen je 3 Punkte so anordnet, daß die Punkte einer Zone die Ecken je eines einem Breitenkreis einbeschriebenen regulären Dreieckes bilden. Der Minimalabstand a tritt zwischen den Punkten der 1. (nördlichsten) sowie der 5. (südlichsten) Zone auf. Die 2. und 4. Zone sind so zu wählen, daß hier jeder Punkt von je zwei Punkten der 1. bzw. 5. Zone den Abstand a besitzt. Um nun mit einem möglichst großen Minimalabstand auszukommen, wird für die 3. Zone nicht der Äquator, sondern ein Breitenkreis gewählt. Man muß die nördlichen Punkte (1. und 2. Zone) gegenüber den entsprechenden südlichen Punkten (4. und

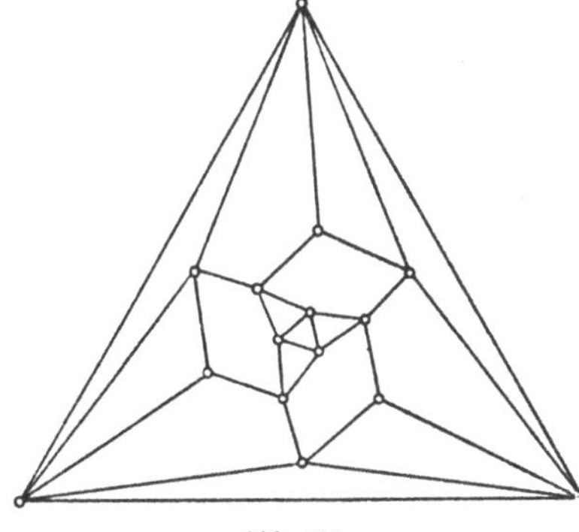

Abb. 111.

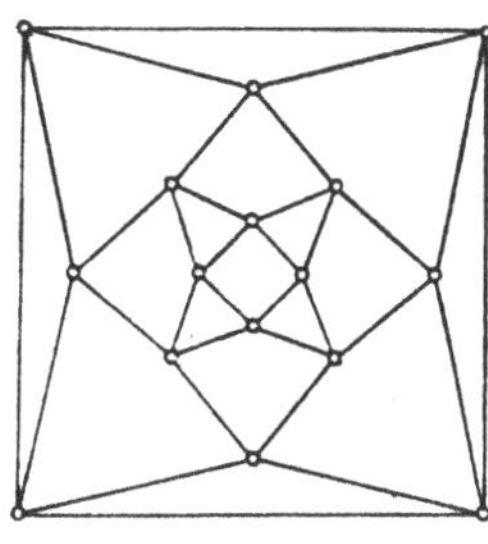

Abb. 112.

5. Zone) in geeigneter Weise um die Polachse verdrehen, so daß man die Punkte der 3. Zone so dazwischenlegen kann, daß jeder Punkt der 3. Zone von je einem Punkt der 2., 4. und 5. Zone gerade den Mindestabstand a erhält. Der entsprechende Graph enthält 12 Dreiecke, 3 Vierecke und 3 Fünfecke. Die Punkte der 5. Zone besitzen den Grad 5, die Punkte der 3. Zone den Grad 3, alle übrigen den Grad 4.

$n = 16$. Als günstig erweist sich eine zonale Anordnung von je 4 Punkten, bei der alle Punkte den Grad 4 besitzen. Hierbei treten 8 Dreiecke, 8 kongruente Rhomben und 2 reguläre Vierecke auf.

$n = 24$. Eine besonders günstige Anordnung ist durch die Ecken des   ◀ 208
Archimedischen Körpers (3, 3, 3, 3, 4) gegeben.

$n = 32$. Im sphärischen Netz des Ikosaeders (oder Dodekaeders)   ◀ 208
bilden die Ecken zusammen mit den Mittelpunkten der Dreiecke (bzw. Fünfecke) eine recht günstige Lagerung von 32 Punkten. Der Graph dieses Punktsystems enthält 30 Rhomben, 12 Punkte 4. Grades und 20 Punkte 3. Grades. Der Graph ist übrigens mit dem sphärischen Netz des flächengleichen halbregulären Körpers begrenzt von 30 Rhomben identisch. Dieses Polyeder ist das duale des eckengleichen halbregulären Körpers (3, 5, 3, 5).

§ 5. Tabellarische Übersicht.

In der nachstehenden Übersicht sind die Näherungswerte der Größen a_n bzw. der unteren und oberen Schranken von a_n angegeben, die sich aus den untersuchten Graphen bzw. aus der Abschätzungsformel (1,1) ergeben. Die entsprechenden Werte der nächsten Spalte beziehen sich auf den Radius R_n der kleinsten Kugel, auf der n Punkte mit (Euklidischer) Mindestabstand 1 Platz haben, die der letzten auf die Dichte D_n

n	a_n	R_n	D_n
2	$180°$	0,5	1
3	$120°$	0,577	0,75
4	$109°28'16''$	0,612	0,845
5	$90°$	0,707	0,732
6	$90°$	0,707	0,878
7	$77°51'58''$	0,795	0,777
8	$74°52'10''$	0,822	0,823
9	$70°31'44''$	0,866	0,825
10	$66°19'$	0,916	0,812
	$69°33'42''$	0,877	0,893
11	$63°26'06''$	0,951	0,802
	$66°17'23''$	0,914	0,895
12	$63°26'06''$	0,951	0,896
13	$57°08'$	1,045	0,791
	$60°55'11''$	0,986	0,897
14	$55°40'$	1,070	0,810
	$58°40'51''$	1,020	0,898
15	$53°39'$	1,097	0,808
	$56°40'01''$	1,054	0,898
16	$52°14'$	1,135	0,816
	$54°51'19''$	1,086	0,899
24	$43°41'$	1,343	0,861
	$44°42'52''$	1,315	0,901
32	$37°22'$	1,560	0,843
	$38°41'31''$	1,509	0,903

der dichtesten Lagerung von n kongruenten Kugelkappen. Die Größen R_n und D_n stehen in folgender Beziehung mit a_n:

$$R_n = \frac{1}{2 - 2\cos a_n},$$

$$D_n = \frac{n}{2}\left(1 - \cos\frac{a_n}{2}\right).$$

Die in unserem Diagramm (Abb. 114) dargestellten unteren Schranken D_{17} bis D_{23} und D_{25} bis D_{31} entsprechen denjenigen Kreislagerungen, die aus der entsprechenden Lagerung von 24 bzw. 32 Kreisen durch einfache Fortschaffung einer entsprechenden Anzahl von Kreisen entstehen. Deshalb ist z. B. D_{17} wahrscheinlich erheblich größer als die dargestellte Schranke. Vermutlich gilt für jedes n $(= 1, 2, 3, \ldots)$

$$D_n \geqq D_5 = \tfrac{5}{4}\left(2 - \sqrt{2}\right)$$
$$= 0,732\ldots.$$

§ 6. Geschichtliche Bemerkungen.

Alle Ergebnisse des Abschnittes VI rühren von SCHÜTTE und VAN DER WAERDEN her. Als ein Hauptergebnis ihrer Arbeit [1] kann die Tatsache angesehen werden, daß hier anscheinend zum erstenmal eine Extremal-

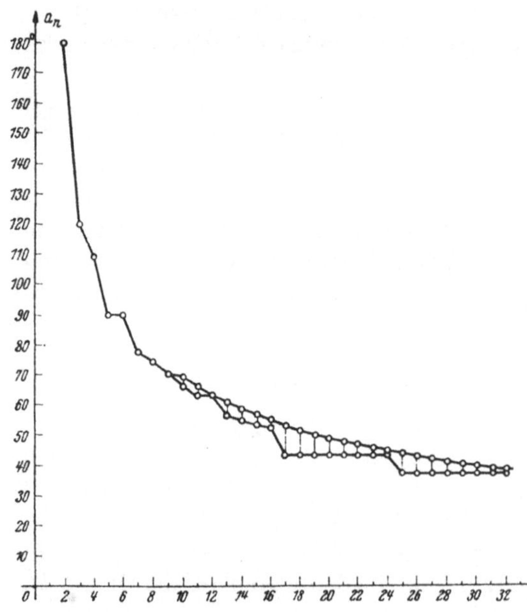

Abb. 113.

eigenschaft eines Archimedischen Körpers erkannt worden ist. Möge
dieses Ergebnis [sowie die durch die Ungleichung (3,1) unterstützte

Vermutung bezüglich der Extremaleigenschaft des Körpers (3, 3, 3, 3, 4)] zur Entdeckung weiterer Extremaleigenschaften der halbregulären Körper Anregung geben.

Der Beweis im § 2 enthält eine Vereinfachung gegenüber der ursprünglichen Arbeit [1] von SCHÜTTE und VAN DER WAERDEN, auf die der Verf. durch VAN DER WAERDEN aufmerksam gemacht wurde.

Die Extremaleigenschaft des Körpers (3, 3, 3, 4) wurde vorher von RUTISHAUSER [1] als Vermutung ausgesprochen. RUTISHAUSER hat außerdem eine verhältnismäßig günstige Lagerung von

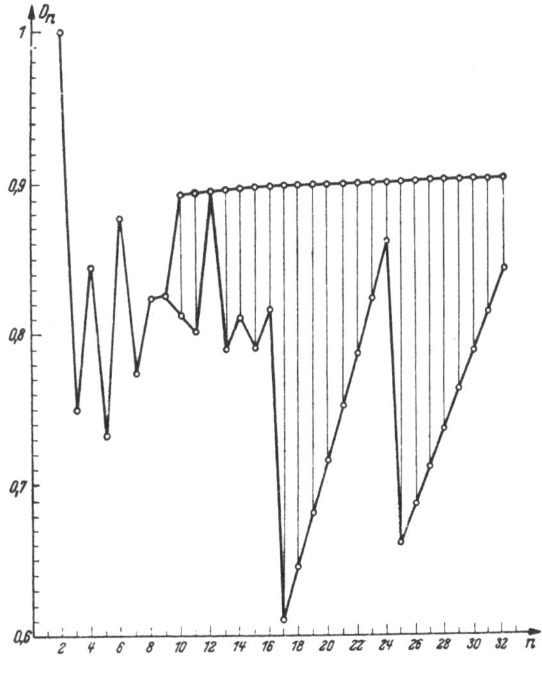

Abb. 114.

20 Punkten mit Mindestabstand arc cos $\dfrac{\sqrt{33} - 3}{4} \approx 46°41'$ angegeben.
Die Punkte liegen symmetrisch zu der Äquatorebene, und zwar
$3 \cdot 6$ Punkte in den Ecken je eines dem Äquator bzw. zwei Breitenkreisen einbeschriebenen regulären Sechseckes und je ein Punkt in
den Polen. Der zugehörige Graph enthält 6 Rhomben, die in einer
äquatoriellen Zone liegen, 12 Dreiecke und 2 regelmäßige Sechsecke,
in denen je ein isolierter Punkt liegt. Dieser zweite Körper RUTIS
HAUSERS ist indessen nicht extremal. In der Tat hat VAN DER WAERDEN
[1] eine bessere Lagerung von 20 Punkten gefunden, die einen Mindestabstand $\approx 47°25'$ aufweist.

Bei dem Problem der dichtesten Kugellagerung stößt man auf die
Frage, wie viele Einheitskugeln sich an eine Einheitskugel anlegen
lassen. Die Frage, ob sich höchstens 12 oder 13 Kugeln anlegen lassen,
war eine alte Streitfrage zwischen NEWTON und GREGORY. Diese Frage
wurde von HOPPE (s. BENDER [1]) durch den Beweis der Ungleichung
$a_{13} < 60°$ entschieden: die fragliche Zahl ist 12. Anders ausgedrückt:
auf einer Einheitskugel haben höchstens 12 Punkte mit (Euklidischem)
Mindestabstand 1 Platz.

Bei der Bestimmung der Maximalfigur für $n = 9$ sowie bei einem von SCHÜTTE und VAN DER WAERDEN [2] stammenden Beweis der Ungleichung $a_{13} < 60°$ spielt folgender Hilfssatz von HABICHT und VAN DER WAERDEN [1] eine Rolle: Besitzt ein gleichseitiges sphärisches n-Eck T_n mit der Seitenlänge a die Eigenschaft, daß je zwei ihrer Ecken einen Abstand $\geq a$ haben, so ist

$$T_n \geq (n - 2)\, T_3.$$

Für diese Ungleichung, dessen Sonderfall $V(\beta) \geq 2\varDelta$ im § 3 benützt wurde, und aus der sich in einfacher Weise die Ungleichung (1,1) herleiten läßt, hat MOLNAR [2] einen sehr einfachen Beweis gegeben.

Ein Beweisansatz der Ungleichung $a_{13} < 60°$ rührt von BOERDIJK [1] her. Weitere geschichtliche Bemerkungen bezüglich dieses Problemkreises finden sich bei WHYTE [1].

Der zu einem Punktsystem gehörige Graph wurde schon in der Arbeit von HABICHT und VAN DER WAERDEN herangezogen. Es ist anzunehmen, daß die Theorie der Graphen bei einer tieferen Entwicklung der Theorie der Lagerungsprobleme weitere Anwendungen finden wird. Eine lehrbuchmäßige Darstellung der Theorie der Graphen rührt von KÖNIG [1] her.

Wir erwähnen ein anderes Problem, wo der Begriff des Graphen vermutlich mit Erfolg angewendet werden kann. Es handelt sich um das Problem der dünnsten Überdeckung der Kugel durch kongruente Kreise.

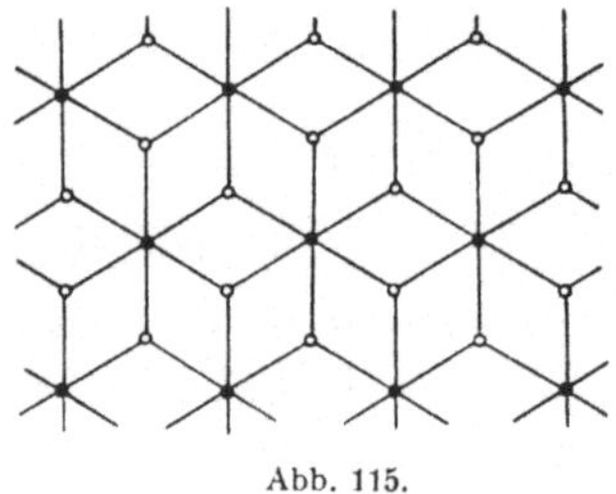

Abb. 115.

Wir betrachten ein vorgegebenes System von Punkten auf der Einheitskugel. Wir bezeichnen diese Punkte als *schwarz*. Wir betrachten weiter einen Punkt der Kugel, dessen Abstand von dem nächsten schwarzen Punkt den größtmöglichen Wert a erreicht. Ein solcher Punkt sei *weiß* genannt. Verbinden wir die weißen Punkte mit den nächsten schwarzen, so entsteht ein Graph. Das Problem der dünnsten Kreisüberdeckung verlangt die Bestimmung derjenigen Verteilung der schwarzen Punkte, bei der die Kantenlänge a des zugehörigen Graphen minimal wird.

Es läßt sich leicht zeigen, daß die Strecken eines solchen Graphen sich nicht überschneiden. Ferner ist offensichtlich jeder weiße Punkt mit mindestens 3 schwarzen verbunden, die nicht alle auf einer Seite eines durch den betreffenden weißen Punkt hindurchgehenden Großkreises liegen. Eine analoge Behauptung läßt sich für einen Minimalgraphen bezüglich der schwarzen Punkte aussprechen: Gehören die von einem schwarzen Punkt S ausstrahlenden Kanten einer Halbkugel an, die von einem durch S hindurchgehenden Großkreis begrenzt wird, so läßt sich S so *heranschieben*, daß die Längen der von S ausgehenden ursprünglichen Strecken alle abnehmen. Einen Graphen, in dem sich kein schwarzer Punkt heranschieben läßt, nennen wir *irreduzibel*. Ein Minimalgraph läßt sich durch fortgesetzte Heranschiebung in einen irreduziblen Minimalgraphen umwandeln. Die Kugel wird durch einen irreduziblen Graphen in konvexe Polygone zerlegt. Die Ecken eines solchen Polygons sind abwechselnd schwarze und weiße Punkte. Somit ist die Seitenzahl der Polygone gerade.

Damit haben wir die Begriffe, die den bei dem dualen Problem eingeführten Begriffen entsprechen, zusammengestellt. Es wäre wünschenswert, mit Hilfe dieser Begriffe einige Minimalfiguren zu bestimmen. ◄ 209

VII. Lagerungen im Raum.

Wir suchen zunächst im § 1 eine allgemeine Orientierung über die räumlichen Lagerungsprobleme zu gewinnen. Nachher wenden wir uns dem Problem der dichtesten Kugellagerung zu: Der wievielte Teil des Raumes läßt sich durch kongruente materielle (d. h. nicht übereinandergreifende) Kugeln ausfüllen? Wer dieser einfach klingenden natürlichen Frage zum erstenmal gegenübersteht, möchte kaum glauben, daß es sich hier um ein schwieriges Problem handelt, das bisher noch nicht gelöst worden ist. Worin steckt die Schwierigkeit und wie könnte sie bewältigt werden? Auf diese Fragen versuchen wir im § 2 eine Antwort zu geben. Im § 3 behandeln wir ein Raumzerlegungen betreffendes Extremalproblem, das ebenfalls mit dem Problem der dichtesten Kugellagerung zusammenhängt, während wir im § 4 das räumliche Analogon der im ebenen Fall betrachteten Mittelwertformel (III, 12, 1) ins Auge fassen.

§ 1. Allgemeine Bemerkungen.

Die dichteste ebene Kreislagerung ist (im wesentlichen) gitterförmig. Um uns über das analoge Problem im Raum zu orientieren, betrachten wir zunächst die dichteste gitterförmige Kugelpackung (Abb. 116). Diese läßt sich folgendermaßen beschreiben. Es sei S_0 eine dichteste Kugelschicht, d. h. ein System von gleich großen Kugeln, deren Mittelpunkte in einer Ebene liegen, so daß jede Kugel von sechs anderen berührt wird. Wir legen auf S_0 eine kongruente Schicht S_1 so, daß jede Kugel der Schicht S_1 drei Kugeln von S_0 berührt. Die Translation, die S_0 in S_1 überführt, führt S_1 in S_2 über, usw. Durch die inverse Translation erhalten wir die Schichten $S_{-1}, S_{-2}, \ldots$. Die dichteste gitterförmige Kugelpackung besteht aus den Schichten $\ldots, S_{-1}, S_0, S_1, \ldots$.

Abb. 116.

Hier wird jede Kugel von zwölf anderen berührt, und zwar von sechs Kugeln ihrer eigenen Schicht und von je drei Kugeln der unteren und oberen Schicht.

In analoger Weise wie in der Ebene läßt sich einem beliebigen Kugelsystem eine Zerlegung des Raumes in konvexe Polyeder zuordnen. Diese Polyeder, die wir auch *Zellen* nennen werden, sind im Falle der soeben betrachteten Kugellagerung Rhombendodekaeder. Die Dichte dieser Kugellagerung ist gleich dem Verhältnis des Inhaltes einer Kugel zum Inhalt des umbeschriebenen Rhombendodekaeders,

d. h. $\dfrac{4\pi}{3} : 4\sqrt{2} = \dfrac{\pi}{\sqrt{18}} = 0,74048\ldots$.

Die Kugelmittelpunkte bilden in der dichtesten gitterförmigen Kugelpackung ein sogenanntes *flächenzentriertes Würfelgitter*, das entsteht, indem zu den Gitterpunkten eines gewöhnlichen Würfelgitters die Flächenmittelpunkte der Würfel hinzugenommen werden (Abb. 117).

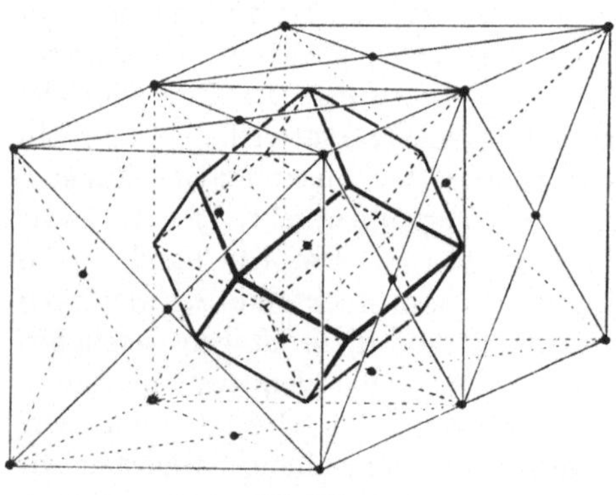

Abb. 117.

Im Vergleich mit dem zweidimensionalen Fall werden wir nun auf einen Unterschied aufmerksam. Dies ist die Tatsache, daß es auch eine *reguläre*, jedoch nicht gitterförmige Kugelpackung mit derselben Dichte $\dfrac{\pi}{\sqrt{18}}$

gibt. Dabei wird ein Kugelsystem regulär genannt, wenn — kurz gesagt — keine einzige Kugel des Systems gegenüber einer anderen ausgezeichnet ist, d. h. wenn je zwei Kugeln durch sogenannte *Deckbewegungen* des Systems ineinander übergeführt werden können. Ersetzen wir die Kugelschicht S_2 durch diejenige Schicht S_2', die aus S_0 durch Spiegelung an der Ebene der Mittelpunkte von S_1 entsteht. Die Kugeln von S_2' fallen in diejenigen Einsenkungen von S_1, die von den Kugeln der Schicht S_2 frei gelassen waren. Spiegeln wir nun S_1 an der Mittelpunktsebene von S_2', so ergibt sich die Schicht S_3. Die gewünschte Kugelpackung entsteht durch solche fortgesetzten Spiegelungen in beiden Richtungen. Auch hier wird jede Kugel von zwölf anderen berührt, aber in einer anderen Anordnung (Abb. 118). Die Zellen dieser

Abb. 118.

Kugelpackung entstehen aus dem Rhombendodekaeder folgendermaßen: Wir zerschneiden das Rhombendodekaeder längs einer Ebene, die durch sechs Flächenmittelpunkte des Rhombendodekaeders hin

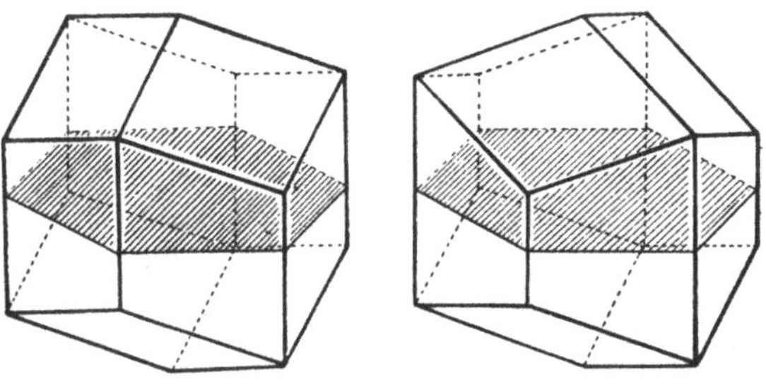

Abb. 119.

durchgeht, in zwei Teile. Jeder Teil ist eine sechsseitige Säule, die — ähnlich einer Bienenwabe — durch drei Rhomben abgeschlossen ist. Die fragliche Zelle entsteht nun, indem wir den einen Teil um 60° drehen und die beiden Teile in dieser neuen Lage aneinanderfügen. Das erhaltene Polyeder ist ein von sechs Rhomben und sechs gleichseitigen Trapezen begrenztes Zwölfflach, das wir gemeinsam mit dem Rhombendodekaeder *Doppelwabe* nennen wollen. Diese beiden Polyeder können als die räumlichen Analoga der regulären Sechsecke betrachtet werden, da sie auch als diejenigen einer Kugel umbeschriebenen Polyeder definiert werden können, deren sämtliche Flächenwinkel 120° betragen.

Wie wir sahen, kann eine neue Schicht immer auf zwei verschiedene Weisen zu der vorigen hinzugefügt werden. Diese beiden Möglichkeiten können in beliebiger Weise kombiniert werden, wodurch auch eine irreguläre Packung von derselben Dichte $\dfrac{\pi}{\sqrt{18}}$ erhalten werden kann. In einer solchen Packung treten beiderlei Doppelwaben auf.

Es ist höchst wahrscheinlich, daß die Dichte $\dfrac{\pi}{\sqrt{18}}$ durch die Dichte keiner Kugelpackung übertroffen werden kann. Dies würde bedeuten, daß in diesem Problem die Rolle des regulären Sechsecks im Raum

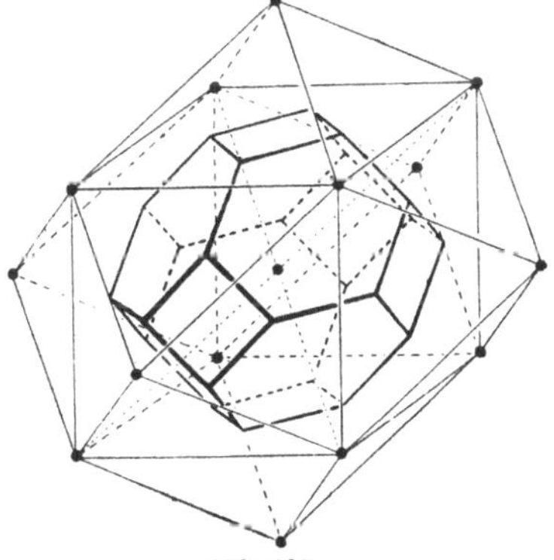

Abb. 120.

die Doppelwaben übernehmen. Dies trifft aber bei anderen Problemen im allgemeinen nicht zu. Ein Gegenbeispiel liefert uns schon das Problem der dünnsten Kugelüberdeckung des Raumes. Wir schlagen um die

Gitterpunkte eines flächenzentrierten Würfelgitters kongruente Kugeln so, daß sie den Raum eben bedecken. Die Dichte des erhaltenen Kugelsystems ist $\frac{2\pi}{3} = 2{,}094\ldots$. Gehen wir dagegen vom *raumzentrierten Würfelgitter* aus, das aus den Gitterpunkten eines gewöhnlichen Würfelgitters und den Würfelmittelpunkten besteht (Abb. 120), so erhalten wir eine den Raum überdeckende gitterförmige Kugelanordnung mit der erheblich kleineren Dichte $\frac{5\sqrt{5}\,\pi}{24} = 1{,}464\ldots$. Die Zellen dieses Punktgitters sind kongruente Archimedische Polyeder vom Typ (4, 6, 6). Wir werden dieses Polyeder verstümmeltes Oktaeder oder *Koloktaeder* nennen.

Ein anderes Problem ist das folgende: Der Raum soll so in inhaltsgleiche konvexe Polyeder, etwa vom Volumen Eins, zerlegt werden, daß die durchschnittliche Oberfläche der Polyeder möglichst klein wird. Mit Rücksicht auf den LINDELÖF-MINKOWSKIschen Satz und die bekannte Extremaleigenschaft der Bienenwabe könnte man im Zusammenhang mit diesem Problem im ersten Augenblick mit Recht an die Zerlegung in Doppelwaben denken. Nun ist aber die Oberfläche einer Doppelwabe vom Inhalt Eins $\sqrt[3]{108\sqrt{2}} = 5{,}345\ldots$, während die Oberfläche eines Koloktaeders vom Inhalt 1 nur $\frac{3}{4}\sqrt[3]{4}\,(1 + \sqrt{12}) = 5{,}315\ldots$ beträgt. Mithin erfordert der Bau der Wände bei der Zerlegung eines großen Körpers in koloktaedrische Zellen etwa $\frac{1}{2}\%$ weniger Materie als bei der Zerlegung in Doppelwaben von derselben Anzahl und Wanddicke.

Die Tatsache, daß bei verschiedenen Problemen nicht ein und dasselbe Polyeder die Rolle des regulären Sechsecks übernimmt, kann vielleicht durch die Bemerkung am besten begreiflich gemacht werden, daß bei gewissen Problemen die einer Kugel umbeschriebenen, in anderen Problemen dagegen die einbeschriebenen Polyeder in gewissem Sinn ausgezeichnet sind. In der Ebene haben wir diesen Unterschied nicht wahrgenommen, da das reguläre Sechseck zugleich ein- und umbeschrieben ist. Dagegen sind die Doppelwaben um- aber nicht einbeschriebene Polyeder; in ähnlicher Weise ist das verstümmelte Oktaeder ein einbeschriebenes Polyeder ohne umbeschrieben zu sein.

Um die Vermutung aussprechen zu können, daß die Lösungen der räumlichen Analoga derjenigen Lagerungsprobleme, die zu einer hexagonalen Einteilung der Ebene führen, entweder die doppelwabenartigen oder die koloktaedrischen Raumzerlegungen sind, steht uns noch keine genügende Erfahrung zur Verfügung.

§ 2. Das Problem der engsten Kugelpackung.

H. S. M. COXETER schreibt in einem Referat [Mathematical Reviews *9*, 53 (1948)]: „Die dichteste Packung von gleich großen Kreisen in der Ebene ist eindeutig: jeden Kreis umringen sechs andere. Die an diese

Kreise als Äquatoren gelegten Kugeln bilden eine „hexagonale Schicht". Es leuchtet ein (obwohl es noch niemandem gelungen ist, es zu beweisen), daß jede dichteste Packung gleich großer Kugeln aus solchen hexagonalen Schichten aufgebaut ist."

Nach den Bemerkungen des vorigen Paragraphen läßt sich die hier ausgesprochene Vermutung folgendermaßen präzisieren: Ist D die Dichte eines beliebigen Systems von kongruenten materiellen Kugeln, so gilt stets

$$D \leq \frac{\pi}{\sqrt{18}} = 0{,}740\,48\ldots \tag{1}$$

und Gleichheit besteht dann und nur dann, wenn die Lagerung wabenartig ist. Die wabenartigen Lagerungen werden dabei in ganz analoger Weise erklärt wie in der Ebene. Kurz gesagt nennen wir eine Kugellagerung wabenartig, wenn fast alle Zellen angenähert einer Kugel umbeschriebene Doppelwaben sind, während der totale Inhalt der übrigen Zellen neben dem Inhalt des ganzen Raumes vernachlässigt werden kann.

Der erste Schritt in Richtung auf den Beweis der Vermutung (1) wurde von BLICHFELDT [2] getan, der im Jahre 1929 die Ungleichung $D < 0{,}835$ bewiesen hat. Diese Abschätzung hat RANKIN [1] durch die etwas schärfere, aber noch immer ziemlich grobe Abschätzung $D < 0{,}828$ ersetzt.

Wir geben hier zunächst einen von dem BLICHFELDTschen verschiedenen einfachen Beweis der Abschätzung

$$D < 0{,}835\,. \tag{2}$$

Die Überlegungen dieses Beweises kann man leicht verfeinern, und erhält dadurch genauere Abschätzungen. Stattdessen geben wir einen, zwar nicht ganz exakten, aber von einem gewissen Standpunkt aus doch ziemlich befriedigenden Beweis der Abschätzung

$$D < \frac{2\pi}{15\sqrt{2(65 - 29\sqrt{5})}} = 0{,}7545\ldots\,. \tag{3}$$

Die rechtsstehende Konstante übertrifft nur um weniger als 2% die Konstante $\frac{\pi}{\sqrt{18}}$.

Zum Schluß behandeln wir ein Verfahren, das geeignet zu sein scheint, die Vermutung (1) zu bestätigen. Immerhin stehen noch ziemlich große technische Schwierigkeiten der exakten Durchführung der Einzelheiten im Wege.

Wir nehmen an, daß die Kugeln Einheitskugeln sind und bezeichnen die Fußpunkte der vom Mittelpunkt O einer Kugel K auf die Flächen seiner Zelle Z gefällten Lote mit $F_1, \ldots, F_n$. Dann gilt $F_i F_j \geqq 1$, $i, j = 1, \ldots, n, i \neq j$. Wir wollen das Minimum von Z unter diesen Bedingungen bestimmen.

Wir begnügen uns zunächst mit einer groben Abschätzung des Inhaltes Z von unten. Dazu bemerken wir, daß auf der mit K konzentrischen Kugelfläche K_{18} vom Radius $R_{18} = \sqrt{3}\,\mathrm{tg}\,\omega_{18} = 1,157\ldots$ höchstens 18 Punkte mit Mindestabstand 1 Platz haben. Von 19 Punkten der Kugelfläche K_{18} lassen sich nämlich nach (V, 2,1) immer 2 Punkte vom Abstand

$$< \sqrt{3}\,\mathrm{tg}\,\omega_{18}\,\sqrt{4 - \mathrm{cosec}^2\,\omega_{18}} = 0,985 \cdots < 1$$

herausgreifen. Daraus folgt ferner sofort, daß in der von K und K_{18} begrenzten Kugelschale höchstens 18 Punkte vom Mindestabstand 1 Platz haben. Mithin gilt mit Rücksicht auf (V, 8,3)

$$Z > 16 \sin 2\omega_{18}(3\,\mathrm{tg}^2\,\omega_{18} - 1) = 5,016\ldots$$

Folglich ist die Lagerungsdichte schon in jeder einzelnen Zelle $< \dfrac{4\pi}{3} : 5,016\ldots < 0,835$, womit die Ungleichung (2) bewiesen ist.

Wir wenden uns jetzt dem Problem zu, unter allen möglichen Zellen diejenige vom kleinsten Inhalt zu bestimmen. Abgesehen von der Tatsache, daß dieses Problem unvergleichbar schwieriger ist als das entsprechende Problem in der Ebene, tritt im Raum der weitere ungünstige Sachverhalt auf, daß die kleinste räumliche Zelle kein Pflasterkörper ist. Das zieht nämlich nach sich, daß die Lagerungsdichte im ganzen Raum nicht den kleinsten Wert der Lagerungsdichte bezüglich einer Zelle erreichen kann. Folglich läßt sich das Problem der dichtesten Kugellagerung auf diese Weise nicht lösen.

Wir werden sehen, daß die Zelle vom kleinstmöglichen Inhalt das einer Kugel umbeschriebene reguläre Dodekaeder ist, was in der Ungleichung

$$Z \geqq 10 \sin 72° (3\,\mathrm{tg}^2\,36° - 1) = 10\,\sqrt{2\left(65 - 29\,\sqrt{5}\right)} = 5,550\ldots$$

zum Ausdruck kommt.

Zum Vergleich berechnen wir den Inhalt einer umbeschriebenen Doppelwabe: Er ist $4\sqrt{2} = 5,656\ldots$. Dieser Wert ist tatsächlich größer als der obige.

Mit der obigen Ungleichung wird gezeigt, daß die Lagerungsdichte in jeder Zelle Z

$$\frac{4\pi}{3} : Z \leqq \frac{4\pi}{3} : 10\,\sqrt{2\left(65 - 29\,\sqrt{5}\right)}$$

ausfällt. Da aber der Raum nicht mit regulären Dodekaedern ausgefüllt werden kann, kann die Lagerungsdichte im ganzen Raum diesen Wert nicht erreichen.

Bei dem Problem der Bestimmung der kleinsten Zelle spielt offenbar die Frage eine wichtige Rolle, durch wieviel gleich große materielle Kugeln eine materielle Kugel berührt werden kann, oder was auf dasselbe hinauskommt, wieviel Punkte mit Mindestabstand 1 auf der Einheitskugel Platz haben. Obwohl die Ungleichung (V, 2,1) die Existenz von 13 solchen Punkten noch zuläßt und erst den Fall von 14 Punkten ausschließt, lassen einige Versuche keinen Zweifel darüber, daß die fragliche Zahl 12 ist. Wir wissen aber wohl, daß dies exakt zu beweisen schon an und für sich keine allzuleichte Aufgabe ist, die erst durch HOPPE gelöst worden ist.

Um über dieses Problem ganz klar zu werden, bemerken wir, daß, während ein auf einem Tisch liegendes Geldstück nur in einer Anordnung von sechs ebensolchen Geldstücken berührt werden kann, zwölf materielle Kugeln eine weitere Kugel in verschiedenen Anordnungen berühren können. Die zwei doppelwabenartigen Anordnungen sind uns schon bekannt. Eine Kugel kann aber auch in den Ecken eines regulären Ikosaeders von zwölf anderen berührt werden (Abb. 121). Da ferner die Kantenlänge eines einer Einheitskugel einbeschriebenen Ikosaeders

Abb. 121.

$$\sqrt{4 - \operatorname{cosec}^2 36°} = \sqrt{2 - \frac{2}{\sqrt{5}}} = 1,0515\ldots,$$

also > 1 ist, so haben die Kugeln in dieser Konfiguration noch einen Spielraum.

Die rhombendodekaedrische Anordnung hat noch die Eigenschaft, daß die Konfiguration im ganzen beweglich ist, obwohl keine Kugel allein bewegt werden kann. Sechs äquatorielle Kugeln können nämlich gleichzeitig bewegt werden, wodurch sich die Anordnung lockert und Bewegungen der übrigen

Abb. 122.

Kugeln zuläßt. So kann die rhombendodekaedrische Anordnung, ohne Unterbrechung des Kontaktes der äußeren Kugeln mit der inneren, durch stetige Bewegung der Kugeln etwa in die pentagondodekaedrische (ikosaedrische) Anordnung übergeführt werden. Man sieht leicht ein, daß auch die andere doppelwabenartige Anordnung beweglich ist.

Vom Problem der zwölf berührenden Kugeln ausgehend, erhebt sich die weitere Frage: Wie nahe kann einer Kugel, die von zwölf ebenso großen materiellen Kugeln berührt wird, eine weitere gleich große materielle Kugel rücken? Nehmen wir einmal an, daß eine zentrale Anziehungskraft die zwölf Kugeln mit der inneren Kugel in Berührung hält. Wir gehen von der ikosaedrischen Anordnung der Kugeln aus und schieben in eine Einsenkung die dreizehnte Kugel langsam ein. Dann wird sich diese Einsenkung allmählich ausdehnen, während sich die diametral gegenüberliegende Einsenkung zusammenzieht. Die dreizehnte Kugel kann sich nur so lange der inneren nähern, bis sich die letzte Einsenkung ganz zusammengezogen hat, d. h. bis sich die ent-

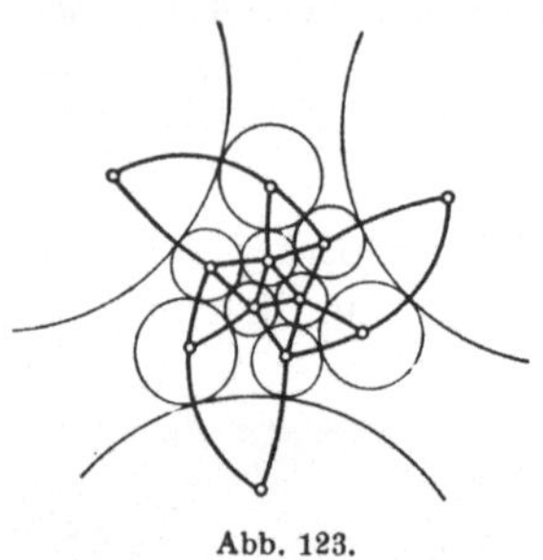
Abb. 123.

sprechenden drei Kugeln gegenseitig berühren (Abb. 122). In dieser Lage ist der Mittelpunktsabstand der dreizehnten und der inneren Kugel

$$\frac{64}{19}\sqrt{\frac{2}{3}} = 2,7534\ldots$$

Die Abb. 123 stellt die Zentralprojektion der zwölf berührenden Kugeln dieser Anordnung auf die innere Kugel in einer stereographischen Projektion dar.

Wir beschreiben jetzt eine von BOERDIJK [1] gefundene noch günstigere Konfiguration. Wir legen eine Kugel an den Nordpol der „inneren" Kugel und fügen fünf weitere, die nördliche Kugel berührende Kugeln so hinzu, daß die erste von der zweiten, diese von der dritten usw. berührt wird. Spiegeln wir diese sechs Kugeln an der Äquatorebene der inneren,

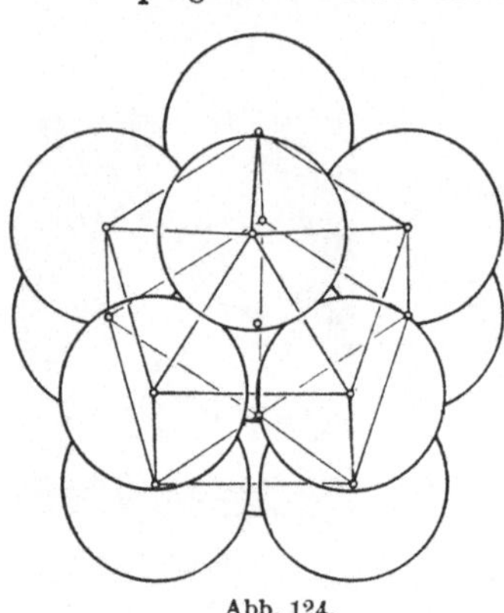
Abb. 124.

so entsteht eine Konfiguration von zwölf Kugeln, deren Mittelpunkte die Ecken eines durch 4 Quadrate, 1 Rechteck, 8 gleichseitige und 2 gleichschenklige Dreiecke begrenzten konvexen Polyeders sind (Abb. 124). Schieben wir in die bei der Rechtecksfläche auftretende Lücke eine weitere Kugel ein, so wird der Mittelpunktsabstand dieser Kugel von der inneren

$$2a = \frac{14}{\sqrt{27}} = 2,6943\ldots$$

Es ist anzunehmen, daß diese Konfiguration die gesuchte extremale Konfiguration ist, daß also die dreizehnten Kugel bei keiner anderen Anordnung der zwölf berührenden Kugeln zur inneren näher rücken kann.

Versuchen wir nun die dreizehnte Kugel der inneren noch näher zu bringen, so müssen sich von den zwölf berührenden Kugeln gleichzeitig mehrere entfernen. Die ursprüngliche Abstandssumme $24 + 2a$ der dreizehn Kugelmittelpunkte vom inneren Kugelmittelpunkt nimmt bei dieser Operation der Anschauung nach zu. Es ist daher höchst wahrscheinlich, daß 14 Punkte $P_0, P_1, \ldots, P_{13}$, die die Ungleichungen

$$P_i P_j \geqq 1, \quad i, j = 0, 1, \ldots, 13, \quad i \neq j$$

befriedigen, auch der Ungleichung

$$\sum_{i=1}^{13} P_0 P_i \geq 12 + a = 13{,}3471\ldots \tag{4}$$

Genüge leisten.

Aus der Ungleichung (4) würde folgen, daß 13 Punkte vom Mindestabstand 1 nicht nur auf der Einheitskugel, sondern nicht einmal auf einer Kugel vom Halbmesser $\dfrac{12 + a}{13} = 1{,}0267\ldots$ Platz haben. Dies steht im Einklang mit der Erfahrung. Der Radius der Minimalkugel für 13 Punkte ist nach § 4, Abschn. VI, vermutlich $1{,}045\ldots$.

Es sei hier bemerkt, daß während z. B. die allgemeine Ungleichung (V, 2,1), samt ihren verschiedenen einfachen Beweisen, sowie die im Abschnitt VI vorgetragenen Methoden vom Gesichtspunkt der Mathematik aus einiges Interessante zu enthalten scheinen, es um einen strengen Beweis der sehr speziellen Ungleichung (4) nicht der Mühe wert wäre. Diese Ungleichung werden wir nämlich nur zur Ausschließung der Zellen mit mehr als 12 Flächen, also im wesentlichen nur zu einer groben Abschätzung benützen. Wir wollen daher die Ungleichung (4) als eine wohlbegründete empirische Tatsache betrachten, deren Beweis mühsam und im Vergleich zu den Überlegungen des § 8, Abschn. V, auf denen der Beweis von (3) eigentlich beruht, von geringerem Interesse ist. Übrigens werden wir schon mit der viel schwächeren Ungleichung

$$\sum_{i=1}^{13} P_0 P_i \geqq 12 + \sqrt{3}\,\mathrm{tg}\,36° = 13{,}258\ldots \tag{5}$$

auskommen.

Es sei S die von der Kugel K und der konzentrischen Kugel K_{12} vom Radius

$$R_{12} = \sqrt{3}\,\mathrm{tg}\,36° = \sqrt{3\left(5 - 2\sqrt{5}\right)} = 1{,}2584\ldots$$

begrenzte Kugelschale. Fallen von den Fußpunkten F_i höchstens zwölf in S, so ist (3) eine unmittelbare Folgerung von (V, 8,3). Setzen wir dagegen voraus, daß in S etwa 13 Fußpunkte $F_1, \ldots, F_{13}$ liegen, so gilt nach (5)

$$\sum_{i=1}^{13} OF_i \geqq 12 + R_{12}, \quad 1 \leqq OF_i \leqq R_{12}, \quad i = 1, \ldots, 13.$$

Es ist sehr leicht einzusehen, daß unter diesen Bedingungen der Inhalt des in K_{12} liegenden Teiles der Zelle Z sein Minimum etwa im

Falle $OF_1 = \cdots = OF_{12} = 1$, $OF_{13} = R_{12}$ erreicht, wodurch dieser Fall auf den Fall der 12 Fußpunkte zurückgeführt ist. Der Fall, daß mehr als 13 Fußpunkte in der Kugelschale S enthalten sind, läßt sich in ähnlicher Weise behandeln.

Wie könnte man nun fortfahren, um die genaue obere Schranke der Lagerungsdichte zu erhalten?

Richten wir unsere Aufmerksamkeit auf eine pentagondodekaedrische Zelle, wo die innere Kugel in einer ikosaedrischen Anordnung von zwölf Kugeln umgeben ist. Hier besitzt jede äußere Kugel fünf Nachbarn, die von ihr ungefähr den Abstand 0,1 haben. Man sieht leicht ein, daß der Zelleninhalt bei einer solchen Kugel erheblich größer ist als der Inhalt einer Doppelwabe, so daß der Inhaltsdefizit des regulären Dodekaeders gegenüber einer Doppelwabe reichlich durch den Inhaltsüberschuß der benachbarten Zellen kompensiert wird. Diese Überlegungen führen uns auf den Gedanken, daß an Stelle einer einzigen Zelle eher die benachbarten Zellen in Betracht gezogen werden müssen.

Um diesen Grundgedanken konkret durchzuführen, bieten sich verschiedene Möglichkeiten dar, von denen folgende am zweckmäßigsten zu sein scheint. Wir nennen *Anrainer* oder nächste Nachbarn zwei Kugeln, deren Mittelpunktsabstand $< \dfrac{24 + 2a}{13} = 2{,}0534\ldots$ ist. Es ist leicht einzusehen, daß zwei nächste Nachbarn zugleich benachbart sind in dem Sinne, daß ihre Zellen längs einer gemeinsamen Fläche aneinanderstoßen. Zufolge der Ungleichung (4) besitzt jede Kugel vermutlich höchstens zwölf Anrainer.

Greifen wir eine Kugel heraus! Ihre Zelle sei Z_0, während die nächstbenachbarten Zellen mit $Z_1, \ldots, Z_j$ $(0 \leqq j \leqq 12)$ bezeichnet werden sollen. Wir betrachten den Mittelwert

$$\overline{Z} = \frac{Z_1 + \cdots + Z_j + (12 - j)\, Z_0}{12}$$

und fragen, bei welcher Kugelanordnung $\overline{Z}$ sein Minimum erreicht.

Bei der Auswahl der besten Anordnung hat man darauf zu achten, daß die Kugeln möglichst nahe aneinanderrücken, so daß die Zellen klein gehalten werden. Eine solche Anordnung tritt nur im Fall $j = 12$ auf, und zwar wenn die zwölf Kugeln die innere berühren. Aber auch von diesen Anordnungen lassen sich diejenigen, bei denen die Kugeln größeren Spielraum besitzen, ausschließen. Am günstigsten scheinen die beiden doppelwabenartigen Anordnungen zu sein, da dort die Kugeln überhaupt keinen Spielraum haben. Es ist daher anzunehmen, daß $\overline{Z}$ dann sein Minimum erreicht, wenn Z_0 zusammen mit den benachbarten Zellen $Z_1, \ldots, Z_{12}$ alle Doppelwaben sind. Dies bedeutet, daß

ist.
$$\overline{Z} \geqq 4\sqrt{2} \tag{6}$$

Damit wäre die Vermutung (1) bewiesen. Summieren wir nämlich die Ungleichungen (6) für sämtliche Kugeln, so wird auf der linken Seite jede Zelle genau zwölfmal vorkommen, und zwar je einmal in den j Ungleichungen, die sich auf die Anrainer der fraglichen Kugel beziehen und $(12 - j)$ mal in der die Kugel selbst betreffenden Ungleichung. Folglich erhalten wir auf der linken Seite den Inhalt des Raumes. Auf der rechten Seite ergibt sich dagegen die $4\sqrt{2}$-fache Kugelanzahl, d. h. die $4\sqrt{2}\,\dfrac{3}{4\pi} = \dfrac{\sqrt{18}}{\pi}$-fache Kugelinhaltssumme. Mithin ist das Verhältnis der Kugelinhaltssumme zum Rauminhalt, d. h. die Lagerungsdichte tatsächlich $\leq \dfrac{\pi}{\sqrt{18}}$.

Es scheint, daß es uns mit Hilfe der obigen Überlegungen gelungen ist, das Problem der dichtesten Kugellagerung auf das Problem der Bestimmung des Minimums einer Funktion von endlich vielen Variabeln zurückzuführen. Obwohl eine exakte Behandlung dieses Minimumproblems recht kompliziert zu sein scheint, kann sie keineswegs als hoffnungslos angesehen werden. Allerdings haben wir zur Lösung des Problems der dichtesten Kugelpackung ein prinzipiell durchführbares konkretes Programm angegeben, wodurch wir der Klärung des Problems einen Schritt nähergekommen sind.

§ 3. Über eine extremale Raumeinteilung.

Der ganze Raum sei so in konvexe Polyeder zerlegt, daß fast alle Polyeder angenähert Doppelwaben sind. Das ist so zu verstehen: Bezeichnen wir die Anzahl derjenigen Polyeder, die ganz in der um den Ursprungspunkt O mit dem Radius R geschlagenen Kugel $K(R)$ liegen mit $n(R)$ und die Anzahl derjenigen in $K(R)$ enthaltenen Polyeder, deren Abweichung von jeder Doppelwabe $> \varepsilon$ ausfällt, mit $v(R, \varepsilon)$, so handelt es sich um eine Raumeinteilung, bei der für eine beliebig vorgegebene positive Größe ε $\lim\limits_{R \to \infty} \dfrac{v(R, \varepsilon)}{n(R)} = 0$ ausfällt. Wir wollen eine solche Raumeinteilung *wabenartig* nennen. Der Hauptunterschied zwischen einer wabenartigen Raumeinteilung und der Einteilung, die einer wabenartigen Kugelpackung entspricht, ist, daß im letzten Fall fast alle Polyeder angenähert inhaltsgleiche Doppelwaben sein müssen, während im ersten Fall auch Doppelwaben von ganz verschiedener Größe auftreten können.

Nach dieser Erklärung beweisen wir folgenden Satz:

Ist der ganze Raum in konvexe Polyeder zerlegt, deren In- und Umkugelhalbmesser eine positive untere bzw. eine endliche obere Grenze besitzen, bezeichnen wir mit V, F und M das Volumen, Oberflächenmaß bzw. die Kantenkrümmung der Polyeder und setzen schließlich voraus, daß die Mittelwerte $\overline{F^2/V}$ und $\overline{M}$ der Größen F^2/V bzw. M

existieren, so gilt

$$\pi \overline{F^2/V} \geqq 6\sqrt{3}\,\overline{M}\,, \tag{1}$$

und Gleichheit besteht genau für die wabenartigen Raumeinteilungen.

Die Ungleichung (1) kann als ein räumliches Analogon von (III, 5,1) angesehen werden. Eine weitere analoge Aufgabe wäre es, den Mittelwert $\overline{F^3/V^2}$ von unten abzuschätzen. Bei diesem Problem sind aber die besten Einteilungen nicht wabenartig, sondern vermutlich koloktaedrisch.

Zum Beweis von (1) addieren wir die Ungleichungen (V, 7,3) für sämtliche in $K(R+d)$ enthaltenen Polyeder, wobei d die obere Grenze der Umkugeldurchmesser der Polyeder bedeutet, und behalten auf der rechten Seite nur diejenigen Glieder bei, die sich auf ganz zu $K(R)$ gehörige Kanten beziehen. Setzen wir voraus, daß an einer Kante $\nu \geqq 3$ Polyeder zusammenkommen und bezeichnen die entsprechenden Innenwinkel mit β_i $(i = 1, \ldots, \nu)$, so sind die Kantenwinkel $\alpha_i = \pi - \beta_i$. Folglich erhalten wir mit Rücksicht auf

$$\operatorname{tg}\frac{\alpha_1}{2} + \cdots + \operatorname{tg}\frac{\alpha_\nu}{2} = \operatorname{cotg}\frac{\beta_1}{2} + \cdots + \operatorname{cotg}\frac{\beta_\nu}{2} \geqq \nu\operatorname{cotg}\frac{\pi}{\nu} \geqq \sqrt{3}\,(\nu - 2)$$

$$\sum_{R+d}\frac{F^2}{V} > 3\sqrt{3}\sum_{R}(\nu - 2)\,l.$$

Addieren wir ferner die die Kantenkrümmung definierenden Gleichheiten $M = \frac{1}{2}\sum l\alpha$ für die in $K(R-d)$ liegenden Polyeder, so ergibt sich wegen $\alpha_1 + \cdots + \alpha_\nu = \pi(\nu - 2)$ leicht die Ungleichung

$$\sum_{R-d}M < \frac{\pi}{2}\sum_{R}(\nu - 2)\,l.$$

Mithin haben wir

$$\sum_{R+d}\frac{F^2}{V} > \frac{6\sqrt{3}}{\pi}\sum_{R-d}M.$$

Dividieren wir durch $n(R)$, so ergibt sich mit $R \to \infty$ die gewünschte Ungleichung (1).

In dem obigen Beweis hätten wir uns von vornherein auf Raumzerlegungen beschränken können, bei denen an jede Kante genau drei Polyeder anstoßen; dadurch wäre der Nachweis noch etwas einfacher geworden.

Wir haben jetzt noch den Fall der Gleichheit zu besprechen.

Die Tatsache, daß im Falle einer wabenartigen Raumeinteilung Gleichheit besteht, leuchtet ein. Da nämlich für eine Doppelwabe $\pi\dfrac{F^2}{V} = 6\sqrt{3}\,M$ ist und V, F und M stetige Funktionale sind, so läßt sich zu jedem positiven δ die Größe ε so bestimmen, daß für diejenigen Polyeder, deren Abweichung von einer Doppelwabe $< \varepsilon$ ist,

$$\left|\pi\frac{F^2}{V} - 6\sqrt{3}M\right| < \delta$$

ausfällt. Da aber bei einer wabenartigen Raumzerlegung diese Ungleichung für fast alle Polyeder besteht und für die übrigen Polyeder diese Größen nach den Voraussetzungen unseres Satzes gleichmäßig beschränkt sind, so gilt

$$\left| \pi \overline{F^2/V} - 6\sqrt{3}\,\overline{M} \right| \leqq \delta \,,$$

was für ein beliebiges δ nur so möglich ist, daß in (1) Gleichheit zutrifft.

Etwas komplizierter ist der Beweis, daß Gleichheit nur für eine wabenartige Raumeinteilung gilt. Wir zeigen zunächst, daß sich zu denjenigen Polyedern, die von jeder Doppelwabe um mehr als ε abweichen, eine positive Größe δ angeben läßt, so daß entweder

$$\frac{F^2}{V} - 3 \sum l\, \mathrm{tg}\, \frac{\alpha}{2} > \delta \tag{2}$$

oder

$$\sum l \left| \alpha - \frac{\pi}{3} \right| > \delta \tag{3}$$

ausfällt. Im entgegengesetzten Fall ließe sich nämlich von diesen Polyedern eine Teilfolge herausgreifen, für die

$$\frac{F^2}{V} - 3 \sum l\, \mathrm{tg}\, \frac{\alpha}{2} \to 0, \quad \sum l \left| \alpha - \frac{\pi}{3} \right| \to 0\,.$$

Verschieben wir diese Polyeder so, daß alle in dieselbe Kugel fallen, so besitzen diese verschobenen Polyeder nach dem Auswahlsatz ein Häufungselement H. Aus der letzten Limesbedingung folgt, daß H ein Polyeder ist. Für dieses Polyeder gilt

$$\frac{F^2}{V} - 3 \sum l\, \mathrm{tg}\, \frac{\alpha}{2} = \sum l \left| \alpha - \frac{\pi}{3} \right| = 0,$$

was bedeutet, daß H einer Kugel umbeschrieben ist und jeder Flächenwinkel von H 120° beträgt. Das sind aber eben die definierenden Eigenschaften einer Doppelwabe. Die Tatsache, daß H eine Doppelwabe ist, steht aber im Widerspruch zu der Voraussetzung, daß die betrachteten Polyeder von jeder Doppelwabe um mehr als ε abweichen.

Nun folgt aber nach dem Gedankengang des obigen Beweises der Ungleichung (1), daß Gleichheit nur dann bestehen kann, wenn die Anzahl derjenigen Polyeder, für die entweder (2) oder (3) gilt, neben der totalen Polyederanzahl vernachlässigt werden kann. Damit ist der Beweis beendet.

Es ist zu beachten, daß die Differenz $\pi \overline{F^2/V} - 6\sqrt{3}\,\overline{M}$ auch für Raumeinteilungen, die mit den wabenartigen Raumeinteilungen nichts zu tun haben, beliebig klein werden kann. Zerlegen wir, um dies einzusehen, eine Kugelfläche in eine große Anzahl von angenähert kongruenten regulären sphärischen Sechsecken. Um eine exakte Konstruktion zu geben, könnte man z. B. nach Abschn. V, § 9, die Zerlegung in

n flächengleiche konvexe sphärische Polygone mit der kleinsten Umfangssumme in Betracht ziehen. Projizieren wir diese sphärischen Polygone vom Kugelmittelpunkt, so zerlegen die Projektionsstrahlen einen der Kugel umbeschriebenen Würfel in nadelartige Pyramiden. Diese „Nadeln" werden desto spitzer, je größer n ist. Die gewünschte Raumeinteilung entsteht, wenn wir den Raum mit Würfeln auspflastern und jeden Würfel in genügend spitze Nadeln zerlegen.

Statt Würfeln können hierbei natürlich auch andere, den Raum schlicht bedeckende Polyeder in Betracht gezogen werden, die nicht einmal kongruent zu sein brauchen. Zerlegen wir den Raum so, daß, wenn wir uns vom Ursprungspunkt entfernen, die Nadeln immer spitzer werden, so kann in (1) auch Gleichheit erreicht werden. In diesem Fall ist aber entweder die untere Grenze der Inkugeldurchmesser der Nadeln nicht positiv, oder die Umkugeldurchmesser sind nicht beschränkt.

Wir geben jetzt einige Anwendungen unserers Satzes. Die Kantenlängensumme eines Polyeders bezeichnen wir mit L und bilden die Mittelwerte $\overline{L}$ und $\overline{M}$. Stoßen an einer Kante l ν Polyeder zusammen mit den Kantenwinkeln $\alpha_1, \ldots, \alpha_\nu$, so wird der Koeffizient von l bei der Summation der Werte M bzw. L $\frac{1}{2} \sum_{i=1}^{\nu} \alpha_i = \frac{\pi}{2}(\nu - 2)$ bzw. ν. Da aber für $\nu \geqq 3$ $\frac{\pi}{2}(\nu - 2) \geqq \frac{\pi}{6}\nu$ ist, so ergibt sich

$$6\,\overline{M} \geqq \pi \overline{L}\,. \tag{4}$$

Gleichheit gilt nur dann, wenn die Summe der zu mehr als drei Polyedern gehörigen Kanten neben der totalen Kantenlängensumme vernachlässigt werden kann.

Aus (1) und (4) ergibt sich die Ungleichung

$$\overline{F^2/V} \geqq \sqrt{3}\,\overline{L}\,. \tag{5}$$

Diese ist darum beachtenswert, weil eine Ungleichung der Form $\frac{F^2}{V} > CL$ mit einer universalen Konstante C für die einzelnen Polyeder nicht ausgesprochen werden kann.

Wir heben noch folgende spezielle, jedoch nicht uninteressante Folgerung der Ungleichung (5) hervor. *Es sei c eine vorgegebene positive Größe. Die notwendige und hinreichende Bedingung dafür, daß der Raum in konvexe Polyeder zerlegt werden kann, deren Volumen V, Oberflächenmaß F und Kantenlängensumme L der Gleichung $F^2 = cLV$ genügen, ist $c \geqq \sqrt{3}$.*

Die Notwendigkeit dieser Bedingung folgt aus (5). Daß die Bedingung auch hinreicht, sieht man etwa folgendermaßen ein.

Wir schieben das Rhombendodekaeder durch Verkürzung von sechs parallelen Kanten „teleskopisch" zusammen. In dem Augenblick, in dem diese Kanten ganz verschwinden, entsteht ein Parallelepipedon. Dieses geht durch fortgesetzte teleskopische Zusammenschiebung im Grenzfall in zwei zusammenfallende Rhombenflächen über. Dazwischen erhalten wir Pflasterpolyeder, für die der Quotient $\frac{F^2}{LV}$ jeden Wert $\geq \sqrt{3}$ annimmt.

Es ist dabei zu beachten, daß bei teleskopischer Ausziehung einer Doppelwabe der Quotient $\frac{F^2}{LV}$ von dem Wert $\sqrt{3}$ ausgehend gegen den Grenzwert $\frac{4}{3}\sqrt{3}$ strebt. Das Minimum von $\frac{F^2}{LV}$ wird daher bei teleskopischer Veränderung einer Doppelwabe — unserer Erwartung entsprechend — durch die Doppelwabe selbst erreicht.

Zum Schluß ziehen wir aus (1) eine Folgerung bezüglich des Problems der dichtesten Kugelpackung: *Bedeutet $\overline{M}$ die mittlere Kantenkrümmung der Zellen eines Systems von materiellen Einheitskugeln, so ist die Kugellagerungsdichte*

$$D \leq \frac{2\pi^2}{\sqrt{3}\,\overline{M}}\,.\tag{6}$$

Für ein Polyeder, das eine Einheitskugel enthält, gilt nämlich $V \geq \tfrac{1}{3}F$, d. h. $V \geq \frac{F^2}{9V}$. Folglich haben wir $\overline{V} \geq \frac{1}{9}\,\overline{F^2/V} \geq \frac{2}{\sqrt{3}\,\pi}\,\overline{M}$, woraus sich mit Rücksicht auf $D = \frac{4\pi}{3} : \overline{V}$ die gewünschte Ungleichung (6) ergibt.

Da für jede Zelle $M > 4\pi$ ausfällt, haben wir offenbar $\overline{M} \geq 4\pi$, und es ist beachtenswert, daß (6) schon durch Anwendung dieser ganz groben Abschätzung eine kleinere obere Schranke als 1 für die Lagerungsdichte liefert. Die Schranke, die sich auf diese Weise ergibt, nämlich $\frac{\pi}{\sqrt{12}}$, ist nichts anderes als die Dichte der dichtesten ebenen Kreislagerung.

§ 4. Die Mittelwertformel im Raum.

Die der Formel (III, 12,1) entsprechende Mittelwertformel im Raum lautet folgendermaßen:

$$\overline{S} = A\left(V + \overline{V} + \frac{M\overline{F} + \overline{M}F}{4\pi}\right).\tag{1}$$

Hier bedeuten $\overline{V}$, $\overline{F}$ und $\overline{M}$ mittleres Volumen, Oberfläche und Kantenkrümmung eines festen Systems von konvexen Körpern V_1, V_2,... der Anzahldichte A, ferner V, F und M die entsprechenden Maßzahlen eines ebenfalls konvexen starr beweglichen Körpers V und $\overline{S}$ die mittlere Anzahl der von V getroffenen Körper V_i. Der Mittelwert $\overline{S}$ läßt sich dabei ganz analog wie in der Ebene mit Hilfe des Begriffes der räumlichen kinematischen Dichte definieren. Auch die Herleitung der Formel erfolgt ebenso wie in der Ebene unter Benützung der räumlichen Hauptformel der Kinematik.

Als erste Anwendung der Formel (1) betrachten wir das Pflastersystem der verstümmelten Oktaeder (4, 6, 6) vom Umkugelradius 1. Hier ist $\overline{V} = \dfrac{32\sqrt{5}}{25}$, $\overline{F} = \dfrac{12}{5}(1 + \sqrt{12})$, $\overline{M} = \dfrac{6\sqrt{10}\,\pi}{5}$ und $A = \dfrac{1}{\overline{V}} = \dfrac{5\sqrt{5}}{32}$.

Es sei dabei bemerkt, daß zur Berechnung von $\overline{M}$ nicht die Kenntnis der Kantenwinkel des Koloktaeders nötig ist, da nach (3,4) $\overline{M} = \dfrac{\pi}{6}\,\overline{L}$ $= 6\pi l$ ist, wo l die Länge einer Kante bedeutet. Nach den obigen Werten von $\overline{V}$, $\overline{F}$ und $\overline{M}$ haben wir nun

$$\overline{S} = \frac{5\sqrt{5}}{32}\,V + \frac{15\sqrt{2}}{64}\,F + \frac{3\sqrt{5}(1 + \sqrt{12})}{32}\,M + 1\,.$$

Daraus läßt sich durch dieselben Überlegungen wie in der Ebene schließen, daß *zur Überdeckung eines konvexen Körpers mit den drei fundamentalen Maßzahlen V, F und M immer*

$$\left[\frac{5\sqrt{5}}{32}\,V + \frac{15\sqrt{2}}{64}\,F + \frac{3\sqrt{5}(1 + \sqrt{12})}{32\,\pi}\,M + 1\right] \tag{2}$$

Einheitskugeln ausreichen.

Wir fassen jetzt die dichteste gitterförmige Lagerung von Einheitskugeln ins Auge. Wir haben $A = \dfrac{\sqrt{2}}{8}$, $3\overline{V} = \overline{F} = \overline{M} = 4\pi$ und folglich

$$\overline{S} = \frac{\sqrt{2}}{8}\left(V + F + M + \frac{4\pi}{3}\right).$$

Ist der bewegte Körper der innere Parallelkörper V_{-2} vom Abstand 2 eines konvexen Körpers V, so liegen die von V_{-2} getroffenen Kugeln offenbar in V. Hieraus folgt, daß *die Anzahl der materiellen Einheitskugeln, die in einem konvexen Körper V von einem Inkugelradius $\geqq 2$ Platz haben, nicht geringer ist als*

$$\frac{\sqrt{2}}{8}\left(V_{-2} + F_{-2} + M_{-2} + \frac{4\pi}{3}\right),$$

wobei V_{-2}, F_{-2} und M_{-2} die drei fundamentalen Maßzahlen des inneren Parallelkörpers von V vom Abstand 2 bedeuten.

Für eine Kugel vom Halbmesser R ist diese Zahl

$$\frac{\pi}{\sqrt{18}}\,(R - 1)^3\,,$$

für einen Würfel der Kantenlänge a

$$\frac{\sqrt{2}}{8}\left(a^3 - 6a^2 + 6\pi a + 32 + \frac{4\pi}{3}\right).$$

§ 5. Geschichtliche Bemerkungen.

Die dichteste gitterförmige Lagerung von beliebigen kongruenten Eikörpern wurde durch physikalische Probleme angeregt von Lord KELVIN [1] behandelt. MINKOWSKI [1] betrachtet das Problem ganz allgemein im n-dimensionalen Raum und wendet die erhaltenen Ergebnisse zur Herleitung tiefgehender zahlentheoretischer Sätze an. Das Problem der dünnsten gitterförmigen Kugelüberdeckung des n-dimensionalen Raumes wurde von VORONOÏ [1] und kürzlich von BAMBAH und DAVENPORT [1] untersucht. Ein abschließendes Ergebnis wurde aber in dieser Hinsicht bei weitem nicht erzielt. Als eine sehr interessante Einführung in den Gedankenkreis, der mit dem Begriff eines regulären Punktsystems zusammenhängt, sei der Abschnitt II des Werkes von HILBERT und COHN-VOSSEN [1] erwähnt. Vgl. auch hierzu den Enzyklopädieartikel von LIEBISCH-SCHOENFLIESS-MÜGGE [1].

MINKOWSKI benützt die Benennung „Doppelwabe" zur Bezeichnung der konvexen Hülle von zwei kongruenten homothetischen Würfeln, die genau eine gemeinschaftliche Ecke besitzen. Dieses Polyeder ist nicht mit unseren Doppelwaben identisch. Der Archimedische Körper (4, 6, 6) ist im allgemeinen als Kubooktaeder bekannt. Da dieser Namen leicht mit dem Namen Kuboktaeder des Polyeders (3, 4, 3, 4) verwechselt werden kann, scheint die von uns gebrauchte Benennung Koloktaeder zweckmäßiger. (Vgl. hierzu die Fußnote S. 29 in COXETER [1].)

Dichtenabschätzungen für nicht gitterförmige Kugelausfüllungen bzw. Kugelüberdeckungen des n-dimensionalen Raumes wurden von BLICHFELDT [1], RANKIN [1], LEKKERKERKER [1] bzw. HLAWKA [1] angegeben. Die Arbeit von HLAWKA enthält auch weitere allgemeine Sätze bezüglich der Ausfüllung und Überdeckung des n-dimensionalen Raumes durch kongruente homothetische Eikörper. Bezüglich des Problems der dichtesten Kugelpackung im gewöhnlichen Raum vgl. noch die Aufsätze von SUPNICK [1], BOERDIJK [1], WISE [1] und HADWIGER [7].

Die Ergebnisse der Paragraphen 2 und 3 finden sich in den Arbeiten [7, 14, 34] des Verfassers. Das Verfahren, das uns zu der Abschätzung (4, 2) geführt hat, rührt von HADWIGER [2] her. Jedoch benützte er ursprünglich ein schlechteres Pflasterpolyeder. Auf Anregung des Verf., der auf das Koloktaeder hinwies, gewann später HADWIGER die wesentlich bessere Abschätzung (4, 2).

Die Zerlegungen des Raumes in konvexe Polyeder können als entartete vierdimensionale Polytope angesehen werden. Was ist nun im allgemeinen im Zusammenhang mit den verschiedenen, die vier- oder mehrdimensionalen Polytope betreffenden Extremalaufgaben zu erwarten? Die Einteilung des Raumes in Rhombendodekaeder oder

Koloktaeder sind keine regulären Polytope. Inwieweit kommen also die regulären Polytope als Lösungen von Extremalaufgaben in Betracht?

Die mehrdimensionalen Analoga des regulären Tetraeders, Oktaeders und Hexaeders besitzen mehrere leicht zu verifizierende Extremaleigenschaften. So besitzt z. B. das sogenannte reguläre Simplex unter allen einer n-dimensionalen Kugel ein- bzw. umbeschriebenen Simplexen das größte bzw. kleinste Volumen, woraus sich ferner für den Um- und Inkugelradius eines n-dimensionalen Simplexes die Ungleichung $R \geqq nr$ ergibt. Es ist bekannt, daß außer den erwähnten „trivialen" regulären Polytopen nur noch drei nicht entartete reguläre Polytope existieren, und zwar alle drei im vierdimensionalen Raum. Ihre SCHLÄFLISCHEN Symbole sind: $\{3, 4, 3\}$, $\{3, 3, 5\}$ und $\{5, 3, 3\}$. Bisher ist keine Extremaleigenschaft dieser regulären Polytope bekannt.

, 216 ▶

Betrachten wir auf der n-dimensionalen Einheitskugelfläche diejenige Anordnung von k Punkten, bei der der Mindestabstand sein Maximum d_n^k erreicht. Es gilt die Gleichheit $d_n^{2n} = \sqrt{2}$, die eine Extremaleigenschaft des n-dimensionalen Analogons des regulären Oktaeders zum Ausdruck bringt. Wir sahen, daß die betrachtete Anordnung von 5 Punkten auf der dreidimensionalen Kugelfläche nicht eindeutig ist und daß $d_3^5 = d_3^6$ ausfällt. Eine ähnliche Erscheinung tritt auch im mehrdimensionalen Fall auf. Wie HAJÓS und DAVENPORT [1] unabhängig voneinander bemerkt haben, gilt nämlich schon $d_n^{n+2} = \sqrt{2}$.

Die größte Zahl k, für die $d_n^k \geqq 1$ ist, sei mit $N(n)$ bezeichnet. Es handelt sich um die größte Anzahl von Punkten, die auf der n-dimensionalen Einheitskugelfläche mit Mindestabstand 1 Platz haben. Es gilt $N(2) = 6$ und $N(3) = 12$. Nach einem noch nicht publizierten Resultat von C. A. ROGERS gilt $\varlimsup_{n \to \infty} \sqrt[n]{N(n)} \leqq \sqrt{2}$, $\varliminf_{n \to \infty} \sqrt[n]{N(n)} \geqq \frac{2}{\sqrt{3}}$. Existiert der Grenzwert $\lim \sqrt[n]{N(n)}$ und, wenn ja, was ist sein Wert? Diese Fragen sind noch nicht beantwortet.

Im allgemeinen scheinen die räumlichen Lagerungsprobleme schwer zugänglich zu sein. Als nächstes Forschungsgebiet könnten daher in dieser Hinsicht Probleme in Betracht gezogen werden, bei denen die zum Vergleich zugelassenen Lagerungen von vornherein gewissen Regularitätsbedingungen unterworfen sind. Insbesondere kommen hierbei Figurengitter in Betracht. Wir führen hier ein konkretes Problem an.

Betrachten wir das Kreisgitter von vorgegebener Dichte D $\left(\frac{\pi}{\sqrt{12}} \leqq D \leqq \frac{2\pi}{\sqrt{27}}\right)$, das die Ebene am besten bedeckt. Hier bilden die Kreismittelpunkte ein gleichseitiges Dreiecksgitter, so daß man sich die zu verschiedenen Werten von D gehörigen Kreissysteme so vorstellen kann, daß die Kreismittelpunkte unverändert bleiben und nur die Radien sich verändern. Im analogen räumlichen Problem sind aber die Verhältnisse völlig anders, da hier die Kugelmittelpunkte von dem flächenzentrierten Würfelgitter ins raumzentrierte Würfelgitter übergehen müssen. Wie geht dieser Übergang vor? Wir wissen nicht einmal, ob die genannten Punktgitter stetig oder sprungweise ineinander übergehen.

Anmerkungen.

I.

Bezüglich der Theorie der konvexen Körper verweisen wir auf die neueren Lehrbücher von JAGLOM und BOLTJANSKI [1], HADWIGER [9, 11], DINGHAS [1], HADWIGER und DEBRUNNER [1, 2], EGGLESTON [5], LJUSTERNIK [1], HADWIGER, DEBRUNNER und KLEE [1], BOLTJANSKIJ und GOHBERG [1], GRÜNBAUM, KLEE, PERLES und SHEPHARD [1], sowie auf GRÜNBAUM und SHEPHARD [1] und auf die beachtenswerte Arbeit von SANTALO [3], wo man zugleich weitere Literatur findet.

Die Ungleichung (2.1) bezüglich polarer Ellipsoide ist ein Sonderfall eines allgemeinen Satzes von BAMBAH [2].

Die Ungleichung (3.3) läßt sich folgendermaßen „dualisieren" (FEJES TÓTH [56]). Es sei P ein dem Kreis K einbeschriebenes n-Eck, $\overline{P}$ das einbeschriebene reguläre n-Eck, k der Inkreis von $\overline{P}$ und H die konvexe Hülle von P und k. Sind weiterhin L und $\overline{L}$ die Umfänge von H und $\overline{P}$, so gilt $L \leq \overline{L}$. Dies ist eine Verschärfung der rechts stehenden Ungleichung in (3,2).

Wir erwähnen eine Variante des isoperimetrischen Problems (s. FEJES TÓTH [81]). Es seien in der Ebene endlich viele starr bewegliche, abgeschlossene, konvexe Scheiben vorgegeben. Gesucht werden diejenigen Lagen der Scheiben, in denen sie einen Bereich mit maximalem Flächeninhalt einschließen. Die extremalen Scheibenanordnungen werden *Didosche Lagen* genannt.

Es sei hierzu bemerkt, daß die Menge der außerhalb sämtlicher Scheiben liegenden Punkte aus einer oder mehreren zusammenhängenden Komponenten besteht. Der durch die Scheiben umschlossene Bereich wird als die Vereinigung der im Endlichen liegenden Komponenten definiert (Abb. 125).

Es unterliegt keinem Zweifel, daß in einer DIDOSCHEN Lage von drei oder mehr Scheiben jede Scheibe mit genau zwei anderen gemeinsame

Punkte hat. Merkwürdigerweise scheint aber der Beweis dieser trivial klingenden Vermutung sogar in demjenigen Grenzfall Schwierigkeiten zu begegnen, wenn die Scheiben in Strecken entarten. Aus der Richtig-

Abb. 125.

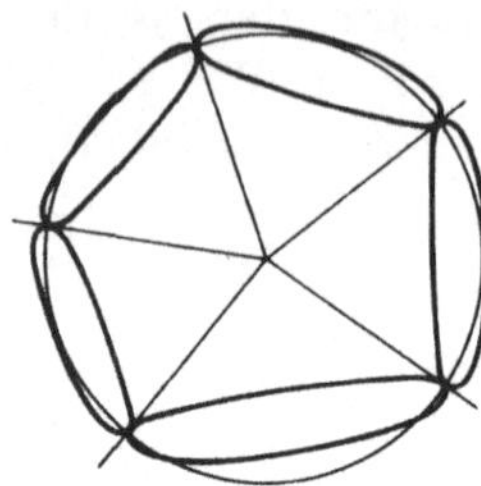

Abb. 126.

keit dieser Vermutung würde eine schärfere Aussage folgen: In einer DIDOschen Lage von mehr als drei Scheiben liegen diejenigen Punkte, die zu zwei Scheiben gehören, auf einem Kreis; jede vom Kreismittelpunkt ausgehende Halbgerade trifft das Innere von höchstens einer Scheibe (Abb. 126). Für drei Scheiben ist diese Aussage falsch.

Von den verschiedenen Verschärfungen der klassischen isoperimetrischen Ungleichung erwähnen wir z.B. PLEIJEL [1]. Das grundlegende Buch PÓLYA und SZEGÖ [1] behandelt eine Reihe „isoperimetrischer Probleme" bezüglich verschiedener physikalischer Größen. Eine Übersicht über die neuere Literatur dieses reizvollen Gebietes findet man bei PAYNE [1].

28 ▶   Zum Teil durch die erste Auflage dieses Buches angeregt, kam eine Reihe einfacher elementarer Beweise der ERDŐS-MORDELLschen Ungleichung (5, 4) zustande (D. K. KAZARINOFF [1], BANKHOFF [1], OPPENHEIM [1], VELDKAMP [1], BRABANT [1]). OPPENHEIM [2] hat die entsprechende Ungleichung auf der Kugel bewiesen. Mit den Bezeichnungen der S.33 gilt die Ungleichung

$$R_1 + \ldots + R_n \geqq (r_1 + \ldots + r_n) \sec \frac{\pi}{n}.$$

Dies wurde vom Verf. als Vermutung ausgesprochen, für $n = 4$ durch A. FLORIAN [4] und allgemein von LENHARD [1] bewiesen.

Verbindet man jede zweite Ecke eines regulären Fünfecks, so entsteht ein Pentagramm, das einfachste Beispiel eines regulären Sternpolygons. Außer den regulären konvexen Vielecken lassen sich auch die regulären Sternpolygone durch verschiedene Extremaleigenschaften kennzeichnen (DEGEN und MUNY [1], FEJES TÓTH [71]).

Eine Fülle weiterer elementar-geometrischer Ungleichungen findet der Leser im Buch von BOTTEMA, DJORDJEVIČ, JANIČ, MITRINOVIČ und VASIČ [1].

Ein Polyeder mit regulären Flächen und äquivalenten Ecken wird *uniform* genannt (COXETER [*1*]). Die konvexen uniformen Polyeder sind die platonischen Körper, die archimedischen Körper und die halbregulären Prismen und Antiprismen. Läßt man aber auch Sternpolyeder zu, so kommen zu den obigen Körpern außer den vier regulären KEPLER-POINSOTschen Sternpolyedern (s. z.B. BRÜCKNER [*1*], COXETER [*1*], FEJES TÓTH [*71*]) eine Reihe weiterer Polyeder hinzu. Eine vermutlich vollkommene Liste der uniformen Sternpolyeder mit schönen Zeichnungen und Lichtbildern ist in COXETER, LONGUET-HIGGINS und MILLER [*1*] enthalten.

Der Begriff der Halbregularität eines Polyeders oder eines Mosaiks läßt sich in mannigfaltiger Weise verallgemeinern. JOHNSON [*1*] und ZALGALLER [*2, 3, 4, 5*] haben unabhängig voneinander sämtliche konvexe Polyeder mit regulären Flächen aufgezählt (s. auch GRÜNBAUM und JOHNSON [*1*]). Es stellte sich heraus, daß außer den uniformen Polyedern 92 solche Polyeder existieren. Unter ihnen gibt es 5 (nicht reguläre) Polyeder mit kongruenten Flächen. Diese wurden vorher von FREUDENTHAL und VAN DER WAERDEN [*1*] aufgezählt. Alle fünf haben Dreiecksflächen.

In gewisser Hinsicht stehen den FREUDENTHAL-VAN DER WAERDENschen Polyedern die durch HEPPES [*9*] aufgezählten nichtregulären isogonalen sphärischen Mosaike dual gegenüber. Diese sind dadurch gekennzeichnet, daß ihre Flächen gleichwinklig, also ihre Eckenfiguren kongruent sind.

II.

Modifizierte Beweise der DOWKERschen Sätze finden sich bei FEJES TÓTH [*43, 71*]. Analoge Sätze lassen sich beweisen, wenn man statt des Inhalts den Umfang betrachtet. Die entsprechenden vier Sätze gelten auch in der sphärischen und hyperbolischen Geometrie (MOLNÁR [*4*], FEJES TÓTH [*58*]). Die auf S. 54 gestellte Frage, ob nämlich in der euklidischen Ebene weitere Sätze vom DOWKERschen Typ gelten, wurde durch EGGLESTON [*4*] bejahend beantwortet. Es ist dabei beachtenswert, daß zu den DOWKERschen Sätzen analoge Sätze im Raum nicht gelten bzw. nicht zu erwarten sind. Ist nämlich v_n das der Einheitskugel einbeschriebene n-eckige Polyeder vom größtmöglichen Volumen, so gilt ◀ 54
$$v_4 = 8\sqrt{3}/27, \quad v_5 = \sqrt{3}/2, \quad v_6 = 4/3, \text{ also } v_4 + v_6 > 2v_5.$$
Die auf S. 39 gestellten Probleme hat SCHNEIDER [*1, 2*] neulich gelöst, bzw. z.T. gelöst. Er hat nämlich gezeigt: Ist T ein konvexer Bereich vom Umfang L, L_n das Minimum der Umfänge aller T umbeschriebenen n-Ecke und l_n das Maximum der Umfänge aller T einbeschriebenen ◀ 39

n-Ecke ($n = 3, 4, \ldots$), so gelten die Ungleichungen

$$L_n \leqq L \frac{n}{\pi} \operatorname{tg} \frac{\pi}{n},$$

$$l_n \geqq L \frac{n}{\pi} \sin \frac{\pi}{n}.$$

Gleichheit tritt in der ersten Ungleichung nur für die Kreise ein. Dasselbe gilt vermutlich auch in der zweiten Ungleichung. Dies steht aber nur für $n = 3, 5, \ldots, 21$ und $n = 4, 6, \ldots, 42$ fest.

Bezüglich der Integralgeometrie sei auf die Monographie von Santaló [1] und auf die zusammenfassende Arbeit von Masotti Biggiogero [1] hingewiesen.

55 ▶   Die auf S. 55 ausgesprochene Vermutung bezüglich der Einbettung einer konvexen sphärischen Kurve in einen Dreieckring mit minimalem Flächeninhalt wurde durch den Verf. [48] bewiesen. Als eine schöne Anwendung der sphärischen Polarität läßt sich zeigen, daß dieser Satz mit dem entsprechenden Satz für den Umfang gleichwertig ist. Analoge Sätze für n-Eckringe stehen noch nicht fest.

III.

Nach Rogers [6] ist der erste Aufsatz von Thue [1] über Kreispackungen allzu knapp, um den Beweis vollständig rekonstruieren zu können; obwohl der zweite Aufsatz [2] überzeugend ist, fehlt hier ein Kompaktheitsbeweis, der nicht leicht nachzuholen sein dürfte. Es scheint also, daß der erste vollständige Beweis der Ungleichung (2, 1) im Aufsatz [3] des Verf. enthalten ist.

Im Zusammenhang mit dem Parkettierungsproblem bzw. seinen künstlerischen Aspekten sei auf Heesch und Kienzle [1], Escher [1], Bollobás [1], Heesch [1], Kerschner [2], Delaunay [1] und Fejes Tóth [71] hingewiesen. Siehe auch das Buch Coxeter [5], das weitere Berührungspunkte mit dem Thema dieses Buches aufweist. Der Aufsatz von Davies [1] enthält einen Beitrag zum sphärischen Parkettierungsproblem.

Als eine Verschärfung der Ungleichung (4, 1) hat Groemer [1] eine obere Schranke für die Anzahl n der Einheitskreise angegeben, die sich in ein konvexes Gebiet mit vorgegebenem Inhalt F und Umfang U einpacken lassen:

$$\sqrt{12}\, n \leqq F - \frac{2 - \sqrt{3}}{2} U + \sqrt{12} - \pi(\sqrt{3} - 1).$$

Eine entsprechende Verschärfung von (4, 2) ist nicht bekannt.

Weitere Verallgemeinerungen von (4, 1) stammen von Molnár [7], der Kreislagerungen in „kreiskonvexen" Gebieten untersuchte.

Wir nennen ein Gebiet ein a-Gebiet bzw. i-Gebiet, wenn sich an seinem Rand ein Einheitskreis außen bzw. innen unbehindert entlangrollen läßt. HEPPES (s. HEPPES und MOLNÁR [1]) gab einen heuristischen Beweis für folgende Vermutung: Sind in ein a-Gebiet n i-Gebiete eingelagert, so lassen diese einen Flächenteil vom Inhalt $\geq 2(n-1)t$ frei, wo t den Inhalt eines von drei einander berührenden Einheitskreisen umschlossenen Kreisbogendreiecks bedeutet. Gleichheit wird hier in mannigfaltigen Fällen erreicht (Abb. 127).

ZALGALLER [1] fand eine auch vom praktischen Gesichtspunkt aus nützliche notwendige Bedingung für eine Menge von starr beweglichen Scheiben, die in einem Gebiet am dichtesten gepackt sind.

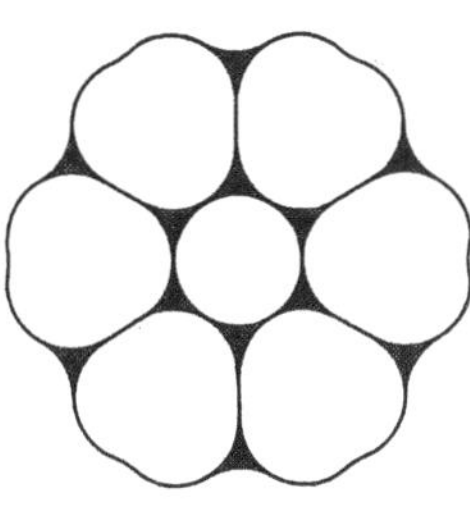

Abb. 127.

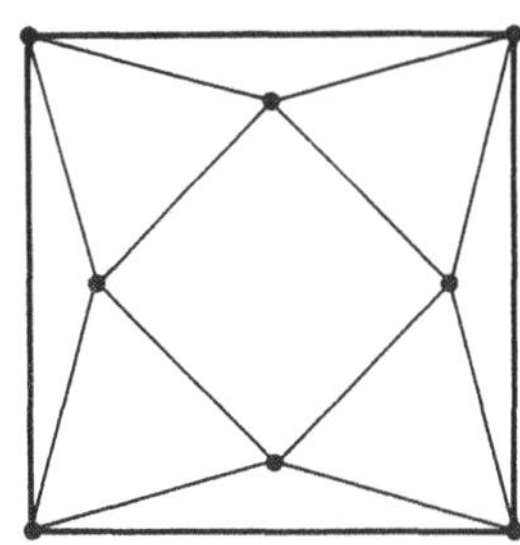

Abb. 128.

Man erhält nette Einzelprobleme, wenn man in einem speziell gewählten Gebiet eine spezielle Anzahl n von Punkten so verteilen will, daß der Mindestabstand zwischen den Punkten maximal wird. Für ein Quadrat sind diese Probleme für $n \leq 9$, für einen Kreis für $n \leq 10$ gelöst (siehe SCHAER [1], SCHAER und MEIR [1] und PIRL [1]). Abb. 128 zeigt die extremale Verteilung von 8 Punkten in einem Quadrat. Dichte Packungen von n Kreisen in einem Quadrat wurden für viele Werte von n von GOLDBERG [7] angegeben. RUDA [1] hat Kreispackungen in Rechtecken untersucht.

Es sei $\{K_i\}$ eine Kreispackung, für die $K_i/K_j \leq q > 1$ gilt, und $D(q)$ die obere Dichtegrenze aller solchen Packungen (S. 79). Dann gilt

$$D(q) \leq \frac{\pi + 2(q-1)\arcsin \dfrac{1}{1+\sqrt{q}}}{2\sqrt{q} + 2\sqrt{q}}$$

Die rechte Seite bedeutet geometrisch die Dichte von drei einander berührenden Kreisen mit den Inhalten $1, 1, q$ in dem durch die Kreismittelpunkte bestimmten Dreieck. Diese sehr scharfe obere Schranke ist ein gemeinsames Ergebnis von FEJES TÓTH und MOLNÁR [1] und FLORIAN [5]. Eine entsprechende untere Schranke für Überdeckungen steht noch nicht fest. Teilergebnisse in dieser Richtung finden sich bei FEJES TÓTH und MOLNÁR [*1*] und FLORIAN [*6, 7*]. Die in Abb. 74 dargestellte untere Schranke für $D(q)$ wurde für gewisse Werte von q durch MOLNÁR [*6*] verbessert (s. auch HEPPES und MOLNÁR [*1*] , und FEJES TÓTH [*71*]). Entsprechende obere Schranken für die Überdeckungsdichte haben MOLNÁR [*6*] und JUCOVIČ und LEŠO [*1*] angegeben.

Auf S. 79 wurde darauf hingewiesen, daß sich nicht sehr verschiedene Kreise nicht dichter packen lassen als kongruente Kreise. Diese Bemerkung war der Ausgangspunkt folgender Sätze:

Die Dichte einer Kreispackung $\{K_i\}$ mit $K_i/K_j \leqq 1{,}81$ ist stets $\leqq \pi/\sqrt{12}$.

Die Dichte einer Kreisüberdeckung $\{K_i\}$ mit $K_i/K_j \leqq 1{,}56$ ist stets $\geqq 2\pi/\sqrt{27}$.

Diese Sätze hat K. BÖRÖCZKY 1967 samt vollständigen Beweisen im Mathematischen Institut der Ungarischen Akademie der Wissenschaften vorgetragen. Sie wurden auch durch BLIND [*1*] gefunden. Leider enthält der Aufsatz von BLIND keinen Hinweis auf die Resultate von BÖRÖCZKY, obwohl er darüber Kenntnis hatte. Der erste Satz wurde unter der stärkeren Voraussetzung $K_i/K_j \leqq 1{,}22$ vorher durch FLORIAN [*8*] bewiesen.

Unsere nächste Bemerkung bezieht sich auf den durch die Ungleichung (10, 2) ausgedrückten Satz. Die dort vorkommende Bedingung läßt sich so formulieren, daß die Scheiben einander nicht *kreuzen* dürfen. Möchte man von dieser Bedingung loskommen, so würde es genügen, folgendes zu zeigen: Ist ein Sechseck durch kongruente konvexe Scheiben überdeckt, so gibt es auch eine kreuzungsfreie Überdeckung des Sechsecks durch diese Scheiben. Leider ist diese Aussage falsch. In einem Quadrat spannen zwei diametrale Ecken und die Seitenmittelpunkte ein Sechseck auf. Es gibt zwei solche einander kreuzende Sechsecke, die das Quadrat überdecken. Man kann aber zeigen, daß sich das Quadrat durch zwei zu den vorigen kongruente, einander nicht kreuzende Sechsecke nicht überdecken läßt. Dieses Gegenbeispiel zeigt, daß die Befreiung des Satzes von der fraglichen Bedingung recht schwierig sein muß.

Im Zusammenhang mit dem auf S. 95 erwähnten Satz von ROGERS seien noch ROGERS [*3*] und OLER [*1, 2, 3*] erwähnt. Einen analogen Satz bezüglich der Überdeckung eines Gebietes durch konvexe homothetische Scheiben haben BAMBAH, ROGERS und ZASSENHAUS [*1*] bewiesen.

Eine Verteilung von (nicht notwendig kongruenten) offenen Kreisscheiben, in der kein Kreis den Mittelpunkt eines anderen enthält, hat der Verf. [*69*] eine *Minkowskische Kreisanordnung* genannt und gezeigt, daß die Dichte einer solchen Kreisverteilung stets $\leqq 2\pi/\sqrt{3}$ ist. Eine dichteste MINKOWSKISCHE Kreisanordnung entsteht so, daß man in einer dichtesten Packung kongruenter Kreise jeden Kreis durch einen konzentrischen Kreis mit doppelt so großem Radius ersetzt. Mit diesem Resultat wurde eine weitgehende Verallgemeinerung der Ungleichung (2, 1) erzielt. Weitere Probleme und Ergebnisse in dieser Richtung sind bei FEJES TÓTH [75, 78], BLEICHER und OSBORN [1], MOLNÁR [14, 17] und FLORIAN [10] enthalten.

Den MINKOWSKISCHEN Kreisanordnungen stehen in gewissem Sinne die *gesättigten Kreissysteme* dual gegenüber. Es sei S ein System von abgeschlossenen Kreisscheiben und r das Infimum ihrer Radien. Wir sagen, daß S gesättigt ist, wenn in dem von den Kreisen frei gelassenen Teil der Ebene kein Kreis vom Radius r Platz hat (s. S. 59). Es wurde vom Verf. vermutet, daß die Dichte eines gesättigten Kreissystems stets $\geq \pi/\sqrt{108}$ ist. Dies wurde unter der Bedingung nicht überlappender Kreise durch EGGLESTON [7] und allgemein durch BAMBAH und WOODS [2] bewiesen. Das dünnste gesättigte Kreissystem entsteht also, wenn man in einer dünnsten Überdeckung der Ebene durch kongruente Kreise jeden Kreis durch einen konzentrischen Kreis von halb so großem Radius ersetzt. Dies ist eine Verallgemeinerung von (2, 2) (und der äquivalenten Ungleichung (2, 5)). Ein entsprechender Satz gilt auch, wenn man statt Kreisen zentralsymmetrische konvexe Scheiben betrachtet (BAMBAH und WOODS [1]).

Wir nennen eine Menge offener Kreisscheiben eine *k-fache Packung*, wenn jeder Punkt der Ebene zu höchstens k Kreisen gehört. Ganz analog sagen wir, daß eine Menge abgeschlossener Kreisscheiben eine *k-fache Überdeckung* bildet, wenn jeder Punkt der Ebene zu mindestens k Kreisen gehört. Es seien d_k und D_k die Dichten der dichtesten k-fachen Packung und der dünnsten k-fachen Überdeckung der Ebene durch kongruente Kreise. Die Werte von d_k und D_k sind für keinen Wert von $k > 1$ bekannt. Wir wissen aber, daß $d_2 > 2d_1$ und $D_2 < 2D_1$ ist. Dies wurde durch HEPPES [1] bzw. DANZER [1] bewiesen. Die mehrfachen Packungen und Überdeckungen haben eine verhältnismäßig große Literatur. Wir erwähnen hier noch FEW [1, 4, 5, 6, 7], HEPPES [3], BLUNDON [1, 2, 3, 4], BLACHMAN und FEW [1], WOODS [1], DUMIR [1], FEJES TÓTH [72] und FEW und KANAGASABAPATHY [1].

In ein Gebiet sei eine „große" Anzahl inhaltsgleicher bzw. umfangsgleicher konvexer Scheiben eingelagert. Der gemeinsame Inhalt t bzw. Umfang u der Scheiben sei vorgegeben. Bei welcher Gestalt und Anordnung erreicht die Umfangssumme der Scheiben ihr Minimum bzw. die Inhaltssumme der Scheiben ihr Maximum? Beide Probleme führen zu gleichen Extremalfiguren. Lassen wir t bzw. u von 0 ausgehend zunehmen, so haben wir zuerst beliebig angeordnete Kreise, die bei gewissen Werten von t bzw. u in die dichteste Packung geraten. Dann blähen sich die Scheiben zu „glatten Sechsecken" auf, die aus einem regelmäßigen Sechseck durch Abrundung der Ecken durch kongruente Kreisbögen entstehen. Schließlich gehen die Scheiben in reguläre Sechsecke über, die das Gebiet vollständig ausfüllen. Bezüglich exakter Formulierung und

Beweise siehe FEJES TÓTH und HEPPES [1] bzw. FEJES TÓTH [50]. Wie HEPPES [8] gezeigt hat, kann man bei umfangsgleichen Scheiben die Bedingung der Konvexität der Scheiben fallen lassen, während die entsprechende Verallgemeinerung bei flächengleichen Scheiben schwierig zu sein scheint. Weitere Ergebnisse bezüglich isoperimetrischer Probleme bei Zellenaggregaten sind in MCKEAN, SCHREIBER und WEISS [1], BLEICHER und FEJES TÓTH [2] und FEJES TÓTH [51, 60, 65, 67] enthalten.

Wir nennen eine Packung von (nicht notwendig kongruenten) Kreisen *stabil*, wenn jeder Kreis von den übrigen festgehalten wird, d. h. wenn an jedem Kreis der Zentriwinkel λ des größten „freien" Bogens (der keinen Berührungspunkt enthält) $\lambda < \pi$ ausfällt. Wir definieren die *Labilität* der Packung durch $\Lambda = \sup \lambda$, und die *Stabilität* durch $\pi - \Lambda$. Wir wollen unter der Bedingung vorgegebener Stabilität eine möglichst dünne Packung konstruieren. Auf dieses Problem bezieht sich folgender Satz (FEJES TÓTH [62]):

Es sei in der Ebene eine stabile Packung von Kreisen vorgegeben, deren Radien eine positive untere und eine endliche obere Grenze haben. Ist d die Dichte und Λ die Labilität der Packung, so gilt

$$d \geq \frac{\pi}{n \operatorname{tg} \dfrac{\Lambda}{2} + \operatorname{tg} \dfrac{2\pi - n\Lambda}{2}}, \quad n = [2\pi/\Lambda].$$

Diese Schranke wird im Falle kongruenter Kreise erreicht, wenn die Mittelpunkte in den Ecken eines Mosaiks $\{3, 6\}$, $\{4, 4\}$, $\{6, 3\}$, $(4, 8, 8)$ oder $(3, 12, 12)$ liegen. Die entsprechenden Labilitäten sind $\Lambda = 60°$, $90°$, $120°$, $135°$ und $150°$. In überraschender Weise gelang es BÖRÖCZKY [1], aus kongruenten Kreisen stabile Packungen von der Dichte $d = 0$ zu konstruieren (Abb. 129). Diese Packungen zeigen, daß die obige Ungleichung auch im Grenzfall $\Lambda = 180°$ scharf ist. Weitere Probleme bezüglich stabiler Packungen und der Fixierung eines Körpers sind bei FEJES TÓTH und HEPPES [2], POLÁK [1], POLÁK und POLÁKOVÁ [1], SHEPHARD [2], FEJES TÓTH [64, 84], GRÜNBAUM [4], BOLLOBÁS [3], G. FEJES TÓTH [1], DOMINYÁK [1] und WEGNER [1] behandelt.

Stellen wir uns vor, daß wir auf einem vorgegebenen großen Gebiet möglichst viele gleich große Fässer so unterbringen wollen, daß sich jedes Faß ohne Störung der anderen wegtransportieren läßt. Gesucht wird also die dichteste blockierungsfreie Packung kongruenter Kreise, wobei eine Packung *blockierungsfrei* heißt, wenn in dem von den Kreisen freigelassenen Ebenenteil jeder Kreis beliebig weit von seiner ursprünglichen Lage fortbewegt werden kann. G. FEJES TÓTH, der dieses Problem zuerst aufgeworfen hat, sprach die Vermutung aus, daß in der besten Packung die Kreise durch Korridore getrennte Doppelreihen bilden

(Abb. 130). Die Dichte dieser Packung beträgt $\dfrac{\sqrt{5} - 1}{2} \dfrac{\pi}{\sqrt{12}}$. HEPPES [10]

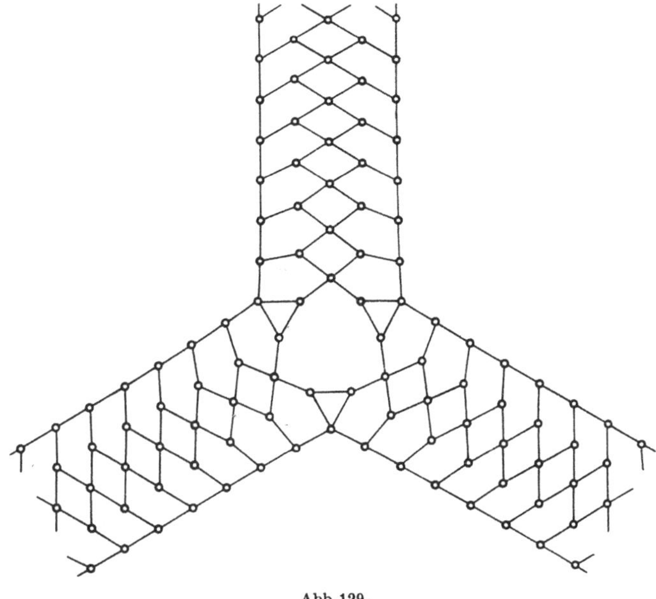

Abb. 129.

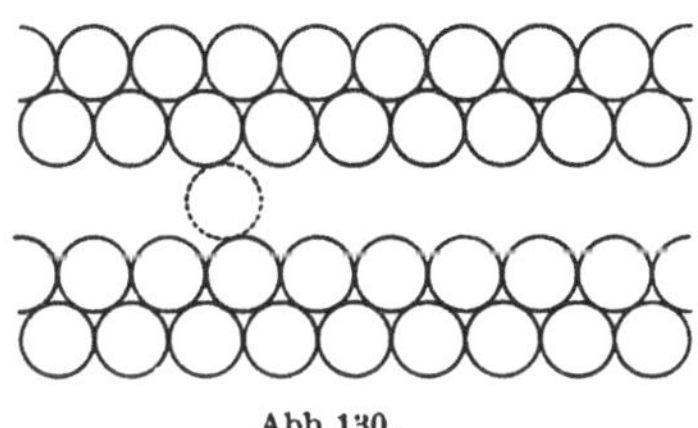

Abb. 130.

hat das Problem noch verallgemeinert, indem er von den Fässern nur *r-Zugänglichkeit* verlangt. Dies bedeutet, daß ein Kellermeister mit einem kreisförmigen Grundriß vom Radius *r* mit jedem Faß unbehindert in Berührung treten kann. Er hat für dieses Problem eine für endliche Gebiete gültige Dichtenschranke angegeben, wodurch er der Lösung des ursprünglichen Problems sehr nahe kam. Die Richtigkeit der obigen Vermutung hat BLIND [1] bewiesen.

Wir wollen auf einem großen Gebiet eine Wohnsiedlung bauen, und zwar unter der Bedingung, daß der Minimalabstand zwischen den kongruenten rechteckigen Grundrissen der Häuser vorgegeben ist. Bei welcher Anordnung lassen sich in dem Gebiet möglichst viele Rechtecke unterbringen? Wegen (10, 1) reduziert sich das Problem auf die Bestimmung der dichtesten Gitterpackung von Parallelbereichen eines

Rechtecks. Dieses Problem wurde von FEJES TÓTH [*76*] und FLORIAN [*11*] vollständig gelöst.

Abb. 131 stellt einen Teil des Grundrisses einer imaginären Stadt dar. Die schwarzen Kreise repräsentieren zylinderförmige Häuser, die weißen Landungsplätze. Zu jedem schwarzen Kreis gehört ein zu ihm tangential anschließender weißer Kreis. Natürlich darf kein schwarzer Kreis in einen schwarzen oder weißen Kreis hineingreifen. Dagegen können sich die weißen Kreise z. T. oder völlig überlappen, so daß mehrere Häuser einen gemeinsamen Landungsplatz haben können. Alle schwarzen und alle weißen Kreise sind untereinander kongruent. Ihre Radien sind vorgegeben. Gesucht wird unter diesen Bedingungen die dichteste Packung der schwarzen Kreise. Als Lösungen dieses Problems, sowie seiner Varianten, erhielt MOLNÁR [*12, 15*] eine Reihe von sehr schönen und interessanten Kreisanordnungen; s. auch JUCOVIČ [*4*].

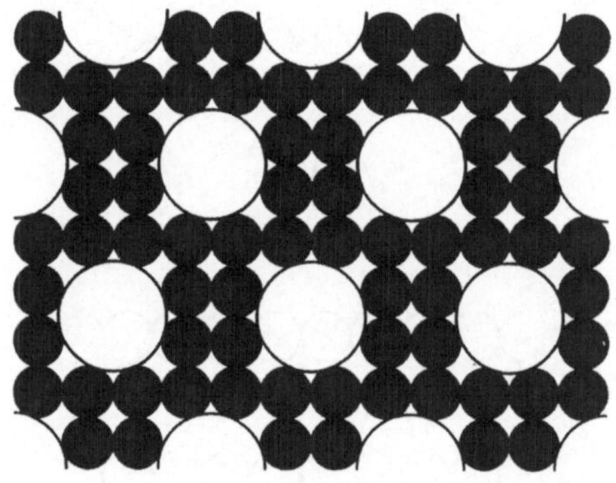

Abb. 131.

Es sei O ein Punkt in der Ebene eines Gebietes G, $a(x)$ eine für $x \geqq 0$ erklärte abnehmende Funktion und df das Flächendifferential im Punkt P. Wir nennen

$$M(G, O) = \int_G a(OP)\, df$$

das *Moment* von G bezüglich O (FEJES TÓTH [*66*]). Aus den Bemerkungen 1 und 2 auf S. 82 folgt unmittelbar folgendes *Momentenlemma*: Unter den flächengleichen konvexen n-Ecken erreicht das Moment des n-Ecks bezüglich O sein Maximum für das regelmäßige n-Eck mit dem Mittelpunkt O. Für dieses Lemma, das mannigfaltige Anwendungen gestattet (FEJES TÓTH [*66*], COXETER und FEJES TÓTH [*1*]), gab HAJÓS [*3*] einen elementargeometrischen Beweis.

Sind in einen Parallelstreifen offene Scheiben beliebig eingelagert, so sprechen wir von einer *Scheibenschicht*. Es sei b die Breite des Streifens und l die Länge eines Kurvenbogens, der ohne eine Scheibe zu treffen, die beiden Kanten des Streifens verbindet. Wir definieren die *Durchlässigkeit* (oder Permeabilität) p der Schicht durch

$$p = b/\sup l.$$

Es ist nicht schwer zu zeigen (Fejes Tóth [73]), daß für kongruente Kreise $p > 2\pi/\sqrt{27} \approx 0{,}827$ gilt. Besteht die Schicht aus einer großen Anzahl von Kreisreihen, die im Streifen am dichtesten gepackt sind, so kommt p der angegebenen unteren Schranke beliebig nahe. Für inkongruente Kreise ist $\inf p$ nicht bekannt. Durch eine ziemlich raffinierte Konstruktion kann man aber eine Schicht aus inkongruenten Kreisen mit $p < 2\pi/\sqrt{27}$ finden.

Eine andere Situation entsteht, wenn man statt Kreisen Quadrate betrachtet (Fejes Tóth [79]). Für Schichten, die aus kongruenten homothetischen Quadraten bestehen, gilt $\inf p = 2/3$. Dies trifft aber gleichzeitig auch für Schichten aus Quadraten von beliebiger Größe und Orientierung zu; s. auch Bollobás [4].

Eine Kreisschicht heißt eine k-fache *Kreiswolke*, wenn jede zu der Schicht senkrechte Gerade das Innere oder den Rand von mindestens k Kreisen trifft. Heppes [7] hat gezeigt, daß die Breite einer aus Einheitskreisen bestehenden k-fachen Wolke $\leq (k-1)\sqrt{3} + 2$ ist. Abb. 132 zeigt die schmalste 4-fache Kreiswolke. Ein anderer netter Beweis dieser Ungleichung rührt von Hajós [2] her. Vgl. noch Jucovič [3].

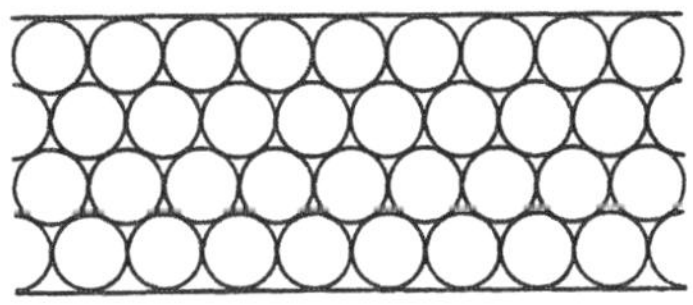

Abb. 132.

Die verschärfte Vermutung von Gallai (S. 97), daß sich nämlich alle Kreise eines Kreissystems, in dem je zwei Kreise einen gemeinsamen Punkt haben, mit 5 Nadeln durchstechen lassen, hat Stacho [1] bewiesen. Verwandte Probleme sind bei Danzer [2] und Schopp [1, 2] behandelt (s. auch Hadwiger [12]).

Danzer, Grünbaum und Klee [1] gaben eine schöne Zusammenfassung der mannigfaltigen Sätze vom Hellyschen Typ (s. auch Molnár [5]).

Es sei T ein konvexes Gebiet, $P_1, \ldots, P_n$ n Punkte in T, a_i der Abstand von P_i vom nächsten Punkt und S_n das Maximum von $a_1 + \cdots + a_n$, erstreckt über alle Lagen der Punkte $P_1, \ldots, P_n$ in T. Erdős und Fejes Tóth [1] haben gezeigt, daß

$$\lim_{n \to \infty} S_n^2/n = 2T/\sqrt{3}.$$

Dieser Satz ist schwächer als die auf S. 97 ausgesprochene Vermutung mit L_n statt S_n.

Durch eine geistreiche Konstruktion hat Few [2] gezeigt, daß sich n Punkte eines Einheitsquadrats stets durch einen Streckenzug der Länge $L_n \leqq \sqrt{2n} + 1{,}75$ verbinden lassen. Dies ist eine Verschärfung der Verblunskyschen Ungleichung (S. 97). Weitere analoge Probleme sind in Few [2] und Beardwood, Halton und Hammersley [1] enthalten.

Bezüglich des Tarskischen Streifenproblems verweisen wir noch auf Ohmann [1, 3], Bang [3], Lee, Lin, Tong und Zhang [1] und Eggleston [1].

Es sei S eine konvexe Scheibe und $N(S)$ die Maximalzahl der kongruenten Exemplare von S, die sich ohne übereinanderzugreifen mit S in Berührung bringen lassen. Wir nennen $N(S)$ die *Newtonsche Zahl* von S (Fejes Tóth [83]). Einige Experimente mit regulären vieleckigen Platten lassen vermuten, daß die Newtonsche Zahl eines regulären n-Ecks für $n = 3$ gleich 12, für $n = 4$ gleich 8 und für $n \geqq 5$ gleich 6 ist. Dies hat mit Ausnahme des Falles $n = 5$ Böröczky [3] tatsächlich bewiesen. Die Bestimmung der Newtonschen Zahl eines regulären Fünfecks (und im allgemeinen einer konkret vorgegebenen Scheibe) scheint schwierig zu sein.

Schopp [3] hat gezeigt, daß die Newtonsche Zahl einer Scheibe konstanter Breite höchstens 7 ist. Für ein Reuleaux-Dreieck ist die Newtonsche Zahl gleich 7 (Abb. 133). Ist ferner D der Durchmesser und d die Dicke einer konvexen Scheibe S, so gilt (Fejes Tóth [77])

$$N(S) \leqq (4 + 2\pi)\frac{D}{d} + 2 + \frac{d}{D}.$$

Diese Abschätzung ist in vielen Fällen genau. Für ein gleichschenkliges Dreieck $\triangle$ mit $d/D = \sin \pi/19$ ergibt sich z. B. $N(\triangle) \leqq 64$. Eine einfache Konstruktion (Abb. 134) zeigt aber, daß $N(\triangle) \geqq 64$, also $N(\triangle) = 64$ ausfällt.

Weitere Probleme erheben sich im Zusammenhang mit der Hadwigerschen Zahl (Fejes Tóth [85]), die sich ähnlich definieren läßt wie die Newtonsche Zahl, indem wir statt kongruenten Exemplaren von S verschobene Exemplare betrachten. Es ist bekannt (Hadwiger und Debrunner [2]), daß die Hadwigersche Zahl einer konvexen Scheibe $\leqq 8$ ist. Die Gleichheit kennzeichnet die Parallelogramme (Grünbaum [3], Groemer [3]).

Eine Packung kongruenter konvexer Scheiben heißt *Maximalpackung*, wenn jede Scheibe mit genau so vielen Scheiben einen gemeinsamen Punkt hat, wie ihre Newtonsche Zahl angibt. Die Flächen der Mosaike $\{6, 3\}$, $\{4, 4\}$ und $\{3, 6\}$ bilden je eine Maximalpackung. Es scheint, daß die Flächen des Mosaiks, das durch Zerlegung jeder Fläche

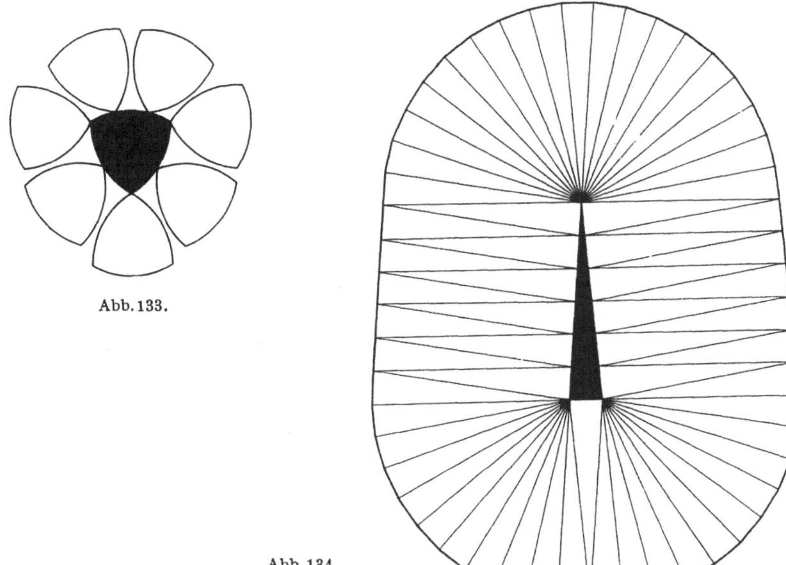

Abb. 133.

Abb. 134.

von $\{3, 6\}$ in je drei kongruente Dreiecke entsteht (Abb. 135), ebenfalls eine Maximalpackung bilden. Es ist nicht ausgeschlossen, daß die hier auftretende Nachbarnzahl, nämlich 21, die größte NEWTONsche Zahl ist, die in einer euklidischen Maximalpackung überhaupt vorkommen kann.

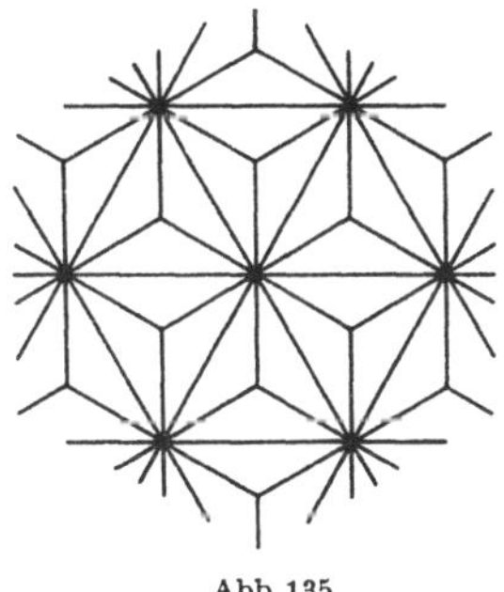

Abb. 135.

BÖRÖCZKY [3] hat gezeigt, daß auch die Flächen eines beliebigen regulären sphärischen Mosaiks eine Maximalpackung bilden. Dies gilt aber für die „meisten" hyperbolischen Mosaike nicht mehr.

Wir betrachten eine Packung kongruenter konvexer Scheiben. Wir haben die Maximalzahl der „ersten Nachbarn" einer Scheibe, die in solchen Packungen vorkommen können, die NEWTONsche Zahl der Scheibe genannt. Wir nennen diese Zahl auch die *erste Newtonsche Zahl*. Dann definieren wir die *zweite Newtonsche Zahl* als das Maximum der

Gesamtzahl der ersten und zweiten Nachbarn einer Scheibe S, wobei wir unter zweiten Nachbarn die von S und ihren ersten Nachbarn verschiedenen Nachbarn der ersten Nachbarn verstehen. In ähnlicher Weise werden die *höheren Newtonschen Zahlen* definiert. Bezeichnen wir die k-te NEWTONsche Zahl eines Kreises mit N_k, so haben wir $N_1 = 6$ und $N_2 = 18$ (s. FEJES TÓTH und HEPPES [3]). Es läßt sich vermuten, daß für kleine Werte von k, etwa für $k \leqq 12$, $N_k = 3k(k+1)$ gilt. Man kann aber zeigen (FEJES TÓTH [82]), daß $N_{14} \geqq 636$, was größer ist als $3 \cdot 14 \cdot 15 = 630$. Für große Werte von k ist das asymptotische Verhalten von N_k bekannt: Es gilt

$$\lim_{k \to \infty} N_k / k^2 = 2\pi / \sqrt{3}.$$

Von der reichen neueren Literatur der Lagerungen und Überdeckungen, mit besonderer Rücksicht auf die Ebene, erwähnen wir noch EGGLESTON [2, 3], OHMANN [2], LEVI [2, 3], MESCHKOWSKI [1, 2], LENZ [1, 2], STEINHAUS [1], BAMBAH [3, 4], FEJES TÓTH [54, 59, 63, 74, 78], HEPPES und SZÜSZ [1], HEPPES [4], MOLNÁR [8], SCHOPP [1], HEPPES und MOLNÁR [1], ZAHN [1], GILBERT [1], KATZANOWA-KARANOWA [1], BLEICHER und FEJES TÓTH [1], DAVENPORT [1], LARMAN [1], MELZAK [1, 3], WILKER [1] und GROEMER [5, 8].

IV.

Mehrere Arbeiten beschäftigen sich mit der Frage, welche reguläre oder affin reguläre Vielecke sich einer konvexen Scheibe ein- bzw. umschreiben lassen, oder allgemeiner mit verschiedenen Eigenschaften konvexer Scheiben, die einer beliebig vorgegebenen konvexen Scheibe ein- bzw. umbeschrieben sind. Siehe z.B. LEVI [1], BÖHME [1], GRÜNBAUM [1], FULTON und STEIN [1], EGGLESTON [1, 3, 6], STEWART [1] und HADWIGER [10].

COURANT [1] gab einen neuen Beweis der FÁRYschen Ungleichung (1, 1). ENNOLA [1] hat gezeigt, daß sich aus jeder zentralsymmetrischen konvexen Scheibe eine Gitterpackung mit der Dichte

$$d \geqq \frac{1}{4} (\sqrt{18} + \sqrt{3} - \sqrt{6}) = 0{,}8813 \dots$$

konstruieren läßt. Dies ist eine Verschärfung von (2, 2).

V.

LÁSZLÓ [1] hat die Ungleichung (1, 1) für nicht kongruente Kreise verallgemeinert: Bedeuten $u_1, \dots, u_n$ die Umfänge von $n \geqq 3$ nicht überlappenden Kreisen auf der Einheitskugel, so gilt

$$u_1 + \dots + u_n \leqq 2\pi n \sqrt{1 - \frac{1}{4} \operatorname{cosec}^2 \omega_n}.$$

Sind die Kreisradien $r_1, \dots, r_n$, so gilt vermutlich

$$r_1 + \cdots + r_n \leqq n \arccos\left(\frac{1}{2}\operatorname{cosec}\omega_n\right).$$

Dies hat Lászó unter der Bedingung, daß entweder max $r_i \leqq 63{,}69°$ oder $n \geqq 9$ ausfällt, bewiesen.

Sind R und r die Um- und Inkugelradien eines konvexen Polyeders mit k Kanten, so gilt nach Florian [2] die Ungleichung

$$\frac{R}{r} \geqq \operatorname{tg}^2\frac{\pi(k+2)}{4k},$$

die allgemeiner und schärfer ist als die die Radien der Minimalkugelschale betreffende Ungleichung (3, 2). Das Gleichheitszeichen wird darin nur vom regulären Tetraeder beansprucht.

Einen Beweis der Tetraederungleichung von D. K. Kasarinoff (S. 120) findet man bei N. D. Kasarinoff [1]. Berkes [1] hat die Ungleichung $R_1 R_2 R_3 R_4 \geqslant 81\, r_1 r_2 r_3 r_4$ bewiesen.

Wir heben ein tiefliegendes Resultat von Florian [12] hervor, nämlich ein Analogon des Momentenlemmas für Polyeder mit vorgegebener Eckenzahl. Hier kommen allgemeine Extremaleigenschaften der regulären Dreieckpolyeder zum Ausdruck. Das entsprechende Problem bei fester Flächenzahl scheint außerordentlich schwierig zu sein.

Mit Hilfe eines allgemeinen Satzes über konvexe Funktionen gelang ◀ 125, 153 es Florian [1], die Konvexität der auf S. 124 definierten Funktion $T(\tau, p)$ nachzuweisen und damit den in § 4 proponierten Beweis der Ungleichung (4, 1) zu vervollständigen. Weiterhin bewies Florian ◀ 128 [1, 2] (s. auch Fejes Tóth [71]) die Ungleichung (5, 3) für alle Polyeder mit $\operatorname{tg}\frac{\pi f}{2k}\operatorname{tg}\frac{\pi e}{2k} \leqq \sqrt{3}$. Es gibt nur sieben Fälle mit $\operatorname{tg}\frac{\pi f}{2k}\operatorname{tg}\frac{\pi e}{2k} > \sqrt{3}$. Diese lassen sich an Hand einer Verschärfung von (5, 3) erledigen (Fejes Tóth [61], H. Florian [1]). Es sei hervorgehoben, daß mit dem ◀ 130 Beweis von (5, 3) zugleich auch die nette Ungleichung (6, 1) ganz allgemein verifiziert ist.

Die Abschätzungsformel (4, 1) wurde vom Verf. [47] für nichteuklidische Polyeder verallgemeinert:

$$V \geqq \frac{2k}{\sqrt{\varkappa^3}}\int\limits_0^{\pi f/2k}\left\{\sqrt{\varkappa r} - \frac{\cos\varphi}{\sqrt{c^2-\sin^2\varphi}}\arctan\left(\operatorname{tg}\sqrt{\varkappa r}\,\frac{\sqrt{c^2-\sin^2\varphi}}{\cos\varphi}\right)\right\}d\varphi,$$

$$c = \sin\frac{\pi f}{2k}\Big/\cos\frac{\pi e}{2k}.$$

Hier bedeutet $\varkappa$ die Raumkrümmung und r den Inkugelradius. Im Grenzfall $\varkappa \to 0$ geht diese Ungleichung in (4, 1) über. Eine entsprechende Ungleichung für den Oberflächeninhalt hat Tomor [1] angegeben.

Auf S. 155 haben wir erwähnt, daß eine zu (5, 3) analoge Ungleichung für den Oberflächeninhalt F eines konvexen Polyeders nur unter der „Fußpunktbedingung" feststeht. FLORIAN [2] hat entsprechende Ungleichungen für die Kantenkrümmung eines konvexen Polyeders aufgestellt, das in einer Einheitskugel enthalten ist bzw. eine solche enthält, jedoch auch nur unter den Fußpunktbedingungen. In einem Sonderfall gelang es aber FLORIAN [9], die Fußpunktbedingung fallen zu lassen. Er hat nämlich gezeigt: Ist M die Kantenkrümmung eines konvexen n-Flachs, das die Einheitskugel enthält, so gilt

$$M \geqq 6(n-2) \sin \omega_n \, (3 \, \mathrm{tg}^2 \omega_n - 1)^{\frac{1}{2}} \, \mathrm{arc} \, \cos \left(\frac{1}{2} \, \mathrm{cosec} \, \omega_n \right)$$

mit Gleichheit genau für die umbeschriebenen regulären Dreikantpolyeder. Wir erwähnen hier noch folgenden speziellen Satz (KRAMMER [2], HEPPES [6]): Unter den Tetraedern, die in einer Einheitskugel enthalten sind, hat das reguläre Tetraeder den größten Flächeninhalt.

Zählt man die Flächen- und Eckenzahl eines Sternpolyeders mit der Multiplizität der Umlaufszahl der Flächen und der Eckenfiguren, so gelten die Ungleichungen (4, 1) und (5, 3) unter gewissen Bedingungen auch für Sternpolyeder (FEJES TÓTH [45], FLORIAN [3]). Gleichheit besteht dann außer für die fünf platonischen Körper auch für die vier KEPLER-POINSOTschen Sternpolyeder.

Die STEINERsche Vermutung bezüglich der isoperimetrischen Eigenschaft des regulären Ikosaeders ist nach wie vor ein offenes Problem. Der Verf. [38] hat gezeigt: Erfüllen die regulären 5-seitigen Pyramiden eine gewisse Extremaleigenschaft, so ist die STEINERsche Vermutung richtig.

Im hyperbolischen Raum wurde die isoperimetrische Eigenschaft der regulären Tetraeder vom Verf. [66] festgestellt. Das entsprechende Problem im sphärischen Raum ist noch nicht gelöst.

Im Zusammenhang mit § 9 sei auf FEJES TÓTH [60, 65] hingewiesen, wo außer den sphärischen Mosaiken auch isoperimetrische Eigenschaften der regulären euklidischen und hyperbolischen Dreikantmosaike diskutiert sind.

143 ▶   Die auf S. 143 ausgesprochene Vermutung, daß unter den konvexen Polyedern mit vorgegebener Inkugel der Würfel die kleinste Kantenlängensumme hat, haben BESICOVITCH und EGGLESTON [1] bewiesen. Das entsprechende Problem für Dreieckpolyeder (S. 144) ist noch nicht gelöst. COXETER [6] betrachtete das Problem in nichteuklidischen Räumen. COXETER und FEJES TÓTH [1] haben gezeigt: Im sphärischen Raum haben unter allen konvexen Dreieckpolyedern vom Inkugelradius arc $\sin \frac{1}{4}$ das Dieder $\{3, 2\}$ *und* das Tetraeder $\{3, 3\}$ die kleinstmögliche Kantenlängensumme; im hyperbolischen Raum ist bei dem Radius

0,364054 ... das Oktaeder $\{3, 4\}$ und bei dem Radius 0,828375 ... das Ikosaeder $\{3, 5\}$ das beste Polyeder.

Wir wollen um eine Einheitskugel ein Netz aus undehnbarem Faden stricken, aus dem die Kugel nicht herausschlüpfen kann. BESICOVITCH [3] hat gezeigt, daß die Länge eines solchen Netzes $> 3\pi$ ist. Die Konstante 3π läßt sich durch keine kleinere ersetzen. Einen neuen Beweis gab CROFT [1].

Wir stellen uns die Kanten eines konvexen Polyeders aus starren dünnen Stangen bestehend vor, die in den Ecken starr miteinander verbunden sind. Wir sagen, daß die Stangen ein *Gerüst* bilden. BESICOVITCH [4] hat gezeigt, daß sich zu jedem $\varepsilon > 0$ ein Gerüst der Gesamtlänge $\frac{2}{3}\pi + 2\sqrt{3} + \varepsilon$ konstruieren läßt, aus dem eine Einheitskugel nicht herausschlüpfen kann, und ABERTH [1] hat bewiesen, daß man mit einem Gerüst der Länge $\leq \frac{8}{3}\pi + 2\sqrt{3}$ nicht auskommt. Hierzu verwendet ABERTH eine auch an und für sich interessante Ungleichung (vgl. S.155): Ist F der Oberflächeninhalt und L die Kantenlängensumme eines konvexen Polyeders, so gilt $6\pi F < L^2$. Beschränkt man sich auf Dreieckpolyeder, so gilt nach KÖMHOFF [1] $12\sqrt{3}\,F \leq L^2$, mit Gleichheit nur für das reguläre Tetraeder. Das Problem, bei vorgegebener Kantenlängensumme das Volumen zu maximalisieren, ist noch nicht gelöst (s. MELZAK [2]). SHEPHARD [1] behandelt eine Variante des BESICOVITCH-ABERTHschen Problems.

Auf die Schwierigkeiten, mit denen die Definition eines Dichtenbegriffs in der hyperbolischen Ebene verbunden ist, hat schon der Verf. [39] hingewiesen. BÖRÖCZKY (s. HEPPES und MOLNÁR [1]) hat aber bemerkt, daß diese Schwierigkeiten tiefer liegen als man im ersten Augenblick erwarten würde. Er hat nämlich ein System aus kongruenten Kreisen und dazu zwei verschiedene Zerlegungen Z_1 und Z_2 der hyperbolischen Ebene in kongruente Zellen konstruiert mit der Eigenschaft, daß die Kreisdichte in jeder Zelle von Z_i denselben Wert d_i aufweist ($i = 1,2$) mit $d_1 \neq d_2$.

Auf der gewöhnlichen Kugel gibt es zu einem Punktsystem zwei ausgezeichnete Zerlegungen, die durch Zentralprojektion der Flächen der konvexen Hülle der Punkte bzw. desjenigen Polyeders entstehen, dessen Flächen die Kugel in den gegebenen Punkten berühren. Die erste Zerlegung läßt sich stets als ein Dreieckmosaik, die zweite als ein Dreikantmosaik ansehen. Wir sprechen von einer *Normaltriangulierung* bzw. von einer *Zerlegung in Dirichletsche Zellen*. Durch modifizierte Definitionen lassen sich diese Zerlegungen auch in die euklidische und hyperbolische Ebene übertragen (vgl. S.60). Bei der Aussage auf S.157 bezüglich der Dichte einer Kreispackung handelt es sich um eine Normaltriangulierung.

In demselben Sinn gilt für die Dichte D einer Kreisüberdeckung
(s. FEJES TÓTH [40])

$$D \geqq \frac{\sqrt{12}\,\mathrm{ctg}\,\frac{\pi}{k} - 6}{k - 6} \; ; \quad \mathrm{ctg}\,\frac{\pi}{k} = \sqrt{3}\,\cos\frac{r}{R}\,.$$

Diese Schranke strebt für $k \to \infty$ streng abnehmend dem Grenzwert
$\sqrt{12}/\pi$ zu (s. KRAMMER [1]). Folglich haben wir $D > \sqrt{12}/\pi$. Werden auch
Packungen und Überdeckungen von Horozyklen (Kreise von unend-
lichem Radius) zugelassen, so gelten die Ungleichungen (FEJES TÓTH
[42, 49]) $D \leqq 3/\pi$ bzw. $D \geqq \sqrt{12}/\pi$.

Die auf S. 157 angegebene Dichtenschranke ist in Abb. 136 durch die
obere Kurve dargestellt. MOLNÁR [9, 10, 13] gelang es, diese Schranke
noch zu verschärfen (untere Kurve in Abb. 136). Es sei k ein Kreis vom
Radius r, K ein konzentrischer Kreis vom Radius R, wo R der Umkreisradius eines gleichseitigen Dreiecks der Seitenlängen $2r$ ist, und P ein K
einbeschriebenes Polygon, dessen Seiten mit Ausnahme von höchstens
einer Seite k berühren. Dann ist die MOLNÁRsche Schranke k/P. Man muß
aber betonen, daß hier eine Zerlegung in DIRICHLETsche Zellen in Betracht gezogen wurde.

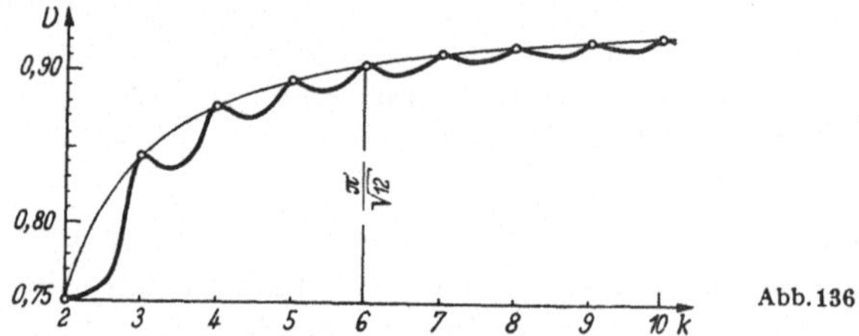

Abb. 136.

MOLNÁR [16] hat dichteste Kreispackungen und dünnste Kreisüberdeckungen auf Flächen konstanter Krümmung unter der Bedingung
untersucht, daß die Kreisradien in einem vorgegebenen Intervall liegen.
Nach wohlbegründeten Vermutungen von MOLNÁR sind hier mannigfaltige interessante Extremalfiguren zu erwarten.

Wegen der genannten Schwierigkeiten, die bei der Einführung eines
Dichtenbegriffs in der hyperbolischen Ebene auftreten, ist es zweckmäßig, Dichtenschranken bezüglich eines endlichen Gebietes anzugeben.
MOLNÁR [11] hat gezeigt, daß seine obige Dichtenschranke auch für die
Packungsdichte von Kreisen vom Radius r in einem Vieleck gilt, dessen
sämtliche Winkel $\leqq 2\pi/3$ sind. Erwähnt sei noch hier folgender schöne
Satz von Frau M. IMRE [1]: Wir betrachten ein reguläres (sphärisches,
euklidisches oder hyperbolisches) Dreikantmosaik. Der In- und Umkreisradius einer Mosaikfläche seien r und R. Wir greifen eine endliche Anzahl
n von verschiedenen Mosaikflächen beliebig heraus und bezeichnen die
Vereinigung dieser Flächen mit V. Ist $r \leqq \varrho \leqq R$, so erreicht der Flächen-

inhalt des von n Kreisen vom Radius ϱ überdeckten Teiles von V sein Maximum, wenn die Kreise mit den ausgewählten Mosaikflächen konzentrisch sind.

Wir nennen eine Kreispackung (Kreisüberdeckung) *solid*, wenn keine endliche Teilmenge der Kreise sich so umordnen läßt, daß eine zu der ursprünglichen Packung (Überdeckung) inkongruente Packung (Überdeckung) entsteht (s. FEJES TÓTH [80]). Grob ausgedrückt: Hebt man von einer soliden Kreispackung (Kreisüberdeckung) in beliebiger Weise endlich viele Kreise heraus, so kann man diese nur an ihre ursprünglichen Stellen zurücklegen. (MELZAK [3] benützt die Benennung einer soliden Kreispackung in einem anderen Sinne.) Aus dem obigen Satz von Frau IMRE folgt leicht, daß die Flächeninkreise eines Mosaiks $\{k, 3\}$ ($k = 2, 3, \ldots$) eine solide Packung und die Flächenumkreise eines Mosaiks $\{k, 3\}$ ($k = 3, 4, \ldots$) eine solide Überdeckung bilden. Es läßt sich aber vermuten, daß auch die Flächeninkreise und Flächenumkreise eines jeden archimedischen Dreikantmosaiks eine solide Kreispackung und Kreisüberdeckung bilden. Dies kann man mit Hilfe eines allgemeinen Satzes in vielen Fällen tatsächlich zeigen (s. FEJES TÓTH [80]). Als Beispiele seien das „Fußballmosaik", d.h. das Mosaik des Ikosaederstumpfs $(5, 6, 6)$,sowie die hyperbolischen Mosaike $(6, 6, 7)$ und $(8, 8, 5)$ erwähnt.

Wir heben noch folgenden Spezialfall der obigen Vermutung hervor: Ergänzt man die Flächeninkreise eines regulären (sphärischen, euklidischen oder hyperbolischen) Mosaiks durch die Lückeninkreise, so entsteht eine solide Kreispackung. Dies trifft für die euklidischen Mosaike $\{6, 3\}$ und $\{3, 6\}$ tatsächlich zu, weil die Flächeninkreise von $\{6, 3\}$ für sich eine solide Packung bilden (Abb. 73, S. 78), und bei $\{3, 6\}$ die Ergänzung der Flächeninkreise zu den Flächeninkreisen eines Mosaiks $\{6, 3\}$ führt. Im Falle des dritten regulären euklidischen Mosaiks, nämlich des Mosaiks $\{4, 4\}$ gelang es aber bisher nicht, die Solidität der entsprechenden Kreispackung (Abb. 72, S. 78) nachzuweisen, obwohl das Problem für das sphärische Mosaik $\{3, 3\}$ und für die hyperbolischen Mosaike $\{5, 5\}$, $\{6, 6\}$, $\{7, 7\}, \ldots$ in positivem Sinne erledigt ist.

Die mannigfaltigen regulären Kreispackungen auf einer Fläche konstanter Krümmung (s. FINSTERWALDER [1]) dürften Anregung zur Untersuchung weiterer Extremalprobleme geben. Gewisse Extremalprobleme bei Polyedern scheinen auch bei der Konstruktion von Stahlkuppeln von Interesse zu sein (s. MAKOWSKI [1]).

VI.

Die Probleme der dichtesten sphärischen Kreispackung und der dünnsten sphärischen Kreisüberdeckung durch n kongruente Kreise lasssen sich folgendermaßen interpretieren (s. MESCHKOWSKI [2], G. FEJE TÓTH [2]):

Auf einem Planeten herrschen n einander feindliche Diktatoren. Wie sind die Residenzen dieser Herren zu verteilen, damit der Mindestabstand zwischen zwei beliebigen von ihnen möglichst groß wird?

Auf einem Planeten herrschen n verbündete Diktatoren. Wie sollen diese Herren ihre Residenzen verteilen, damit sie den Planeten am besten kontrollieren können in dem Sinne, daß der Maximalabstand zwischen einem Planetenpunkt und der nächsten Residenz möglichst klein wird?

Diese Probleme, zusammen mit dem durch die Ungleichung (V. 8.2) (S. 137) für $n = 3, 4, 6$ und 12 gelösten allgemeinen Problem, sowie die entsprechenden Probleme in höheren Dimensionen scheinen in der Biologie (TAMMES [1], VAN DER WAERDEN [2], SERBAN und STROILĂ [1], GOLDBERG [6], FEJES TÓTH [71]), in der Informationstheorie (VAN DER WAERDEN [2], LANDAU und SLEPIAN [1]) und auch in der Stereochemie eine Rolle zu spielen.

67, 169 ▶   Das Problem der 24 feindlichen Diktatoren hat mit Hilfe einer für alle Werte von $n \geqq 12$ gültigen Abschätzungsformel ROBINSON [1] gelöst. Wie vermutet wurde (S. 167), liegen die Punkte in den Ecken des Körpers $(3, 3, 3, 3, 4)$. Diese bemerkenswerte Leistung zeigt, wie man ein Extremalproblem mit über vierzig Veränderlichen, das mit den klassischen Mitteln der Analysis unzugänglich ist, durch geometrische Überlegungen bewältigen kann.

Die durch SCHÜTTE und VAN DER WAERDEN begonnene Konstruktion günstiger Punktverteilungen wurde durch mehrere Autoren fortgesetzt (s. JUCOVIČ [1], GOLDBERG [3, 4, 5, 6], STROHMAJER [1], ROBINSON [2]). Solche Anordnungen sind für jede Punktanzahl $n \leqq 26$ und für $n = 28, 30 - 33, 42, 44, 47, 48, 52, 59, 60, 80, 110, 119, 120$ und 122

167 ▶   bekannt. Die auf S. 167 für $n = 32$ beschriebene Anordnung hat GOLDBERG verbessert.

ROBINSON [2] hat die Frage gestellt, für welche Werte von n $a_{n-1} = a_n$ gilt, wobei a_n den maximalen Minimalabstand im Problem der feindlichen Diktatoren bedeutet. Wir wissen, daß $n = 6$ eine solche Zahl ist, und wahrscheinlich gilt dasselbe auch für $n = 12$. Die einzigen weiteren Werte, die hier nach ROBINSON vermutlich in Frage kommen, sind $n = 24, 48, 60$ und 120. ROBINSON unterstützt diese Vermutung durch die Untersuchung eines anderen Problems, zu dem er durch das erste Problem geführt wurde: Gesucht werden diejenigen Punktverteilungen, deren Graphen nur Punkte 5. Grades enthalten. ROBINSON hat gezeigt, daß außer den 12, 24 bzw. 60 Ecken des Ikosaeders $\{3, 5\}$ und der archimedischen Körper $(3, 3, 3, 3, 4)$ und $(3, 3, 3, 3, 5)$ nur zwei weitere Punktsysteme mit dieser Eigenschaft existieren; ihre Punktzahl beträgt 48 und 120.

Mit Hilfe des Begriffes der Maximalpackung (S. 200) läßt sich der ROBINSONsche Satz folgendermaßen ergänzen (FEJES TÓTH [83]): Bilden auf einer Kugel n kongruente Kreise eine Maximalpackung, so ist $n = 1, 2, 3, 4, 6, 8, 9, 12, 24, 48, 60$ oder 120.

Das Problem der n verbündeten Diktatoren wurde für $n = 5$ und 7 ◄ 171
durch Schütte [1] und für $n = 10$ und 14 durch G. Fejes Tóth [2]
gelöst. Wir fassen ihre Ergebnisse mit den schon früher erledigten Fällen
von 6 und 12 Punkten in folgendem Satz zusammen:

Wir betrachten die Residenzen n verbündeter Diktatoren in einer
günstigsten Lage. Ist $n = 5, 6$ oder 7, so liegen die Punkte in den Ecken
einer regulären Doppelpyramide. Für $n = 10, 12$ oder 14 sind die Punkte
die Ecken einer regulären antiprismatischen Doppelpyramide.

Eine *antiprismatische Doppelpyramide* entsteht, wenn man auf die
Grund- und Deckfläche eines Antiprismas je eine Pyramide setzt. Ist
der Körper einer Kugel einbeschrieben und sind alle seine Flächen
kongruent, so heißt er regulär (Abb. 137).

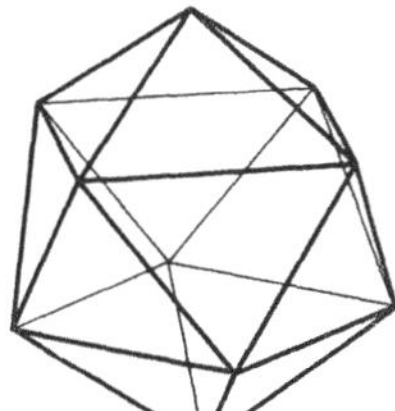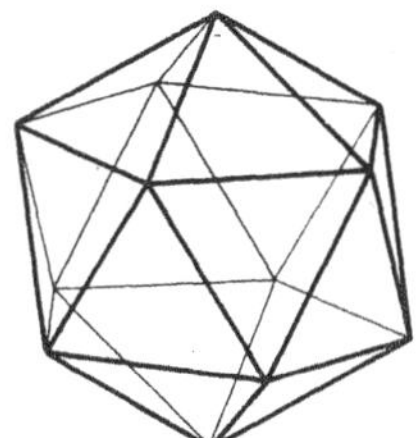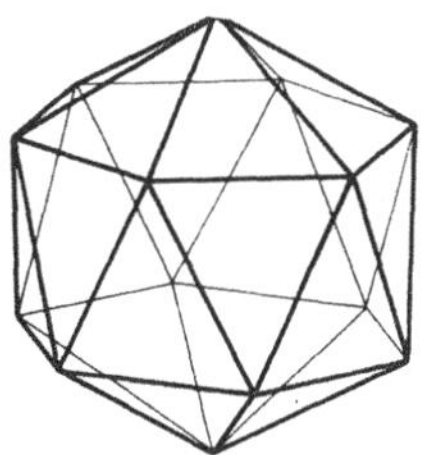

Abb. 137.

Günstige Anordnungen von 8, 9, 16, 20 und 32 Punkten haben
Schütte [1], Jucovič [2] bzw. G. Fejes Tóth [2] konstruiert.

Wir kennen einige Punktanordnungen, die bezüglich der Probleme
der feindlichen und verbündeten Diktatoren gleicherweise extremal sind,
und zwar die Ecken der Mosaike $\{2, 3\}$, $\{3, 2\}$, $\{3, 3\}$, $\{3, 4\}$, $\{3, 5\}$ und
die Ecken und Flächenmittelpunkte von $\{2, 3\}$. Gibt es weitere derartige
Punktsysteme? Diese Frage ist noch nicht beantwortet.

Wir betrachten gewisse Punktsysteme, die einer stärkeren Bedingung
unterworfen sind. Wir schlagen um die Punkte Kreise vom Radius r und
verlangen, daß der Inhalt des von den Kreisen überdeckten Teiles der
Kugel im Vergleich zu jeder anderen Lage der Punkte maximal sei
(s. S. 140). Trifft dies bei jedem Wert von r zu ($0 < r \leqq \pi/2$), so nennen
wir das Punktsystem *vollkommen*. Der Verf. [86] hat gezeigt, daß die
einzigen vollkommenen Punktsysteme aus den Ecken der Mosaike $\{2, 3\}$,
$\{3, 2\}$, $\{3, 3\}$, $\{3, 4\}$ und $\{3, 5\}$ bestehen.

Ein interessantes Forschungsgebiet ist die Untersuchung der beiden
Diktatorenprobleme in der elliptischen Ebene, d. h. auf der Kugel mit
der zusätzlichen Bedingung, daß das Punktsystem bezüglich des Kugelmittelpunktes symmetrisch sei. Wir geben hier die Lösungen des Problems der n feindlichen elliptischen Diktatoren für $n \leqq 6$ an (Fejes Tóth
[68]). Die Lösungen sind durch die antipodischen Eckenpaare des betreffenden sphärischen Mosaiks gegeben. $n = 2$: $\{4, 2\}$, $n = 3$: $\{3, 4\}$,
$n = 4$: $\{4, 3\}$, $n = 5$: $(3, 3, 3, 5)$, $n = 6$: $\{3, 5\}$. In der elliptischen Ebene

haben diese Punktsysteme die Eigenschaft, daß der Abstand zwischen allen $\binom{n}{2}$ Punktpaaren gleich ist. Die Punktsysteme mit dieser Eigenschaft haben in höherdimensionalen elliptischen Räumen LINT und SEIDEL [1] betrachtet. Es wäre interessant, diese Punktsysteme auch vom Gesichtspunkt des Problems der feindlichen Diktatoren aus zu untersuchen.

Günstige Konfigurationen bezüglich des Problems der n verbündeten Diktatoren in der elliptischen Ebene hat für mehrere Werte von n G. FEJES TÓTH [2] angegeben. Eine interessante Anordnung ist durch die Flächenmittelpunkte des kuboktaedrischen Mosaiks (3, 4, 3, 4) gegeben (Abb. 138), die bezüglich beider Diktatorenprobleme eine beste Verteilung von 7 Punkten darzustellen scheint.

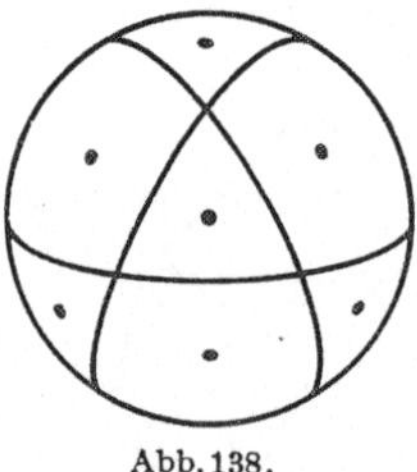

Abb. 138.

168 ▶   Die auf S. 168 als Vermutung ausgesprochene Ungleichung $D_n \geqq D_5$ hat MOLNÁR [3] bewiesen.

Neue Beweise für die Ungleichung $a_{13} < 60°$, aus der die Lösung des „Problems der 13 Kugeln" folgt, haben SCHÜTTE und VAN DER WAERDEN [2] und LEECH [1] gegeben. Die HABICHT-VAN DER WAERDENsche Ungleichung $T_n \geqq (n - 2) T_3$ (S. 170) wurde von BOLLOBÁS [2] in einer gewissen Richtung verallgemeinert.

Auf der Einheitskugel sei eine Punktfolge $P_1, P_2, \ldots$ beliebig vorgegeben. b_n bedeute den sphärischen (oder euklidischen) Mindestabstand zwischen den Punkten $P_1, \ldots, P_n$. Dann gilt — wie GROEMER [2] gezeigt hat —

$$\liminf b_n \sqrt{n} \leqq \frac{2}{\sqrt{\log 4 - 1}} = 3{,}22 \ldots .$$

Stellen wir uns vor, daß zwischen den Punkten $P_1, \ldots, P_n$, die sich auf einer Kugelfläche frei bewegen, eine gegenseitige abstoßende Kraft wirkt. Dann werden die Gleichgewichtslagen der Punkte durch die extremalen und stationären Werte der Summe $\sum F(\overline{P_i P_j})$ $(1 \leqq i, j \leqq n, i \neq j)$ gekennzeichnet, wo die Funktion F von der Kraft abhängt. Bei einer COULOMBschen Kraft handelt es sich z. B. um das Minimum von $\sum 1/\overline{P_i P_j}$. Derartige Probleme spielen in der Stereochemie eine wesentliche Rolle. Da aber die Kräfte, die die verschiedenen Bindungen zustande bringen, noch bei weitem nicht geklärt sind, ist das obige Extremalproblem wegen der Sammlung von Erfahrungen für jede Funktion von Interesse.

Wir betrachten zwei derartige Probleme, die auch von einem geometrischen Gesichtspunkt aus interessant sind, und die sich in merkwürdiger Weise für alle Werte von $n \geqq 2$ einfach lösen lassen.

1. Gesucht werden diejenigen Verteilungen der Punkte $P_1, \ldots, P_n$ auf der Einheitskugel, für die $\sum \overline{P_i P_j}^2$ den größtmöglichsten Wert erreicht.

2. Gesucht werden diejenigen Lagen der Punkte $P_1, \ldots, P_n$, für die $\sum \widehat{P_i P_j}$ den größtmöglichsten Wert erreicht, wo $\widehat{P_i P_j} = 2 \arcsin \frac{1}{2} \overline{P_i P_j}$ den sphärischen Abstand zwischen P_i und P_j bedeutet.

Wie E. MAKAI (s. FEJES TÓTH [46]) bemerkt hat, gilt $\sum \overline{P_i P_j}^2 \leqq n^2$ und Gleichheit besteht nur dann, wenn die von dem Kugelmittelpunkt nach den Punkten hinweisenden Vektoren in Gleichgewicht sind. Weitere analoge Probleme sind in HILLE [1] behandelt.

Bei der Lösung des zweiten Problems spielt die Parität von n eine Rolle. Ist $n = 2k$, so gilt $\sum \widehat{P_i P_j} \leqq \pi k^2$, und Gleichheit wird genau dann erreicht, wenn das Punktsystem bezüglich des Kugelmittelpunktes symmetrisch ist. Für $n = 2k + 1$ haben wir $\sum \widehat{P_i P_j} \leqq \pi k(k + 1)$. Gleichheit gilt hier genau dann, wenn diejenigen Punkte, die keinen antipodischen Partner haben, so auf einem Großkreis verteilt sind, daß die durch einen beliebigen Punkt bestimmten beiden offenen Halbkreise eine gleiche Anzahl von Punkten enthalten. Den Fall $n = 4$ hat FROSTMAN [1], die Fälle $n = 5$ und 6 der Verf. [55], die Fälle $n = 2k$ ($k = 1, 2, \ldots$) SPERLING [1] und den allgemeinen Fall NIELSEN [1] erledigt (vgl. auch LARCHER [1]). Das entsprechende Problem in der elliptischen Ebene ist, abgesehen von den Fällen $n \leqq 6$ (FEJES TÓTH [55]), noch nicht gelöst.

LEECH [2] hat diejenigen sphärischen Punktsysteme betrachtet, die bei jeder nur von dem Abstand abhängenden Kraft im (stabilen oder labilen) Gleichgewicht sind. Es stellte sich heraus, daß die einzigen derartigen Systeme entweder die Ecken eines Mosaiks $\{p, q\}$ $\left(p, q \geqq 2, \frac{1}{p} + \frac{1}{q} > \frac{1}{2}\right)$ oder die Ecken und Flächenmittelpunkte eines Mosaiks $\{2, q\}$ ($q > 2$) sind.

In V. § 5 (S. 126) haben wir das Problem betrachtet, n Punkte auf der Kugel so zu verteilen, daß das Volumen ihrer konvexen Hülle maximal sei. Wir sahen, daß die extremalen Körper für $n = 4$, 6 und 12 die regulären Dreieckpolyeder sind. Außerdem war die Lösung auch in dem einfachen Fall $n = 5$ bekannt: Der extremale Körper ist eine reguläre 3-seitige Doppelpyramide. Neulich haben BERMAN und HANES [1] das Problem für $n = 7$ und 8 gelöst.

FEJES TÓTH [52] und HEPPES [2] haben gewisse extremale Verteilungen von Großkreisen auf der Kugel untersucht.

VII.

Die dichteste Gitterpackung von Kugeln war schon GAUSS bekannt. Dagegen wurde die dünnste gitterförmige Kugelüberdeckung des gewöhnlichen Raumes erst 1954 durch BAMBAH [1] bestimmt. Wie es zu erwarten war (S. 174), bilden die Kugelmittelpunkte ein raumzentrisches Würfelgitter. Einfachere Beweise rühren von BARNES [1] und FEW [3] her.

Für das Problem der dichtesten Gitterpackung von Tetraedern hat sich schon MINKOWSKI interessiert. GROEMER [6] hat eine Gitterpackung von Tetraedern von der Dichte 18/49 konstruiert. HOYLMAN [1] hat gezeigt, daß sich diese Dichte durch keine gitterförmige Tetraederpackung übertreffen läßt.

Wir schlagen um die Ecken eines regulären n-dimensionalen Simplexes Kugeln vom Radius r bzw. R, wo $2r$ die Kantenlänge und R der Umkugelradius des Simplexes ist, und bezeichnen die Kugeldichte im Simplex mit d_n bzw. D_n. ROGERS [4] (s. auch BARANOVSKIJ [2]) hat gezeigt, daß im n-dimensionalen euklidischen Raum die Dichte einer beliebigen Packung kongruenter Kugeln nie größer ist als d_n. In ähnlicher Weise haben COXETER, FEW und ROGERS [1] gezeigt, daß die Dichte einer Überdeckung des n-dimensionalen euklidischen Raumes durch kongruente Kugeln nie kleiner ist als D_n. Dies sind zwei der wichtigsten Beiträge zu der Theorie der Lagerungen und Überdeckungen.

Wir nennen d_n und D_n die *simplizialen*, im Falle $n = 3$ auch die *tetraedrischen, Dichtenschranken*. Für $n = 2$ stimmen sie mit den bekannten genauen Schranken $d_2 = \pi/\sqrt{12}$ und $D_2 = \pi/\sqrt{27}$ überein. Für $n = 3$ haben wir

$$d_3 = \sqrt{18}\left(\arccos\frac{1}{3} - \frac{\pi}{3}\right) = 0,7797\ldots,$$

$$D_3 = \frac{9\sqrt{3}}{2}\left(\arccos\frac{1}{3} - \frac{\pi}{3}\right) = 1,431\ldots.$$

Diese Schranken weichen um ein wenig mehr als 5% bzw. 2% von den vermutlich besten Schranken $\pi/\sqrt{18}$ bzw. $5\sqrt{5}\,\pi/24$ ab.

In den nichteuklidischen Räumen hängen natürlich die simplizialen Dichtenschranken von dem Kugelradius ab. Es läßt sich vermuten, daß diese Dichtenschranken auch hier obere und untere Schranken für die Dichte jeder Packung bzw. Überdeckung durch mindestens drei kongruente Kugeln liefern. Auf die interessanten Folgerungen, die sich aus dieser naheliegenden Vermutung ergeben würden, haben FEJES TÓTH [41, 53] und COXETER [2] hingewiesen.

Im Falle der Packung gelang es BÖRÖCZKY (s. BÖRÖCZKY und FLORIAN [1]), diese Vermutung für die Dimensionszahl $n = 3$ nachzuweisen. Genauer hat BÖRÖCZKY gezeigt: Ist in einem 3-dimensionalen Raum konstanter Krümmung eine Packung kongruenter Kugeln vorgegeben, so ist die Kugeldichte in keiner DIRICHLETschen Zelle größer als die zu dem entsprechenden Kugelradius gehörige tetraedrische Dichtenschranke.

Betrachten wir die Zelleninkugeln eines 3-dimensionalen sphärischen Mosaiks $\{3, 3, 3\}$, $\{4, 3, 3\}$ oder $\{5, 3, 3\}$ (s. COXETER [1] oder FEJES TÓTH [71]). Hier stimmt die Kugeldichte in den DIRICHLETschen Zellen (d.h. in den Mosaikzellen) mit der tetraedrischen Dichtenschranke überein. Deshalb bilden die Kugeln eine dichteste Packung. Mit anderen Worten liefern die Ecken eines Mosaiks $\{3, 3, 3\}$, $\{3, 3, 4\}$ oder $\{3, 3, 5\}$ je eine ◀ 188 Lösung des Problems der 5,8 bzw. 120 feindlichen Diktatoren auf einer 4-dimensionalen Kugel.

Wie FLORIAN (s. BÖRÖCZKY und FLORIAN [1]) gezeigt hat, ist im hyperbolischen Raum die tetraedrische Dichtenschranke $d_3 = d_3(r)$ eine streng zunehmende Funktion des Kugelradius r. Ist also im hyperbolischen Raum eine Packung kongruenter Kugeln beliebig vorgegeben, so ist die Kugeldichte in jeder DIRICHLETschen Zelle $\leq \lim_{r \to \infty} d_3(r) = d_3(\infty)$.

Im hyperbolischen Raum existiert ein merkwürdiges Mosaik $\{6, 3, 3\}$, dessen Zellen Horosphären (Kugeln vom unendlichen Radius) umbeschriebene entartete euklidische Polyeder $\{6, 3\}$ sind. Betrachten wir die aus den Zelleninkugeln dieses Mosaiks bestehende Horosphärenpackung. Die Zellen des dualen Mosaiks $\{3, 3, 6\}$ sind asymptotische Tetraeder $\{3, 3\}$ und die Horosphärendichte ist in jedem dieser Tetraeder $d_3(\infty)$. Dies bedeutet, daß sich die Dichtenschranke $d_3(\infty)$ durch die betrachtete Horosphärenpackung erreichen läßt. Wir können also sagen, daß im hyperbolischen Raum unter allen Packungen kongruenter Kugeln (von endlichem oder unendlichem Radius) die dichteste Packung durch die Zelleninkugeln von $\{6, 3, 3\}$ gegeben ist.

$d_3(\infty)$ und die entsprechende tetraedrische Dichtenschranke $D_3(\infty)$ $= \lim_{r \to \infty} D_3(r)$ bei Überdeckungen lassen sich folgendermaßen darstellen (COXETER [2], ZEITLER [1]):

$$d_3(\infty) = \left(1 + \frac{1}{2^2} - \frac{1}{4^2} - \frac{1}{5^2} + \frac{1}{7^2} + \frac{1}{8^2} - \cdots\right)^{-1} \approx 0{,}853,$$

$$D_3(\infty) = \left(1 - \frac{1}{2^2} + \frac{1}{4^2} - \frac{1}{5^2} + \frac{1}{7^2} - \frac{1}{8^2} + \cdots\right)^{-1} \approx 1{,}280.$$

Eine systematische Behandlung der räumlichen hyperbolischen Mosaike findet man bei COXETER [3].

Wir erinnern an die Tatsache (S. 114), daß sich die gewöhnliche Kugelfläche durch mindestens drei kongruente Kreise weder so dicht packen noch so dünn überdecken läßt wie die euklidische Ebene. Es ist bemerkenswert, daß, wenn wir um eine Dimension höher gehen, eine analoge Aussage nicht mehr zu erwarten ist. Betrachten wir nämlich die Zelleninkugeln und Zellenumkugeln des sphärischen Mosaiks $\{5, 3, 3\}$. Diese bilden je eine Packung bzw. Überdeckung des sphärischen Raumes (d.h. der Oberfläche der 4-dimensionalen Kugel) durch 120 kongruente Kugeln. Die Packungs- bzw. Überdeckungsdichte beträgt

$$\frac{60}{\pi}\left(\frac{\pi}{5} - \sin\frac{\pi}{5}\right) = 0{,}774 \ldots$$

bzw.

$$\frac{60}{\pi}\left(\omega - \sin\omega\right) = 1{,}439 \ldots, \quad \omega = \frac{2\pi}{3} - \operatorname{arc\,cos}\frac{1}{4}.$$

Diese Werte sind aber größer bzw. kleiner als $\pi/\sqrt{18}$ bzw. $5\sqrt{5}\,\pi/24$, d.h. als die Dichten der vermutlich dichtesten Kugelpackung und der vermutlich dünnsten Kugelüberdeckung des euklidischen Raumes.

COXETER [7] hat durch spezielle Konstruktionen untere Schranken für die NEWTONsche Zahl N^n einer n-dimensionalen Kugel angegeben. Aus der Hypothese der Gültigkeit der simplizialen Dichtenschranke für Kugelpackungen in sphärischen Räumen ergeben sich ferner obere Schranken für N^n, die COXETER in eleganter Weise berechnet. Für $n \leq 3$ sind die Werte von N^n bekannt: $N^1 = 2$, $N^2 = 6$, $N^3 = 12$. Wir lassen hier die COXETERschen Schranken folgen: $24 \leq N^4 \leq 26$, $40 \leq N^5 \leq 48$, $72 \leq N^6 \leq 85$, $126 \leq N^7 \leq 146$, $240 \leq N^8 \leq 244$.

Die Ungleichung $N^4 \geq 24$ sieht man folgendermaßen ein. Man spiegle eine 4-dimensionale Einheitskugel E an den Zellen eines umbeschriebenen Würfels. Es entstehen 8 disjunkte Einheitskugeln, die alle E berühren. Da nun der Abstand zwischen dem Würfelmittelpunkt und einer Ecke $\sqrt{1 + 1 + 1 + 1} = 2$ beträgt, berühren auch die um die 16 Ecken geschlagenen Einheitskugeln E. Aus Symmetriegründen berühren diese Kugeln je 4 der vorigen Kugeln, ohne eine dieser Kugeln zu überlappen oder übereinanderzugreifen. Wir haben also $8 + 16 = 24$ sich nicht überlappende Kugeln, die alle E berühren.

Mit Rücksicht auf den BÖRÖCZKYschen Satz über die tetraedrische Dichtenschranke steht auch die Ungleichung $N^4 \leq 26$ fest.

Es sei N^n_k die k-te NEWTONsche Zahl einer n-dimensionalen Kugel. Es gilt $N^1_2 = 4$ und, wie erwähnt wurde, $N^2_2 = 18$. FEJES TÓTH und HEPPES [3] haben gezeigt, daß $56 \leq N^3_2 \leq 63$ und $168 \leq N^4_2 \leq 232$. Die untere Schranke $N^3_2 \geq 56$ ergibt sich durch die Abzählung der ersten und zweiten Nachbarn einer Kugel in der trapezo-rhombendodekaedrischen Packung. Das Ergebnis ist $12 + 44 = 56$. Es ist interessant, daß sich bei der entsprechenden Abzählung in der rhombendodekaedrischen Packung nur $12 + 42 = 54$ ergibt. Dies dürfte bei der noch ungeklärten Frage eine Rolle spielen, warum gewisse Metalle eine trapezo-rhomben-dodekaedrische, andere eine rhombendodekaedrische Kristallstruktur zeigen. In der durch KORKINE und ZOLOTAREFF 1872 bestimmten dichtesten Gitterpackung 4-dimensionaler Kugeln ist die entsprechende Zahl $24 + 144 = 168$. Hier bilden die Kugelmittelpunkte ein raumzentriertes Würfelgitter.

H. Hornich hat die Frage gestellt, durch wieviele materielle Einheits-kugeln sich eine ebensolche Kugel radial verdecken läßt, in dem Sinne, daß jede vom Mittelpunkt der zu verdeckenden Kugel ausstrahlende Halbgerade eine Deckkugel treffen soll. Es sei $H(r)$ die Mindestzahl der Einheitskugeln, mit denen sich eine Kugel vom Radius r radial verdecken läßt. Als eine einfache Folgerung von (V. 1.2) (S. 114) hat der Verf. [57] folgende Ungleichung bewiesen:

$$M(r) > \frac{12\alpha}{6\alpha - \pi}, \quad \frac{\pi}{6} < \alpha = \operatorname{arc\,tg} \frac{1+r}{\sqrt{6r+3r^2}} < \frac{\pi}{2}.$$

Hieraus ergibt sich für die Hornichsche Zahl $H = H(1)$ die untere Schranke $H \geq 19$, die später von Heppes [11] durch die schärfere Schranke $H \geq 24$ ersetzt wurde. Danzer [1] hat durch eine spezielle Konstruktion gezeigt, daß $H \leq 42$ ist.

Es läßt sich zeigen (Fejes Tóth [57]), daß sich ein Punkt und sogar jede genügend kleine Kugel durch 6 Einheitskugeln verdecken läßt. Grünbaum [2] hat bewiesen, daß 5 Kugeln nicht ausreichen. Dies läßt sich durch die Gleichung $H(0) = 6$ interpretieren. Außer für $r = 0$ ist der Wert von $H(r)$ für keinen Wert von r bekannt. Aus der obigen Un-gleichung für $H(r)$ folgt aber $H(r) > 8\pi r^2/\sqrt{27}$. Diese Abschätzung ist für große Werte von r asymptotisch genau.

Wir betrachten eine *Kugelwolke* von der Dicke d, d. h. eine Menge von Kugeln, die so zwischen zwei „horizontalen" Ebenen vom Abstand d eingelagert sind, daß die Menge gegenüber vertikalen Strahlen undurch-dringlich ist. Ist die Menge gegenüber allen nicht horizontalen Strahlen undurchdringlich, so sprechen wir von einer *Dunkelwolke*.

Es ist nicht schwer zu zeigen (Fejes Tóth [57]), daß die Dicke einer Einheitskugelwolke stets $\geq 2 + \sqrt{2}$ ist. Gleichheit gilt nur dann, wenn die Wolke aus zwei quadratischen Kugelschichten besteht, die so aufein-ander liegen, daß jede Kugel der einen Schicht genau vier Kugeln der anderen Schicht berührt. Legt man k derartige Wolken aufeinander, so entsteht eine k-fache Wolke von der Dicke $(2k - 1)\sqrt{2} + 2$. Heppes [7] hat aber gezeigt, daß die kleinstmögliche Dicke einer k-fachen Wolke von Einheitskugeln für $k > 1$ kleiner ist als $(2k - 1)\sqrt{2} + 2$.

Heppes [5] hat bemerkt, daß eine Gitterpackung von Kugeln stets in drei linear unabhängigen Richtungen durchsichtig ist. Dies zeigt, daß nicht einmal die Existenz einer aus kongruenten Kugeln bestehende Dunkelwolke trivial ist. Es gelang jedoch Böröczky [2] eine verhältnis-mäßig dünne derartige Dunkelwolke zu konstruieren. Wir greifen von einer dichtesten gitterförmigen Kugelpackung vier aufeinanderfolgende hexagonale Kugelschichten s_0, s_1, s_2, s_3 heraus. Böröczky zeigt, daß diese, zusammen mit den Spiegelbildern s_{-1}, s_{-2}, s_{-3} von s_1, s_2, s_3 an der Mittel-ebene von s_0, eine Dunkelwolke bilden, und behauptet ohne Beweis, daß dasselbe auch für s_{-2}, s_{-1}, s_0, s_1, s_2 gilt. Den obigen Satz von HEPPES hat HORTOBÁGYI [1] verschärft. Er hat gezeigt, daß sich eine Gitterpackung von Einheitskugeln in drei unabhängigen Richtungen mit einem zylinderförmigen Lichtbündel vom Radius $\frac{3\sqrt{2}}{4} - 1 = 0{,}06065 \ldots$ durchleuchten läßt. Wie das Beispiel der dichtesten gitterförmigen Kugelpackung zeigt, läßt sich diese Konstante durch keine größere ersetzen.

HORVÁTH und MOLNÁR [1] haben dichteste Kugelpackungen in einem von zwei parallelen Ebenen begrenzten Raumteil untersucht. Es wird u. a. gezeigt, daß diejenigen Packungen, die aus zwei hexagonalen bzw. zwei quadratischen Kugelschichten bestehen, bei entsprechendem Abstand der Ebenen extremal sind.

Von der weiteren neueren Literatur der Packungen und Überdeckungen erwähnen wir hauptsächlich jene Arbeiten, die sich mit dreidimensionalen Problemen beschäftigen, bzw. die auch in niedrigen Dimensionen interessant sind: SANTALÓ [2], MACK [1], KOSINSKI [1], COXETER [4], GILBERT [1], ROGERS [5], BARANOVSKIJ [1], SCHAER [2, 3, 4], LARMAN [2], RANKIN [2, 3], ERDŐS und ROGERS [1], GROEMER [4, 7, 9], MOLNÁR [11], WESTER [1], SCHÜTTE [2], HADWIGER [13], HLAWKA [2]. Die Theorie der Packungen hat offensichtlich Berührungspunkte mit praktischen Problemen. Wir verweisen z. B. auf BURMESTER [1] und GRAN OLSSON [1]. Eine ausgezeichnete Darstellung der n-dimensionalen Theorie ist im Buch von ROGERS [6] enthalten. Mannigfaltige zahlentheoretische Beziehungen der Lagerungsprobleme sind im Buch von CASSELS [1] diskutiert.

Wir betrachten im 4-dimensionalen euklidischen Raum ein die Einheitskugel E enthaltendes, durch 5, 16 oder 600 Tetraederzellen oder 24 Oktaederzellen begrenztes konvexes Polytop. Es läßt sich zeigen (FEJES TÓTH [44]), daß unter diesen Polytopen das E umbeschriebene entsprechende reguläre Polytop $\{3, 3, 3\}$, $\{3, 3, 4\}$, $\{3, 3, 5\}$ bzw. $\{3, 4, 3\}$ das kleinstmögliche Volumen aufweist. Hier bedeutet ein Oktaeder ein zu dem regulären Oktaeder $\{3, 4\}$ topologisch isomorphes Polyeder.

Eine weitere Extremaleigenschaft der regulären Polytope ist mit dem Begriff der Minimalkugelschale (S. 119) verbunden. Messen wir die „Größe" einer Minimalkugelschale mit dem Quotienten R/r, so gilt folgender Satz (FEJES TÓTH [45]): Unter sämtlichen konvexen Polytopen, die zu einem regulären Polytop isomorph sind, hat das reguläre Polytop die kleinste Minimalkugelschale.

Von den zahlreichen neueren Extremaleigenschaften der regulären Simplexe heben wir nur eine hervor. PETTY und WATERMAN [1] haben eine Verallgemeinerung der Ungleichung (I. 5.3) angegeben, nach der die Abstandsumme eines beliebigen Punktes von den Ecken eines Simplexes vom gegebenen Volumen dann ihr Minimum erreicht, wenn das Simplex regulär und sein Mittelpunkt der betrachtete Punkt ist.

Die n-dimensionale isoperimetrische Ungleichung

$$F^n/V^{n-1} \geqq n^n\, \omega_n,$$

wo ω_n das Volumen der Einheitskugel bedeutet, wurde von HADWIGER [8] für Polytope mit vorgegebener Zellenzahl verschärft. Für $n = 2$ geht die HADWIGERsche Ungleichung in (1. 4. 1) über. Ein die Bienenwaben betreffendes isoperimetrisches Problem ist in FEJES TÓTH [67] behandelt.

Wir schließen mit einem ungelösten Problem bezüglich der Kugelpackungen im gewöhnlichen Raum. Es handelt sich um die Aufzählung der Maximalpackungen von Kugeln. Da die NEWTONsche Zahl einer Kugel 12 beträgt, wird in den gesuchten Packungen jede Kugel von 12 anderen berührt. Derartige Packungen haben wir in VII. § 1 aus hexagonalen Kugelschichten konstruiert. Gibt es weitere Kugelpackungen mit der gewünschten Eigenschaft? Es läßt sich vermuten, daß die Antwort „nein" lautet, daß also eine maximale Kugelpackung stets aus hexagonalen Schichten aufgebaut ist.

Literaturverzeichnis.

ABERTH, O.: [1] An isoperimetric inequality for polyhedra and its application to an extremal problem. Proc. London Math. Soc. (3) 13, 322−336 (1963).

ALEKSANDROV, A. D.: [1] Die innere Geometrie der konvexen Flächen. Moskau-Leningrad 1948 (russisch); Berlin 1955. — [2] Konvexe Polyeder. Moskau-Leningrad 1950 (russisch); Berlin 1958.

BAMBAH, R. P.: [1] On lattice covering by spheres. Proc. National Inst. Sci. India 20, 25−52 (1954). — [2] Polar reciprocal convex bodies. Proc. Cambridge Philos. Soc. 51, 377−378 (1955) — [3] An analogue of a problem of Mahler. Res. Bull. Panjab Univ. 109, 299−302 (1957). — [4] Maximal covering domains. Proc. National Inst. Sci. India, Part A, 23, 540−543 (1957).

BAMBAH, R. P., DAVENPORT, H.: [1] The covering of n-dimensional space by spheres. J. London Math. Soc. 27, 224−229 (1952).

BAMBAH, R. P., ROGERS, C. A.: [1] Covering the plane with convex sets. J. London Math. Soc. 27, 304−314 (1952).

BAMBAH, R. P., ROGERS, C. A., ZASSENHAUS, H.: [1] On coverings with convex domains. Acta Arith. 9, 191−207 (1964).

BAMBAH, R. P., WOODS, A. C.: [1] On the minimal density of maximal packings of the plane by convex bodies. Acta Math. Acad. Sci. Hungar. 19, 103−116 (1968). — [2] On minimal density of plane coverings by circles. Acta Math. Acad. Sci. Hungar. 19, 337−343 (1968).

BANG, TH.: [1] On covering by parallel-strips. Mat. Tidsskr. B. 1950, 49 to 53. — [2] A solution of the „plank problem". Proc. Amer. Math. Soc. 2, 990−993 (1951). — [3] Some remarks on the union of convex bodies. Tolfte Skand. Mat-Kong. Lund, 1953, 5−11 (1954).

BANKOFF, L.: [1] An elementary proof of the Erdős-Mordell theorem. Amer. Math. Monthly 65, 521 (1958).

BARANOVSKIJ, E. P.: [1] Über das Minimum der Dichte einer Gitterüberdeckung des Raumes durch gleich große Kugeln (russisch). Ivanov. Gos. Ped. Inst. Učen. Zap. 34, vyp. mat., 71−76 (1963). — [2] On packing n-dimensional Euclidean spaces by equal spheres, I. (russisch). Izv. Vyss. Učebn. Zaved. Matematika 1964, no. 2 (39), 14−24.

BARNES, E. S.: [1] The covering of space by spheres. Canad. J. Math. 8, 293−304 (1956).

BARON, H. J.: [1] Die Ankugeln des Tetraeders in Beziehung zur Umkugel. Tôhoku math. J. 48, 185−192 (1941).

BATEMAN, P., ERDŐS, P.: [1] Geometrical extrema suggested by a lemma of Besicovitch. Amer. Math. Monthly 58, 306−314 (1951).

BEARDWOOD, J., HALTON, J. H., HAMMERSLEY, J. M.: [1] The shortest path through many points. Proc. Cambridge Philos. Soc. 55, 299−327 (1959).

BENDER, C.: [1] Bestimmung der größten Anzahl gleich großer Kugeln, welche sich auf eine Kugel von demselben Radius, wie die übrigen, auflegen lassen. Arch. Math. Phys. 56, 302−306 (1874) — Bemerkung der Redaction (von R. Hoppe), 307−312.

BERKES, J.: [1] Einfacher Beweis und Verallgemeinerung einer Dreiecksungleichung. Elem. Math. **12**, 121—123 (1957).

BERMAN, J. D., HANES, K.: [1] Volumes of polyhedra inscribed in the unit sphere in E^3. Math. Ann. **188**, 78—84 (1970).

BERNSTEIN, F.: [1] Über die isoperimetrische Eigenschaft des Kreises auf der Kugeloberfläche und in der Ebene. Math. Ann. **60**, 117—136 (1905).

BESICOVITCH, A. S.: [1] A general form of the covering principle and relative differentiation of additive functions. Proc. Cambridge Philos. Soc. **41**, 103—110 (1945). — [2] Measure of asymmetry of convex curves. J. London Math. Soc. **23**, 237—240 (1948). — [3] A net to hold a sphere. Math. Gaz. **41**, 106—107 (1957). — [4] A cage to hold a unit-sphere. Proc. Sympos. Pure Math., VII. Amer. Math. Soc. Providence, R. I., 1963, 19—20.

BESICOVITCH, A. S., EGGLESTON, H. G.: [1] The total length of the edges of a polyhedron. Quart. J. Math. Oxford Ser. (2) **8**, 172—190 (1957).

BLACHMAN, N. M., FEW, L.: [1] Multiple packing of spherical caps. Mathematika **10**, 84—88 (1963).

BLASCHKE, W.: [1] Kreis und Kugel. Leipzig 1912 — [2] Vorlesungen über Differentialgeometrie I. 3. Aufl. Berlin 1930. — [3] Vorlesungen über Differentialgeometrie II. Berlin 1923. — [4] Vorlesungen über Integralgeometrie I—II. Leipzig u. Berlin 1936—1937; 3. Aufl. Berlin 1955.

BLEICHER, M. N., FEJES TÓTH, L.: [1] Circle-packings and circle-coverings on a cylinder. Michigan Math. J. **11**, 337—341 (1964). — [2] Two-dimensional honeycombs. Amer. Math. Monthly **72**, 969—973 (1965).

BLEICHER, M. N., OSBORN, J. M.: [1] Minkowskian distribution of congruent discs. Acta Math. Acad. Sci. Hungar. **18**, 5—17 (1967).

BLICHFELDT, H. F.: [1] A new principle in the geometry of numbers, with some applications. Trans. Amer. Math. Soc. **15**, 227—235 (1914). — [2] The minimum value of quadratic forms, and the closest packing of spheres. Math. Ann. **101**, 605—608 (1929).

BLIND, G.: [1] Über Unterdeckungen der Ebene durch Kreise. J. reine angew. Math. **236**, 145—173 (1969).

BLUNDON, W. J.: [1] Multiple covering of the plane by circles. Mathematika **4**, 7—16 (1957). — [2] Multiple packing of circles in the plane. J. London Math. Soc. **38**, 176—182 (1963). — [3] Note on a paper of A. Heppes. Acta Math. Acad. Sci. Hungar. **14**, 317 (1963). — [4] Some lower bounds for density of multiple packing. Canad. Math. Bull. **7**, 565—572 (1964).

BOERDIJK, A. H.: [1] Some remarks concerning close-packing of equal spheres. Philips Res. Rep. **7**, 303—313 (1952).

BOL, G.: [1] Einfache Isoperimetriebeweise für Kreis und Kugel. Abh. Math. Sem. Hansische Univ. **15**, 22—36 (1943).

BOLLOBÁS, B.: [1] Filling the plane with congruent convex hexagons without overlapping. Ann. Univ. Sci. Budapest, Eötvös Sect. Math. **6**, 117—123 (1963). — [2] A generalization of a theorem of Habicht and van der Waerden. Ann. Univ. Sci. Budapest, Eötvös Sect. Math. **9**, 61—65 (1966). — [3] Fixing system for convex bodies. Studia Sci. Math. Hungar. **2**, 351 to 354 (1967). — [4] Remarks to a paper of L. Fejes Tóth. Studia Sci. Math. Hungar. **3**, 373—379 (1968).

BOLTJANSKIJ, V. G., GOHBERG, I. C.: [1] Sätze und Probleme in der kombinatorischen Geometrie (russisch). Moskau 1965.

BONNESEN, T., FENCHEL, W.: [1] Theorie der konvexen Körper. Berlin 1934.

BOTTEMA, O., DJORDJEVIČ, R. Z., JANIČ, R., MITRINOVIČ, D. S., VASIČ, P. M.: [1] Geometric inequalities, Groningen 1969.

BÖHME, W.: [1] Ein Satz über ebene konvexe Figuren. Math.-Phys. Semesterber. **6**, 153—156 (1958).

Böröczky, K.: [1] Über stabile Kreis- und Kugelsysteme. Ann. Univ. Sci. Budapest, Eötvös Sect. Math. 7, 79—82 (1964). — [2] Über Dunkelwolken. Proc. Colloqu. on Convexity (Copenhagen 1965), Københavns Univ. Math. Inst., Copenhagen 1967, 13—17. — [3] Über die Newtonsche Zahl regulärer Vielecke. Periodica Math. Hung. 1, (1971).

Böröczky, K., Florian, A.: [1] Über die dichteste Kugelpackung im hyperbolischen Raum. Acta Math. Acad. Sci. Hungar. 15, 237—245 (1964).

Brabant, H.: [1] The inequality of Erdős-Mordell again. Nieuw Tijdschr. Wisk. 46, 87 (1958/59).

Brückner, M.: [1] Vielecke und Vielflache, Leipzig 1900.

Burmester, L.: [1] Geometrische Untersuchung der Theorie der Bewegung des Grundwassers im Gerölle und der Wasserfilterung durch Sand. Zeitschrift ang. Math. u. Mech. 4, 33—52 (1924).

Cassels, J. W. S.: [1] An introduction to the geometry of numbers, Berlin/ Göttingen/Heidelberg: Springer 1959.

Coxeter, H. S. M.: [1] Regular Polytopes, London 1948; 2. Edition, 1963. — [2] Arrangements of equal spheres in non-Euclidean spaces. Acta Math. Acad. Sci. Hungar. 4, 263—274 (1954). — [3] Regular honeycombs in hyperbolic space. Proc. Internat. Congress of Mathematicians, 1954. Amsterdam, 3, 155—169 (1956). — [4] Close-packing and froth. Illinois J. Math. 2, 746—758 (1958). — [5] Introduction to geometry. New York/ London 1961. — [6] The total length of the edges of a non-Euclidean polyhedron. Studies in mathematical analysis and related topics. Stanford, Calif. 1962, 62—69. — [7] An upper bound for the number of equal nonoverlapping spheres that can touch another of the same size. Proc. Sympos. Pure Math. Amer. Math. Soc., Providence, R. I. 7, 53—71 (1963).

Coxeter, H. S. M., Fejes Tóth, L.: [1] The total length of the edges of a non-Euclidean polyhedron with triangular faces. Quart. J. Math. Oxford Ser. (2) 14, 273—284 (1963).

Coxeter, H. S. M., Few, L., Rogers, C. A.: [1] Covering space with equal spheres. Mathematika 6, 147—157 (1959).

Coxeter, H. S. M., Longuet-Higgins, M. S., Miller, J. C. P.: [1] Uniform polyhedra. Philos. Trans. Roy. Soc. London, Ser. A. 246, 401—450 (1954).

Courant, R.: [1] The least dense lattice packing of two-dimensional convex bodies. Comm. Pure Appl. Math. 18, 339—343 (1965).

Croft, H. T.: [1] A net to hold a sphere. J. London Math. Soc. 39, 1—4 (1964).

Danzer, L.: [1] Drei Beispiele zu Lagerungsproblemen. Arch. Math. 11, 159—165 (1960). — [2] Über Durchschnittseigenschaften n-dimensionaler Kugelfamilien. J. Reine Angew. Math. 208, 181—203 (1961).

Danzer, L., Grünbaum, B., Klee V.: [1] Helly's theorem and its relatives. Proc. Sympos. Pure Math. Amer. Math. Soc., Providence, R. I., 7, 101—180 (1963).

Davenport, H.: [1] Problems of packing and covering. Univ. e Politec. Torino Rend. Sem. Mat. 24, 41—48 (1964/65).

Davenport, H., Hajós, G.: [1] Aufgabe 35. Matematikai Lapok 2, 68 (1951).

Davies, H. L.: [1] Packings of spherical triangles and tetrahedra. Proc. Colloqu. on Convexity (Copenhagen, 1965). Københavns Univ. Mat. Inst., København 1967, 42—51.

Degen, W., Muny, H.: [1] Über regelmäßige Sternfiguren mit extremalen Umfang und Inhalt. Arch. Math. 12, 390—400 (1961).

Delaunay, B. N.: [1] Theory of planigons (russisch). Izv. Akad. Nauk SSSR Ser. Mat. 23, 365—386 (1959).

DINGHAS, A.: [1] Minkowskische Summen und Integrale, superadditive Mengenfunktionale, isoperimetrische Ungleichungen, Paris 1961.

DOMINYÁK, I.: [1] Über die Dichte stabiler Kreissysteme (ungarisch). Magyar Tud. Akad. Mat. Fiz. Oszt. Közl. 14, 401—413 (1963).

DOWKER, C. H.: [1] On minimum circumscribed polygons. Bull. Amer. Math. Soc. 50, 120—122 (1944).

DUMIR, V. CH.: [1] Lattice double coverings by spheres. Proc. Nat. Inst. Sci. India, Part A 33, 259—263 (1967).

EGGLESTON, H. G.: [1] On triangles circumscribing plane convex sets. J. London Math. Soc. 28, 36—46 (1953). — [2] On closest packing by equilateral triangles. Proc. Cambridge Philos. Soc. 49, 26—30 (1953). — [3] Sets of constant width contained in a set of given minimal width. Mathematika 2, 48—55 (1955). — [4] Approximation to plane convex curves, I. Dowker-type theorems. Proc. London Math Soc. (3) 7, 351—377 (1957). — [5] Convexity, New York 1958. — [6] Figures inscribed in convex sets. Amer. Math. Monthly 65, 76—80 (1958). — [7] A minimal density plane covering problem. Mathematika 12, 226—234 (1965).

ENNOLA, V.: [1] On the lattice constant of a symmetric convex domain. J. London Math. Soc. 36, 135—138 (1961).

ERDŐS, P.: [1] Aufgabe 7. Matematikai Lapok 1, 311 (1950).

ERDŐS, P., FEJES TÓTH, L.: [1] Verteilung von Punkten in einem Bereich (ungarisch). Magyar Tud. Akad. Mat. Fiz. Oszt. Közl. 6, 185—190 (1956).

ERDŐS, P., ROGERS, C. A.: [1] The covering of n-dimensional space by spheres. J. London Math. Soc. 28, 287—293 (1953).

ESCHER, M. C.: [1] The graphic work of M. C. ESCHER. London 1961.

FÁRY, I.: [1] Sur la densité des réseaux de domaines convexes. Bull. Soc. Math. France 78, 152—161 (1950).

FEJES TÓTH, G.: [1] Über die Blockierungszahl einer Kreispackung. Elem. Math. 19, 49—53 (1964). — [2] Kreisüberdeckungen der Sphäre. Studia Sci. Math. Hung. 4, 225—247 (1969).

FEJES TÓTH, L.: [1] Über die Approximation konvexer Kurven durch Polynomfolgen. Compositio Math. 6, 456—467 (1939). — [2] Über zwei Maximumaufgaben bei Polyedern. Tôhoku Math. J. 46, 79—83 (1939). — [3] Über einen geometrischen Satz. Math. Zeitschrift 46, 83—85 (1940). — [4] Eine Bemerkung zur Approximation durch n-Eckringe. Compositio Math. 7, 474—476 (1940). — [5] Über ein extremales Polyeder. Matematikai és Természettudományi Értesitő 59, 476—479 (1940) (ungarisch mit deutschem Auszug). — [6] Einige Extremaleigenschaften des Kreisbogens bezüglich der Annäherung durch Polygone. Acta Univ. Szeged, Acta Sci. Math. 10, 164—173 (1943). — [7] Über die dichteste Kugellagerung. Math. Zeitschrift 48, 676—684 (1943). — [8] Das gleichseitige Dreiecksgitter als Lösung von Extremalaufgaben. Matematikai és Fizikai Lapok 49, 238—248 (1942) (ungarisch mit deutschem Auszug). — [9] Die regulären Polyeder als Lösungen von Extremalaufgaben. Matematikai és Természettudományi Értesitő 61, 471—477 (1942) (ungarisch mit deutschem Auszug). — [10] Über die Abschätzung des kürzesten Abstandes zweier Punkte eines auf einer Kugelfläche liegenden Punktsystems. Jber. dtsch. Math.-Ver. 53, 66—68 (1943). — [11] Über die Bedeckung einer Kugelfläche durch kongruente Kugelkalotten. Matematikai és Fizikai Lapok 50, 40—46 (1943) (ungarisch mit deutschem Auszug). — [12] Über einige Extremaleigenschaften der regulären Polyeder und des gleichseitigen Dreiecksgitters. Ann. Scu. Norm. Sup. Pisa (2) 13, 51—58 (1948). — [13] Über das kürzeste Kurvennetz, das eine Kugeloberfläche in flächengleiche konvexe Teile zerlegt. Matematikai és Természettudományi Értesitő 62, 349—354 (1943). — [14] Über eine extremale Bedeckung des Raumes durch konvexe Polyeder. Matematikai és Fizikai Lapok 51, 3—19 (1944) (ungarisch mit deutschem Auszug). — [15] Extremale Punktsysteme in der Ebene, auf der Kugelfläche und im Raum. Acta Sci. Math. Nat., Kolozsvár 23, IV + 54 S. (1944) (ungarisch). — [16] Eine Bemerkung über die Bedeckung der Ebene durch Eibereiche mit Mittelpunkt. Acta Univ. Szeged, Acta Sci. Math. 11, 93—95 (1946). — [17] Einige Bemerkungen über die dichteste Lagerung inkongruenter Kreise. Comment. Math. Helvetici 17, 256—261 (1944—45). — [18] An inequality concerning polyhedra. Bull. Amer. Math. Soc. 54, 139—146 (1948). — [19] Approximation by polygons and polyhedra. Bull. Amer. Math. Soc. 54, 431—438 (1948). — [20] On ellipsoids circumscribed and inscribed to polyhedra. Acta Univ. Szeged, Acta Sci. Math. 11, 225—228 (1948). — [21] The isepiphan problem for n-hedra. Amer. J. Math. 70, 174—180 (1948). — [22] New proof of a minimum property of the regular n-gon. Amer. Math. Monthly 54, 589 (1947). — [23] Inequalities concerning polygons and polyhedra. Duke Math. J. 15, 817—822 (1948). — [24] On the densest packing of convex domains. Proc. Akad. Wet. Amsterdam 51, 189—192 (1948). — [25] On the total length of the edges of a polyhedron. Norske Vid. Selsk. Forhdl., Trondheim 21, 32—34 (1948). — [26] On the densest packing of circles in a convex domain. Norske Vid. Selsk. Forhdl., Trondheim 21, 68—70 (1948). — [27] A minimum property of the cube. Amer. Math. Monthly 57, 419 (1950). — [28] Über die dichteste Kreislagerung und dünnste Kreisüberdeckung. Comment. Math. Helvetici 23, 342—349 (1949). — [29] Extremum properties of the regular polyhedra. Canadian J. Math. 2, 22—31 (1950). — [30] On the densest packing of spherical caps. Amer. Math. Monthly 56, 330—331 (1949). — [31] Some packing and covering theorems. Acta Univ. Szeged, Acta Sci. Math. 12/A, 62—67 (1950). — [32] Ausfüllung eines konvexen Bereiches durch Kreise. Publ. Math. Debrecen 1, 92—94 (1949). — [33] Covering with dismembered convex discs. Proc. Amer. Math. Soc. 1, 806—812 (1950). — [34] Über das Problem der dichtesten Kugellagerung. Comptes rendus du premier congrès des math. hongrois. Budapest 1952, 619—642 (ungarisch und deutsch). — [35] Elementarer Beweis einer isoperimetrischen Ungleichung. Acta Math. Acad. Sci. Hungaricae 1, 273—275 (1950). — [36] Über gesättigte Kreissysteme. Math. Nachrichten 5, 253—258 (1951). — [37] Über den Affinumfang. Math. Nachrichten 6, 51—64 (1951). — [38] Ein Beweisansatz der isoperimetrischen Eigenschaft des Ikosaeders. Acta Math. Acad. Sci. Hungaricae 3, 155—163 (1952). — [39] Kreisausfüllungen der hyperbolischen Ebene. Acta Math. Acad. Sci. Hungaricae 4, 103—110 (1953). — [40] Kreisüberdeckungen der hyperbolischen Ebene. Acta Math. Acad. Sci. Hungar. 4, 111—114 (1953). — [41] On close-packings of spheres in spaces of constant curvature. Publ. Math. Debrecen 3, 158—167 (1953). — [42] Über die dichteste Horozyklenlagerung. Acta Math. Acad. Sci. Hungar. 5, 41—44 (1954). — [43] Bemerkungen zu Dowkers Polygonsätzen. Mat. Lapok 6, 176—179 (1955) (ungarisch mit deutschem Auszug). — [44] Extremum properties of the regular polytopes. Acta Math. Acad. Sci. Hungar. 6, 143—146 (1955). — [45] Characterisation of the nine regular polyhedra by extremum properties. Acta Math. Acad. Sci. Hungar. 7, 31—48 (1956). — [46] On the sum of distances determined by a pointset. Acta Math. Acad. Sci. Hungar. 7, 397—401 (1956). — [47] On the volume of a polyhedron in non-Euclidean spaces. Publ. Math. Debrecen 4, 256—261 (1956). — [48] Triangles inscrits et circonscrits à une courbe convexe sphérique. Acta Math. Acad.

Sci. Hungar. 7, 163—167 (1956). — [49] Über die dünnste Horozyklenüberdeckung. Acta Math. Acad. Sci. Hungar. 7, 95—98 (1956). — [50] Filling of a domain by isoperimetric discs. Publ. Math. Debrecen 5, 119 to 127 (1957). — [51] An arrangement of two-dimensional cells. Ann. Univ. Sci. Budapest. Eötvös Sect. Math. 2, 61—64 (1959). — [52] An extremal distribution of great circles on a sphere. Publ. Math. Debrecen 6, 79—82 (1959). — [53] Kugelunterdeckungen und Kugelüberdeckungen in Räumen konstanter Krümmung. Arch. Math. 10, 307—313 (1959). — [54] Sur la représentation d'une population infinie par un nombre fini d'éléments, Acta Math. Acad. Sci. Hungar. 10, 299—304 (1959). — [55] Über eine Punktverteilung auf der Kugel. Acta Math. Acad. Sci. Hungar. 10, 13—19 (1959). — [56] Über einem Kreis ein- und umbeschriebene Vielecke. Mat. Lapok 10, 23—25 (1959) (ungarisch mit deutschem Auszug). — [57] Verdeckung einer Kugel durch Kugeln. Publ. Math. Debrecen 6, 234—240 (1959). — [58] Annäherung von Eibereichen durch Polygone. Math.-Phys. Sem.-ber. 6, 253—261 (1959). — [59] Neuere Ergebnisse in der diskreten Geometrie. Elem. Math. 15, 25—36 (1960). — [60] On shortest nets with meshes of equal area. Acta Math. Acad. Sci. Hungar. 11, 363—370 (1960). — [61] Über eine Volumenabschätzung für Polyeder. Monatshefte Math. 64, 374—377 (1960). — [62] On the stability of a circle packing. Ann. Univ. Sci. Budapest. Eötvös Sect. Math. 3—4, 63—66 (1960/61). — [63] Dichteste Kreispackungen auf einem Zylinder. Elem. Math. 17, 30—33 (1962). — [64] On primitive polyhedra. Acta Math. Acad. Sci. Hung. 13, 379—382 (1962). — [65] Isoperimetric problems concerning tesselations. Acta Math. Acad. Sci. Hungar. 14, 343 to 351 (1963). — [66] On the isoperimetric property of the regular hyperbolic tetrahedra. Magyar Tud. Akad. Mat. Kutató Int. Közl. 8, 53—57 (1963). — [67] What the bees know and what they do not know. Bull. Amer. Math. Soc. 70, 468—481 (1964). — [68] Distribution of points in the elliptic plane. Acta Math. Acad. Sci. Hungar. 16, 437—440 (1965). — [69] Minkowskian distribution of discs. Proc. Amer. Math. Soc. 16, 999—1004 (1965). — [70] On the total area of the faces of a four-dimensional polytope. Canad. J. Math. 17, 93—99 (1965). — [71] Reguläre Figuren. Budapest 1965. — [72] Mehrfache Kreisunterdeckungen auf der Kugel. Elem. Math. 21, 34—35 (1966). — [73] On the permeability of a circle-layer. Studia Sci. Math. Hungar. 1, 5—10 (1966). — [74] Close packing of segments. Ann. Univ. Sci. Budapest, Eötvös Sect. Math. 10, 57—60 (1967). — [75] Minkowskian circle-aggregates. Math. Ann. 171 97—103 (1967). — [76] On the arrangement of houses in a housing estate. Studia Sci. Math. Hungar. 2, 37—42 (1967). — [77] On the number of equal discs that can touch another of the same kind. Studia Sci. Math. Hungar. 2, 363—367 (1967). — [78] Packings and coverings in the plane. Proc. Colloquium on Convexity (Copenhagen, 1965), Københavns Univ. Mat. Inst., København 1967, 78—87. — [79] On the permeability of a layer of parallelograms. Studia Sci. Math. Hungar. 3, 195—200 (1968). — [80] Solid circle-packings and circle-coverings. Studia Sci. Math. Hungar. 3, 401—409 (1968). — [81] Über das Didosche Problem. Elem. Math. 23, 97—101 (1968). — [82] Über die Nachbarschaft eines Kreises in einer Kreispackung. Studia Sci. Math. Hung. 4, 93—97 (1969). — [83] Remarks on a theorem of R. M. Robinson. Studia Sci. Math. Hung. 4, 441—445 (1969). — [84] Scheibenpackungen konstanter Nachbarnzahl. Acta Math. Acad. Sci. Hung. 20, 375—381 (1969). — [85] Über eine affininvariante Maßzahl bei Eipolyedern. Studia Sci. Math. Hung. 5, 173—180 (1970). — [86] Perfect distribution of points on the sphere. Periodica Math. Hung. 1 (1971).

224   Literaturverzeichnis.

FEJES TÓTH, L., HADWIGER, H.: [1] Mittlere Trefferzahlen und geometrische
    Wahrscheinlichkeiten. Experientia 3, 366—369 (1947). — [2] Über Mittel-
    werte in einem Bereichsystem. Bull. École Polytechn. Jassy 3, 29—35
    (1948).
FEJES TÓTH, L., HEPPES, A.: [1] Filling of a domain by equiareal discs.
    Publ. Math. Debrecen 7, 198—203 (1960). — [2] Über stabile Körper-
    systeme. Compositio Math. 15, 119—126 (1963). — [3] A variant of the
    problem of the thirteen spheres. Canad. J. Math. 19, 1092—1100 (1967).
FEJES TÓTH, L., MOLNÁR, J.: [1] Unterdeckung und Überdeckung der Ebene
    durch Kreise. Math. Nachr. 18, 235—243 (1958).
FENCHEL, W.: [1] On Th. Bang's solution of the plank problem. Mat. Tids-
    skr. B. 1951, 49—51.
FEW, L.: [1] On the double packing of spheres. J. London Math. Soc. 28,
    297—304 (1953). — [2] The shortest path and the shortest road through
    n points. Mathematika 2, 141—144 (1955). — [3] Covering space by
    spheres. Mathematika 3, 136—139 (1956). — [4] Multiple packing of
    spheres. J. London Math. Soc. 39, 51—54 (1964). — [5] Multiple packing
    of spheres. A survey. Proceedings Colloquium on Convexity (Copenhagen
    1965), Københavns Univ. Mat. Inst., København 1967, 88—93. —
    [6] Double covering with spheres, Mathematika, 14, 207—214 (1967). —
    [7] Double packing of spheres. A new upper bound. Mathematika 15,
    88—92 (1968).
FEW, L., KANAGASABAPATHY, P.: [1] The double packing of spheres.
    J. London Math. Soc. 44, 141—146 (1969).
FINSTERWALDER, S.: [1] Regelmäßige Anordnungen gleicher sich berühren-
    der Kreise in der Ebene, auf der Kugel und auf der Pseudosphäre. Ab-
    handl. d. Bayer. Akad. d. Wiss., Math.-nat. Abt., Neue Folge, Heft 36,
    1—42 (1936).
FLORIAN, A.: [1] Eine Ungleichung über konvexe Polyeder. Monatsh. Math.
    60, 130—156 (1956). — [2] Ungleichungen über konvexe Polyeder.
    Monatsh. Math. 60, 288—297 (1956). — [3] Ungleichungen über Stern-
    polyeder. Rend. Sem. Mat. Univ. Padova 27, 16—26 (1957). — [4] Zu
    einem Satz von P. Erdős. Elem. Math. 13, 55—58 (1958). — [5] Aus-
    füllung der Ebene durch Kreise. Rend. Circ. Mat. Palermo (2) 9, 300—312
    (1960). — [6] Überdeckung der Ebene durch Kreise. Rend. Sem. Mat.
    Univ. Padova 31, 77—86 (1961). — [7] Zum Problem der dünnsten Kreis-
    überdeckung der Ebene. Acta Math. Acad. Sci. Hungar. 13, 397—400.
    (1962). — [8] Dichteste Packung inkongruenter Kreise. Monatsh. Math.
    67, 229—242 (1963). — [9] Eine Extremaleigenschaft der regulären
    Dreikantpolyeder. Monatsh. Math. 70, 309—314 (1966). — [10] Zur
    Geometrie der Kreislagerungen. Acta Math. Acad. Sci. Hungar. 18, 341 bis
    358 (1967). — [11] Bemerkung zu einer Arbeit von L. Fejes Tóth.
    Studia Sci. Math. Hungar. 3, 359—363 (1968). — [12] Integrale auf kon-
    vexen Polyedern. Periodica Math. Hungar. 1 (1971).
FLORIAN, H.: [1] Zu einer Vermutung von L. Fejes Tóth. Rend. Sem. Mat.
    Univ. Padova 31, 396—403 (1961).
FÖPPL, L.: [1] Stabile Anordnungen von Elektronen im Atom. J. reine angew.
    Math. 141, 251—302 (1912).
FREUDENTHAL, H., VAN DER WAERDEN, B. L.: [1] Über eine Behauptung
    von Euklid. Simon Stevin 25, 115—121 (1947) (holländisch).
FROSTMAN, O.: [1] A theorem of Fáry with elementary applications. Nordisk.
    Mat. Tidsskr. 1, 64, 25—32 (1953).
FULTON, C. M., STEIN, S. K.: [1] Parallelograms inscribed in convex curves.
    Amer. Math. Monthly 67, 257—258 (1960).

GILBERT, E. N.: [1] Randomly packed and solidly packed spheres. Canad. J. Math. **16**, 286—298 (1964).

GOLDBERG, M.: [1] The isoperimetric problem for polyhedra. Tôhoku Math. J. **40**, 226—236 (1935). — [2] A class of symmetric polyhedra. Tôhoku Math. J. **42**, 104—108 (1937). — [3] Packing of 33 equal circles on a sphere. Elem. Math. **18**, 99—100 (1963). — [4] Packing of 18 equal circles on a sphere. Elem. Math. **20**, 59—61 (1965). — [5] Axially symmetric packing of equal circles on a sphere. Ann. Univ. Sci. Budapest. Eötvös Sect. Math. **10**, 37—48 (1967); II. **12**, 137—142 (1969). — [6] Viruses and a mathematical problem. J. Mol. Biol. **24**, 337—338 (1967). — [7] The packing of equal circles in a square. Math. Mag. **43**, 24—30 (1970).

GOODMAN, A. W., GOODMAN, R. E.: [1] A circle covering theorem. Amer. Math. Monthly **52**, 494—498 (1945).

GRAN OLSSON, R.: [1] Über Porenvolumen und Porenziffer in der Erdbaumechanik und die verschieden dichte Packung von Kugeln. Norske Vid. Selsk. Forh., Trondheim **28**, 96—99 (1955); II. **29**, 22—23 (1956).

GROEMER, H.: [1] Über die Einlagerung von Kreisen in einen konvexen Bereich. Math. Z. **73**, 285—294 (1960). — [2] Über die Lagerung von Punkten auf der Kugel. Elem. Math. **15**, 133—134 (1960). — [3] Abschätzungen für die Anzahl der konvexen Körper, die einen konvexen Körper berühren. Monatsh. Math. **65**, 74—81 (1961). — [4] Eine Ungleichung für die Dichte von Lagerungen konvexer Körper. Arch. Math. **12**, 477—480 (1961). — [5] Lagerungs- und Überdeckungseigenschaften konvexer Bereiche mit gegebener Krümmung. Math. Zeitschr. **76**, 217 bis 225 (1961). — [6] Über die dichteste gitterförmige Lagerung kongruenter Tetraeder. Monatsh. Math. **66**, 12—15 (1962). — [7] Existenzsätze für Lagerungen im Euklidischen Raum. Math. Z. **81**, 260—278 (1963). — [8] Zusammenhängende Lagerungen konvexer Körper. Math. Z. **94**, 66—78 (1966). — [9] Einige Bemerkungen über zusammenhängende Lagerungen. Monatsh. Math. **72**, 212—216 (1968).

GROSS, W.: [1] Über affine Geometrie XIII: Eine Minimumeigenschaft der Ellipse und des Ellipsoids. Leipziger Berichte **70**, 38—54 (1918).

GRÜNBAUM, B.: [1] Affine-regular polygons inscribed in plane convex sets. Riveon Lematematika **13**, 20—24 (1959). — [2] On a problem of L. Fejes Tóth. Amer. Math. Monthly **67**, 882—884 (1960). — [3] On a conjecture of H. Hadwiger, Pacific J. Math. **11**, 215—219 (1961). — [4] Fixing systems and inner illumination. Acta Math. Acad. Sci. Hungar. **15**, 161 to 163 (1964).

GRÜNBAUM, B., JOHNSON, N. W.: [1] The faces of a regularfaced polyhedron. J. London Math. Soc. **40**, 577—586 (1965).

GRÜNBAUM, B., KLEE, V., PERLES, M. A., SHEPHARD, G. C.: [1] Convex polytopes. Pure and Applied Mathematics, Vol. 16. New York 1967.

GRÜNBAUM, B., SHEPHARD, G. C.: [1] Convex polytopes. Bull. London Math. Soc. **1**, 257—300 (1969).

HABICHT, W., VAN DER WAERDEN, B. L.: [1] Lagerung von Punkten auf der Kugel. Math. Ann. **123**, 223—234 (1951).

HADWIGER, H.: [1] Über Mittelwerte im Figurengitter. Comment. Math. Helvetici **11**, 221—233 (1938/39). — [2] Überdeckungen ebener Bereiche durch Kreise und Quadrate. Comment. Math Helvetici **13**, 195 bis 200 (1940—1941). — [3] Über extremale Punktverteilungen in ebenen Gebieten. Math. Zeitschrift **49**, 370—373 (1944). — [4] Eine elementare Ableitung der isoperimetrischen Ungleichung für Polygone. Comment. Math. Helvetici **17**, 305—309 (1944—1945). — [5] Nonseparable convex

systems. Amer. Math. Monthly **54**, 583—585 (1947). — [6] Ein Auswahlsatz für abgeschlossene Punktmengen. Portugaliae Mathematica **8**, 13 bis
15 (1949). — [7] Einlagerung kongruenter Kugeln in eine Kugel. Elem.
Math. **7**, 97—103 (1952). — [8] Zur isoperimetrischen Ungleichung für
k-dimensionale konvexe Polyeder. Nagoya Math. J. **5**, 39—44 (1953).
— [9] Altes und Neues über konvexe Körper. Basel/Stuttgart 1955. —
[10] Volumenschätzung für die einen Eikörper überdeckenden und unter-
deckenden Parallelotope. Elem. Math. **10**, 122—124 (1955). — [11] Vorlesungen über Inhalt, Oberfläche und Isoperimetrie. Berlin/Göttingen/
Heidelberg: Springer 1957. — [12] Ungelöste Probleme, Nr. 19. Elem.
Math. **12**, 109 (1957). — [13] Überdeckung des Raumes durch transla-
tionsgleiche Punktmengen und Nachbarnzahl. Monatsh. Math. **73**, 213 bis
217 (1969).

HADWIGER, H., DEBRUNNER, M.: [1] Ausgewählte Einzelprobleme der kombinatorischen Geometrie in der Ebene. Enseignement Math. (2) **1**, 56 bis
89 (1955). — [2] Kombinatorische Geometrie in der Ebene. Genève
1960.

HADWIGER, H., DEBRUNNER, M., KLEE, V.: [1] Combinatorial geometry in
the plane. New York 1964.

HAJÓS, G.: [1] Lösung der Aufgabe 8. Mat. Lapok **1**, 313 (1950). — [2] Über
Kreiswolken. Ann. Univ. Sci. Budapest. Eötvös Sect. Math. **7**, 55—57
(1964). — [3] Über den Durchschnitt eines Kreises und eines Polygons.
Ann. Univ. Sci. Budapest. Eötvös Sect. Math. **11**, 137—144 (1968).

HAMMERSLEY, J. M.: [1] The total length of the edges of a polyhedron.
Compositio Math. **9**, 239—240 (1951).

HEESCH, H.: [1] Parkettierungsproblem. Köln 1968.

HEESCH, H., KIENZLE, O.: [1] Flächenschluß. Systeme der Formen lückenlos
aneinanderschließender Flachteile. Berlin/Göttingen/Heidelberg: Springer
1963.

HELLY, E.: [1] Über Mengen konvexer Körper mit gemeinschaftlichen
Punkten. Jber. dtsch. Math.-Ver. **32**, 175—176 (1923).

HEPPES, A.: [1] Über mehrfache Kreislagerungen. Elem. Math. **10**, 125—127
(1955). — [2] An extremal property of the spherical net of the cubocta-
hedron. Magyar Tud. Akad. Mat. Kutató Int. Közl. **3**, 97—99 (1958). —
[3] Mehrfache gitterförmige Kreislagerungen in der Ebene. Acta Math.
Acad. Sci. Hungar. **10**, 141—148 (1959). — [4] Remark on an article of
Paul Erdös and László Fejes Tóth. Magyar Tud. Akad. Mat. Fiz. Oszt.
Közl. **10**, 33—34 (1960) (Hungarian). — [5] Ein Satz über gitterförmige
Kugelpackungen. Ann. Univ. Sci. Budapest. Eötvös Sect. Math. **3—4**,
89—90 (1960/61). — [6] An extremal property of certain tetrahedra.
Mat. Lapok **12**, 59—61 (1961) (ungarisch mit deutschem Auszug). — [7]
Über Kreis- und Kugelwolken. Acta Math. Acad. Sci. Hungar. **12**, 209 bis
214 (1961). — [8] Filling of a domain by discs. Magyar Tud. Akad. Mat.
Kutató Int. Közl. **8**, 363—371 (1963). — [9] Isogonale sphärische Netze.
Ann. Univ. Sci. Budapest. Eötvös Sect. Math. **7**, 41—48 (1964). — [10]
On the densest packing of circles not blocking each other. Studia Sci
Math. Hungar. **2**, 257—263 (1967). — [11[On the number of spheres
which can hide a given sphere. Canad. J. Math. **19**, 413—418 (1967).

HEPPES, A., MOLNÁR, J.: [1] Neuere Ergebnisse in der diskreten Geometrie
I—III. Mat. Lapok **11**, 330—355 (1960), **13**, 39—72 (1962), **16**, 19—41
(1965) (ungarisch).

HEPPES, A., SZÜSZ, P.: [1] Bemerkung zu einer Arbeit von L. Fejes Tóth.
Elem. Math. **15**, 134—136 (1960).

HILBERT, D., COHN-VOSSEN, S.: [1] Anschauliche Geometrie. Berlin 1932.

HILLE, E.: [1] Some geometric extremal problems. J. Australian Math. Soc. **6**, 122—128 (1966).

HLAWKA, E.: [1] Ausfüllung und Überdeckung konvexer Körper durch konvexe Körper. Monatsh. Math. Phys. **53**, 81—131 (1949). — [2] Überdeckung durch konvexe Scheiben. Sitzungsber. Berliner math. Ges. 1961/64. 28—36 (1964).

HORTOBÁGYI, I.: [1] Durchleuchtung gitterförmiger Kugelpackung mit Lichtbündeln. Studia Sci. Math. Hung. **6** (1971).

HORVÁTH, J., MOLNÁR, J.: [1] On the density of non-overlapping unit spheres lying in a strip. Ann. Univ. Sci. Budapest. Eötvös Sect. Math. **10**, 193—201 (1967).

HOYLMAN, D. J.: [1] The densest lattice packing of tetrahedra. Bull. Amer. Math. Soc. **76**, 135—137 (1970).

HÖLDER, O.: [1] Über einen Mittelwertsatz. Göttinger Nachr. 38—47, 1889.

IMRE, M.: [1] Kreislagerungen auf Flächen konstanter Krümmung. Acta Math. Acad. Sci. Hungar. **15**, 115—121 (1964).

JAGLOM, I. M., BOLTJANSKI, W. G.: [1] Konvexe Figuren. Berlin 1956.

JENSEN, J. L. W. V.: [1] Sur les fonctions convexes et les inégalités entre les valeurs moyennes. Acta Mathematica **30**, 175—193 (1906).

JOHNSON, N. W.: [1] Convex polyhedra with regular faces. Canad. J. Math. **18**, 169—200 (1966).

JUCOVIČ, E.: [1] Lagerung von 17, 25 und 33 Punkten auf der Kugel. Mat.-Fyz. Časopis. Slovensk. Akad. Vied. **9**, 173—176 (1959) (slovakisch, mit russischem, deutschem Auszug). — [2] Einige Überdeckungen der Kugelfläche mit kongruenten Kreisen. Mat.-Fyz. Časopis. Slovensk. Akad. Vied. **10**, 99—104 (1960). — [3] Über die minimale Dicke einer k-fachen Kreiswolke. Ann. Univ. Sci. Budapest. Eötvös Sect. Math. **9**, 143—146 (1966). — [4] Raumansprüchliche Kreispackungen in der Euklidischen Ebene. Mat. Časopis. Slovensk. Akad. Vied. **20**, 3—10 (1970).

JUCOVIČ, E., LESO, J.: [1] Eine Bemerkung zur Überdeckung der Ebene durch inkongruente Kreise. Mat.-Fyz. Časopis. Slovensk. Akad. Vied. **16**, 324—328 (1966).

KATZANOWA-KARANOWA, R.: [1] Über ein euklidisch-geometrisches Problem von B. Grünbaum. Arch. Math. **18**, 663—672 (1967).

KAZARINOFF, D. K.: [1] A simple proof of the Erdős-Mordell inequality for triangles. Michigan Math. J. **4**, 97—98 (1957).

KAZARINOFF, N. D.: [1] D. K. Kazarinoff's inequality for tetrahedra. Michigan Math. J. **4**, 99—104 (1957).

KERSHNER, R.: [1] The number of circles covering a set. Amer. J. Math. **61**, 665—671 (1939). — [2] On paving the plane. Amer. Math. Monthly **75**, 839—844 (1968).

KOSINSKI, A.: [1] A proof of an Auerbach-Banach-Mazur-Ulam theorem on convex bodies. Colloq. Math. **4**, 216—218 (1957).

KÖMHOFF, M.: [1] An isoperimetric inequality for convex polyhedra with triangular faces. Canad. Math. Bull. **11**, 723—727 (1968).

KÖNIG, D.: [1] Theorie der endlichen und unendlichen Graphen. Leipzig 1936.

KRAMMER, G.: [1] Eine Bemerkung zur Ausfüllung und Überdeckung einer Kugel durch Kreise. Mat. Lapok **11**, 120—123 (1960) (ungarisch, deutscher Auszug). — [2] An extremal property of regular tetrahedra. Mat. Lapok **12**, 54—58 (1961) (ungarisch, mit deutschem Auszug).

KÜRSCHÁK, J.: [1] Über dem Kreise ein- und umgeschriebene Vielecke. Math. Ann. **30**, 578—581 (1887).

LANDAU, H. J., SLEPIAN, D.: [1] On the optimality of the regular simplex code. Bell System Tech. J. **45**, 1247—1372 (1966).

LARCHER, H.: [1] Solution of a geometric problem by Fejes Tóth, Michigan Math. J. **9**, 45—51 (1962).

LARMAN, D. G.: [1] An asymptotic bound for the residual area of a packing of discs. Proc. Cambridge Philos. Soc. **62**, 699—704 (1966). — [2] On packings of unequal spheres in R_n. Canad. J. Math. **20**, 967—969 (1968).

LÁSZLÓ, Z.: [1] Untersuchung der Umfang- und Radiussumme bezüglich der die Einheitskugel ausfüllenden Kreise. Magyar Tud. Akad. Mat. Fiz. Oszt. Közl. 17—32 (1966) (ungarisch, mit deutschem und russischem Auszug).

LÁZÁR, D.: [1] Sur l'approximation des courbes convexes par des polygones. Acta Univ. Szeged, Acta Sci. Math. **11**, 129—132 (1947).

LEDERMANN, W., MAHLER, K.: [1] On lattice points in a convex decagon. Acta Matematica **81**, 319—351 (1949).

LEE, T.-Y., LIN, J.-S., TONG, K.-C., ZHANG, M.-Y.: [1] A solution of Bang's "Planck problem". J. Chinese Math. Soc. **2**, 139—143 (1953) (Chinese, English summary).

LEECH, J.: [1] The problem of the thirteen spheres. Math. Gaz. **40**, 22—23 (1956). — [2] Equilibrium of sets of particles on a sphere. Math. Gaz. **41**, 81—90 (1957).

LEKKERKERKER, C. G.: [1] Kugelpackung. Math. Centrum Amsterdam. Rapport ZW, **1951**, 023, 8 S. (holländisch).

LENHARD, H.-C.: [1] Verallgemeinerung und Verschärfung der Erdős-Mordellschen Ungleichung für Polygone. Arch. Math. **12**, 311—314 (1961).

LENZ, H.: [1] Über die Bedeckung ebener Punktmengen durch solche kleineren Durchmessers. Arch. Math. **7**, 34—40 (1956). — [2] Zerlegung ebener Bereiche in konvexe Zellen von möglichst kleinem Durchmesser. Jber. Deutsch. Math. Verein. **58**, 87—97 (1956).

LEVI, F. W.: [1] Über zwei Sätze von Herrn Besicovitch. Arch. Math. **3**, 125—129 (1952). — [2] Ein geometrisches Überdeckungsproblem. Arch. Math. **5**, 476—478 (1954). — [3] Überdeckung eines Eibereiches durch Parallelverschiebung seines offenen Kerns. Arch. Math. **6**, 369—370 (1955).

LIEBISCH, TH., SCHOENFLIESS, A., MÜGGE, O.: [1] Krystallographie. Enz. Math. Wiss. V/1, H. 3. 1900.

LINDELÖF, L.: [1] Propriétés générales des polyedres etc. St. Petersburg Bull. Ac. Sc. **14**, 258—269 (1869), Math. Ann. **2**, 150—159 (1870).

LINT, J. H. VAN, SEIDEL, J. J.: [1] Equilateral point sets in elliptic geometry. Nederl. Akad. Wetensch. Proc. Ser. A. 69 = Indag. Math. **28**, 335—348 (1966).

LJUSTERNIK, L. A.: [1] Convex figures and polyhedra. New York 1963; Boston 1966.

LORD KELVIN: [1] Baltimore lectures on molecular dynamics. London 1904.

MACBETH, A. M.: [1] An extremal property of the hypersphere. Proc. Cambridge Philos. Soc. **47**, 245—247 (1951).

MACK, C.: [1] On clumps formed when convex laminae or bodies are placed at random in two or three dimensions. Proc. Cambridge Philos. Soc. **52**, 246—250 (1956).

MAHLER, K.: [1] On the minimum determinant and the circumscribed hexagons of a convex domain. Proc. Acad. Wet. Amsterdam **50**, 695—703 (1947). — [2] On the area and the densest packing of convex domains. Proc. Acad. Wet. Amsterdam **50**, 109—118 (1947). — [3] The theorem of Minkowski-Hlawka. Duke Math. J. **13**, 611—621 (1946).

MAKOWSKI, Z. S.: [1] Räumliche Tragwerke aus Stahl. Düsseldorf 1963.

MARCINKIEWICZ, J., ZYGMUND, A.: [1] On the summability of double Fourier series. Fund. Math. **32**, 122—132 (1939).

MASOTTI BIGGIOGERO, G.: [1] La geometria integrale. Rend. Sem. Mat. Fis. Milano **25**, 164—231 (1953/54).

McKEAN, H. P., Jr., SCHREIBER, M., WEISS, G. H.: [1] Isoperimetric problem with application to the figure of cells. J. Math. Phys. **6**, 479—484 (1965).

MELZAK, Z.: [1] Infinite packings of disks. Canad. J. Math. **18**, 838—852 (1966), — [2] An isoperimetric inequality for tetrahedra. Canad. Math. Bull. **9**, 667—669 (1966). — [3] On the solid-packing constant for circles. Math. Comp. **23**, 169—172 (1969).

MESCHKOWSKI, H.: [1] Elementare Behandlung von Lagerungsproblemen. Math.-Phys. Semesterber. **4**, 256—262 (1955). — [2] Ungelöste und unlösbare Probleme der Geometrie. Braunschweig 1960.

MINKOWSKI, H.: [1] Dichteste gitterförmige Lagerung kongruenter Körper. Nachr. Ges. Wiss. Göttingen, math.-physik. Kl. **1904**, 311—355 = Ges. Abh. II Leipzig u. Berlin 1911, 3—42. — [2] Allgemeine Lehrsätze über konvexe Polyeder. Nachr. Ges. Wiss. Göttingen, math.-physik. Kl. 1897, 198—219 = Ges. Abh. II. Leipzig u. Berlin 1911, 103—121.

MOLNÁR, J.: [1] Ausfüllung und Überdeckung eines konvexen sphärischen Gebietes durch Kreise. Publ. Math. Debrecen **2**, 266—275 (1952); **3**, 150—157 (1953). — [2] Inhaltsabschätzung eines sphärischen Polygons. Acta Math. Acad. Sci. Hungar. **3**, 67—70 (1952). — [3] Kreislagerungen auf einer Kugel. Mat. Lapok **4**, 113—123 (1953) (ungarisch, mit deutschem Auszug). — [4] On inscribed and circumscribed polygons of convex regions. Mat. Lapok **6**, 210—218 (1955) (Hungarian, Russian and English summary). — [5] Über eine Übertragung des Hellyschen Satzes in sphärische Räume. Acta Math. Acad. Sci. Hungar. **8**, 315—318 (1957). — [6] Unterdeckung und Überdeckung der Ebene durch Kreise. Ann. Univ. Sci. Budapest. Eötvös Sect. Math. **2**, 33—40 (1959). — [7] Über ϱ-konvexe Gebiete. II. Magyar Mat. Kongr. Budapest I (II) 1960, 51—53. — [8] Alcune generalizzazioni del teorema di Segre-Mahler. Atti Acad. Naz. Lincei, Rend. Cl. Sci. Fis. Math. Nat. (8) **30**, 700—705 (1961). — [9] Kreispackungen auf Flächen konstanter Krümmung. Magyar Tud. Akad. Mat. Fiz. Oszt. Közl. **12**, 223—263 (1962) (ungarisch). — [10] Collocazioni di cerchi sulla superficie di curvatura costante. Celebrazioni Archimedee del Sec. XX (Siracusa, 1961), Vol. I. Parte II. Gubbio 1962, 61—72. — [11] Estensione del teorema di Segre-Mahler allo spazio. Atti Accad. Naz. Lincei Rend. Cl. Sci. Fis. Mat. Nat. (8) **35**, 166—168 (1963). — [12] Sui sistemi di punti con esigenza di spazio. Atti Accad. Naz. Lincei Rend. Sci. Cl. Fis. Mat. Nat. (8) **36**, 336—339 (1964). — [13] Kreislagerungen auf Flächen konstanter Krümmung. Math. Ann. **158**, 365—376 (1965). — [14] Aggregati di cerchi di Minkowski. Ann. Mat. Pura Appl. (4) **71**, 101—108 (1966). — [15] Collocazioni di cerchi con esigenza di spazio. Ann. Univ. Sci. Budapest. Eötvös Sect. Math. **9**, 71 sino 86 (1966). — [16] Kreispackungen und Kreisüberdeckungen auf Flächen konstanter Krümmung. Acta Math. Acad. Sci. Hungar. **18**, 243—251 (1967). — [17] On the λ-system of circles. Acta Math. Acad. Sci. Hungar. **18**, 405—410. (1967).

MORDELL, L. J.: [1] Lösung eines geometrischen Problems. Középiskolai Matematikai és Fizikai Lapok **11**, 146—148 (1935) (ungarisch). — [2] Lösung der Aufgabe 3740 von P. Erdös. Amer. Math. Monthly **44**, 252 (1937).

NIELSEN, F.: [1] Om summen af afstandene mellem n punkter pa en kugle-flade. Nordisk. Mat. Tidskr. 13, 45—50 (1965).

OHMANN, D.: [1] Eine Abschätzung für die Dicke bei Überdeckung durch konvexe Körper. J. Reine angew. Math. 190, 125—128 (1952). — [2] Über die Summe der Inkreisradien bei Überdeckung. Math. Ann. 125, 350—354 (1953). — [3] Kurzer Beweis einer Abschätzung für die Breite bei Über-deckung durch konvexe Körper. Arch. Math. 8, 150—152 (1957).

OLER, N.: [1] A finite packing problem. Canad. Math. Bull. 4, 153—155 (1961). — [2] An inequality in the geometry of numbers. Acta Math. 105, 19—48 (1961). — [3] Packings with lacunae. Duke Math. J. 33, 141—144 (1966).

OPPENHEIM, A.: [1] The Erdős inequality and other inequalities for a triangle. Amer. Math. Monthly 68, 226—230 (1961); addendum 349 — [2] Some inequalities for a spherical triangle and an internal point. Univ. Beograd, Publ. Elektrotehn. Fak. Ser. Mat. Fiz. No. 200—209, 13—16 (1967).

PAYNE, L. E.: [1] Isoperimetric inequalities and their applications. SIAM Rev. 9, 453—488 (1967).

PETTY, C. M., WATERMAN, D.: [1] An extremal theorem for n-simplexes. Monatsh. Math. 59,, 320—322 (1955).

PIRL, U.: [1] Der Mindestabstand von n in einer Einheitskreisscheibe ge-legenen Punkten. Math. Nachr. 40, 111—124 (1967).

PLEIJEL, A.: [1] On convex curves. Nordisk Mat. Tidskr. 3, 57—63 (1955) (Swedish).

POLÁK, V.: [1] On one L. Fejes Tóth's problem of stable packing. Spisy Prirod. Fak. Univ. Brno, 433—447, (1962).

POLÁK, V., POLÁKOVA, N.: [1] Remarks to some problems of discrete geo-metry. Spisy Prirod. Fak. Univ. Brno, 293—323 (1964).

PÓLYA, G., SZEGŐ, G.: [1] Isoperimetric inequalities in mathematical phy-sics. Ann. Math. Studies, No. 27, Princeton, N. J. 1951.

RADÓ, R.: [1] Some covering theorems I. Proc. London Math. Soc. 51, 232 to 264 (1949).

RADÓ, T.: [1] On mathematical life in Hungary. Amer. Math. Monthly 39, 85—90 (1932). — [2] Sur un problème relatif à un théorème de Vitali. Fund. Math. 11, 228—229 (1928).

RANKIN, R. A.: [1] On the closest packing of spheres in n-dimensions. Ann. Math. Princeton II. 48, 1062—1081 (1947). — [2] On packing of spheres in Hilbert spaces. Proc. Glasgow Math. Assoc. 2, 145—146 (1955). — [3] The closest packing of spherical caps in n-dimensions. Proc. Glasgow Math. Assoc. 2, 139—144 (1955).

REIFENBERG, E. F.: [1] A problem on circles. Math. Gaz. 32, 290—292 (1948).

REINHARDT, K.: [1] Über die dichteste gitterförmige Lagerung kongruenter Bereiche in der Ebene und eine besondere Art konvexer Kurven. Abh. Math. Sem. Hansische Univ. 10, 216—230 (1934).

RIESZ, F.: [1] Sur une inégalité intégrale. J. London Math. Soc. 5, 162—168 (1930).

ROBINSON, R. M.: [1] Arrangements of 24 points on a sphere. Math. Ann. 144, 17—48 (1961). — [2] Finite sets on a sphere with each nearest to five others. Math. Ann. 179, 296—318 (1969).

ROGERS, C. A.: [1] The closest packing of convex two-dimensional domains. Acta Math. 86, 309—321 (1951). — [2] A note on coverings and packings. J. London Math. Soc. 25, 327—351 (1950). — [3] The closest packing of convex two-dimensional domains, corrigendum. Acta Math. 104, 305 to 306 (1960). — [4] The packing of equal spheres. Proc. London Math. Soc.

(3), 8, 609—620 (1958). — [5] Covering a sphere with spheres. Mathematika 10, 157—164 (1963). [6] Packing and covering. New York 1964.

ROTH, K. F.: [1] On a problem of Heilbronn. J. London Math. Soc. 26, 198 to 204 (1951).

ROUSE BALL W. W., COXETER, H. S. M.: [1] Mathematical recreations and essays, 11th ed. London 1939.

RUDA, M.: [1] Kreislagerungen in Rechtecken (ungarisch). Magyar Tud. Akad. III. Oszt. Közl. 19, 73—87 (1969).

RUTISHAUSER, H.: [1] Über Punktverteilungen auf der Kugelfläche. Comment. Math. Helvetici 17, 327—331 (1944/45).

SANTALÓ, L. A.: [1] Introduction to integral geometry. Actualités Sci. Ind. No. 1198, Paris 1953, 127 pp. — [2] On the distribution of sizes of particles contained in a body given the distribution in its sections or projections. Trabajós Estadist. 6, 181—196 (1955) (Spanish, English summary). — [3] On complete systems of inequalities between elements of a plane convex figure. Math. Notae 17, 82—104 (1959/61) (Spanish, English summary).

SAS, E.: [1] Über eine Extremumeigenschaft der Ellipsen. Compositio Math. 6, 468—470 (1939). — [2] On a certain extremumproperty of the ellipse. Matematikai és Fizikai Lapok 48, 533—542 (1941) (ungarisch, mit englischem Auszug).

SANSONE, G.: [1] Su una proprietà di massimo dell'ottaedro regolare e del cubo. Boll. U. M. I. II 3, 140—146 (1941).

SCHAER, J.: [1] The densest packing of 9 circles in a square. Canad. Math. Bull. 8, 273—277 (1965). — [2] On the densest packing of spheres in a cube. Canad. Math. Bull. 9, 265—270 (1966). — [3] The densest packing of five spheres in a cube. Canad. Math. Bull. 9, 271—274 (1966). — [4] The densest packing of six spheres in a cube. Canad. Math. Bull. 9, 275—280 (1966).

SCHAER, J., MEIR, A.: [1] On a geometric extremum problem. Canad. Math. Bull. 8, 21—27 (1965).

SCHNEIDER, R.: [1] Eine allgemeine Extremaleigenschaft der Kugel. Monatsh. Math. 71, 231—237 (1967). — [2] Zwei Extremalaufgaben für konvexe Bereiche. Acta Math. Acad. Sci. Hungar. 22 (1971).

SCHOENFLIESS, A.: [1] Einführung in die analytische Geometrie. Berlin 1925.

SCHOPP, J.: [1] Über den Zusammenhang zwischen zwei Abdeckungsproblemen von n-dimensionalen Hyperkugelbereichen. Elem. Math. 16, 35—37 (1961). — [2] Verschärfung eines Kreisabdeckungssatzes. Elem. Math. 17, 12—14 (1962). — [3] Über die Newtonsche Zahl einer Scheibe konstanter Breite. Studia Sci. Math. Hung. (im Druck).

SCHREIBER, M.: [1] Aufgabe 196. Jber. dtsch. Math. Ver. 45, 63 (1935).

SCHÜTTE, K.: [1] Überdeckung der Kugel mit höchstens acht Kreisen. Math. Ann. 129, 181—186 (1955). — [2] Minimale Durchmesser endlicher Punktmengen mit vorgeschriebenem Mindestabstand. Math. Ann. 150, 91—98 (1963).

ŞERBAN, M., STROILĂ, C.: [1] Un modèle mathématique de noyau cellulaire. Rev. Roumaine Math. Pures Appl. 11, 287—316 (1966).

SCHÜTTE, K., VAN DER WAERDEN, B. L.: [1] Auf welcher Kugel haben 5, 6, 7, 8 oder 9 Punkte mit Mindestabstand Eins Platz? Math. Ann. 123, 96—124 (1951). — [2] Das Problem der dreizehn Kugeln. Math. Ann. 125, 325—334 (1953).

SEGRE, B., MAHLER, K.: [1] On the densest packing of circles. Amer. Math. Monthly 51, 261—270 (1944).

SHEPHARD, G. C.: [1] A sphere in a crate. J. London Math. Soc. 40, 433—434

(1965). — [2] On a problem of Fejes Tóth. Studia Sci. Math. Hung. **6**, (1971).

SPERLING, G.: [1] Lösung einer elementargeometrischen Frage von Fejes Tóth. Arch. Math. **11**, 69—71 (1960).

STACHÓ, L.: [1] Über ein Problem für Kreisscheibenfamilien. Acta Sci. Math. **25**, 273—282 (1965).

STEINHAUS, H.: [1] Sur la division des corps matériels en parties. Bull. Acad. Polon. Sci. Cl. III. **4**, 801—804 (1956).

STEINITZ, E.: [1] Polyeder und Raumeinteilungen. Enz. Math. Wiss. **3**, Teil I,2. — [2] Vorlesungen über die Theorie der Polyeder, Berlin 1934. — [3] Über isoperimetrische Probleme bei konvexen Polyedern I—II. J. reine angew. Math. **158**, 129—153 (1927); **159**, 133—143 (1928).

STEWART, B. M.: [1] Asymmetry of a plane convex set with respect to its centroid. Pacific J. Math. **8**, 335—337 (1958).

STROHMAJER, J.: [1] Über die Verteilung von Punkten auf der Kugel. Ann. Univ. Sci. Budapest. Eötvös Sect. Math. **6**, 49—53 (1963).

SUPNICK, F.: [1] On the dense packing of spheres. Trans. Amer. Math. Soc. **65**, 14—26 (1949).

Sz. NAGY, B.: [1] Über ein geometrisches Extremalproblem. Acta Univ. Szeged, Acta Sci. Math. **9**, 253—257 (1940).

TAMMES, R. M. L.: [1] On the origine of number and arrangement of the places of exit on the surface of pollen grains. Rec. Trav. Bot. Neerl. **27**, 1—84 (1930).

THUE, A.: [1] Om nogle geometrisk taltheoretiske Theoremer. Forhdl. Skand. Naturforsk. **14**, 352—353 (1892). — [2] Über die dichteste Zusammenstellung von kongruenten Kreisen in einer Ebene. Christiania Vid. Selsk. Skr. **1**, 3—9 (1910).

TOMOR, B.: [1] Eine Extremaleigenschaft der regulären Polyeder in Räumen konstanter Krümmung. Magyar Tud. Akad. Mat. Fiz. Oszt. Közl. **15**, 263—271 (1965) (ungarisch).

VELDKAMP, G. R.: [1] Die Erdős-Mordellsche Ungleichung. Nieuw. Tijd-schr. Wisk. **45**, 193—196 (1957/58) (holländisch).

VERBLUNSKY, S.: [1] On the least number of unit circles which can cover a square. J. London Math. Soc. **24**, 164—170 (1949). — [2] On the shortest path through a number of points. Proc. Amer. Math. Soc. **2**, 904—913 (1951).

VORONOI, G.: [1] Sur quelques propriétés des formes quadratiques positives parfaites. J. reine angew. Math. **133**, 97—178 (1907).

VAN DER WAERDEN, B. L.: [1] Punkte auf der Kugel. Drei Zusätze. Math. Ann. **125**, 213—222 (1952). — [2] Pollenkörner, Punktverteilungen auf der Kugel und Informationstheorie. Die Naturwissenschaften **48**, 189 bis 192 (1961).

WEGNER, G.: [1] Bewegungsstabile Packungen konstanter Nachbarnzahl. Studia Sci. Math. Hung.

WESTER, O.: [1] An infinite packing theorem for spheres. Proc. Amer. Math. Soc. **11**, 324—326 (1960).

WHYTE, L. L.: [1] Unique arrangements of points on a sphere. Amer. Math. Monthly **59**, 606—611 (1952).

WILKER, J. B.: [1] Open disk packings of a disk. Canad. Math. Bull. **10**, 395—415 (1967).

WISE, M. E.: [1] Dense random packing of unequal spheres. Philips Res. Rep. **7**, 321—343 (1952).

WOODS, A. C.: [1] The densest double lattice packing of four-spheres. Mathematica **12**, 138—142 (1965).

ZAHN, C. T. Jr.: [1] Black box maximization of circular coverage. J. Res. Nat. Bur. Standards. Sect. B. **66B**, 181—216 (1962).

ZALGALLER, V. A.: [1] On a necessary condition for the densest distribution of figures. Uspehi Mat. Nauk (N. S.) 8, no. 4, **56**, 153—162 (1953) (russian). — [2] Regular polyhedra. Vestnik Leningrad. Univ. Ser. Mat. Meh. Astronom. **18**, no. 2. 5—8 (1963) (Russian, English summary). — [3] Über Polyeder mit regelmäßigen Flächen. Vestnik Leningrad. Univ. **20**, no. 1, 150—152 (1965) (russisch). — [4] Konvexe Polyeder mit regulären Flächen. Zap. Naučn. Sem. Leningrad. Otdel. Mat. Inst. Steklov (LOMI), **2**, 220pp. (1967) (russisch). — [5] Convex polyhedra with regular faces. New York 1969.

ZEITLER, H.: [1] Eine reguläre Horosphärenüberdeckung des hyperbolischen Raumes. Elem. Math. **20**, 73—79 (1965).